5판

DAS
기초공학

Braja M. Das
Dean Emeritus, California State University
Sacramento, California, USA

Nagaratnam Sivakugan
Associate Professor, College of Science, Technology & Engineering
James Cook University, Queensland, Australia

Fundamentals of Geotechnical Engineering, International Edition, 5th Edition

Braja M. Das
Nagarantnam Sivakugan

ISBN-13: 978-89-363-2194-9

Cengage Learning Korea Ltd.
14F YTN Newsquare 76 Sangamsan-ro
Mapo-gu Seoul 03926 Korea
Tel: (82) 2 330 7000
Fax: (82) 2 330 7001

Cengage Learning is a leading provider of customized learning solutions with office locations around the globe, including Singapore, the United Kingdom, Australia, Mexico, Brazil, and Japan. Locate your local office at: **www.cengage.com**

Cengage Learning products are represented in Canada by Nelson Education, Ltd.

To learn more about Cengage Learning Solutions, visit **www.cengageasia.com**

Printed in Korea
Print Number: 01   Print Year: 2021

5판

DAS
기초공학

Fundamentals of Geotechnical
Engineering 5E

Braja M. Das,
Nagaratnam Sivakugan 지음

김영상 감수

고준영, 김영상, 김재홍,
우상인, 이준규 옮김

CENGAGE 교문사

Andover • Melbourne • Mexico City • Stamford, CT • Toronto • Hong Kong • New Delhi • Seoul • Singapore • Tokyo

머리말

Braja M. Das의 《토질역학》(Principles of Geotechnical Engineering)은 1985년에 처음 출판되었고 개정을 거듭하면서 교육자, 학생, 실무자들에게 좋은 반응을 얻어왔다. 1998년 후반에 기초공학과 지반공학의 필수적인 부분들을 한 권으로 간결하게 기술하여 출간해 달라는 많은 요청에 부응하여 《토질역학 기초》(Fundamentals of Geotechnical Engineering)의 초판이 2000년에 출판되었다. 이 책은 토질역학의 기본 개념과 함께 얕은 기초(확대기초 및 전면기초)의 지지력과 침하, 옹벽과 버팀굴착, 말뚝과 현장타설말뚝 등의 기초공학 관련 내용을 포함하고 있다. 현재 5판까지 개정을 거듭하고 있으나 안타깝게도 우리나라에는 이 책이 발간되지 않았다.

　《토질역학의 기초》(Fundamentals of Geotechnical Engineering)는 그간 사용해 왔던 토질역학과 기초공학의 방대한 내용 중 꼭 필요한 내용을 간결하면서도 이해하기 쉽게 기술하고 있다. 또한 각 장에 필요한 예제와 연습문제를 충분히 제공하고 있어 학습한 이론을 정확히 이해하고 연습할 수 있도록 하고 있다. 아울러 연습문제의 개념을 이해하고 있는지 간단히 확인할 수 있는 퀴즈 유형의 문제를 제시하고 있어 교수자의 강의 활용도와 학습자의 흥미를 동시에 높이는 이중 효과를 기대할 수 있는 구성이다. 5판은 초판을 작성할 당시의 집필 철학을 변경하지 않고 여러 감수자와 독자로부터 받은 의견을 반영하여 개정되었다. 또한 호주 제임스 쿡 대학의 Nagaratnam Sivakugan 교수가 이 판의 공동 저자로 참여한 사실도 이전 판들과 구분되는 지점이다. 단위의 표기는 이전 판과 같이 본문 전체에서 SI 단위가 사용되었다.

4판과 차별되는 각 장의 주요 내용은 다음과 같다.

- 1장 "지반조사"에 현장 계측에 관한 내용이 기술되었다.
- 2장 "얕은 기초-지지력"에 편심 기울기 하중을 받는 띠 기초의 지지력에 대해 자세히 설명하였다.
- 3장 "얕은 기초의 침하"에 응력 수준에 따른 지반의 강성 변화를 고려하여 조립토의 얕은 기초의 탄성침하 계산을 위한 개선된 방법이 추가되었다.
- 8장의 제목은 "옹벽, 버팀굴착, 널말뚝"으로 변경되었다. 캔틸레버 강널말뚝 벽과 앵커 강널말뚝 벽에 대한 내용이 추가되었다.
- 본문의 새로운 장(6장)에 "하중저항계수 설계법"이 추가되었다.

한편 국내 대학의 교과과정 상 토질역학과 기초공학이 구분되어 운영 중인 곳이 다수인 까닭에 원문은 한 권의 책으로 발간되었으나, 국내 실정에 맞게 토질역학과 기초공학으로 분리하여 출간하였다.

이 책을 번역하는 동안 수고해주신 교문사 관계자분들께 감사드린다.

2021년 8월
공동역자 김영상, 고준영, 김재홍, 우상인, 이준규

차례

2 얕은 기초-지지력   73

3 얕은 기초의 침하   122

4 말뚝 기초 156

5 ┃ 현장타설말뚝   233

6 ┃ 하중저항계수 설계법(LRFD)   265

9 지반 개량 410

부록 A 토목섬유   437

CHAPTER
1

지반조사

1.1 서론

건설하려는 구조물 아래에 존재하는 지층의 구조를 확인하고 그 물리적인 특성을 파악하는 과정을 일반적으로 **지반조사**(subsurface exploration)라고 한다. 지반조사의 목적은 지반공학 기술자가 다음과 같은 업무를 수행할 때 도움을 주는 정보를 얻는 데 있다.

1. 축조될 구조물에 적합한 기초의 종류와 깊이 선정
2. 기초의 하중–지지력 관계 평가
3. 구조물의 예상 침하량 평가
4. 기초의 잠재적 문제 결정(예: 팽창성 흙, 붕괴성 흙, 위생매립지 등)
5. 지하수위의 결정
6. 옹벽, 널말뚝, 버팀굴착 등과 같은 구조물에 작용하는 수평토압의 예측
7. 지반조건의 변화에 따른 시공법 선정

지반조사는 지하구조물의 건설이나 굴착을 위해서도 필요하다. 또한 기존 건물의 증축이나 개축을 고려할 때도 필요할 수 있다. 이 장에서는 다음과 같은 내용을 자세히 다룰 것이다.

- 지반조사의 계획
- 현장 시추방법
- 흙 시료의 채취와 지하수위 관측
- 지반물성의 결정을 위한 **현장**시험
- 암석 시료 채취
- 현장 지구물리탐사

이상의 활동으로부터 확보된 자료들은 지반공학 기술자가 주어진 부지에서 구조물의 기초를 안전하게 설계하도록 지반을 평가하는 데 도움을 준다.

1.2 지반조사 절차

지반조사는 예비정보수집, 현장 방문조사와 현장 지반조사 등과 같이 여러 단계로 이루어진다.

예비정보의 수집

이 단계는 건설될 구조물의 종류와 사용 용도에 대한 정보를 수집하는 것을 포함한다. 건물의 시공과 관련해서는, 기둥에 재하되는 하중의 대략적 크기와 기둥 간격, 지방 건축법규와 지하실 필요 유무 등을 알아야 한다. 교량의 건설과 관련해서는, 경간, 교각과 교대에 걸리는 하중 등을 결정하는 것이 요구된다.

현장 부지 인근의 지형이나 흙의 종류 등의 일반적 사항은 다음의 자료들로부터 얻을 수 있다.

1. 인터넷(예: Google Earth®)
2. 국가 지질도
3. 지방자치정부의 지질도
4. 농림부 토양보존국의 토양 보고서
5. 각 지방자치기관의 농림계에서 발간되는 농업 지도
6. 육군 공병단에서 발간하는 수문학적 정보지. 이 정보에는 하천유량, 최대홍수위, 조수간만의 기록 등이 포함된다.
7. 각 지방자치단체에서 발간되는 도로공사 관련 토질 매뉴얼

그림 1.1 접근이 어려운 지반조사의 사례 (Australia, James Cook University, N. Sivakugan 제공)

Google Maps®을 잘 살펴보면 부지의 접근 가능 여부와 그에 따른 계획에 대한 제약 조건 등을 이해하는 데 도움이 될 수 있다. 그림 1.1은 지반조사가 수행된 곳의 몇 가지 어려운 상황을 보여준다. 이러한 자료들로부터 얻은 정보는 지반조사 계획을 수립하는 데에 매우 큰 도움이 된다. 어떤 경우에는 지반조사 시 다음에 발생할 문제를 미리 예견함으로써 상당한 지반조사 비용 절감이 가능하다.

현장 방문조사

지반공학 기술자는 다음에 기술하는 내용과 같은 정보를 얻기 위해서 반드시 카메라를 가지고 현장 육안관찰을 하여야 한다.

1. 현장의 일반적인 지형과 배수로 존재 여부, 버려진 쓰레기 더미나 폐기물의 존재 여부, 또한 사면의 이동 흔적이나 깊고 넓은 수축균열이 일정한 간격으로 있는 경우에는 팽창성 흙이 존재함을 알려준다.
2. 인근 도로나 철도의 건설과정에서 만들어진 깊은 절취면으로부터 흙의 지층구조를 알 수 있다.
3. 현장 식물들의 종류는 원지반 흙의 특성을 알려줄 수 있다. 예를 들어, 텍사스 중부지역에 존재하는 콩과의 관목은 기초에 문제가 될 수 있는 팽창성 점토가 있음을 알려준다.

    4. 인근 건물이나 교대에 표시된 최고 수위 흔적

    5. 인근의 우물들을 확인함으로써 지하수위를 결정할 수 있다.

    6. 인근의 시공 형태, 벽에 있는 균열들이나 다른 문제들

지층구조나 현장 인근 흙의 물리적 성질들은 현장 인근에 있는 구조물의 지반조사 보고서로부터 얻을 수도 있다.

현장 지반조사

현장 지반조사 단계는 계획, 시험 시추공의 천공, 연속된 관측이나 실내실험을 위한 일정 간격의 흙 시료 채취 등으로 구성된다. 요구되는 대략의 최소 시추 깊이는 사전에 결정되어야 한다. 그러나 천공작업 과정에서 만나는 흙의 종류에 따라 깊이는 바뀔 수 있다. 기초설계를 위한 대략의 최소 시추 깊이를 결정하기 위하여 미국토목학회(1972)에서 제시한 기준을 따를 수 있다.

    1. 그림 1.2와 같이 기초 아래에서 깊이에 따른 순응력 증가량 $\Delta\sigma$를 결정한다.

    2. 깊이에 따른 유효연직응력 σ'_o을 계산한다.

    3. 응력 증가량 $\Delta\sigma$가 1/10 $q(q = $ 기초에 작용하는 순응력)인 깊이 $D = D_1$을 결정한다.

    4. $\Delta\sigma/\sigma'_o = 0.05$인 깊이 $D = D_2$를 결정한다.

    5. 암반이 나타나지 않는 경우, 2개의 깊이 D_1과 D_2 중에 작은 값을 대략의 최소 시추 깊이로 결정한다.

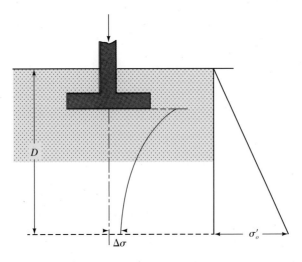

그림 1.2 최소 시추 깊이의 결정

표 1.1 폭 30 m인 건물을 위한 대략적 시추 깊이	
건물 층수	시추 깊이(m)
1	3.5
2	6
3	10
4	16
5	24

표 1.2 시추공의 대략적 간격	
과업의 형태	간격(m)
다층 구조물	10~30
단층 산업 플랜트	20~60
고속도로	250~500
주거지역	250~500
댐, 제방	40~80

만일 앞의 절차를 따른다면, 30 m 폭을 가지는 건물의 시추 깊이는 대략 표 1.1에 제시한 값이 된다(Sowers and Sowers, 1970). 병원이나 사무실의 경우 시추 깊이를 결정하기 위하여 다음의 법칙을 따를 수도 있다.

$$D_b = 3S^{0.7} \quad \text{(가벼운 강구조나 폭이 좁은 콘크리트 건물의 경우)} \qquad (1.1)$$

$$D_b = 6S^{0.7} \quad \text{(무거운 강구조나 폭이 넓은 콘크리트 건물의 경우)} \qquad (1.2)$$

여기서

D_b = 시추 깊이(m)

S = 건물 층수

깊은 굴착이 예상될 때 시추 깊이는 최소한 굴착 깊이의 1.5배 이상 되어야 한다.

지반 상태에 따라서 기초의 하중이 기반암에 전달되어야 할 경우도 있다. 기반암으로의 최소 코어 시추 깊이는 약 3 m이다. 만일 기반암이 불규칙하거나 풍화되어 있으면, 코어 시추는 더 깊어져야 한다.

시추 간격에 대한 명확한 규칙은 없으며, 표 1.2에 일반적인 지침이 주어져 있다. 지반조사 간격은 지반 상태에 따라 증가되거나 감소될 수 있다. 만일 다양한 흙 지층이 거의 균일하거나 예측 가능하다면, 불균질한 지층에 비해서 적은 수의 시추가 필요할 것이다.

지반공학 기술자는 지반조사의 범위에 관한 결정을 내릴 때 구조물 최종 비용을 고려하여야 한다. 일반적으로 지반조사 비용은 구조물 전체 비용의 0.1~0.5% 정도 범위이어야 한다.

1.3 현장 지반조사

현장 지반조사는 일반적으로 **시험굴 조사**와 **시추공 조사**로 이루어진다. 4 m 정도 깊이까지의 시험굴은 백호우를 이용하여 이루어진다. 시추공에 비해서 가격이 싸고 지반상태를 정확히 보여주지만 깊이의 제한이 있다. 따라서 더 깊은 곳에서 조사나 흙 시료 채취를 위해서는 시추공이 필요하다. 시추공과 함께 시추굴을 보조적으로 이용하는 것이 매우 현실적인 방법이다. 흙 시추는 오거 시추, 세척 시추, 충격식 시추, 그리고 회전 시추와 같은 다양한 방법으로 이루어질 수 있다.

오거 시추(auger boring)는 조사용 시추공을 만드는 가장 단순한 방법이다. 그림 1.3과 같이 두 종류의 수동식 오거(**구덩이용 오거**와 **나선형 오거**)가 있다. 수동식 오거는 3~5 m 깊이 이상의 천공에는 사용할 수 없지만 도로공사나 작은 규모의 구조물을 위한 지반조사를 위해서는 유용하게 이용될 수 있다. 직경이 30~75 mm인 **이동식 동력 굴착 나선형 오거**(portable power-driven helical augers)는 더 깊은 시추공을 만드는 데 유용하다. 이 시추 방법들로 얻어진 흙 시료들은 매우 교란되어 있다. 점착력이 없는 흙이나 매우 작은 점착력을 가지는 흙에서는 시추공의 벽이 지지 없이 유지될 수 없다. 그러한 경우에는 흙이 시추공 안으로 유입되는 것을 막기 위해 금속제 파이프를 **케이싱**(casing)으로 이용한다.

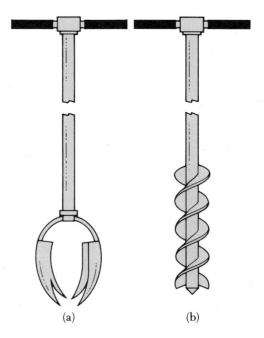

(a) (b)

그림 1.3 수동식 오거. (a) 구덩이용 오거, (b) 나선형 오거

동력을 이용하여 시추가 가능한 경우에는 **연속회전날 오거**가 시추공 굴착에 가장 일반적인 방법이다. 천공을 위한 동력은 트럭이나 트랙터에 설치된 천공 장비로부터 얻어지며, 이 방법으로는 60~70 m까지 시추공을 쉽게 형성할 수 있다. 연속회전날 오거는 속이 비어 있거나 채워진 강봉대에 1~2 m 정도 구성될 수 있다. 일반적으로 사용되는 속이 채워진 강봉대의 오거는 67 mm, 83 mm, 102 mm, 114 mm의 외경을 가진다. 속이 빈 강봉대의 중공 오거는 내경 64 mm와 외경 158 mm, 내경 70 mm와 외경 178 mm, 내경 76 mm와 외경 203 mm, 내경 83 mm와 외경 229 mm와 같은 형태를 시중에서 구할 수 있다.

오거의 끝에는 절삭날(cutter head)이 부착되어 있다. 천공작업 중(그림 1.4)에 오거부 뒤에 오거를 추가로 연결할 수 있어 시추공을 아래쪽으로 확장할 수 있다. 오거의 회전날은 시추공의 바닥으로부터 지표면까지 느슨한 흙을 이동시킨다. 시추 작업자는 천공 속도나 소리의 변화로부터 흙 종류 변화를 감지할 수 있다. 속이 채워진 강봉대에 오거가 부착된 경우, 흙 시료를 얻거나 표준관입시험과 같은 작업을 위해 일정 간격마다 오거를 지상으로 끌어올려야 한다. 한편 강봉대의 속이 빈 중공 오거는 시료 채취나 다른 시험을 위해 자주 끌어올릴 필요가 없다는 점에서 속이 채워진 강봉대를 사용하는 오거에 비해 매우 큰 장점이 있다. 그림 1.5와 같이, 중공 오거의 외경은 케이싱과 같은 역할을 한다.

중공 오거는 다음과 같은 구성을 가진다.

외부 구성: (a) 중공 오거부, (b) 중공 오거 마개, 그리고 (c) 구동 마개
내부 구성: (a) 파일롯트 어셈블리, (b) 중앙봉, 그리고 (c) 중앙봉-마개 연결부

그림 1.4 연속회전날 오거를 이용한 천공작업 (Texas, El Paso, Professional Service Industries, Inc., Danny R. Anderson 제공)

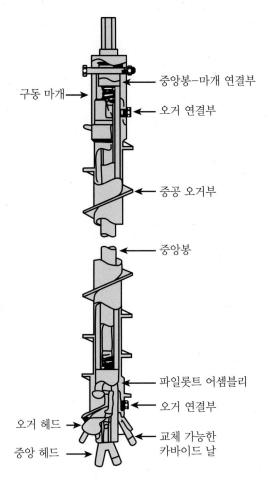

구동 마개

중앙봉–마개 연결부

오거 연결부

중공 오거부

중앙봉

파일롯트 어셈블리

오거 연결부

오거 헤드

교체 가능한
카바이드 날

중앙 헤드

그림 1.5 중공 오거의 구성요소 (*Annual Book of ASTM Standards*, 2003, copyright ASTM International, 100 Barr Harbor Drive, West Conshohocken, PA, 19428.)

오거 헤드에는 교체 가능한 카바이드 날이 있다. 천공작업 중에 특정 깊이에서 흙 시료를 채취할 때는 파일롯트 어셈블리와 중앙봉이 제거된다. 그리고 오거 중공 기둥 부를 통하여 시료 채취기를 삽입한다.

세척 시추(wash boring, 그림 1.6)는 시추공을 천공하는 다른 방법이다. 이 방법 에서는 2~3 m 길이의 케이싱을 땅속에 타입한다. 그 후 시추봉에 달린 절삭비트 (chopping bit)를 이용하여 케이싱 내부의 흙을 제거한다. 물은 시추봉을 통하여 주입 되며 절삭비트의 끝부분을 통하여 고속으로 시추공 내에 분사된다. 절삭된 흙입자들 은 물과 함께 시추공 내에서 부상하며 T형 연결구를 통하여 케이싱의 상부에서 흘러 나온다. 세척수는 물받이 통에 모은다. 케이싱은 천공작업이 진행됨에 따라 추가로 연 결하여 연장할 수 있으나 시추공이 무너지지 않고 유지될 수 있다면 케이싱을 더 연

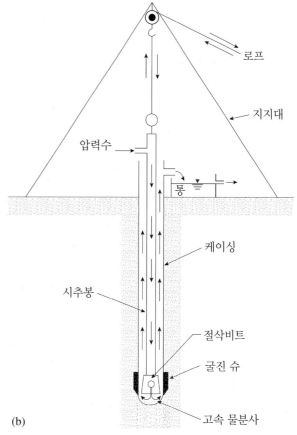

로프

지지대

압력수

통

케이싱

시추봉

절삭비트

굴진 슈

고속 물분사

(a)

(b)

그림 1.6 세척 시추. (a) 사진 (Australia, James Cook University, N. Sivakugan 제공), (b) 모식도

결할 필요는 없다.

　회전 시추(rotary drilling)는 시추봉의 끝부분에 부착된 절삭비트를 빠르게 회전시켜 흙을 갈아내고 시추공을 전진시키는 방법이다. 회전 시추는 모래, 점토, 그리고 심하게 쪼개지지 않은 암에 사용될 수 있다. 물 또는 **굴착 이수**(drilling mud)는 시추봉에서 절삭날 쪽 아래로 주입되며 돌아오는 흐름에 의해 절삭된 흙들이 지상으로 배출된다. 이런 방법으로 50~200 mm 직경의 시추공을 쉽게 만들 수 있다. 굴착 이수는 물과 벤토나이트의 슬러리이다. 회전 시추는 시추공 내로 흙이 무너져 내리는 경우에 사용한다. 흙 시료 채취가 필요하면, 시추봉을 지상으로 끌어올려 절삭비트를 시료 채취기로 교체한다. 암석을 통과하는 천공 시에는 다이아몬드가 끝에 달린 절삭비트를 사용한다.

　충격식 시추(percussion drilling)는 단단한 흙이나 암석을 통과하여 시추공을 천공하는 또 다른 방법이다. 매우 무거운 절삭비트를 상승시켰다가 하강시키면서 단단한 흙을 쪼아낸다. 쪼개진 흙입자들은 순환수(circulation water)에 의해 배출되며, 충격식 시추는 케이싱을 필요로 하는 경우도 있다.

1.4 흙 시료 채취과정

지반조사과정에서 두 종류의 흙 시료, 즉 **교란 시료**와 **불교란 시료**를 얻을 수 있다. 교란되었지만, 대표성을 띠는 시료는 일반적으로 다음과 같은 실내실험에 사용될 수 있다.

1. 입도분석
2. 액성한계와 소성한계
3. 흙입자의 비중
4. 유기물 함량 결정
5. 흙 분류

그러나 교란된 흙 시료는 압밀시험, 투수시험 또는 전단강도시험과 같이 불교란 상태에서 수행되어야 하는 시험들에는 사용될 수 없다. 이런 시험을 위해서는 불교란 흙 시료가 반드시 채취되어야 한다. 교란 시료를 채취하는 가장 보편적인 방법은 스플릿스푼 시료 채취기를 이용하는 것이다. 불교란 시료는 씬월 튜브를 이용해서 채취할 수 있다. 이러한 시료 채취과정들을 다음 절에서 기술한다.

1.5 스플릿스푼 시료 채취기와 표준관입시험

스플릿스푼 시료 채취기는 교란되었지만, 여전히 대표성을 가지는 현장 흙 시료를 얻기 위하여 사용된다. **스플릿스푼 시료 채취기**의 단면은 그림 1.7a와 같다. 이 채취기는 철재 굴진 슈와 길이 방향으로 반으로 갈라질 수 있는 철재 분할관, 그리고 상단 연결부로 구성된다. 연결부는 시료 채취기를 시추봉에 연결한다. 표준 분할관은 34.93 mm의 내경과 50.8 mm의 외경을 가진다. 그러나 내경과 외경이 각각 63.5 mm와 76.2 mm까지 확장된 것도 사용된다. 시추공이 사전에 결정된 깊이까지 굴착되면 시추기를 끌어올리고 시료 채취기를 시추공의 바닥으로 내린다. 시료 채취기는 시추봉

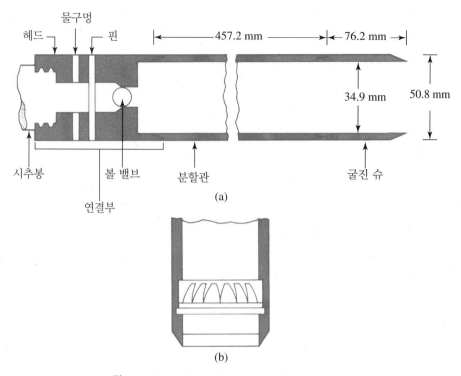

물구멍

헤드 핀

457.2 mm 76.2 mm

34.9 mm 50.8 mm

시추봉 볼 밸브 분할관 굴진 슈

연결부

(a)

(b)

그림 1.7 (a) 스플릿스푼 시료 채취기, (b) 스프링 코어 채취기

의 상단에 해머를 타격하여 흙속에 관입한다. 해머의 표준 무게는 623 N이며 매 타격 시 762 mm 높이에서 낙하한다. 152.4 mm 간격으로 스플릿스푼 시료 채취기를 세 차례 관입하는 데 필요한 타격수를 기록한다. 이때 후반 두 차례 관입 시 타격수를 합 산하여 그 깊이에서의 **표준관입치**(standard penetration number) 또는 **타격수** N이라고 부른다. 이 수를 일반적으로 N**값**(American Society for Testing and Materials, 2010, Designation D-1586)이라 한다. 이제 시료 채취기를 끌어내고 슈와 연결부를 제거한 다. 흙 시료를 관으로부터 회수하여 유리병에 넣고 실험실로 운반한다.

흙 시료의 교란도(degree of disturbance)는 보통 다음과 같이 표현된다.

$$A_R(\%) = \frac{D_o^2 - D_i^2}{D_i^2}(100) \qquad (1.3)$$

여기서

A_R = 면적비

D_o = 시료 채취기 관의 외경

D_i = 시료 채취기 관의 내경

일반적으로 면적비가 10% 이하일 때, 시료는 불교란이라고 판단한다.

스플릿스푼 시료는 일반적으로 약 1.5 m 간격으로 채취된다. 현장의 흙이 모래인 경우(특히 지하수위 아래의 고운 모래), 스플릿스푼 시료 채취기에 의한 시료 회수는 어렵다. 이 경우 **스프링 코어 채취기**(spring core catcher, 그림 1.7b)를 스플릿스푼 시료 채취기 내에 설치해야 할 수도 있다. 그림 1.8a는 왼편에 굴진 슈를, 오른편에 시추봉 연결부를 가진 스플릿스푼 시료 채취기를 보여준다. 그림 1.8b는 시료 채취기가 관입될 동안 분할관 중앙부에 채취된 흙을 보여준다. 그림 1.8c는 시추봉 상부의 앤빌(anvil)에 낙하하는 해머를 장착한 표준관입시험 장치를 보여준다.

여기서 유사한 지층구조를 가지는 흙의 주어진 깊이에서 표준관입치 N값에 영향을 주는 여러 요소를 지적할 필요가 있다. 이러한 요소들은 표준관입시험 해머의 효율, 시추공의 직경, 시료 채취방법, 시추봉의 길이 등을 포함한다(Seed et al., 1985; Skempton, 1986). 현장에서 사용되는 가장 보편적인 두 종류의 해머는 **안전 해머**와 **도넛 해머**이다. 이 해머들은 일반적으로 캣헤드(cathead)에 2회 감긴 로프와 도르래에 의해서 낙하되는 방식이다.

현장 관측을 바탕으로 하면, 현장 표준관입치는 입력 관입 에너지와 시료 채취기를 둘러싼 주변 흙으로의 에너지 소산(dissipation, 에너지 소실)에 근거하여 다음과 같이 표준화하는 것이 합리적이다.

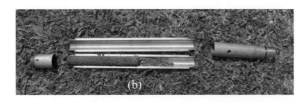

그림 1.8 표준관입시험을 위한 스플릿스푼 시료 채취기. (a) 조립상태, (b) 해체상태, (c) 안전 해머를 장착한 표준관입시험 장치 (Australia, James Cook University, N. Sivakugan 제공)

표 1.3 η_H, η_B, η_S, η_R의 변화[식 (1.4)]

1. η_H의 변화

국가	해머 형태	해머 낙하방법	η_H(%)
일본	도넛	자유낙하	78
	도넛	로프와 도르래	67
미국	안전	로프와 도르래	60
	도넛	로프와 도르래	45
아르헨티나	도넛	로프와 도르래	45
중국	도넛	자유낙하	60
	도넛	로프와 도르래	50

2. η_B의 변화

직경(mm)	η_B
60~120	1
150	1.05
200	1.15

3. η_S의 변화

변수	η_S
표준 시료 채취기	1.0
라이너가 있는 조밀한 모래와 점토용 시료 채취기	0.8
라이너가 있는 느슨한 모래용 시료 채취기	0.9

4. η_R의 변화

시추봉의 길이(m)	η_R
>10	1.0
6~10	0.95
4~6	0.85
0~4	0.75

$$N_{60} = \frac{N\eta_H\eta_B\eta_S\eta_R}{60} \qquad (1.4)$$

여기서

N_{60} = 현장 조건들에 대하여 보정된 표준관입치

N = 측정된 표준관입치

η_H = 해머의 효율(%)

η_B = 시추공 직경에 대한 보정

η_S = 시료 채취기에 대한 보정

η_R = 시추봉 길이에 대한 보정

Seed 등(1985)과 Skempton(1986)이 권장한 η_H, η_B, η_S, η_R 값들이 표 1.3에 정리되어 있다.

표 1.4 점토의 연경도와 표준관입치 N_{60}의 대략적 관계

표준관입치 N_{60}	연경도	일축압축강도 $q_u (kN/m^2)$
0~2	매우 연약	0~25
2~5	연약	25~50
5~10	중간 정도 단단	50~100
10~20	단단	100~200
20~30	매우 단단	200~400
>30	강함	>400

점성토에 대한 N_{60}의 상관관계들

흙 시료를 얻는 것과 별도로, 표준관입시험은 다양하고 유용한 상관관계를 제공한다. 예를 들어, 점성토의 연경도(consistency)를 표 1.4에 나타낸 바와 같이 표준관입치 N_{60}로부터 추정할 수 있다. 그러나 점성토에 대한 상관관계는 현재 조사 중인 점토 지반에서 유효성을 입증하는 추가적인 실험들을 요구한다. 표준관입시험은 점토에 관입될 때 간극수압을 유발하기 때문에 일시적으로 유효응력을 변화시키므로 신뢰할 수 없다.

많은 문헌에 표준관입치와 점토의 비배수 전단강도 c_u 간의 상관관계가 제시되어 있다. Stroud(1974)는 예민하지 않은 점토에서 수행된 비배수 삼축시험 결과를 바탕으로 다음과 같이 제안하였다.

$$c_u = KN_{60} \tag{1.5}$$

여기서

K = 상수 = 3.5~6.5 kN/m^2

N_{60} = 현장 표준관입치

K값의 평균은 약 4.4 kN/m^{2}이다.

중요한 점은, c_u와 N_{60} 간의 상관관계는 대략적인 값으로만 이해하여야 한다는 것이다.

조립토에 대한 표준관입치의 상관관계들

조립토에서 N_{60}값은 실험 깊이의 유효상재압력 σ'_o에 영향을 받는다. 이런 이유로 다른 유효상재압력 하의 현장조사에서 얻어진 N_{60}값은 표준값의 σ'_o에 상응하도록 다음과 같이 조정되어야 한다.

$$(N_1)_{60} = C_N N_{60} \tag{1.6}$$

여기서

$(N_1)_{60}$ = 표준값 $\sigma'_o (\approx 100 \text{ kN/m}^2)$에 대해 보정된 N값

C_N = 보정계수

N_{60} = 현장에서 얻어져 식 (1.4)로 보정된 N값

C_N에 대한 많은 경험적 상관관계가 제안되어 왔다. 그중 몇몇 상관관계가 다음에 제시되어 있다. 가장 빈번하게 인용되는 상관관계들은 Liao와 Whitman(1986), 그리고 Skempton(1986)에 의해 제시된 것들이다.

Liao와 Whitman(1986)의 상관관계:

$$C_N = \left[\frac{1}{\left(\dfrac{\sigma'_o}{p_a} \right)} \right]^{0.5} \tag{1.7}$$

Skempton(1986)의 상관관계:

$$C_N = \frac{2}{1 + \left(\dfrac{\sigma'_o}{p_a} \right)} \quad \text{(정규압밀된 고운 모래의 경우)} \tag{1.8}$$

$$C_N = \frac{3}{2 + \left(\dfrac{\sigma'_o}{p_a} \right)} \quad \text{(정규압밀된 굵은 모래의 경우)} \tag{1.9}$$

$$C_N = \frac{1.7}{0.7 + \left(\dfrac{\sigma'_o}{p_a} \right)} \quad \text{(과압밀된 모래의 경우)} \tag{1.10}$$

Seed 등(1975)의 상관관계:

$$C_N = 1 - 1.25 \log \left(\frac{\sigma'_o}{p_a} \right) \tag{1.11}$$

Peck 등(1974)의 상관관계:

$$C_N = 0.77 \log \left[\frac{20}{\left(\dfrac{\sigma'_o}{p_a} \right)} \right] \quad \left(\frac{\sigma'_o}{p_a} \geq 0.25 \text{에 대해} \right) \tag{1.12}$$

표 1.5 C_N의 변화

$\dfrac{\sigma_o'}{p_a}$	식 (1.7)	식 (1.8)	식 (1.9)	식 (1.10)	식 (1.11)	식 (1.12)	식 (1.13)과 (1.14)
				C_N			
0.25	2.00	1.60	1.33	1.78	1.75	1.47	2.00
0.50	1.41	1.33	1.20	1.17	1.38	1.23	1.33
0.75	1.15	1.14	1.09	1.17	1.15	1.10	1.00
1.00	1.00	1.00	1.00	1.00	1.00	1.00	0.94
1.50	0.82	0.80	0.86	0.77	0.78	0.87	0.84
2.00	0.71	0.67	0.75	0.63	0.62	0.77	0.76
3.00	0.58	0.50	0.60	0.46	0.40	0.63	0.65
4.00	0.50	0.40	0.60	0.36	0.25	0.54	0.55

Bazaraa(1967):

$$C_N = \frac{4}{1 + 4\left(\dfrac{\sigma_o'}{p_a}\right)} \quad \left(\frac{\sigma_o'}{p_a} \leq 0.75\text{에 대해}\right) \tag{1.13}$$

$$C_N = \frac{4}{3.25 + \left(\dfrac{\sigma_o'}{p_a}\right)} \quad \left(\frac{\sigma_o'}{p_a} > 0.75\text{에 대해}\right) \tag{1.14}$$

식 (1.7)~(1.14)에서, p_a = 대기압(≈ 100 kN/m^2)이다.

표 1.5는 위에서 언급한 상관관계들로 얻어진 C_N을 비교하여 보여주며, 값들은 깊이에 따라 감소한다. 이 상관관계들 중 어느 하나로 추정한 보정계수의 크기는 표준관입시험을 실시하는 데에 포함된 불확실성들을 고려하면 대략 비슷한 값이다. 따라서 식 (1.8)을 모든 계산에 이용할 것을 추천한다.

표준관입치와 조립토의 상대밀도의 관계

보정된 표준관입치와 모래의 상대밀도의 대략적인 관계가 표 1.6에 주어져 있다. 이 값들이 대략적인 값이라는 것은 유효상재압력과 흙의 응력이력이 모래의 N_{60} 값에 지대한 영향을 주기 때문이다.

Hatanaka와 Feng(2006)은 고운 모래에서 보통 모래에 대한 상대밀도(D_r)와 $(N_1)_{60}$ 간의 상관관계를 다음과 같이 제안하였다.

표 1.6 보정된 N값과 모래의 상대밀도와의 관계

표준관입치 $(N_1)_{60}$	대략적 상대밀도 $D_r (\%)$
0~5	0~5
5~10	5~30
10~30	30~60
30~50	60~95

$$D_r (\%) = 1.55(N_1)_{60} + 40 \quad [0 \leq (N_1)_{60} \leq 25에 \text{ 대해}] \tag{1.15}$$

$$D_r (\%) = 0.84(N_1)_{60} + 58.8 \quad [25 \leq (N_1)_{60} \leq 50에 \text{ 대해}] \tag{1.16}$$

고운 입자(즉, No. 200체 통과량, F_c)를 15~20% 정도 가진 고운 모래에서 중간 모래에 대하여 식 (1.15)와 (1.16)의 $(N_1)_{60}$는 다음과 같이 수정될 수 있다.

$$(N_1)_{60} = (N_{60} + 12.9)\left(\frac{98}{\sigma'_o}\right)^{0.5} \tag{1.17}$$

여기서 σ'_o는 유효연직응력(kN/m^2)이다.

N_{60} 및 $(N_1)_{60}$와 조립토의 첨두 내부마찰각의 관계

조립토의 유효 첨두 내부마찰각 ϕ'은 Peck 등(1974)에 의해 보정된 표준관입치와 상관관계가 맺어졌다. 그들은 $(N_1)_{60}$와 ϕ' 간의 상관관계를 도표 형식(graphical form)으로 제시하였으며 다음과 같이 근사화될 수 있다(Wolff, 1989).

$$\phi' (°) = 27.1 + 0.3(N_1)_{60} - 0.00054(N_1)_{60}^2 \tag{1.18}$$

Schmertmann(1975)은 N_{60}, σ'_o, 그리고 ϕ' 간의 상관관계를 제시하였고 다음과 같이 근사화될 수 있다(Kulhawy and Mayne, 1990).

$$\phi' = \tan^{-1}\left[\frac{N_{60}}{12.2 + 20.3\left(\dfrac{\sigma'_o}{p_a}\right)}\right]^{0.34} \tag{1.19}$$

여기서

N_{60} = 현장 표준관입치

σ'_o = 유효상재압력

p_a = σ'_o과 같은 단위계의 대기압 값($\approx 100\ kN/m^2$)

ϕ' = 흙의 (유효) 내부마찰각

최근에는, Hatanaka와 Uchida(1996)가 ϕ'와 $(N_1)_{60}$ 간의 간단한 상관관계를 다음과 같이 제시하였다.

$$\phi' = \sqrt{20(N_1)_{60}} + 20 \tag{1.20}$$

일반적인 사항들

표준관입치가 흙의 물성값들을 추정하는 상관관계에 사용될 때 다음과 같은 사항에 주의해야 한다.

1. 식들은 대략적이며 매우 경험적이다.
2. 흙은 균질하지 않기 때문에, 시추공에서 얻은 N_{60}값도 크게 변할 수 있다.
3. 큰 호박돌이나 자갈을 포함하는 지층에서 얻은 표준관입치는 불규칙하고 신뢰할 수 없다.

비록 상관관계들이 대략적이라 하더라도, 올바른 해석을 한다면 표준관입시험은 흙의 물성값들에 대한 훌륭한 평가를 제공한다. 표준관입시험에 있어서 가장 큰 오류의 원인은 시추공의 부적절한 정리(cleaning), 타격수의 부주의한 관측, 시추봉에 가해지는 편심을 가진 해머의 타격, 그리고 시추공 내의 부적절한 수두(water head) 관리이다.

1.6 씬월 튜브를 이용한 시료 채취

씬월 튜브(thin wall tube)는 때때로 **쉘비 튜브**(Shelby tube)로 불리기도 한다. 씬월 튜브는 이음매가 없는 강철로 만들어지며 보통 불교란 점성토 시료를 얻는 데 사용된다. 일반적으로 사용되는 씬월 튜브는 외경이 50.8 mm이거나 76.2 mm를 가진다. 튜브의 바닥 끝단은 날카롭다. 튜브는 시추봉에 연결되며(그림 1.9) 시료 채취기가 연결된 시추봉을 시추공 바닥에 내리고 시료 채취기를 흙속으로 밀어 넣는다. 그 뒤 튜브 속의 흙 시료를 끌어올린다. 시료 채취기의 양끝을 밀봉하고 시험을 위하여 실험실로 보낸다.

이런 방식으로 얻어진 시료는 압밀시험이나 전단시험에 사용될 수 있다. 50.8 mm 외경의 씬월 튜브는 47.63 mm의 내경을 가지므로 면적비는 다음과 같다.

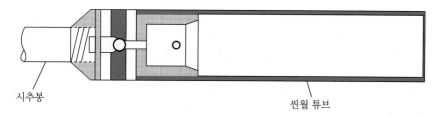

시추봉

씬월 튜브

그림 1.9 씬월 튜브

$$A_R(\%) = \frac{D_o^2 - D_i^2}{D_i^2}(100) = \frac{(50.8)^2 - (47.63)^2}{(47.63)^2}(100) = 13.75\%$$

시료의 크기를 키우면 튜브 제작비가 상승한다.

1.7 지하수위 관측

기초 주변에 지하수위가 있는 것은 기초의 지지력과 침하에 심각한 영향을 미친다. 지하수위는 계절에 따라 변화한다. 따라서 많은 경우에 프로젝트 기간 동안의 가능한 최고수위와 최저수위를 설정할 필요가 있다.

만일 현장조사 시 시추공에서 물이 나온다면, 그 사실을 반드시 기록해야 한다. 투수계수가 큰 흙에서는 시추를 종료한 뒤 24시간 정도면 시추공 내의 수위가 안정화된다. 그러면 쇠줄이나 줄자를 시추공 내로 내려서 지하수위의 깊이를 측정한다.

불투수에 가까운 층의 경우, 시추공 내의 지하수위는 수 주 동안 안정화되지 않을 수 있다. 이런 경우, 만일 정확한 지하수위 측정이 요구된다면 **피에조미터**(piezometer)를 사용할 수 있다.

가장 단순한 피에조미터(그림 1.10a)는 스탠드파이프 또는 Casagrade식 피에조미터이다. 피에조미터는 모래에 놓이는 필터 선단에 파이프를 부착하여 만든다. 필터 선단 위의 간극수압과 분리시키기 위하여 모래 위를 벤토나이트로 밀봉한다. 또한 물이 수직으로 이동하는 것을 방지하기 위하여 파이프와 시추공벽 사이의 공간을 벤토나이트─시멘트 그라우트로 뒤채움한다. 이렇게 하면 지하수위가 안정화될 때까지 주기적으로 확인할 수 있다. 그림 1.10b와 1.10c는 각각 진동현식 피에조미터와 수위 측정기를 보여준다.

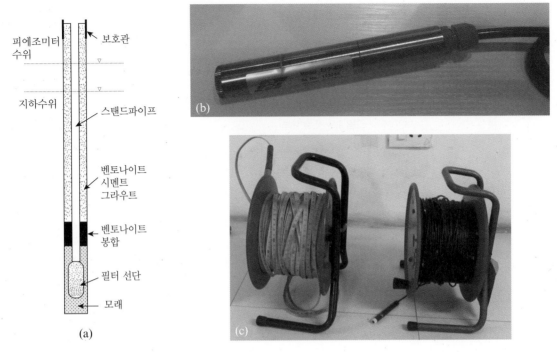

피에조미터 수위

보호관

지하수위

스탠드파이프

벤토나이트 시멘트 그라우트

벤토나이트 봉합

필터 선단

모래

(a)

(b)

(c)

그림 1.10 (a) Casagrande식 피에조미터, (b) 진동현식 피에조미터, (c) 수위 측정기 (Australia, James Cook University, N. Sivakugan 제공)

1.8 베인전단시험

연약한 소성 점성토의 신뢰성 있는 현장 비배수 전단강도 $c_u(\phi = 0$ 개념)는 시추 작업 중에 수행한 베인전단시험(ASTM 시험규정 2573)으로부터 얻을 수 있다. 전단 베인은 4개의 얇은 같은 크기의 철판을 회전봉에 용접한 형태이다(그림 1.11a). 시험 순서는 먼저 베인을 흙속으로 밀어 넣는다. 그 후 베인을 일정한 속도로 회전시키도록 회전봉의 상단에 토크(torque)를 가한다. 높이 h와 직경 d를 가지는 흙 실린더가 흙이 파괴될 때까지 토크에 저항한다. 흙의 비배수 전단강도는 다음과 같이 계산된다.

만일 회전봉의 상단에 가해진 토크의 최댓값을 T라 하면, 이 값은 흙 실린더의 옆면을 따라 발생하는 전단력의 저항모멘트(M_s)와 양 끝단에 발생하는 전단력의 저항모멘트(M_e)의 합과 같아야 한다(그림 1.11b).

$$T = M_s + \underbrace{M_e + M_e}_{\text{양 끝단}} \tag{1.21}$$

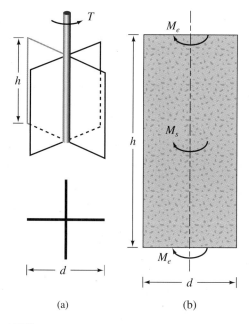

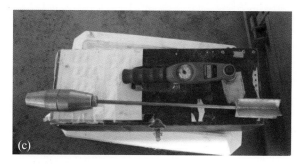

그림 1.11 베인전단시험. (a) 모식도, (b) 식 (1.21)과 (1.22) 유도, (c) 직사각형 날개를 가진 현장 베인 사진 (Australia, James Cook University, N. Sivakugan 제공)

저항모멘트 M_s는 다음과 같다.

$$M_s = \underbrace{(\pi dh)}_{\text{표면적}} c_u \underbrace{(d/2)}_{\text{모멘트 팔}} \qquad (1.22)$$

그림 1.11c는 직사각형 날개를 가진 현장 베인 사진이다.

ASTM에서 추천하는 직사각형 형태와 끝부분이 뾰족한 테이퍼 형태의 현장 베인 형상을 그림 1.12에 나타내었다. 현장에서 사용되는 베인의 규격은 표 1.7에 주어져 있다. 토크를 가하는 표준 속도는 0.1°/s이다. 파괴를 일으키는 최대 토크 T는 다음과 같이 주어진다.

$$T = f(c_u, h, d) \qquad (1.23)$$

또는

$$c_u = \frac{T}{K} \qquad (1.24)$$

ASTM(2010)에 따르면 직사각형 베인은

$$K = \frac{\pi d^2}{2}\left(h + \frac{d}{3}\right) \qquad (1.25)$$

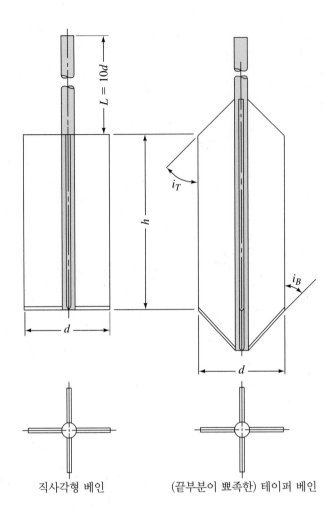

그림 1.12 현장 베인의 형상
(*Annual Book of ASTM Standards*, 2002, copyright ASTM International, 100 Barr Harbor Drive, West Conshohocken, PA, 19428.)
주의: i_T와 i_B는 보통 45°이다.

직사각형 베인   (끝부분이 뾰족한) 테이퍼 베인

표 1.7 ASTM(2002)이 추천한 현장 베인 규격*

케이싱 규격	직경 d(mm)	높이 h(mm)	날개의 두께 (mm)	시추봉의 직경(mm)
AX	38.1	76.2	1.6	12.7
BX	50.8	101.6	1.6	12.7
NX	63.5	127.0	3.2	12.7
101.6 mm [†]	92.1	184.1	3.2	12.7

* 베인의 크기는 실험하려는 흙의 연경도와 직접적으로 관계가 있다. 즉, 연약할수록 베인의 직경이 커져야 한다.

[†] 내경

출처: *Annual Book of ASTM Standards*, 2002, copyright ASTM International, 100 Barr Harbor Drive, West Conshohocken, PA, 19428.

만일 $h/d = 2$이면

$$K = \frac{7\pi d^3}{6} \tag{1.26}$$

따라서

$$c_u = \frac{6T}{7\pi d^3} \tag{1.27}$$

테이퍼 베인인 경우

$$K = \frac{\pi d^2}{12}\left(\frac{d}{\cos i_T} + \frac{d}{\cos i_B} + 6h\right) \tag{1.28}$$

각 i_T와 i_B는 그림 1.12와 같이 정의된다.

현장 베인전단시험은 적당히 빠르고 경제적이므로 현장 지반조사에서 널리 사용되고 있다. 이 시험은 연약하거나 보통 정도의 굳기를 가지는 점토에서 좋은 결과를 주며 예민한 점토의 첨두 비배수 전단강도와 극한 비배수 전단강도를 결정하는 데 매우 훌륭한 시험법이다. 첨두상태와 교란상태에서 측정된 서로 다른 두 토크는 첨두 비배수 전단강도와 극한 비배수 전단강도를 결정하는 데 사용된다.

현장 베인전단시험에서 중대한 오류의 원인은 토크 측정에 대한 잘못된 보정과 손상된 베인이다. 또 다른 오류는 베인 회전율이 적절히 조절되지 않을 때 발생된다.

Skempton(1957)은 현장 베인전단시험에서 얻어진 c_u에 대한 경험적인 보정식을 다음과 같이 제시하였다.

$$\frac{c_{u(\text{VST})}}{\sigma'_o} = 0.11 + 0.0037(PI) \tag{1.29}$$

여기서

σ'_o = 유효상재압력

PI = 소성지수(%)

또한 Bjerrum(1974)은 흙의 소성도가 증가하면 베인전단시험에서 얻어진 c_u값이 기초설계에 불안전한 결과를 줄 수 있음을 보였다. 이러한 이유로 다음과 같은 보정을 제안하였다.

$$c_{u(\text{design})} = \lambda c_{u(\text{vane shear})} \tag{1.30}$$

여기서

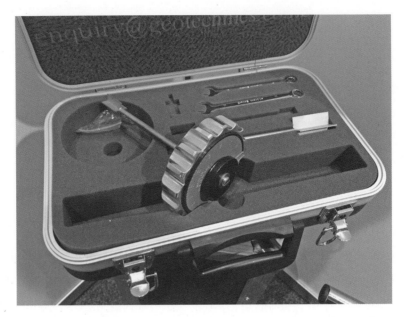

그림 1.13 실내 베인전단 장치 (Australia, James Cook University, N. Sivakugan 제공)

$$\lambda = 보정계수 = 1.7 - 0.54 \log(PI) \tag{1.31}$$

$$PI = 소성지수$$

최근에는, Morris와 Williams(1994)가 λ에 대한 다음과 같은 상관관계를 제시하였다.

$$\lambda = 1.18 e^{-0.08(PI)} + 0.57 \quad (PI > 5) \tag{1.32a}$$

그리고

$$\lambda = 7.01 e^{-0.08(LL)} + 0.57 \quad (LL > 20) \tag{1.32b}$$

여기서 $LL = 액성한계(\%)$

베인전단시험은 실내에서도 수행될 수 있다. 실내 전단베인의 규격은 약 12.7 mm 직경과 25.4 mm 높이를 가진다. 그림 1.13은 실내 베인전단 장치를 보여준다.

예제 1.1

토층의 구조가 그림 1.14와 같다. 점토는 정규압밀 상태이다. 점토의 액성한계는 60이고 소성한계는 25이다. 지표로부터 10 m 깊이의 점토의 일축압축강도를 추정하시오. 단, Skempton의 상관관계 식 (1.29), (1.30), (1.31)을 사용한다.

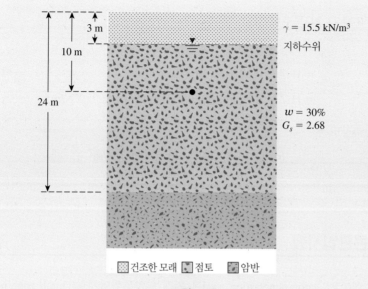

그림 1.14

풀이

포화된 점토에 대하여, 간극비는

$$e = wG_s = (2.68)(0.3) = 0.8$$

수중단위중량은

$$\gamma'_{\text{clay}} = \left(\frac{G_s - 1}{1 + e}\right)\gamma_w = \frac{(2.68 - 1)(9.81)}{1 + 0.8} = 9.16 \text{ kN/m}^3$$

지표로부터 10 m 깊이에서 유효응력은

$$\sigma'_o = 3\gamma_{\text{sand}} + 7\gamma'_{\text{clay}} = (3)(15.5) + (7)(9.16)$$

$$= 110.62 \text{ kN/m}^2$$

식 (1.29)로부터

$$\frac{c_{u(\text{VST})}}{\sigma'_o} = 0.11 + 0.0037(PI)$$

$$\frac{c_{u(\text{VST})}}{110.62} = 0.11 + 0.0037(60 - 25)$$

따라서

$$c_{u(\text{VST})} = 26.49 \text{ kN/m}^2$$

(계속)

식 (1.30)과 (1.31)로부터

$$c_u = \lambda c_{u(VST)}$$
$$= [1.7 - 0.54 \log(PI)]c_{u(VST)}$$
$$= [1.7 - 0.54 \log(60 - 25)]26.49 = 22.95 \text{ kN/m}^2$$

일축압축강도는

$$q_u = 2c_u = (2)(22.95) = \mathbf{45.9 \text{ kN/m}^2}$$

1.9 콘관입시험

콘관입시험(CPT, cone penetration test)은 원래 더치콘관입시험(Dutch cone penetration test)으로 알려진 시험으로, 지층의 재료를 결정하고 그 재료의 공학적 특성을 추정하기 위해 사용할 수 있는 유용한 사운딩 방법(sounding method)이다. 이 시험법은 **정적관입시험**(static penetration test)으로도 불리며 시험을 수행하는 데 시추공을 필요로 하지 않는다. 원래는 단면적 10 cm², 선단각 60°인 콘을 20 mm/s의 일정한 속도로 지반에 밀어 넣으면서 관입저항을 측정한다.

사용되는 콘관입시험기(cone penetrometer)는 콘의 관입 시 콘에 유발되는 수직력을 수평면에 투영된 면적으로 나눈 값인 (a) **콘관입저항치** q_c와 주변의 흙에 의해 콘 선단부 바로 위에 있는 마찰면에 가해지는 저항인 (b) **마찰저항치** f_c를 측정한다. 마찰저항치는 마찰면에 수직으로 가해지는 힘을 마찰부 면적으로 나눈 값으로 실제적으로는 마찰력(friction)과 접착력(adhesion)의 합이다.

일반적으로 q_c와 f_c를 측정하는 데에 두 종류의 관입시험기가 사용된다.

1. **기계식 마찰콘관입시험기**(그림 1.15a). 이 경우는 관입시험기의 선단부가 시추봉 내부의 봉과 연결되어 있다. 먼저 콘 선단부가 약 40 mm 전진할 때 콘관입저항치를 측정하고, 추가로 관입하여 마찰저항치를 함께 측정한다. 이때 내부의 봉이 전진할 때 측정되는 힘은 콘 선단부와 마찰부에 가해지는 수직력의 합과 같다. 여기서 처음에 콘 선단부에서 측정된 힘을 **빼면** 마찰저항치이다. 그림 1.15b는 간극수압을 측정하기 위해 콘 선단과 마찰부 사이에 다공질 요소(porous stone)를 가지고 있는 콘의 사진이다.

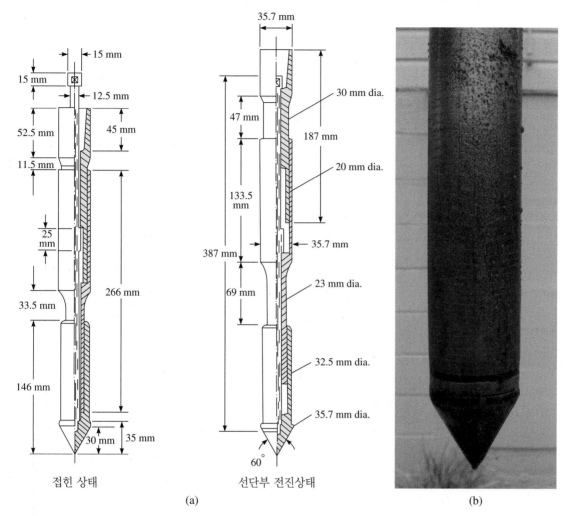

그림 1.15 (a) 기계식 마찰콘관입시험기 (*Annual Book of ASTM Standards*, 2002, copyright ASTM International, 100 Barr Harbor Drive, West Conshohocken, PA, 19428.), (b) 콘의 사진 (Australia, James Cook University, N. Sivakugan 제공)

2. **전기식 마찰콘관입시험기**(그림 1.16) 이 경우는 콘 선단부가 일련의 강철 시추봉에 달려 있다. 이 선단부를 20 mm/s의 속도로 지중에 밀어 넣는다. 트랜스듀서에서 나온 선들은 시추봉의 중앙부를 통하여 지상의 컨트롤 박스에 연결되며 콘관입저항치와 마찰저항치를 연속적으로 측정한다.

최신의 콘은 **피에조콘**(piezocone)으로 불리는 것으로 세 위치에서까지 간극수압을 측정할 수 있다.

그림 1.17은 전기식 마찰콘관입시험기로 측정한 관입시험 결과이다.

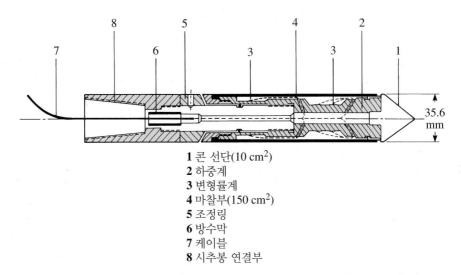

1 콘 선단(10 cm^2)
2 하중계
3 변형률계
4 마찰부(150 cm^2)
5 조정링
6 방수막
7 케이블
8 시추봉 연결부

그림 1.16 전기식 마찰콘관입시험기 (*Annual Book of ASTM Standards*, 1997, copyright ASTM International, 100 Barr Harbor Drive, West Conshohocken, PA, 19428.)

콘관입시험에서 얻은 콘관입저항치 q_c와 마찰비 F_r로부터 흙의 특성을 예측하기 위한 유용한 상관관계들이 여러 가지 제안됐다. 마찰비는 다음과 같이 정의된다.

$$F_r(\%) = \frac{\text{마찰저항치}}{\text{콘관입저항치}} = \frac{f_c}{q_c} \times 100 \tag{1.33}$$

마찰비는 0~10% 범위에 있으며 작은 값은 조립토에, 큰 값은 점토에 해당한다.

그리스 흙에 관한 최근 연구로부터, Anagnostopoulos 등(2003)은 F_r을 다음과 같이 표현하였다.

$$F_r(\%) = 1.45 - 1.36 \log D_{50} \quad \text{(전기식 콘)} \tag{1.34}$$

그리고

$$F_r(\%) = 0.7811 - 1.611 \log D_{50} \quad \text{(기계식 콘)} \tag{1.35}$$

여기서 $D_{50} = 50\%$의 흙이 통과하는 크기(mm)

식 (1.34)와 (1.35)는 D_{50}이 0.001 mm에서 10 mm 범위인 흙에 대하여 개발되었다.

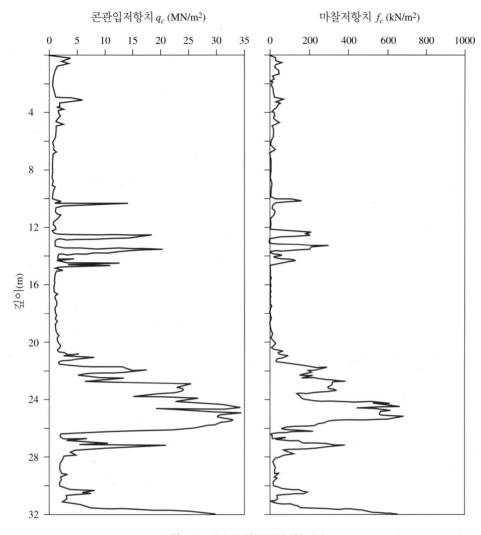

그림 1.17 전기식 마찰콘관입시험 결과

모래의 상대밀도(D_r)와 q_c의 상관관계

Lancellotta(1983)와 Jamiolkowski 등(1985)은 **정규압밀된 모래**의 상대밀도 D_r와 q_c 는 다음 식과 같이 연관될 수 있음을 보였다.

$$D_r(\%) = A + B \log_{10}\left(\frac{q_c}{\sqrt{\sigma_o'}}\right) \tag{1.36}$$

모래의 경우 $A = -98$, 그리고 $B \approx 66$이다.

이 관계는 다음과 같이 다시 쓸 수 있다(Kulhawy and Mayne, 1990)

$$D_r(\%) = 68\left[\log\left(\frac{q_c}{\sqrt{p_a \cdot \sigma_o'}}\right) - 1\right] \tag{1.37a}$$

여기서

p_a = 대기압

σ_o' = 유효연직응력

Kulhawy와 Mayne(1990)은 D_r, q_c, 과압밀비(OCR)와 유효연직응력 σ_o'의 상관관계를 다음과 같이 제안하였다.

$$D_r = \sqrt{\left[\frac{1}{305Q_cOCR^{0.18}}\right]\left[\frac{\dfrac{q_c}{p_a}}{\left(\dfrac{\sigma_o'}{p_a}\right)^{0.5}}\right]} \tag{1.37b}$$

이 식에서

OCR = 과압밀비

p_a = 대기압

Q_c = 압축성 계수(compressibility factor)로 다음과 같이 추천된다.

낮은 압축성 모래 = 0.91

중간 정도의 압축성 모래 = 1.0

높은 압축성 모래 = 1.09

모래의 q_c와 유효 내부마찰각(ϕ')의 상관관계

Robertson과 Campanella(1983)는 시험결과를 바탕으로 정규압밀된 석영 모래의 D_r, σ_o'과 ϕ'의 관계를 제안하였다. 이 관계는 다음과 같이 표현될 수 있다(Kulhawy and Mayne, 1990).

$$\phi' = \tan^{-1}\left[0.1 + 0.38\log\left(\frac{q_c}{\sigma_o'}\right)\right] \tag{1.38}$$

Ricceri 등(2002)은 이탈리아 베니스 라군(Lagoon)의 흙에서 수행된 콘관입시험 결과를 바탕으로 ML과 SP-SM으로 분류되는 흙에 대하여 다음과 같은 유사한 식을 제안하였다.

$$\phi' = \tan^{-1}\left[0.38 + 0.27\log\left(\frac{q_c}{\sigma_o'}\right)\right] \tag{1.39}$$

모래의 q_c와 N_{60}의 상관관계

중앙입경(median grain size) D_{50}(mm)이 8 mm 정도인 흙에서 337지점의 광범위한 시험자료를 바탕으로 Kulhawy와 Mayne(1990)은 다음과 같이 제안하였다.

$$\frac{\left(\dfrac{q_c}{p_a}\right)}{N_{60}} = 5.44\,D_{50}^{0.25} \tag{1.40}$$

여기서 p_a = 대기압(q_c와 동일한 단위계의 값)

　　Anagnostopoulos 등(2003)은 q_c, N_{60}와 D_{50}에 대한 유사한 상관관계를 제시하였다.

$$\frac{\left(\dfrac{q_c}{p_a}\right)}{N_{60}} = 7.64\,D_{50}^{0.26} \tag{1.41}$$

여기서 p_a = 대기압(q_c와 동일한 단위계의 값)이고 D_{50}은 mm 단위이다.

흙의 종류에 대한 상관관계

Robertson과 Campanella(1983)는 현장에서 마주치는 다양한 흙의 종류를 구분하기 위하여 q_c와 마찰비의 관계[식 (1.33)]를 그림 1.18a와 같이 제공하였다. 그림 1.18b는 q_c, σ_o', 그리고 D_r 간의 상관관계이다.

점토의 비배수 전단강도(c_u), 선행압밀압력(σ_c'), 그리고 과압밀비(OCR)에 대한 상관관계

비배수 전단강도 c_u는 다음과 같이 표현될 수 있다.

$$c_u = \frac{q_c - \sigma_o}{N_K} \tag{1.42}$$

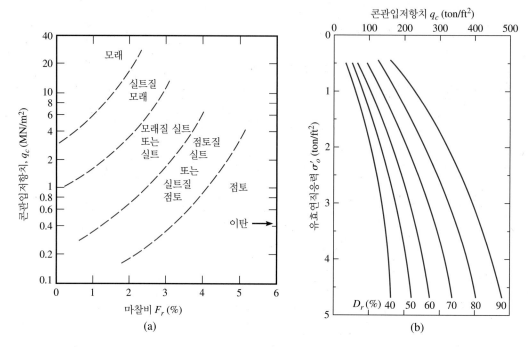

그림 1.18 (a) Robertson과 Campanella(1983)의 흙 분류, (b) 정규압밀된 석영 모래의 q_c, σ'_o와 D_r의 관계 (Baladi et al., 1982 and Roberstone and Campanella,1983)

여기서

σ_o = 전연직응력

N_K = 콘 계수

콘 계수 N_K는 정규압밀점토에 대해 11∼19 정도까지 변화하며 과압밀점토에서는 25 까지도 커진다. Mayne과 Kemper(1988)에 의하면

$$N_K = 15 \text{ (전기식 콘)}, \quad \text{그리고} \quad N_K = 20 \text{ (기계식 콘)}$$

그리스에서의 시험결과를 근거로 Anagnostopoulos 등(2003)은 다음과 같이 결정하였다.

$$N_K = 17.2 \text{ (전기식 콘)}, \quad \text{그리고} \quad N_K = 18.9 \text{ (기계식 콘)}$$

현장시험들은 다음과 같은 결과를 보여준다.

$$c_u = \frac{f_c}{1.26} \text{ (기계식 콘)} \tag{1.43}$$

그리고

$$c_u = f_c \ (\text{전기식 콘}) \tag{1.44}$$

Mayne과 Kemper(1988)는 선행압밀압력(σ_c')과 과압밀비(OCR)에 대한 다음과 같은 상관관계들을 제시하였다.

$$\underset{\text{MN/m}^2}{\underset{\uparrow}{\sigma_c'}} = 0.243 \underset{\text{MN/m}^2}{\underset{\uparrow}{(q_c)}}^{0.96} \tag{1.45}$$

그리고

$$OCR = 0.37 \left(\frac{q_c - \sigma_o}{\sigma_o'} \right)^{1.01} \tag{1.46}$$

여기서 σ_o과 σ_o'은 각각 전연직응력과 유효연직응력이다.

1.10 프레셔미터시험

프레셔미터시험(PMT, pressuremeter test)은 시추공 내에서 실시되는 현장시험이다. 이 시험은 본래 흙의 강도와 변형 특성을 측정하기 위하여 Menard(1956)에 의해 개발되었고 ASTM에 의하여 시험규정 4719로 선정되었다. Menard형 PMT는 본래 3개의 셀(cell)을 가진 관입기(probe)로 구성되어 있다. 그림 1.19a에 나타낸 바와 같이 상단과 하단의 셀들은 **보호셀**(guard cell)이고 중간의 셀은 **측정셀**(measuring cell)이다. 시험은 선 천공된(pre-bored) 시추공 내에서 수행되며, 선 천공된 시추공은 관입기 직경의 1.03~1.2배 사이의 직경을 가져야 한다. 가장 일반적으로 사용되는 관입기의 직경은 58 mm, 길이는 420 mm이다. 관입기 셀은 가스나 액체에 의하여 팽창된다. 보호셀은 측정셀에 미치는 단부 경계효과(end-condition)를 줄이기 위하여 팽창된다. 측정셀의 체적 V_o는 535 cm^{3}이다. 표 1.8에는 관입기의 직경과 ASTM에서 추천하는 시추공의 직경이 나열되어 있다.

시험을 수행할 때, 측정셀의 체적 V_o를 측정하고 시추공에 넣는다. 압력을 단계적으로 가하고 셀의 체적 팽창을 측정한다. 이 과정을 흙이 파괴되거나 장치의 한계압력에 도달할 때까지 지속한다. 팽창된 공동의 총 체적 V가 최초 공동 체적의 약 2배가 되면 흙이 파괴되었다고 간주한다. 시험을 완료한 후에, 관입기의 압력을 빼고 시

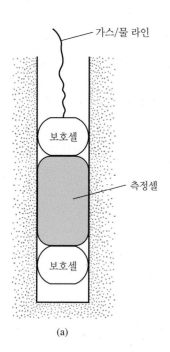

(a)

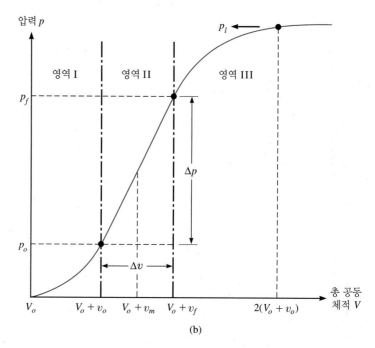

(b)

그림 1.19 (a) 프레셔미터, (b) 압력과 총 공동 체적 곡선

표 1.8 프레셔미터시험 관입기와 시추공의 직경

관입기 직경 (mm)	시추공 직경	
	공칭 (mm)	최대 (mm)
44	45	53
58	60	70
74	76	89

험을 위하여 다른 깊이로 이동한다.

프레셔미터시험 결과는 그림 1.19b와 같이 압력과 체적의 그래프 형태로 표현된다. 이 그림에서 영역 I은 시추공 주변의 흙이 초기 상태(천공 전의 상태)로 되돌려지는 동안의 재재하 부분(reloading portion)을 나타낸다. 압력 p_o는 현장 전수평응력을 나타낸다. 영역 II는 셀 압력에 대한 셀 체적의 관계가 실질적으로 직선인 유사-탄성(pseudo-elastic)영역을 나타낸다. 압력 p_f는 크리프 또는 항복압력을 나타낸다. 영역 III은 소성영역이다. 압력 p_l은 한계압력을 나타낸다.

흙의 프레셔미터 계수 E_p는 무한히 두꺼운 실린더형 팽창이론을 이용하여 다음과 같이 결정된다.

$$E_p = 2(1 + \mu_s)(V_o + v_m)\left(\frac{\Delta p}{\Delta v}\right) \tag{1.47}$$

여기서

$$v_m = \frac{v_o + v_f}{2}$$

$$\Delta p = p_f - p_o$$

$$\Delta v = v_f - v_o$$

μ_s = 포아송비(이 값은 0.33으로 가정할 수 있다.)

한계압력 p_l은 보통 외삽(extrapolation)에 의해 얻어지며 직접 측정되는 것은 아니다.

적정한 크기의 시추공 준비의 어려움을 극복하기 위하여 자가굴착식 프레셔미터(SBPMT, self-boring pressuremeter)가 개발되었다. SBPMT에 대한 자세한 사항은 Baguelin 등(1978)의 업적을 참고하길 바란다.

Ohya 등(1982)과 Kulhawy와 Mayne(1990)은 모래와 점토에 대한 E_p와 현장 표준관입치 N_{60}의 관계를 다음과 같이 제시하였다.

$$\text{점토:} \quad E_p(\text{kN/m}^2) = 1930(N_{60})^{0.63} \tag{1.48}$$

$$\text{모래:} \quad E_p(\text{kN/m}^2) = 908(N_{60})^{0.66} \tag{1.49}$$

1.11 딜라토미터시험

평판형 딜라토미터시험(DMT, dilatometer test)의 사용은 상대적으로 최근의 일이다 (Marchetti, 1980; Schmertmann, 1986). 장비는 기본적으로 길이 220 mm × 폭 95 mm × 두께 14 mm의 평판형 관입기로 구성되어 있다. 60 mm 직경의 얇고 평평하면서 둥근 형태의 금속제 멤브레인이 관입기 한쪽의 중앙부에 위치하고 있다(그림 1.20a). 딜라토미터 관입기는 콘관입시험용 관입기를 이용하여 땅속에 관입된다. 지상의 제어박스에 연결된 가스선과 전기선이 관입용 시추봉을 통해 관입기에 연결된다. 소정의 깊이에서 높은 압력의 질소가스를 이용하여 멤브레인을 팽창시킨다. 이때 다음의 두 압력을 측정한다.

1. 압력 A, 멤브레인을 '들어올리는(lift-off)' 압력
2. 압력 B, 멤브레인이 주변의 흙속으로 1.1 mm 팽창했을 때의 압력

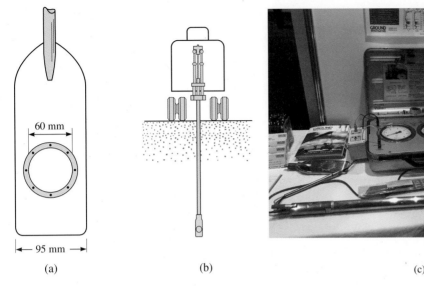

그림 1.20 (a) 딜라토미터 관입기, (b) 딜라토미터시험 모식도, (c) 동적 딜라토미터 시험기 (Australia, James Cook University, N. Sivakugan 제공)

A압력과 B압력은 다음과 같이 보정된다(Schmertmann, 1986).

$$접촉응력\ p_o = 1.05(A + \Delta A - Z_m) - 0.05(B - \Delta B - Z_m) \qquad (1.50)$$

$$팽창응력\ p_1 = B - Z_m - \Delta B \qquad (1.51)$$

여기서

ΔA = 멤브레인이 접촉상태로 있기 위해 필요한 진공압

ΔB = 멤브레인 중앙부가 1.1 mm 바깥쪽으로 팽창하는 데 필요한 내부 공기압

Z_m = 대기압으로 압력을 개방할 때 0으로부터 측정된 압력계 오차

이 시험은 보통 200 mm나 300 mm 간격으로 수행된다. 이 시험의 결과는 다음의 세 요소들을 결정하는 데 사용된다.

1. 재료지수 $I_D = \dfrac{p_1 - p_o}{p_o - u_o}$

2. 수평응력지수 $K_D = \dfrac{p_o - u_o}{\sigma_o'}$

3. 딜라토미터 계수 $E_D\ (\mathrm{kN/m^2}) = 34.7[p_1\ (\mathrm{kN/m^2}) - p_o\ (\mathrm{kN/m^2})]$

여기서

u_o = 간극수압

σ_o' = 현장 유효연직응력

그림 1.20c는 전단파 속도를 함께 측정할 수 있는 최신 동적 딜라토미터 시험기의 주요 구성품들이다.

Marchetti(1980)는 이탈리아의 Porto Tolle에서 여러 번의 딜라토미터시험을 수행하였다. 지층은 최근에 정규압밀된 Po River의 삼각주 퇴적물로 구성되었다. 두꺼운 실트질 점토층이 약 3 m 정도의 깊이에서 발견되었다($c' = 0$, $\phi' \approx 28°$). 딜라토미터 시험에서 얻어진 결과들은 다양한 지반 특성들과 상관관계가 맺어졌으며 그중 몇 개의 관계식이 다음과 같다(Marchetti, 1980).

$$K_o = \left(\frac{K_D}{1.5}\right)^{0.47} - 0.6 \tag{1.52}$$

$$OCR = (0.5K_D)^{1.6} \tag{1.53}$$

$$\frac{c_u}{\sigma_o'} = 0.22 \quad \text{(정규압밀된 점토)} \tag{1.54}$$

$$\left(\frac{c_u}{\sigma_o'}\right)_{OC} = \left(\frac{c_u}{\sigma_o'}\right)_{NC}(0.5K_D)^{1.25} \tag{1.55}$$

$$E_s = (1 - \mu_s^2)E_D \tag{1.56}$$

여기서

K_o = 정지토압계수

OCR = 과압밀비

OC = 과압밀된 흙

NC = 정규압밀된 흙

E_s = 흙의 탄성계수

1.12 암석 시료 채취

시추작업 중 암반층을 만나는 경우, 암석 시료의 채취가 필요할 수 있다. 암석 시료 채취를 위해서는 시추봉에 **코어배럴**(core barrel)이 부착되어야 한다. **코어링비트**(coring bit)가 코어배럴의 하단부에 부착되어 있다(그림 1.21). 코어링비트는 다이아몬드, 텅스텐, 카바이트 또는 높은 경도를 가진 다른 재질로 되어 있다. 표 1.9는 다양한 종류의 코어배럴과 그 크기, 그리고 기초설계를 위한 지반조사에 일반적으로 사용되는 시추봉과의 호환성까지 요약하고 있다. 회전 시추에 의하여 암석 시료 채취가

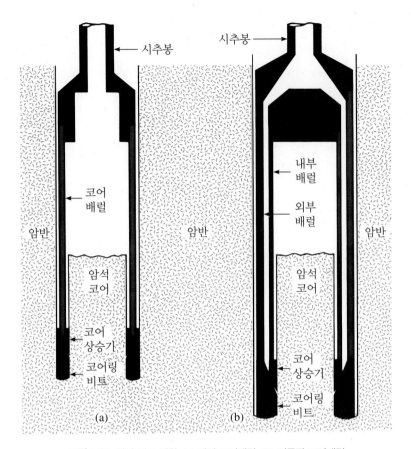

그림 1.21 임석 시료 채취. (a) 단관 코어배럴, (b) 이중관 코어배럴

표 1.9 케이싱, 코어배럴, 시추봉의 표준 크기와 명칭

케이싱과 코어배럴의 명칭	코어배럴비트의 외경(mm)	시추봉의 명칭	시추봉의 외경(mm)	시추공의 직경(mm)	코어시료의 직경(mm)
EX	36.51	E	33.34	38.1	22.23
AX	47.63	A	41.28	50.8	28.58
BX	58.74	B	47.63	63.5	41.28
NX	74.61	N	60.33	76.2	53.98

진행된다. 암석 시료의 채취를 위한 절삭작업 시 시추봉을 통하여 물이 회전되고 절삭물이 씻겨나간다.

　두 종류의 코어배럴인 **단관 코어배럴**(single-tube core barrel, 그림 1.21a)과 **이중관 코어배럴**(double-tube core barrel, 그림 1.21b)이 사용된다. 그림 1.22는 이들의 사

표 1.10 현장 암반의 품질과 *RQD*의 상관관계

RQD	암반의 상태
0~0.25	매우 불량
0.25~0.5	불량
0.5~0.75	보통
0.75~0.9	우수
0.9~1	매우 우수

그림 1.22 단관 및 이중관 코어배럴의 사진과 다이아몬드 코어링비트
(Australia, James Cook University, N. Sivakugan 제공)

진이다. 단관 코어배럴을 이용하여 채취되는 암석 시료는 비틀 회전(torsion) 때문에 교란 정도가 심하고 균열이 많이 발생할 수 있다. BX 크기보다 작은 암석 시료는 시료 채취과정에서 부스러지는 경향이 있다. 아주 높은 수준의 불교란 시료를 얻기 위해서는 삼중관 코어배럴이 이용되기도 한다.

암석 시료가 회수되었을 때, 추후 실험실에서 실시하는 평가를 위하여 시료 회수 깊이를 반드시 기록해야 한다. 매번 회수되는 암석 시료의 길이에 근거하여, 일반적으로 암반의 품질(quality)을 다음의 식과 같이 평가할 수 있다.

$$\text{회수율} = \frac{\text{회수된 암석코어의 총 길이}}{\text{이론적인 암석코어의 굴진길이}} \tag{1.57}$$

$$RQD = \frac{\Sigma\ 101.6\ \text{mm 이상인 암석코어들의 길이의 총합}}{\text{이론적인 암석코어의 굴진길이}} \tag{1.58}$$

회수율이 1인 경우는 암반이 손상되지 않은 신선한 상태임을 의미하며 균열이 심한 암반은 회수율이 0.5 또는 그 이하의 값을 보인다. 표 1.10은 *RQD*와 현장 암반의 품질 간의 일반적인 상관관계를 보여준다(Deere, 1963).

1.13 시추 주상도의 작성

각 시추공에서 얻어진 자세한 정보는 **시추 주상도**(boring log)라고 불리는 그림 형태의 표로 제공된다. 시추가 아래 방향으로 진행되면서, 시추 작업자는 다음과 같은 정보를 작업지에 기록하여야 한다.

1. 시추 회사명과 주소
2. 시추 작업자의 이름
3. 작업명과 번호
4. 시추공의 번호와 시추방식, 위치
5. 시추작업 날짜
6. 오거, 스플릿스푼 시료 채취기, 씬월 쉘비 튜브 등에서 채취된 흙을 육안관찰하여 얻은 지층구성
7. 지하수위와 관측일, 케이싱 사용 여부와 진흙 유실 등
8. 표준관입치와 깊이
9. 채취된 흙 시료의 번호, 종류, 깊이
10. 암석 시료를 채취할 경우, 사용된 코어배럴의 종류, 코어링마다 실제 코어링 길이, 회수된 코어의 길이, 그리고 *RQD*

이 정보들은 머리로만 기억하려고 해서는 안 된다. 왜냐하면 기록하지 않은 자료로 인해서 잘못된 시추 주상도가 만들어지기 때문이다.

필요한 실내시험들을 모두 마친 후에, 지반공학 기술자는 시추 작업자의 현장 시추 기록과 실내에서 수행된 실험결과들을 모두 포함하는 시추 주상도를 완성한다. 그림 1.23은 간단한 시추 주상도를 보여준다. 이런 시추 주상도를 매 시추공과 시험구덩이마다 별도로 작성해야 한다. 이 시추 주상도들은 최종 지반조사 보고서에 취합하여 발주자에게 제출해야 한다. 그림 1.23의 왼쪽 열에는 각 위치의 흙에 대한 설명과 통일분류법(USCS)에 근거한 흙 분류가 함께 기록되어 있음에 주목하기 바란다.

1.14 지구물리탐사법

다양한 지구물리탐사 기술들을 통하여 지중 흙의 특성들을 빠르게 도출할 수 있다. 이 방법들은 넓은 지역을 빠르게 조사할 수 있으며 시추공에 의한 전통적인 조사보다

시추주상도

공사명	2층 주거용 건물

위치   문발로 116   시추작업일   2006년 3월 2일

시추공 번호   3   시추방식   중공오거   지반고(G.L.)   60.8 m

토질 상태 (USCS)	깊이 (m)	시료 형태와 번호	N_{60}	자연 함수비 w_n (%)	비고
밝은 갈색점토(매립층)					
실트질 모래(SM)	1 / 2	SS-1	9	8.2	
°지하수위 ▽ 3.5 m	3 / 4	SS-2	12	17.6	$LL = 38$ $PI = 11$
밝은 회색 점토질 실트(ML)	5	ST-1		20.4	$LL = 36$ $q_u = 112$ kN/m²
	6	SS-3	11	20.6	
자갈 있는 모래(SP)	7				
시추 종료 @ 8 m	8	SS-4	27	9	

N_{60} = 표준관입치(타격/305 mm)   °시추 종료 1주일 후 측정
w_n = 자연함수비
LL = 액성한계; PI = 소성지수
q_u = 일축압축강도
SS = 스플릿스푼 시료 채취기; ST = 쉘비 튜브

그림 1.23 일반적인 시추 주상도

경제적이기도 하다. 그러나 많은 경우 조사결과에 대한 명확한 해석에 어려움이 있다. 따라서 지구물리탐사 방법들은 예비조사용으로만 사용하여야 한다. SASW(spectral analysis of surface waves), MASW(multi-channel analysis of surface waves), GPR (ground penetrating radar)과 같은 방법들은 지구물리탐사에 있어서 빠르게 일반화되고 있는 방법들이다. 여기서는 다음의 세 종류(지진파 굴절 탐사, 크로스 홀 탐사, 전기비저항 탐사)의 지구물리탐사법에 대하여 기술한다.

지진파 굴절 탐사법

지진파 굴절 탐사법(seismic refraction survey)은 현장에서 다양한 종류의 흙 지층의 두께나 암반 등 단단한 지반의 깊이에 대한 예비조사 정보를 얻을 수 있는 유용한 방법이다.

굴절 탐사법은 그림 1.24a의 *A*지점에서 지표면에 충격을 가하고 여러 개의 다른 점들(즉, *B*, *C*, *D*, …)에서 응력파(stress wave)의 처음 도달(first arrival)을 관찰하는 방법이다. 충격은 해머의 타격이나 소규모 폭발로 발생시킬 수 있다. 다양한 점들에서 응력파의 처음 도달은 수진기(geophone)들에 의해 기록된다.

지표면상의 충격은 두 종류의 **응력파**인 **P파**(**평면파** 또는 **압축파**)와 **S파**(**전단파**)를 생성한다. P파는 S파에 비해 전달속도가 빠르므로 각 층에서 관찰되는 응력파의 처음 도달은 P파 속도와 관련이 있다. 매질에서의 P파 속도는 다음과 같다.

$$v = \sqrt{\frac{E_s}{\left(\dfrac{\gamma}{g}\right)} \frac{(1 - \mu_s)}{(1 - 2\mu_s)(1 + \mu_s)}} \tag{1.59}$$

여기서

E_s = 매질의 탄성계수 $\qquad \gamma$ = 매질의 단위중량

g = 중력가속도 $\qquad \mu_s$ = 포아송비

P파는 고체와 액체를 통해 전달될 수 있으나 S파는 오직 고체를 통해서만 전달된다.

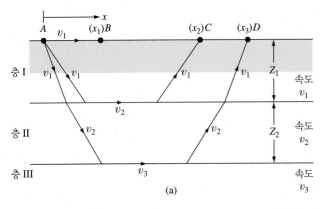

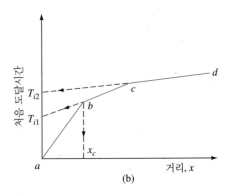

그림 1.24 지진파 굴절 탐사법

다양한 층으로 구성된 토층의 P파 속도와 각 층의 두께를 구하려면 다음의 과정을 따른다.

1단계: 충격지점으로부터 다양한 거리 x_1, x_2, x_3, ...에서 처음 도달한 시간 t_1, t_2, t_3, ...을 측정한다.

2단계: 거리 x에 대한 시간 t의 그래프를 그린다. 그래프는 그림 1.24b와 같은 모양일 것이다.

3단계: 선 ab, bc, cd, ...의 기울기를 결정한다.

$$ab\text{의 기울기} = \frac{1}{v_1}$$

$$bc\text{의 기울기} = \frac{1}{v_2}$$

$$cd\text{의 기울기} = \frac{1}{v_3}$$

여기서 v_1, v_2, v_3, ...는 층 I, II, III, ...의 P파 속도이다(그림 1.24a).

4단계: 최상층의 두께를 결정한다.

$$Z_1 = \frac{1}{2}\sqrt{\frac{v_2 - v_1}{v_2 + v_1}}\, x_c \tag{1.60}$$

여기서 x_c는 그림 1.24b에 보이는 것과 같이 얻을 수 있다.

5단계: 두 번째 층의 두께를 결정한다.

$$Z_2 = \frac{1}{2}\left[T_{i2} - 2Z_1 \frac{\sqrt{v_3^2 - v_1^2}}{v_3 v_1} \right] \frac{v_3 v_2}{\sqrt{v_3^2 - v_2^2}} \tag{1.61}$$

여기서 T_{i2}는 그림 1.24b에 보인 것 같이 선 cd를 역방향으로 연장하여 얻은 절편이다.

다양한 층들의 P파 속도는 지표면 아래에 존재하는 흙 또는 암석의 종류를 가리킨다. 얕은 깊이에 존재하는 다양한 흙과 암석의 P파 속도의 일반적인 범위는 표 1.11과 같다.

굴절 탐사법의 결과를 해석할 때 명심해야 할 두 가지 제한사항이 있다.

1. 탐사의 기본식들, 즉 식 (1.60)과 (1.61)은 P파 속도가 $v_1 < v_2 < v_3 < $...라는 가정을 기초로 한다.

2. 지하수위 아래에 포화된 흙의 경우, P파 속도는 오판될 가능성이 있다. P파는

표 1.11 다양한 흙과 암석에 대한 P파 속도 범위

흙과 암석의 형태	P파 속도(m/s)
흙	
모래, 건조한 실트, 상부세립토	200~1000
충적토	500~2000
다져진 점토, 점토질 자갈, 조밀한 점토질 모래	1000~2500
황토	250~750
암석	
점판암과 혈암	2500~5000
사암	1500~5000
화강암	4000~6000
신선한 석회암	5000~10,000

물을 통해서 약 1500 m/s의 속도로 이동할 수 있으나 건조하고 느슨한 흙에서는 1500 m/s보다 훨씬 느린 속도로 이동할 것이다. 그러나 포화된 지반 조건에서는 간극에 존재하는 물을 통해서 약 1500 m/s의 속도로 이동할 것이다. 따라서 만일 지하수위의 존재가 감지되지 않으면 P파 속도는 실제 현장의 상황과 다르게 사암(sandstone)과 같은 단단한 지층으로 완전히 다르게 해석될 수 있다. 따라서 지구물리 해석들은 시추 결과를 이용하여 항상 검증해야 한다.

예제 1.2

현장 굴절 탐사시험의 결과가 다음과 같다.

충격지점으로부터 수진기의 거리(m)	처음 도달시간 $(s \times 10^3)$
2.5	11.2
5	23.3
7.5	33.5
10	42.4
15	50.9
20	57.2
25	64.4
30	68.6
35	71.1
40	72.1
50	75.5

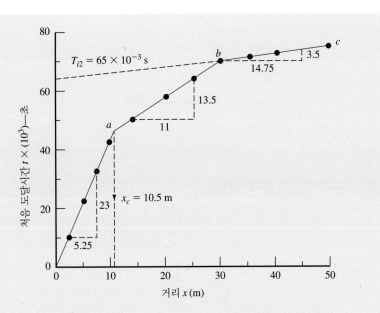

그림 1.25 충격지점으로부터 수진기의 거리에 따른 P파의 처음 도달시간

각 층의 P파 속도와 지층의 두께를 결정하시오.

풀이

속도

그림 1.25에 충격지점으로부터 수진기의 거리에 따라 P파의 처음 도달시간이 도시되어 있다. 그래프는 3개의 직선으로 구성되어 있다. 맨 위 세 층에 대한 속도는 다음과 같이 계산된다.

$$0a \text{의 기울기} = \frac{1}{v_1} = \frac{\text{시간}}{\text{거리}} = \frac{23 \times 10^{-3}}{5.25}$$

또는

$$v_1 = \frac{5.25 \times 10^3}{23} = \textbf{228 m/s (최상층)}$$

$$ab \text{의 기울기} = \frac{1}{v_2} = \frac{13.5 \times 10^{-3}}{11}$$

또는

$$v_2 = \frac{11 \times 10^3}{13.5} = \textbf{814.8 m/s (두 번째 층)}$$

(계속)

$$bc\text{의 기울기}= \frac{1}{v_3} = \frac{3.5 \times 10^{-3}}{14.75}$$

또는

$$v_3 = \textbf{4214 m/s (세 번째 층)}$$

표 1.11에 주어진 속도와 비교해보면 세 번째 층은 **암반층**이다.

층 두께

그림 1.25로부터 $x_c = 10.5$ m이다.

$$Z_1 = \frac{1}{2}\sqrt{\frac{v_2 - v_1}{v_2 + v_1}}\, x_c$$

이므로

$$Z_1 = \frac{1}{2}\sqrt{\frac{814.8 - 228}{814.8 + 228}} \times 10.5 = \textbf{3.94 m}$$

또한 식 (1.61)로부터

$$Z_2 = \frac{1}{2}\left[T_{i2} - \frac{2Z_1\sqrt{v_3^2 - v_1^2}}{(v_3 v_1)}\right]\frac{(v_3)(v_2)}{\sqrt{v_3^2 - v_2^2}}$$

T_{i2}의 값은 그림 1.25로부터 65×10^{-3} s이므로

$$Z_2 = \frac{1}{2}\left[65 \times 10^{-3} - \frac{2(3.94)\sqrt{(4214)^2 - (228)^2}}{(4214)(228)}\right]\frac{(4214)(814.8)}{\sqrt{(4214)^2 - (814.8)^2}}$$

$$= \frac{1}{2}(0.065 - 0.0345)830.48 = \textbf{12.66 m}$$

따라서 암반층은 **지표면으로부터** $Z_1 + Z_2 = 3.94 + 12.66 = \textbf{16.60 m}$ 아래에 있다.

크로스 홀 탐사법

지반에 가해진 충격의 결과로 발생된 전단파 속도는 **크로스 홀 탐사법**(cross-hole seismic survey)에 의해 효과적으로 결정할 수 있다(Stokoe and Woods, 1972). 이 기법의 원리는 그림 1.26에 설명되어 있다. 거리 L만큼 떨어진 2개의 시추공을 천공하고 충격봉을 이용해 시추공의 바닥에 연직 충격을 가한다. 발생된 전단파는 연직방향에

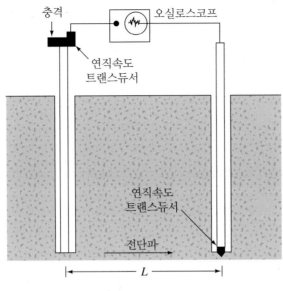

그림 1.26 크로스 홀 탐사법

민감한 트랜스듀서에 의해 기록된다. 전단파의 속도는 다음과 같이 계산할 수 있다.

$$v_s = \frac{L}{t} \tag{1.62}$$

여기서 t = 파의 도달시간

실험이 시행된 깊이에서 흙의 전단탄성계수 G는 다음과 같이 결정할 수 있다.

$$v_s = \frac{\sqrt{G}}{(\gamma/g)}$$

또는

$$G = \frac{v_s^2 \gamma}{g} \tag{1.63}$$

여기서

  v_s = 전단파 속도

  γ = 흙의 단위중량

  g = 중력가속도

전단탄성계수는 진동 기계나 이와 같은 구조를 지지하는 기초의 설계에 매우 유용하다.

전기비저항 탐사법

지반조사 중 또 다른 지구물리탐사법으로 **전기비저항 탐사법**(electrical resistivity sur-

표 1.12 전기비저항의 대표적인 값	
흙 재료	전기비저항 (ohm·m)
모래	500~1500
점토, 포화된 실트	0~100
점토질 모래	200~500
자갈	1500~4000
풍화암	1500~2500
신선암	>5000

vey)이 있다. 길이 L과 단면적 A를 가지는 어떤 전도성 재료의 전기비저항은 다음과 같이 정의할 수 있다.

$$\rho = \frac{RA}{L} \tag{1.64}$$

여기서 R = 전기저항

전기비저항의 단위는 옴-센티미터(ohm-centimeter) 또는 옴-미터(ohm-meter)이다. 다양한 흙의 전기비저항은 흙의 함수비와 그 속에 녹아 있는 이온의 농도에 주로 의존된다. 포화된 점토는 매우 낮은 전기비저항을, 건조한 흙이나 암석은 높은 전기비저항을 갖는다. 흔히 접할 수 있는 다양한 흙과 암석의 전기비저항 값의 범위가 표 1.12에 주어져 있다.

흙 지층의 전기비저항을 측정하는 일반적인 절차는 일직선을 따라서 동일한 간격으로 지반에 관입된 4개의 전극을 이용하는 것이다. 이 과정을 일반적으로 **웨너 법**(Wenner method, 그림 1.27a)이라고 한다.

2개의 바깥쪽 전극은 전기 전류 I(보통 비극성 전위 전극을 가지는 직류)를 지반 속으로 흘려보내는 데 사용된다. 전류는 보통 50~100밀리암페어(mA) 정도이다. 전압 강하(voltage drop) V는 2개의 안쪽 전극을 이용하여 측정한다. 만일 흙 층이 균질하다면, 전기비저항은 다음과 같다.

$$\rho = \frac{2\pi dV}{I} \tag{1.65}$$

대부분은, 다른 전기비저항 값을 갖는 여러 층으로 이루어지므로 식 (1.65)는 **겉보기 전기비저항**(apparent resistivity)을 줄 것이다. 각 층의 **실제 전기비저항**(actual resistivity)과 두께를 얻기 위해서는 다양한 전극 간격을 이용하는 경험적인 방법을 이용할 수 있다. 겉보기 전기비저항의 합 $\Sigma\rho$를 그림 1.27b와 같이 간격 d에 대해 도

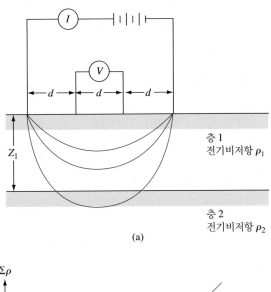

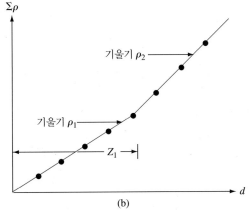

그림 1.27 전기비저항 탐사법. (a) 웨너 법, (b) 각 층의 전기비저항과 두께를 결정하는 경험적인 방법

시한다. 이렇게 얻은 그림에서 상대적으로 직선인 구간들을 나누고 각 구간의 직선의 기울기가 각 지층의 전기비저항을 나타낸다. 각 지층의 두께는 그림 1.27b와 같이 추정할 수 있다.

전기비저항 탐사법은 특히 세립토 내에 자갈 퇴적층을 찾는 데 유용하다.

1.15 지반조사 보고서

모든 지반조사를 마친 뒤, 현장에서 채취한 흙 시료와 암석 시료들에 대해서 육안관찰과 적절한 실내시험을 실시한다. 필요한 모든 정보를 수집한 뒤에, 설계 사무소에서의 사용이나 향후 공사에서의 참고를 위하여 지반조사 보고서를 작성한다. 비록 자세한 내용이나 정보의 순서들은 보고서 작성자나 구조물의 종류에 따라서 어느 정도 차이가 있더라도 각 보고서는 다음의 내용을 포함하여야 한다.

1. 조사의 범위
2. 지반조사가 수행된 목적 구조물에 대한 기술
3. 인근의 구조물을 포함한 현장 위치, 현장의 배수 조건, 현장과 인근의 식생 현황, 그리고 그 현장의 특이점 등
4. 현장의 지질학적 특성
5. 현장 지반조사의 상세, 즉 시추공 번호, 시추 깊이, 시추방식 등
6. 흙 시료, 실내시험, 표준관입치, 콘관입저항치 등으로부터 결정된 지층 상태에 대한 일반적인 기술
7. 지하수위 조건
8. 추천되는 기초의 형식, 허용지지력, 필요한 특수한 공사절차 등을 포함하는 기초에 대한 추천. 보고서의 이 부분에서는 기초설계 시 대안도 기술하여야 한다.
9. 결론과 지반조사의 제한조건

다음의 항목들은 그림으로 보고서에 첨부되어야 한다.

1. 현장 위치 지도
2. 목적 구조물과 인근의 구조물이 함께 표시된 시추공의 위치 평면도
3. 시추 주상도
4. 실내시험 결과
5. 그 밖에 그림으로 표현될 사항들

지반조사 보고서는 잘 계획하고 작성하여야 한다. 이러한 보고서는 이후의 설계나 시공과정에서 발생할 기초에 대한 다양한 문제나 의문점들을 해결하는 데 도움이 된다.

1.16 현장 계측

지반공학에서는 다양한 가정사항들과 근사화를 하였고 때로는 과도하게 간략화된 이론 해들을 사용해 왔다. 게다가 흙의 물성값들에는 엄청난 변동성이 존재함에도 제한

표 1.13 계측 장치	
요소	계측기
간극수압	피에조메터
토압	토압계
하중	하중계
변형률	변형률계
변형	다이얼게이지, LVDT, 경사계, 신장계, 침하계
진동	지진계
온도	온도계

된 실내시험과 현장 자료를 바탕으로 설계를 하고 있다. 제방이나 건축물과 같은 구조물을 건설할 때 때때로 이러한 가정들과 설계가 타당한지 확인하여야 한다. 특히 새로운 설계법이나 시공법과 일반적이지 않은 접근법을 적용할 때 올바르게 하고 있다는 것을 확증하는 가장 좋은 방법은 변형, 하중 그리고 압력들이 예측된 범위 안에 있는지를 계측하는 것이다. 계측에서 얻은 자료는 법적 분쟁 시 강력한 증거를 제공할 수 있다. 또한 계측 자료는 임박한 파괴를 조기에 경고하기도 한다.

지반공학적 계측은 흙과 흙을 지지하고 있는 구조물의 현재 거동을 모니터링하기 위하여 계측기들을 사용하는 것이다. 계측은 지반조사와 다르게 측정이 연속적이고 일정 기간에 걸쳐서 이루어진다. 표 1.13은 다양한 요소들을 측정하기 위하여 일반적으로 사용되는 계측 장치들을 정리한 것이다.

그림 1.28a는 말뚝재하시험과 관련된 계측 장치들이다. 하중은 하중계로 측정되며 침하는 몇 개의 LVDT(linear variable differential transformer)로 측정된다. 그림 1.28b는 매립현장에서 침하와 간극수압을 측정하기 위하여 사용되는 침하판과 피에조미터를 보여준다. 침하판은 지표로부터 특정 깊이에 묻히는 판(plate)과 연결된 봉(rod)으로 구성된다. 침하량 측정을 위하여 이 봉의 상단 끝을 관측한다.

그림 1.29a는 땅속의 깊이방향으로 정렬된 상태를 관측하기 위하여 케이싱을 통해 내려지는 관입기를 가진 경사계를 보여준다. 수평방향의 변형을 측정하기 위해 연직방향으로 설치되며 연직방향의 변형을 측정하기 위해 수평으로 설치될 수도 있다. 토압계(그림 1.29b)는 흙의 압력을 측정하기 위하여 흙속에 설치된다.

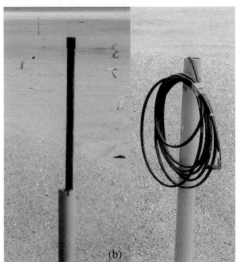

그림 1.28 (a) 말뚝재하시험 시 하중계와 LVDT, (b) 매립공사 시 침하판과 피에조미터 (N. Sivakugan, James Cook University, Australia 제공)

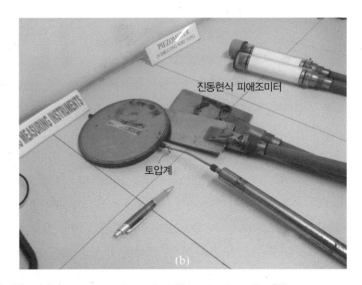

그림 1.29 (a) 경사계, (b) 토압계와 피에조미터 (N. Sivakugan, James Cook University, Australia 제공)

1.17 요약

이 장에서는 지반조사에 대하여 기술하였고 다음의 내용이 중요한 주제들이다.

1. 대략적인 최소한의 시추 깊이와 간격이 1.2절에 기술되어 있다.

2. 현장에서의 시추는 주로 연속날 오거로 수행된다(1.3절).

3. 교란된 시료는 스플릿스푼 시료 채취기를 이용하여 얻을 수 있다. 교란되지 않은 시료를 얻기 위해서는 씬월 튜브가 필요하다(1.5절).

4. 점성토의 비배수 점착력은 표준관입치(N_{60})와 상관관계를 맺을 수 있다(1.5절).

5. 조립토에서는 유효상재압력(σ'_o)이 현장의 표준관입치에 영향을 미친다. N값은 식 (1.7)~(1.14)를 이용하여 상재압력 $\sigma'_o \approx 100$ kN/m²에 해당하는 표준값으로 보정할 수 있다.

6. 조립토의 표준관입치 N_{60}과 $(N_1)_{60}$은 상대밀도(D_r)와 내부마찰각(ϕ')과 상관관계를 맺을 수 있다[식 (1.15)~(1.20) 참고].

7. 현장 베인전단시험은 연약하거나 중간 정도인 점토의 비배수 전단강도(c_u)를 얻기 위해 실시된다.

8. 콘관입시험, 프레셔미터시험, 딜라토미터시험은 흙의 물성들을 결정하기 위한 현장시험이다(1.9~1.11절).

9. 얕은 깊이에서 암반층이 나오면 암석 시료 채취가 필요한 경우가 있다. 회수율과 RQD가 암반의 상태를 평가하는 요소들이다(1.12절).

10. 지진파 굴절 탐사법, 크로스 홀 탐사법, 전기비저항 탐사법과 같은 지구물리탐사법들은 현장에서 흙의 물성들을 예비적으로 결정하기 위해 사용될 수 있다(1.14절). 이 방법들은 추가적인 세밀한 지반조사로 보완될 필요가 있다.

연습문제

1.1 다음 문장이 참인지 거짓인지 답하시오.
    a. 관이 얇을수록 시료 채취기의 면적비가 커진다.
    b. 스플릿스푼 시료 채취기로부터 회수된 시료는 매우 교란되어 있다.
    c. 표준관입시험에서 N_{60}는 N_{70}보다 크다.
    d. 표준관입시험에서 N_{60}는 $(N_1)_{60}$보다 클 수도 있고 작을 수도 있다.
    e. 베인전단시험은 모래에서도 수행할 수 있다.

1.2 다음 시료 채취관의 면적비를 비교하시오.
- 표준관입시험에서 이용되는 스플릿스푼 시료 채취기($D_o = 50.8$ mm, $D_i = 34.9$ mm)
- 76.2 mm의 외경과 관 두께 1.55 mm를 가지는 쉘비 튜브

1.3 그림 1.30에 토층 구조와 함께 점토층의 표준관입치가 주어져 있다. 식 (1.5)를 이용하여 깊이에 따른 c_u값을 계산하고 그리시오. 단 $K = 4.4$ kN/m²이다.

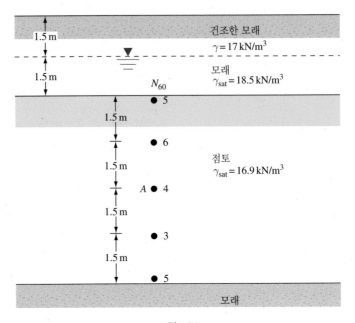

그림 1.30

1.4 포화된 점토층의 현장 표준관입치의 평균이 6이다. 점토의 일축압축강도를 식 (1.5)로 추정하시오($K \approx 4.2$ kN/m²).

1.5 아래 표는 모래 퇴적층에서 깊이에 따른 표준관입치 N_{60}이다.

깊이 (m)	N_{60}
1.5	6
3	8
4.5	9
6	8
7.5	13
9	14

지하수위는 6 m 깊이에 위치한다. 모래의 건조단위중량은 0~6 m 깊이까지 18 kN/m³이며, 6~12 m까지 모래의 포화단위중량은 20.2 kN/m³이다. Skempton의 식 (1.8)을 이용하여 보정된 표준관입치를 계산하시오.

1.6 건조한 모래 퇴적층의 현장 표준관입치가 아래와 같이 주어졌다. 모래의 단위중량은 18.7 kN/m³이다. 식 (1.7)로 주어진 Liao와 Whitman의 보정계수를 이용하여 깊이에 따른 $(N_1)_{60}$를 결정하시오.

깊이 (m)	N_{60}
1.5	9
3.0	9
4.5	12
6.0	12
7.5	16

1.7 현장에서 모래 퇴적층의 표준관입치가 아래와 같이 주어졌다.

깊이(m)	흙의 단위중량(kN/m³)	N_{60}
3.0	16.66	7
4.5	16.66	9
6.0	16.66	11
7.5	18.55	16
9.0	18.55	18
10.5	18.55	20
12	18.55	22

식 (1.19)를 이용하여 첨두 내부마찰각 ϕ'을 구하시오. 얕은 기초를 설계하기 위한 ϕ'의 평균값을 예상하시오. 깊이는 6 m 이상이고 흙의 단위중량은 18.55 kN/m³ 이다.

1.8 모래 퇴적층에 대한 상세 정보가 아래 표와 같다.

깊이(m)	유효상재압력 (kN/m²)	현장 표준관입치 N_{60}
3.0	55.1	9
4.5	82.7	11
6.0	97.3	12

모래층은 평균 18%의 세립분을 가지고 있다. 식 (1.15), (1.16) 그리고 (1.17)을 이용하여 3 m와 6 m 사이의 모래층의 평균 상대밀도를 추정하시오.

1.9 10 m 깊이의 모래($\gamma = 19$ kN/m³)의 N_{60}값이 26으로 결정되었다. 다음의 세 경험식을 이용하여 내부마찰각을 추정하시오.

a. Peck 등(1974)

b. Schmertmann(1975)

c. Hatanaka와 Uchida(1966)

1.10 그림 1.30의 점토층에서 베인전단시험을 실시했다. 베인의 규격은 63.5 mm(d) × 127 mm(h)인 직사각형이다. A점에서의 시험결과, 파괴 시 토크가 20 N·m이었다. 점토의 액성한계가 50이고 소성한계가 18이다. 다음의 각 상관관계를 이용하여 설

계 시 사용될 점토의 비배수 점착력을 추정하시오.

a. Bjerrum의 λ 상관관계[식 (1.31)]

b. Morris와 Williams의 λ와 PI 상관관계[식 (1.32a)]

c. Morris와 Williams의 λ와 LL 상관관계[식 (1.32b)]

1.11 정규압밀된 건조한 모래 퇴적층에서 콘관입시험을 실시했다. 결과는 다음의 표와 같다.

깊이(m)	콘관입저항치 $q_c \, (\mathrm{MN/m^2})$
1.5	2.05
3.0	4.23
4.5	6.01
6.0	8.18
7.5	9.97
9.0	12.42

모래의 건조단위중량을 15.5 kN/m³이라고 가정한다.

a. 식 (1.38)을 이용하여 모래의 평균 첨두 내부마찰각 ϕ'을 추정하시오.

b. 모래의 평균 상대밀도를 추정하시오. 식 (1.37b)를 이용하고 $Q_c = 1$이다.

1.12 그림 1.31의 토층을 참고한다. 전기마찰식 콘관입기로 A점에서 측정한 콘관입저항치 q_c가 0.8 MN/m²이다.

a. 비배수 점착력 c_u을 결정하시오.

b. 과압밀비 OCR는 얼마인가?

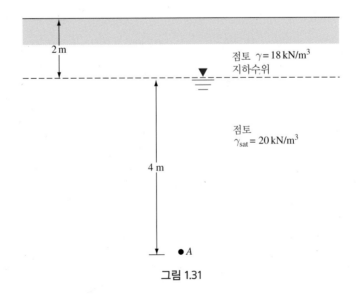

점토 $\gamma = 18 \, \mathrm{kN/m^3}$
지하수위

점토 $\gamma_{sat} = 20 \, \mathrm{kN/m^3}$

2 m

4 m

●A

그림 1.31

1.13 그림 1.17에서 보인 콘관입시험 결과에서 32 m 깊이의 흙의 종류는 무엇인가? 지하수위는 4.6 m에 위치하고 흙의 평균 습윤단위중량과 포화단위중량이 각각 17.0 kN/m³과 19.5 kN/m³이다. 흙의 상대밀도와 내부마찰각을 결정하시오.

1.14 아래 표는 콘관입시험 결과이다. 각 깊이에서의 흙의 종류를 결정하시오.

깊이(m)	q_c (MN/m²)	f_c (kN/m²)
5.0	2.0	10.0
10.0	1.5	75.5
15.0	0.2	7.2
20.0	1.1	38.5
25.0	15.0	150.0

1.15 연약한 포화점토에서 실시한 프레셔미터시험 결과가 다음과 같다.

측정 셀의 체적 $V_o = 535$ cm³

$p_o = 42.4$ kN/m² $v_o = 46$ cm³

$p_f = 326.5$ kN/m² $v_f = 180$ cm³

포아송비 μ_s를 0.5라고 가정하고, 그림 1.19에서 프레셔미터 계수 E_p를 계산하시오.

1.16 점토 퇴적층에서 딜라토미터시험을 실시했다. 지하수위는 지표로부터 3 m 깊이에 위치한다. 지표로부터 8 m 깊이에서 접촉압력 $p_o = 280$ kN/m²이고 팽창응력 $p_1 = 350$ kN/m²이다.

a. 정지토압계수 K_o를 결정하시오.

b. 과압밀비 OCR를 계산하시오.

c. 탄성계수 E_s는 얼마인가?

8 m 깊이에서 $\sigma'_o = 95$ kN/m², $\mu_s = 0.35$로 가정한다.

1.17 토층의 P파 속도가 190 m/s이다. 포아송비를 0.32로 가정할 때, 흙의 탄성계수를 계산하시오. 흙의 단위중량은 18 kN/m³으로 가정한다.

1.18 현장 굴절 탐사시험의 결과(그림 1.24a)가 아래 표와 같이 얻어졌다. 지층의 P파 속도와 두께를 결정하시오.

충격으로부터의 거리(m)	P파의 처음 도달시간 (s × 10³)	충격으로부터의 거리(m)	P파의 처음 도달시간 (s × 10³)
2.5	5.08	20.0	24.2
5.0	10.16	25.0	27.1
7.5	15.24	30.0	28.0
10.0	17.01	40.0	31.1
15.0	20.02	50.0	33.9

비판적 사고 문제

1.19 단위중량이 19.0 kN/m³인 모래에서 측정된 N_{60}값이 아래 표와 같다. 다음의 세 경험적 상관관계를 이용하여 유효 내부마찰각을 결정하는 스프레드시트(spread sheet)를 작성하시오.

- Peck 등(1974) — 식 (1.18)
- Schmertmann(1975) — 식 (1.19)
- Hatanaka와 Uchida(1996) — 식 (1.20)

25개의 자료들에 대한 세 경험식의 예측결과를 비교하시오.

깊이(m)	5	15	5	15	5	15	11	6	12
N_{60}	12	12	34	34	45	45	18	27	41

깊이(m)	10	20	10	6	32	50	20	13	17
N_{60}	26	15	34	42	42	34	34	23	29

깊이(m)	3	3	12	18	8	19	8
N_{60}	15	35	25	32	15	32	21

참고문헌

AMERICAN SOCIETY FOR TESTING AND MATERIALS (2010). *Annual Book of ASTM Standards*, Vol. 04.08, West Conshohocken, PA.

AMERICAN SOCIETY FOR TESTING AND MATERIALS (2003). *Annual Book of ASTM Standards*, Vol. 04.09, West Conshohocken, PA.

AMERICAN SOCIETY FOR TESTING AND MATERIALS (2002). *Annual Book of ASTM Standards*, Vol. 04.08, West Conshohocken, PA.

AMERICAN SOCIETY FOR TESTING AND MATERIALS (1997). *Annual Book of ASTM Standards*, Vol. 04.08, West Conshohocken, PA.

AMERICAN SOCIETY OF CIVIL ENGINEERS (1972). "Subsurface Investigation for Design and Construction of Foundations of Buildings," *Journal of the Soil Mechanics and Foundations Division*, American Society of Civil Engineers, Vol. 98. No. SM5, 481–490.

ANAGNOSTOPOULOS, A., KOUKIS, G., SABATAKAKIS, N., AND TSIAMBAOS, G. (2003). "Empirical Correlations of Soil Parameters Based on Cone Penetration Tests (CPT) for Greek Soils," *Geotechnical and Geological Engineering*, Vol. 21, No. 4, 377–387.

BAGUELIN, F., JÉZÉQUEL, J.F., AND SHIELDS, D.H. (1978). *The Pressuremeter and Foundation Engineering*, Trans Tech Publications, Clausthal.

BALDI, G., BELLOTTI, R., GHIONNA, V., AND JAMIOLKOWSKI, M. (1982). "Design Parameters for Sands from CPT," *Proceedings*, Second European Symposium on Penetration Testing, Amsterdam, Vol. 2, 425–438.

BAZARAA, A. (1967). *Use of the Standard Penetration Test for Estimating Settlements of Shallow Foundations on Sand*, Ph.D. Dissertation, Civil Engineering Department, University of Illinois Champaign-Urbana, Illinois.

BJERRUM, L. (1974). "Problems of Soil Mechanics and Construction on Soft Clays," Norwegian Geotechnical Institute, *Publications No. 110*, Oslo.

DEERE, D.U. (1963). "Technical Description of Rock Cores for Engineering Purposes," *Felsmechanik und Ingenieurgeologie*, Vol. 1, No. 1, 16–22.

HATANAKA, M., AND FENG, L. (2006). "Estimating Relative Density of Sandy Soils," *Soils and Foundation*, Vol. 46, No. 3, 299–313.

HATANAKA, M., AND UCHIDA, A. (1996). "Empirical Correlation Between Penetration Resistance and Internal Friction Angle of Sandy Soils," *Soils and Foundations*, Vol. 36, No. 4, 1–10.

JAMIOLKOWSKI, M., LADD, C.C., GERMAINE, J.T., AND LANCELLOTTA, R. (1985). "New Developments in Field and Laboratory Testing of Soils," *Proceedings, 11th International Conference on Soil Mechanics and Foundation Engineering*, Vol. 1, 57–153.

KULHAWY, F.H., AND MAYNE, P.W. (1990). *Manual on Estimating Soil Properties for Foundation Design*, Electric Power Research Institute, Palo Alto, CA.

LANCELLOTTA, R. (1983). *Analisi di Affidabilità in Ingegneria Geotecnica*, Atti Istituto Scienza Construzioni, No. 625, Politecnico di Torino.

LIAO, S.S.C., AND WHITMAN, R.V. (1986). "Overburden Correction Factors for SPT in Sand," *Journal of Geotechnical Engineering*, American Society of Civil Engineers, Vol. 112, No. 3, 373–377.

MARCHETTI, S. (1980). "*In Situ* Test by Flat Dilatometer," *Journal of Geotechnical Engineering Division*, ASCE, Vol. 106, GT3, 299–321.

MAYNE, P.W., AND KEMPER, J.B. (1988). "Profiling OCR in Stiff Clays by CPT and SPT," *Geotechnical Testing Journal*, ASTM, Vol. 11, No. 2, 139–147.

MENARD, L. (1956). *An Apparatus for Measuring the Strength of Soils in Place*, M.S. Thesis, University of Illinois, Urbana, IL.

MORRIS, P.M., AND WILLIAMS, D.J. (1994). "Effective Stress Vane Shear Strength Correction Factor Correlations," *Canadian Geotechnical Journal*, Vol. 31, No. 3, 335–342.

OHYA, S., IMAI, T., AND MATSUBARA, M. (1982). "Relationships Between N Value by SPT and LLT Pressuremeter Results," *Proceedings*, 2nd European Symposium on Penetration Testing, Amsterdam, Vol. 1, 125–130.

PECK, R.B., HANSON, W.E., AND THORNBURN, T.H. (1974). *Foundation Engineering*, 2nd ed., Wiley, New York.

RICCERI, G., SIMONINI, P., AND COLA, S. (2002). "Applicability of Piezocone and Dilatometer to Characterize the Soils of the Venice Lagoon" *Geotechnical and Geological Engineering*, Vol. 20, No. 2, 89–121.

ROBERTSON, P. K., AND CAMPANELLA, R.G. (1983). "Interpretation of Cone Penetration Tests. Part I: Sand," *Canadian Geotechnical Journal*, Vol. 20, No. 4, 718–733.

SCHMERTMANN, J.H. (1975). "Measurement of *In Situ* Shear Strength," *Proceedings*, Specialty Conference on *In Situ* Measurement of Soil Properties, ASCE, Vol. 2, 57–138.

SEED, H.B., ARANGO, I., AND CHAN, C.K. (1975). "Evaluation of Soil Liquefaction Potential During Earthquakes,"*Report No. EERC 75–28*, Earthquake Engineering Research Center, University of California, Berkeley.

SEED, H.B., TOKIMATSU, K., HARDER, L.F., AND CHUNG, R.M. (1985). "Influence of SPT Procedures in Soil Liquefaction Resistance Evaluations," *Journal of Geotechnical Engineering*, ASCE, Vol. 111, No. 12, 1425–1445.

SKEMPTON, A.W. (1957). "Discussion: The Planning and Design of New Hong Kong Airport," *Proceedings*, Institute of Civil Engineers, London, Vol. 7, 305–307.

SKEMPTON, A.W. (1986). "Standard Penetration Test Procedures and the Effect in Sands of Overburden Pressure, Relative Density, Particle Size, Aging and Overconsolidation," *Geotechnique*, Vol. 36, No. 3, 425–447.

SOWERS, G.B., AND SOWERS, G.F. (1970). *Introductory Soil Mechanics and Foundations*, 3rd ed., Macmillan, New York.

STOKOE, K.H., AND WOODS, R.D. (1972). "In Situ Shear Wave Velocity by Cross-Hole Method," *Journal of Soil Mechanics and Foundations Division*, ASCE, Vol. 98, No. SM5, pp. 443–460.

STROUD, M. (1974). "SPT in Insensitive Clays," *Proceedings*, European Symposium on Penetration Testing, Vol. 2.2, 367–375.

WOLFF, T.F. (1989). "Pile Capacity Prediction Using Parameter Functions," in *Predicted and Observed Axial Behavior of Piles, Results of a Pile Prediction Symposium*, sponsored by Geotechnical Engineering Division, ASCE, Evanston, IL, June 1989, ASCE Geotechnical Special Publication No. 23, 96–106.

CHAPTER
2 얕은 기초−지지력

2.1 서론

구조물의 최하부를 일반적으로 **기초**(foundation)라 한다. 기초의 역할은 구조물의 하중을 구조물이 놓여 있는 흙으로 전달하는 것이다. 제대로 설계된 기초는 흙에 과한 응력을 발생시키지 않고 하중을 흙으로 골고루 전달한다. 흙에 과한 응력이 가해질 경우, 과다침하나 흙의 전단 파괴가 발생할 수 있으며, 이 경우 상부 구조물에 손상이 발생한다. 따라서 기초를 설계할 때, 지반 및 구조 공학자들은 반드시 흙의 지지력을 평가하여야 한다.

주어진 구조물 및 지반 조건에 따라서 다양한 형식의 기초가 사용될 수 있다. **확대기초**(spread footing)는 단순히 하중을 지지하는 벽이나 기둥을 확대시킨 것으로, 더 넓은 면적의 흙에 구조물 하중을 분배하여 흙에 작용하는 응력을 줄인다. 하중 지지 능력이 낮은 흙에서는 확대기초의 크기가 커지게 되어 비실용적이다. 이러한 경우에는 전체 구조물을 콘크리트 바닥 위에 짓는 것이 더욱 경제적이다. 이러한 양식의 기초를 **전면기초**(mat foundation)라 한다.

말뚝(pile)과 **현장타설말뚝**(drilled shaft foundation)은 무거운 구조물의 하중을 지지하기 위해 깊은 깊이가 필요할 때 적용된다. 말뚝은 나무, 콘크리트, 혹은 강재로 만들어지며 상부 구조물의 하중을 깊은 깊이의 토층으로 전달하는 구조 부재이다. 하부 지반으로 어떻게 하중을 전달하느냐에 따라서 말뚝은 마찰말뚝(friction piles)과 선단 지지 말뚝(end-bearing piles)으로 분류할 수 있다. 마찰말뚝은 말뚝 표면을 따라 발생한 전단응력으로 상부 구조물 하중에 저항한다. 선단지지 말뚝은 말뚝에 작용하는 하중을 선단을 통해 단단한 지층으로 전달한다.

현장타설말뚝은 먼저 하부 지반을 굴착하여 원통형의 빈 공간을 만들고 그곳에 콘크리트를 채워서 만든다. 하부 지반을 굴착할 때 금속 케이싱을 적용할 수 있다. 콘크리트를 타설할 때 케이싱은 남겨지거나 제거된다. 일반적으로 현장타설말뚝의 직경은 말뚝보다 훨씬 크다. 하지만 말뚝의 직경이 약 1 m보다 크다면 말뚝과 현장타설말뚝의 구분은 모호해지며, 그에 따른 정의와 명명법 또한 정확하지 않다.

확대기초와 전면기초는 일반적으로 얕은 기초로 분류되며, 말뚝과 현장타설말뚝은 깊은 기초로 분류된다. 더욱 일반화하여, 얕은 기초는 근입깊이−기초 폭 비율이 약 4보다 작은 기초이다. 기초의 근입깊이−기초 폭 비율이 4보다 크다면, 깊은 기초로 분류한다.

이 장에서는 얕은 기초에서 흙의 지지력에 대해 논한다. 얕은 기초를 지지하는 지반에 전단 파괴를 유발하는 단위면적당 극한하중을 분석할 것이며, 이를 극한 지지력(ultimate bearing capacity)이라 한다. 산정된 극한 지지력에 안전율(factor of safety)을 적용하여 허용 지지력(allowable bearing capacity)을 결정한다.

침하 기준으로부터 산정되는 허용 지지력은 3장에서 논한다.

2.2 얕은 기초의 극한 지지력−일반개념

그림 2.1a와 같이 조밀한 모래 혹은 단단한 점성토 표면 위에 폭이 B인 (이론상 그 길이가 무한대인) 대상기초가 놓여 있다고 하자. 그 후 기초에 하중을 점차적으로 가한다면 침하가 발생할 것이다. 그림 2.1a는 기초의 침하량에 대해 기초에 작용하는 단위면적당 하중 q의 변화를 보여준다. 단위면적당 하중이 q_u와 같을 때 기초를 지지하던 흙에서 갑작스런 파괴가 발생하며, 흙 내부의 파괴면은 지표면까지 연장된다. 이 단위면적당 하중 q_u를 일반적으로 **기초의 극한 지지력**(ultimate bearing capacity of the foundation)이라 한다. 흙 내부에서 발생하는 이러한 형태의 갑작스런 파괴를 **전반 전단 파괴**(general shear failure)라 한다.

만약 기초가 중간 정도 조밀의 모래나 점성토 위에 놓여 있는 경우에도(그림 2.1b), 기초에 작용하는 하중이 증가할수록 침하가 증가할 것이다. 하지만 이 경우 흙 내부의 파괴면은 그림 2.1b와 같이 기초로부터 바깥쪽으로 점진적으로 확장된

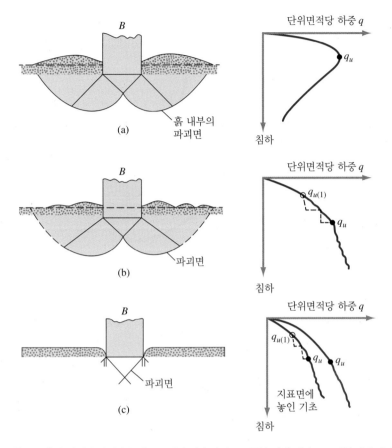

그림 2.1 흙의 지지력 파괴의 본성. (a) 전반 전단 파괴, (b) 국부 전단 파괴, (c) 관입 전단 파괴

다. 기초에 작용하는 단위면적당 하중이 $q_{u(1)}$일 때, 기초는 갑작스럽게 소량 움직인다. 그 후 흙 내부의 파괴면(그림 2.1b에서 점선)이 지표면까지 연장되기 위해서는 매우 큰 기초의 변위가 필요하다. 이때 단위면적당 하중을 **극한 지지력**(ultimate bearing capacity) q_u라 한다. 이 지점 이후로는 하중이 증가할수록 기초는 크게 침하한다. 기초에 작용하는 단위면적당 하중 $q_{u(1)}$을 **초기 파괴 하중**(first failure load)이라 한다 (Vesic, 1963). 이러한 파괴 양상을 **국부 전단 파괴**(local shear failure)라 하며, 이 경우 q의 첨두값은 존재하지 않는다.

만일 기초가 매우 느슨한 흙에 의해 지지되고 있다면, 하중–침하량 곡선은 그림 2.1c와 같다. 이 경우 흙 내부의 파괴면은 지표면까지 확장하지 못한다. 극한 파괴 하중 q_u보다 큰 하중에 대해서는 하중–침하량 곡선은 매우 가파르며 실질적으로 선형함수의 형태를 보인다. 이러한 흙의 파괴 양상을 **관입 전단 파괴**(punching shear failure)라 한다.

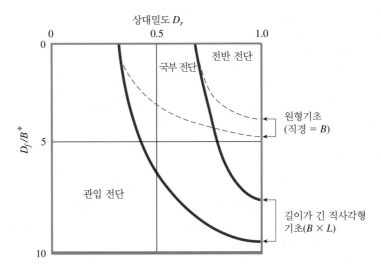

그림 2.2 모래 지반에서 기초 파괴 양상에 관한 Vesic(1963)의 실험 결과[Vasic(1963)]

다수의 실험 결과로부터 Vesic(1963)은 모래 지반에 놓여 있는 기초의 지지력 파괴 양상에 관한 관계를 제안하였으며, 그림 2.2는 아래 기호를 이용하여 이 관계를 보여준다.

D_r = 모래의 상대밀도

D_f = 지표로부터 측정한 기초의 근입깊이

B = 기초의 폭

L = 기초의 길이(주의: $L \geq B$)

그림 2.2로부터 다음을 보일 수 있다.

$$지반 내 파괴 형태 = f\left(D_r, \frac{D_f}{B}, \frac{B}{L}\right) \tag{2.1}$$

얕은 근입깊이를 가지는 기초(D_f/B^*가 작은 경우)에 대해서, 극한하중은 기초침하량이 B의 4~10% 정도일 때 발생한다. 이러한 조건은 지반에 전반 전단 파괴가 발생할 때 성립한다. 하지만 국부 혹은 관입 전단 파괴 발생 시 극한하중은 기초 폭(B)의 15~25%에 해당하는 침하가 발생할 때 발현된다. 여기서 B^*은 다음과 같이 정의된다.

$$B^* = \frac{2BL}{B + L} \tag{2.2}$$

B^*는 B/L 비에 따라 B와 $2B$ 사이의 값을 가진다.

2.3 Terzaghi의 극한 지지력 이론

Terzaghi(1943)는 표면이 거친 얕은 기초의 극한 지지력을 평가하는 종합적 이론을 처음으로 제시하였다. 이 이론에 따르면, 기초의 근입깊이(그림 2.3) D_f가 기초의 폭보다 작거나 같다면 기초를 **얕다**(shallow)고 정의한다. 하지만 추후 연구진들은 D_f가 기초 폭의 3~4배와 같은 기초 또한 **얕은 기초**(shallow foundation)로 정의할 것을 제안하였다.

Terzaghi는 (기초 폭과 길이의 비율이 0으로 수렴하는) **연속**(continuous) 혹은 **대상기초**(strip foundation)에 극한하중이 작용할 때 흙 내부에는 그림 2.3과 유사한 파괴면이 발생함을 제안하였다. 이는 그림 2.1a에서 정의된 전반 전단 파괴의 경우이다. 기초의 바닥면 위 흙의 영향은 등가 등분포하중 $q = \gamma D_f$(여기서 γ = 흙의 단위중량)로 고려한다. 기초 아래 파괴영역은 세 부분으로 나뉜다(그림 2.3).

1. 기초 바로 아래 **삼각형 영역**(triangular zone) *ACD*
2. 대수나선형(logarithmic spiral) 곡선 *DE*, *DF*를 가지는 **회전 전단영역**(radial shear zone) *ADF*와 *CDE*
3. **삼각형 Rankine 수동영역**(triangular Rankine passive zone) *AFH*와 *CEG*

각도 *CAD*와 *ACD*는 흙의 마찰각과 동일하다고 가정한다(즉 $\alpha = \phi'$). 기초의 바닥면 위 흙은 등가 등분포하중 q로 치환하므로, 파괴면 *GI*와 *HJ*를 따라 발생하는 전단저항은 고려하지 않음을 주의하여야 한다.

평형해석을 통하여, Terzaghi는 극한 지지력을 다음 형태로 나타내었다.

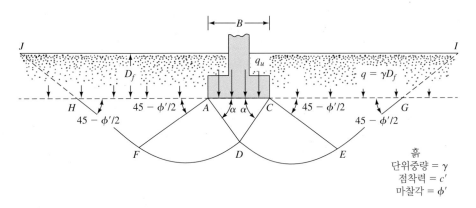

그림 2.3 표면이 거친 강체 연속기초 아래 흙의 지지력 파괴

$$q_u = c'N_c + qN_q + \frac{1}{2}\,\gamma BN_\gamma \quad \text{(대상기초)} \tag{2.3}$$

여기서

c' = 흙의 점착력

γ = 흙의 단위중량

q = γD_f

N_c, N_q, N_γ = 마찰각 ϕ'의 함수인 무차원 지지력계수

정사각형 및 원형기초에 대해서 Terzaghi는 다음과 같은 극한 지지력 공식을 제안하였다.

정사각형 기초의 극한 지지력은 다음과 같다.

$$q_u = 1.3c'N_c + qN_q + 0.4\gamma BN_\gamma \tag{2.4}$$

원형기초의 극한 지지력은 다음과 같다.

$$q_u = 1.3c'N_c + qN_q + 0.3\gamma BN_\gamma \tag{2.5}$$

여기서 B는 기초의 직경이다.

마찰각 ϕ'에 대한 지지력계수 N_c, N_q, N_γ는 표 2.1과 같다.

2.4 Terzaghi의 지지력 공식의 수정

지지력에 대한 실내 및 현장 연구를 바탕으로 볼 때, Terzaghi가 제안한 흙의 파괴면의 기본적 본성은 적합한 것으로 보인다(Vesic, 1973). 하지만 그림 2.3의 각도 α는 Terzaghi가 당초에 가정한 ϕ'보다는 45 + ϕ'/2에 더 근접하다. 각도 α = 45 + ϕ'/2로 할 경우 지지력계수 N_q와 N_c는 다음과 같다.

$$N_q = \tan^2\!\left(45 + \frac{\phi'}{2}\right)e^{\pi \tan \phi'} \tag{2.6}$$

표 2.1 Terzaghi의 지지력계수—N_c, N_q, N_γ—식 (2.3), (2.4), (2.5)

ϕ' (°)	N_c	N_q	N_γ^a	ϕ' (°)	N_c	N_q	N_γ^a
0	5.70	1.00	0.00	26	27.09	14.21	9.84
1	6.00	1.10	0.01	27	29.24	15.90	11.60
2	6.30	1.22	0.04	28	31.61	17.81	13.70
3	6.62	1.35	0.06	29	34.24	19.98	16.18
4	6.97	1.49	0.10	30	37.16	22.46	19.13
5	7.34	1.64	0.14	31	40.41	25.28	22.65
6	7.73	1.81	0.20	32	44.04	28.52	26.87
7	8.15	2.00	0.27	33	48.09	32.23	31.94
8	8.60	2.21	0.35	34	52.64	36.50	38.04
9	9.09	2.44	0.44	35	57.75	41.44	45.41
10	9.61	2.69	0.56	36	63.53	47.16	54.36
11	10.16	2.98	0.69	37	70.01	53.80	65.27
12	10.76	3.29	0.85	38	77.50	61.55	78.61
13	11.41	3.63	1.04	39	85.97	70.61	95.03
14	12.11	4.02	1.26	40	95.66	81.27	115.31
15	12.86	4.45	1.52	41	106.81	93.85	140.51
16	13.68	4.92	1.82	42	119.67	108.75	171.99
17	14.60	5.45	2.18	43	134.58	126.50	211.56
18	15.12	6.04	2.59	44	151.95	147.74	261.60
19	16.56	6.70	3.07	45	172.28	173.28	325.34
20	17.69	7.44	3.64	46	196.22	204.19	407.11
21	18.92	8.26	4.31	47	224.55	241.80	512.84
22	20.27	9.19	5.09	48	258.28	287.85	650.67
23	21.75	10.23	6.00	49	298.71	344.63	831.99
24	23.36	11.40	7.08	50	347.50	415.14	1072.80
25	25.13	12.72	8.34				

[a] N_γ의 출처는 Kumbhojkar(1993)

$$N_c = (N_q - 1)\cot \phi' \tag{2.7}$$

지지력계수 N_c에 관한 식 (2.7)은 Prandtl(1921)가 처음 유도하였으며, N_q에 관한 식 (2.6)은 Reissner(1924)가 제시하였다. Caquot와 Kerisel(1953), Vesic(1973)은 지지력계수 N_γ에 대해 다음 관계를 제시하였다.

$$N_\gamma = 2(N_q + 1)\tan \phi' \tag{2.8}$$

식 (2.6)과 (2.7)에 대해서는 일반적인 동의가 있지만, 지지력계수 N_γ에 대해서는 여러 문헌에서 다른 식이 제안되어 왔다.

표 2.2는 흙의 마찰각에 대한 상기한 지지력계수를 나열한다.

표 2.2 지지력계수[식 (2.6), (2.7), (2.8)]

ϕ'	N_c	N_q	N_γ	ϕ'	N_c	N_q	N_γ
0	5.14	1.00	0.00	23	18.05	8.66	8.20
1	5.38	1.09	0.07	24	19.32	9.60	9.44
2	5.63	1.20	0.15	25	20.72	10.66	10.88
3	5.90	1.31	0.24	26	22.25	11.85	12.54
4	6.19	1.43	0.34	27	23.94	13.20	14.47
5	6.49	1.57	0.45	28	25.80	14.72	16.72
6	6.81	1.72	0.57	29	27.86	16.44	19.34
7	7.16	1.88	0.71	30	30.14	18.40	22.40
8	7.53	2.06	0.86	31	32.67	20.63	25.99
9	7.92	2.25	1.03	32	35.49	23.18	30.22
10	8.35	2.47	1.22	33	38.64	26.09	35.19
11	8.80	2.71	1.44	34	42.16	29.44	41.06
12	9.28	2.97	1.69	35	46.12	33.30	48.03
13	9.81	3.26	1.97	36	50.59	37.75	56.31
14	10.37	3.59	2.29	37	55.63	42.92	66.19
15	10.98	3.94	2.65	38	61.35	48.93	78.03
16	11.63	4.34	3.06	39	67.87	55.96	92.25
17	12.34	4.77	3.53	40	75.31	64.20	109.41
18	13.10	5.26	4.07	41	83.86	73.90	130.22
19	13.93	5.80	4.68	42	93.71	85.38	155.55
20	14.83	6.40	5.39	43	105.11	99.02	186.54
21	15.82	7.07	6.20	44	118.37	115.31	224.64
22	16.88	7.82	7.13	45	133.88	134.88	271.76

연직하중이 작용하는 대상기초에 관한 식 (2.3)은 다음을 고려하여 일반화될 수 있다.

a. 기초의 바닥면 위에 존재하는 흙 내부의 파괴면을 따라서 작용하는 전단저항 (그림 2.3에서 *GI*와 *HJ*로 표시된 파괴면의 일부분)

b. 직사각형 기초의 폭과 길이의 비

c. 하중의 경사

상기사항을 고려할 때, 극한 지지력 공식은 다음 형태를 가진다(Meyerhof, 1963).

$$q_u = c' N_c F_{cs} F_{cd} F_{ci} + q N_q F_{qs} F_{qd} F_{qi} + \frac{1}{2} \gamma B N_\gamma F_{\gamma s} F_{\gamma d} F_{\gamma i} \tag{2.9}$$

여기서

c' = 흙의 점착력

q = 기초 바닥면 위치에 작용하는 유효응력

γ = 흙의 단위중량

B = 기초의 폭(=원형기초의 직경)

$F_{cs}, F_{qs}, F_{\gamma s}$ = 형상계수

$F_{cd}, F_{qd}, F_{\gamma d}$ = 깊이계수

$F_{ci}, F_{qi}, F_{\gamma i}$ = 경사계수

N_c, N_q, N_γ = 지지력계수[식 (2.6), (2.7), (2.8)]

형상계수, 깊이계수, 경사계수의 추천식은 표 2.3과 같다.

표 2.3 형상계수, 깊이계수, 경사계수의 사용 추천식

계수	공식	출처
형상	$F_{cs} = 1 + \dfrac{B}{L}\dfrac{N_q}{N_c}$	De Beer(1970)
	$F_{qs} = 1 + \dfrac{B}{L}\tan \phi'$	
	$F_{\gamma s} = 1 - 0.4\dfrac{B}{L}$	
	여기서 L = 기초의 길이$(L > B)$	
깊이	$\dfrac{D_f}{B} \leq 1$	Hansen(1970)
	$\phi = 0:$	
	$F_{cd} = 1 + 0.4\left(\dfrac{D_f}{B}\right)$	
	$F_{qd} = 1$	
	$F_{\gamma d} = 1$	
	$\phi' > 0:$	
	$F_{cd} = F_{qd} - \dfrac{1 - F_{qd}}{N_c \tan \phi'}$	
	$F_{qd} = 1 + 2\tan \phi'\,(1 - \sin \phi')^2 \left(\dfrac{D_f}{B}\right)$	
	$F_{\gamma d} = 1$	
	$\dfrac{D_f}{B} > 1$	
	$\phi = 0:$	

(계속)

표 2.3 형상계수, 깊이계수, 경사계수의 사용 추천식(계속)		
계수	공식	출처
	$F_{cd} = 1 + 0.4 \underbrace{\tan^{-1}\left(\dfrac{D_f}{B}\right)}_{\text{라디안}}$	
	$F_{qd} = 1$	
	$F_{\gamma d} = 1$	
	$\phi' > 0:$	
	$F_{cd} = F_{qd} - \dfrac{1 - F_{qd}}{N_c \tan \phi'}$	
	$F_{qd} = 1 + 2 \tan \phi'(1 - \sin \phi')^2 \underbrace{\tan^{-1}\left(\dfrac{D_f}{B}\right)}_{\text{라디안}}$	
	$F_{\gamma d} = 1$	
경사	$F_{ci} = F_{qi} = \left(1 - \dfrac{\beta°}{90°}\right)^2$ $F_{\gamma i} = \left(1 - \dfrac{\beta}{\phi'}\right)^2$ 여기서 β = 기초에 가해지는 하중의 연직방향 대비 경사	Meyerhof(1963), Hanna과 Meyerhof(1981)

순 극한 지지력

순 극한 지지력(net ultimate bearing capacity)은 기초 바닥면 깊이에서 기초 주위의 흙에 의해 발생하는 압력 q 이외에 흙이 추가로 지지할 수 있는 기초에 작용하는 단위면적당 극한 압력이다. 기초를 이루는 콘크리트의 단위중량과 기초 주위 흙의 단위중량의 차이를 무시한다면, 순 극한 지지력은 다음과 같이 산정된다.

$$q_{\text{net}(u)} = q_u - q \tag{2.10}$$

여기서 $q_{\text{net}(u)}$ = 순 극한 지지력

배수 및 비배수 조건

극한 지지력 공식[식 (2.3), (2.4), (2.5), (2.9)]은 배수 조건에서는 유효응력 기반으로 적용하며, 비배수 조건에서는 전응력을 기반으로 사용할 수 있다. 유효응력 기반으로

공식을 적용할 경우 c'과 ϕ'을 사용한다. 비배수 재하를 분석하기 위해 전응력을 기반으로 공식을 적용할 경우 비배수 점착력 $c = c_u$와 $\phi = 0$을 사용한다. $\phi = 0$ 조건에서, $N_c = 5.14$, $N_q = 1$, $N_\gamma = 0$이다(표 2.2).

2.5 지하수위를 고려한 지지력 공식의 수정

식 (2.3), (2.4), (2.5), (2.9)는 지하수위가 기초 아래 깊이 위치한다는 가정하에 극한 지지력을 산정하기 위해 개발되었다. 하지만 만일 지하수위가 기초 부근에 위치한다면, 지하수위의 위치에 따라서 극한 지지력 공식을 수정할 필요가 있다(그림 2.4).

Case I: 만일 지하수위가 $0 \leq D_1 \leq D_f$라면, 지지력 공식에서 계수 q는 다음 형태를 가진다.

$$q = \text{유효 등분포하중} = D_1\gamma + D_2(\gamma_{\text{sat}} - \gamma_w) \qquad (2.11)$$

여기서

γ_{sat} = 포화단위중량

γ_w = 물의 단위중량

또한 지지력 공식의 마지막 항목의 γ는 $\gamma' = \gamma_{\text{sat}} - \gamma_w$로 교체하여야 한다.

Case II: 만일 지하수위가 $0 \leq d \leq B$라면,

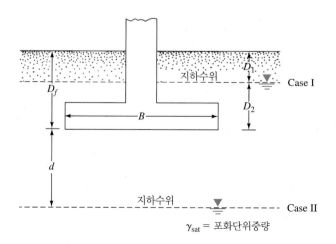

그림 2.4 지하수위에 따른 지지력 공식의 수정

$$q = \gamma D_f \qquad (2.12)$$

지지력 공식의 마지막 항목의 계수 γ는 다음과 같은 (기초 바닥면부터 B 만큼 지반의) 가중 평균값으로 교체해야 한다.

$$\bar{\gamma} = \gamma' + \frac{d}{B}(\gamma - \gamma') \qquad (2.13)$$

상기 수정사항은 흙 내부에 침투압이 없다는 가정을 바탕으로 한다.

Case III: 지하수위가 $d \geq B$라면, 극한 지지력에 미치는 지하수의 영향은 없다.

2.6 안전율

얕은 기초의 총 허용하중(총 허용 지지력)을 산정하기 위해서는 총 극한 지지력에 다음과 같이 안전율(FS)을 적용하여야 한다.

$$q_{\text{all}} = \frac{q_u}{FS} \qquad (2.14)$$

하지만 일부 실무 엔지니어들은 다음과 같이 안전율을 사용하는 것을 선호하기도 한다.

$$\text{흙에서 순 응력 증분} = \frac{\text{순 극한 지지력}}{FS} \qquad (2.15)$$

순 극한 지지력은 식 (2.10)에 따라 다음과 같이 정의된다.

$$q_{\text{net}(u)} = q_u - q$$

위 식을 식 (2.15)에 대입하면 다음과 같다.

흙에서 순 응력 증분

$= $ 상부 구조물로부터 전달되는 기초의 단위면적당 하중

$$= q_{\text{all(net)}} = \frac{q_u - q}{FS} \qquad (2.16)$$

식 (2.16)에서 사용되는 안전율은 모든 경우에 적어도 3 이상이다.

예제 2.1

2 m × 2 m의 정사각형 기초를 계획하고 있다. 기초를 지지하고 있는 흙의 마찰각은 $\phi' = 25°$이고, 점착력은 $c' = 20$ kN/m²이다. 흙의 단위중량은 $\gamma = 16.5$ kN/m³이다. 안전율(FS) 3을 적용할 때, 기초에 허용가능한 총 하중을 결정하시오. 기초의 근입깊이(D_f)는 1.5 m, 흙 내부에서는 전반 전단 파괴가 발생한다고 가정하고, 식 (2.4)를 사용한다.

풀이

식 (2.4)로부터

$$q_u = 1.3c'N_c + qN_q + 0.4\gamma BN_\gamma$$

표 2.1에서 $\phi' = 25°$일 때

$$N_c = 25.13$$
$$N_q = 12.72$$
$$N_\gamma = 8.34$$

따라서

$$q_u = (1.3)(20)(25.13) + (1.5 \times 16.5)(12.72) + (0.4)(16.5)(2)(8.34)$$
$$= 653.38 + 314.82 + 110.09 = 1078.29 \text{ kN/m}^2$$

그러므로 기초의 단위면적당 총 허용 지지력은

$$q_{\text{all}} = \frac{q_u}{FS} = \frac{1078.29}{3} \approx 359.5 \text{ kN/m}^2$$

따라서 총 허용하중은

$$Q = (359.5) \, B^2 = (359.5)(2 \times 2) = \textbf{1438 kN}$$

예제 2.2

예제 2.1을 식 (2.9)를 이용하여 푸시오.

풀이

식 (2.9)로부터

(계속)

$$q_u = c'N_c F_{cs} F_{cd} F_{ci} + qN_q F_{qs} F_{qd} F_{qi} + \frac{1}{2}\gamma B N_\gamma F_{\gamma s} F_{\gamma d} F_{\gamma i}$$

하중이 연직방향으로 가해지므로 $F_{ci} = F_{qi} = F_{\gamma i} = 1$이다. 표 2.2로부터, $\phi' = 25°$일 때 $N_c = 20.72$, $N_q = 10.66$, $N_\gamma = 10.88$이다.

표 2.3으로부터

$$F_{cs} = 1 + \left(\frac{B}{L}\right)\left(\frac{N_q}{N_c}\right) = 1 + \left(\frac{2}{2}\right)\left(\frac{10.66}{20.72}\right) = 1.514$$

$$F_{qs} = 1 + \left(\frac{B}{L}\right)\tan\phi' = 1 + \left(\frac{2}{2}\right)\tan 25 = 1.466$$

$$F_{\gamma s} = 1 - 0.4\left(\frac{B}{L}\right) = 1 - 0.4\left(\frac{2}{2}\right) = 0.6$$

$$F_{qd} = 1 + 2\tan\phi'\,(1 - \sin\phi')^2\left(\frac{D_f}{B}\right)$$

$$= 1 + (2)\,(\tan 25)\,(1 - \sin 25)^2\left(\frac{1.5}{2}\right) = 1.233$$

$$F_{cd} = F_{qd} - \frac{1 - F_{qd}}{N_c \tan\phi'} = 1.233 - \left[\frac{1 - 1.233}{(20.72)\,(\tan 25)}\right] = 1.257$$

$$F_{\gamma d} = 1$$

따라서

$$q_u = (20)(20.72)(1.514)(1.257)(1)$$

$$+ (1.5 \times 16.5)(10.66)(1.466)(1.233)(1)$$

$$+ \frac{1}{2}(16.5)\,(2)\,(10.88)\,(0.6)\,(1)\,(1)$$

$$= 788.6 + 476.9 + 107.7 = 1373.2\ \text{kN/m}^2$$

$$q_{\text{all}} = \frac{q_u}{FS} = \frac{1373.2}{3} = 457.7\ \text{kN/m}^2$$

$$Q = (457.7)(2 \times 2) = \mathbf{1830.8\ kN}$$

예제 2.3

그림 2.5와 같은 정사각형 기초가 있다. 이 기초가 안전하게 지지할 수 있는 총 하중(안전율은 3)을 결정하시오.

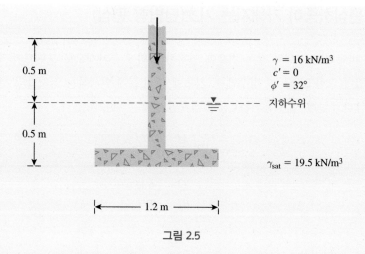

그림 2.5

풀이

$c' = 0$, $F_{ci} = F_{qi} = F_{\gamma i} = 1$(연직하중)일 때, 식 (2.9)는

$$q_u = qN_qF_{qs}F_{qd} + \tfrac{1}{2}\gamma BN_\gamma F_{\gamma s}F_{\gamma d}$$

표 2.2로부터, $\phi' = 32°$일 때 $N_q = 23.18$, $N_\gamma = 30.22$이다.

$$F_{qs} = 1 + \left(\frac{B}{L}\right)\tan\phi' = 1 + \left(\frac{1.2}{1.2}\right)\tan 32 = 1.625$$

$$F_{qd} = 1 + 2\tan\phi'(1 - \sin\phi')^2\frac{D_f}{B}$$

$$= 1 + 2\tan 32(1 - \sin 32)^2\left(\frac{1}{1.2}\right) = 1.23$$

$$F_{\gamma s} = 1 - 0.4\left(\frac{B}{L}\right) = 1 - 0.4\left(\frac{1.2}{1.2}\right) = 0.6$$

$$F_{\gamma d} = 1$$

$$q = (0.5)(16) + (0.5)(19.5 - 9.81) = 12.845 \text{ kN/m}^2$$

그러므로

$$q_u = (12.845)(23.18)(1.625)(1.23) + \tfrac{1}{2}(19.5 - 9.81)(1.2)(30.22)(0.6)(1)$$

$$= 700.54 \text{ kN/m}^2$$

$$q_{all} = \frac{q_u}{3} = \frac{700.54}{3} = 233.51 \text{ kN/m}^2$$

$$Q = q_{all}B^2 = (233.51)(1.2 \times 1.2) \approx \textbf{336 kN}$$

2.7 편심하중이 가해지는 기초(단방향 편심)

옹벽 바닥면의 경우와 같이 기초에 연직하중 외에 추가적으로 모멘트가 작용하는 경우가 있다(그림 2.6a). 이 경우에는, 기초에 의해 흙에 발생하는 접지압의 분포가 균등하지 않다. (설계 시 사용되는) 공칭 접지압 분포는 다음과 같다.

$$q_{max} = \frac{Q}{BL} + \frac{6M}{B^2L} \tag{2.17}$$

$$q_{min} = \frac{Q}{BL} - \frac{6M}{B^2L} \tag{2.18}$$

여기서

Q = 총 연직하중

M = 기초에 작용하는 모멘트

정확한 접지압의 분포를 파악하는 것은 쉽지 않다.

이러한 종류의 하중에 대해 지지력 파괴에 대한 안전율은 Meyerohof(1953)가 제안한 방법을 사용하여 평가한다. 이 방법은 흔히 **유효면적**(effective area)법이라 지칭한다. Meyerhof가 제안한 다음 단계를 통해 흙이 지지할 수 있는 극한하중 및 지지력 파괴에 대한 안전율을 결정한다.

1. 그림 2.6a의 하중을 합력으로 나타내면 그림 2.6b와 같다. 거리 e를 편심이라 하며, 이는 다음과 같이 정의된다.

$$e = \frac{M}{Q} \tag{2.19}$$

식 (2.19)를 식 (2.17), (2.18)에 대입하면 다음과 같다.

$$q_{max} = \frac{Q}{BL}\left(1 + \frac{6e}{B}\right) \tag{2.20}$$

$$q_{min} = \frac{Q}{BL}\left(1 - \frac{6e}{B}\right) \tag{2.21}$$

이 방정식에서 주의할 점은 편심 e가 $B/6$와 같아진다면, q_{min}이 0이 된다는 것이다. 만일 $e > B/6$라면, q_{min}은 음수가 되며, 이는 인장력이 발현됨을 의미한

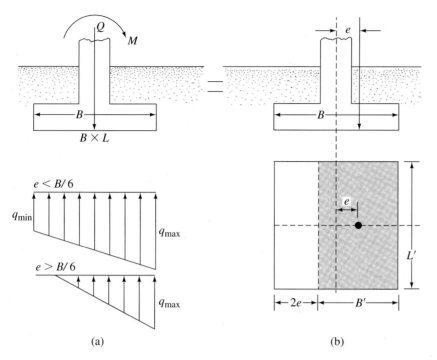

그림 2.6 편심이 작용하는 기초

다. 흙은 어떠한 인장에도 저항할 수 없기 때문에, 기초와 이를 지지하는 흙이 서로 떨어지게 된다. 그림 2.6a는 이러한 경우 흙에 작용하는 접지압 분포를 보여준다. q_{max}값은 다음과 같다(Tomlinson, 1978).

$$q_{max} = \frac{4Q}{3L(B - 2e)} \tag{2.22}$$

2. 기초의 유효치수를 다음과 같이 결정한다.

$$B' = 유효폭 = B - 2e$$

$$L' = 유효길이 = L$$

이때 만약 편심이 기초의 길이 방향에 위치한다면, L'은 $L - 2e$와 같아야 하며, B'은 B와 같아야 한다. 두 치수(L'과 B') 중 작은 값이 기초의 유효폭이다.

3. 식 (2.9)를 이용하여 다음과 같이 극한 지지력을 산정한다.

$$q'_u = c'N_cF_{cs}F_{cd}F_{ci} + qN_qF_{qs}F_{qd}F_{qi} + \frac{1}{2}\gamma B'N_\gamma F_{\gamma s}F_{\gamma d}F_{\gamma i} \tag{2.23}$$

F_{cs}, F_{qs}, $F_{\gamma s}$를 산정하기 위해서는 표 2.3에서 L과 B 대신 각각 유효길이와 유효

폭을 적용한다. F_{cd}, F_{qd}, $F_{\gamma d}$를 결정하기 위해서는 (B를 B'으로 바꾸지 않고) 표 2.3을 사용한다.

4. 기초가 지지할 수 있는 총 극한하중은 다음과 같다.

$$Q_{\text{ult}} = q_u' \overbrace{(B')(L')}^{A'}$$ (2.24)

여기서 A' = 유효면적

5. 지지력 파괴에 대한 안전율은 다음과 같다.

$$FS = \frac{Q_{\text{ult}}}{Q}$$ (2.25)

예제 2.4

그림 2.7과 같은 연속기초가 있다. 만약 편심이 0.2 m라면, 기초의 단위길이당 극한하중 Q_{ult}을 Meyerhof의 유효면적법을 사용하여 결정하시오.

풀이

점착력 $c' = 0$인 지반에 대해서, 식 (2.23)으로부터

$$q_u' = qN_qF_{qs}F_{qd}F_{qi} + \frac{1}{2}\gamma B'N_\gamma F_{\gamma s}F_{\gamma d}F_{\gamma i}$$

여기서 $q = (16.5)(1.5) = 24.75 \text{ kN/m}^2$이다.

표 2.2에서, $\phi' = 40°$일 때 $N_q = 64.2$, $N_\gamma = 109.41$이다. 또한

$$B' = 2 - (2)(0.2) = 1.6 \text{ m}$$

문제의 기초는 대상기초이므로 B'/L'은 0이다. 그러므로 $F_{qs} = 1$, $F_{\gamma s} = 1$이다. 표 2.3에서

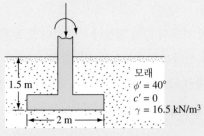

그림 2.7 편심하중이 가해지는 연속기초

$$F_{qi} = F_{\gamma i} = 1$$

$$F_{qd} = 1 + 2 \tan \phi'(1 - \sin \phi')^2 \frac{D_f}{B} = 1 + 0.214\left(\frac{1.5}{2}\right) = 1.16$$

$$F_{\gamma d} = 1$$

그리고

$$q'_u = (24.75)\,(64.2)\,(1)\,(1.16)\,(1)$$
$$+ \left(\frac{1}{2}\right)(16.5)\,(1.6)\,(109.41)\,(1)\,(1)\,(1) = 3287.39 \text{ kN/m}^2$$

따라서

$$Q_{\text{ult}} = (B')\,(1)(q'_u) = (1.6)(1)(3287.39) \approx \mathbf{5260 \text{ kN/m}}$$

2.8 조립토 지반의 편심하중을 받는 대상기초의 저감계수법

Purkayastha와 Char(1977)은 모래층 위에서 편심하중을 받는 대상기초의 안정성 분석에 절편법을 이용하였으며 다음을 제안하였다.

$$R_k = 1 - \frac{q_{u(\text{eccentric})}}{q_{u(\text{centric})}} \tag{2.26}$$

여기서

R_k = 저감계수

$q_{u(\text{eccentric})}$ = 편심하중을 받는 연속기초의 극한 지지력(단위면적당 평균 극한하중)

$q_{u(\text{centric})}$ = 기초의 중앙에 하중이 작용하는 연속기초의 극한 지지력

계수 R_k의 크기는 다음과 같다.

$$R_k = a \left(\frac{e}{B}\right)^k \tag{2.27}$$

여기서 a와 k는 근입비 D_f/B의 함수이다(표 2.4).

  따라서 식 (2.26)과 (2.27)을 결합하면

표 2.4 a와 k의 변화 [식 (2.27)]		
D_f/B	a	k
0.00	1.862	0.730
0.25	1.811	0.785
0.50	1.754	0.800
1.00	1.820	0.888

$$q_{u(\text{eccentric})} = q_{u(\text{centric})}(1 - R_k) = q_{u(\text{centric})}\left[1 - a\left(\frac{e}{B}\right)^k\right] \tag{2.28}$$

여기서

$$q_{u(\text{centric})} = qN_qF_{qd} + \frac{1}{2}\gamma BN_\gamma F_{\gamma d} \tag{2.29}$$

Patra 등(2013)은 120번의 실내 모형실험을 실시하여, 식 (2.28)을 다음과 같이 수정할 수 있음을 제안하였다($0 \leq D_f/B \leq 1$).

$$q_{u(\text{eccentric})} = q_{u(\text{centric})}\left[1 - 2\left(\frac{e}{B}\right)\right] \tag{2.30}$$

예제 2.5

다음 식을 이용하여 예제 2.4를 다시 푸시오.

   a. 식 (2.28)

   b. 식 (2.30)

풀이

a. 점착력 $c' = 0$이므로

$$q_{u(\text{centric})} = qN_qF_{qd} + \frac{1}{2}\gamma BN_\gamma F_{\gamma d}$$

마찰각 $\phi' = 40°$이므로 $N_q = 64.2$, $N_\gamma = 109.41$이다(표 2.2로부터). 그러므로 $F_{qd} = 1.16$, $F_{\gamma d} = 1$이다(예제 2.4로부터).

$$q_{u(\text{centric})} = (24.75)(64.2)(1.16) + \frac{1}{2}(16.5)(2)(109.41)(1)$$
$$= 1843.18 + 1805.27 = 3648.45 \text{ kN/m}^2$$

식 (2.27)로부터

$$R_k = a\left(\frac{e}{B}\right)^k$$

$D_f/B = 1.5/2 = 0.75$이므로, 표 2.4로부터 $a \approx 1.79$, $k \approx 0.85$이다. 따라서

$$R_k = 1.79\left(\frac{0.2}{2}\right)^{0.85} = 0.253$$

$$Q_u = Bq_{u(\text{eccentric})} = Bq_{u(\text{centric})}(1 - R_k)$$

$$= (2)(3648.45)(1 - 0.253) \approx \mathbf{5451\ kN}$$

b.

$$Q_u = Bq_{u(\text{eccentric})} = Bq_{u(\text{centric})}\left[1 - 2\left(\frac{e}{B}\right)\right]$$

$$= (2)(3648.45)\left[1 - 2\left(\frac{0.2}{2}\right)\right] = \mathbf{5837.5\ kN}$$

2.9 경사진 편심하중이 가해지는 대상기초

그림 2.8은 단위길이당 극한 편심하중 $Q_{u(ei)}$가 경사지게 작용하는 얕은 대상기초를 보여준다. 하중은 연직방향과 각도 α를 이루며, 편심은 e이다. $Q_{u(ei)}$를 결정하기 위해서는 다음 방법 중 하나를 적용해야 한다.

Meyerhof(1963)의 방법

대상기초에 대해서 식 (2.23)을 수정해서 q'_u를 산정할 수 있다. 이 경우 형상계수 F_{cs},

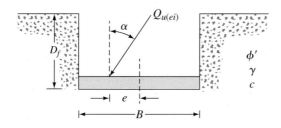

그림 2.8 경사진 편심하중이 가해지는 얕은 대상기초

F_{qs}, $F_{\gamma s}$는 모두 1이다. 그러므로

$$q'_u = c'N_cF_{cd}F_{ci} + qN_qF_{qd}F_{qi} + \frac{1}{2}\gamma B'N_\gamma F_{\gamma d}F_{\gamma i} \qquad (2.31)$$

기초의 단위길이당 극한하중의 연직방향 성분은 $Q_{u(ei)}\cos\alpha = q'_u B'$과 같다. 따라서

$$Q_{u(ei)} = \frac{B'}{\cos\alpha}\left[c'N_cF_{cd}F_{ci} + qN_qF_{qd}F_{qi} + \frac{1}{2}\gamma(B - 2e)N_\gamma F_{\gamma d}F_{\gamma i}\right] \qquad (2.32)$$

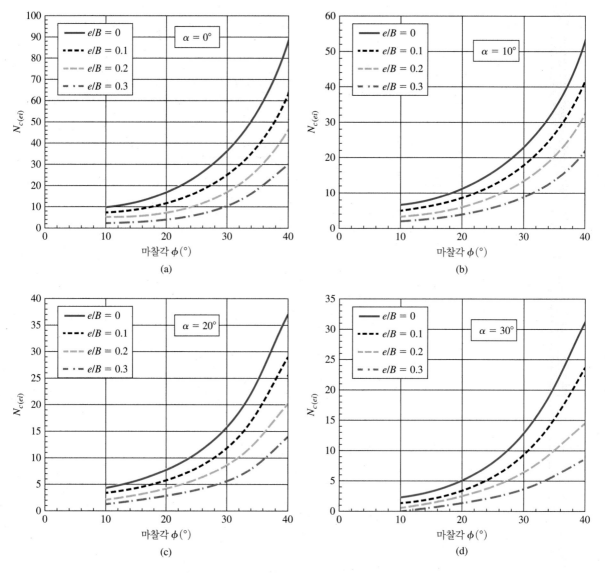

그림 2.9 지지력계수 $N_{c(ei)}$. (a) $\alpha = 0°$, (b) $\alpha = 10°$, (c) $\alpha = 20°$, (d) $\alpha = 30°$

Saran과 Agarwal(1991)의 방법

Saran과 Agarwal(1991)은 한계 평형 해석법을 수행하여 다음과 같은 극한하중을 산
정하였다.

$$Q_{u(ei)} = B\left[c'N_{c(ei)} + qN_{q(ei)} + \frac{1}{2}\gamma BN_{\gamma(ei)} \right] \tag{2.33}$$

여기서 $N_{c(ei)}$, $N_{q(ei)}$, $N_{\gamma(ei)}$ = 지지력계수(그림 2.9, 2.10, 2.11)이다. 주의할 점은 식
(2.33)은 깊이계수를 포함하고 있지 않다는 것이다.

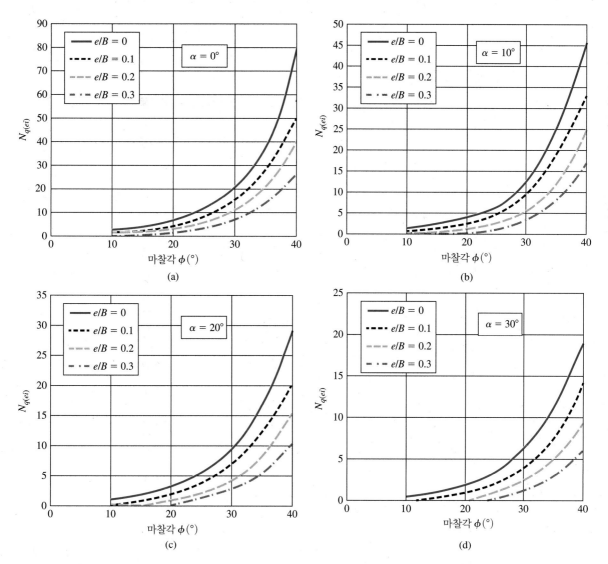

그림 2.10 지지력계수 $N_{q(ei)}$. (a) $\alpha = 0°$, (b) $\alpha = 10°$, (c) $\alpha = 20°$, (d) $\alpha = 30°$

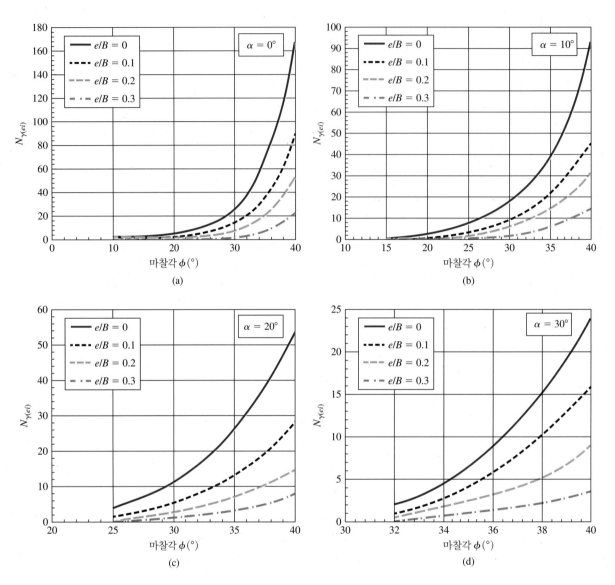

그림 2.11 지지력계수 $N_{\gamma(ei)}$. (a) $\alpha = 0°$, (b) $\alpha = 10°$, (c) $\alpha = 20°$, (d) $\alpha = 30°$

저감계수법(Patra 등, 2012)−조립토 지반

조밀 혹은 중간 조밀한 조립토에 대한 120번의 모형실험 결과에 기초하여, Patra 등 (2012)은 $Q_{u(ei)}$에 대해 다음과 같은 경험적 관계를 제시하였다.

$$Q_{u(ei)} = Bq_u \left[1 - 2 \left(\frac{e}{B} \right) \right] \left(1 - \frac{\alpha}{\phi'} \right)^{2-(D_f/B)} \tag{2.34}$$

여기서 q_u는 주어진 D_f/B에 대해서 기초 중앙에서 작용하는 연직하중에 대한 극한 지지력이다.

예제 2.6

예제 2.4의 기초에 하중이 각도 $\alpha = 10°$로 작용한다는 추가 조건을 고려할 때, 다음을 이용하여 $Q_{u(ei)}$를 산정하시오.

a. 식 (2.32)

b. 식 (2.33)

c. 식 (2.34)

풀이

a.

$$F_{qi} = \left(1 - \frac{\alpha}{90}\right)^2 = \left(1 - \frac{10}{90}\right)^2 = 0.79$$

$$F_{\gamma i} = \left(1 - \frac{\alpha}{\phi'}\right)^2 = \left(1 - \frac{10}{40}\right)^2 = 0.56$$

예제 2.4로부터의 결과를 이용하면

$$q_u' B' = B'\left[qN_q F_{qd}F_{qi} + \frac{1}{2}\gamma(B - 2e)N_\gamma F_{\gamma d}F_{\gamma i}\right]$$

$$= 1.6\left[(24.75)(64.2)(1.16)(0.79) + \left(\frac{1}{2}\right)(16.5)(1.6)(109.41)(1)(0.56)\right]$$

$$= \textbf{3623.8 kN/m}$$

$$Q_{u(ei)} = \frac{q_u' B'}{\cos \alpha} = \frac{q_u' B'}{\cos 10} = \frac{3623.8}{\cos 10} \approx \textbf{3680 kN/m}$$

b. 점착력 $c' = 0$이므로, 식 (2.33)을 다시 쓰면

$$Q_{u(ei)} = B\left[qN_{q(ei)} + \frac{1}{2}\gamma B N_{\gamma(ei)}\right]$$

예제 2.4로부터, $q = 24.75$ kN/m², $B = 2$ m, $\gamma = 16.5$ kN/m³이다.

이 문제에서는 $B = 2$ m, $\gamma = 16.5$ kN/m³, $\phi' = 40°$, $e/B = 0.2/2 = 0.1$, $\alpha = 10°$이다.

(계속)

그림 2.10b와 2.11b로부터, $N_{q(ei)} = 33.16$, $N_{\gamma(ei)} = 47.48$이다. 따라서

$$Q_{u(ei)} = (2)\left[(24.75)(33.16) + \left(\frac{1}{2}\right)(16.5)(2)(47.48)\right] = \textbf{3208.26 kN/m}$$

c. 식 (2.34)로부터

$$Q_{u(ei)} = Bq_u\left[1 - 2\left(\frac{e}{B}\right)\right]\left[1 - \left(\frac{\alpha}{\phi'}\right)^{2-(D_f/B)}\right]$$

$$q_u = qN_qF_{qd} + \frac{1}{2}\gamma BN_\gamma F_{\gamma d}$$

예제 2.4로부터, $q = 24.75$ kN/m², $F_{qd} = 1.16$, $F\gamma_d = 1$, $N_q = 64.2$, $N\gamma = 109.41$, $D_f/B = 0.75$이다. 그러므로

$$q_u = (24.75)(64.2)(1.16) + \left(\frac{1}{2}\right)(16.5)(2)(109.41)(1) = 3648.45 \text{ kN/m}^2$$

$$Q_{u(ei)} = (2)(3658.45)[1 - 2(0.1)]\left[1 - \left(\frac{10}{40}\right)\right]^{2-0.75} = \textbf{4085.5 kN/m}$$

코멘트: Meyerhof의 방법과 Patra 등의 방법은 상당히 유사한 값을 제시한다.

2.10 양방향 편심하중이 작용하는 기초

그림 2.12a, b와 같이 한 기초에 연직 극한하중 Q_{ult}와 모멘트 M이 작용하는 상황을 고려해보자. 이러한 경우 모멘트 M의 x와 y방향 요소를 각각 M_x와 M_y라 할 수 있다 (그림 2.12c). 이 조건은 하중 Q_{ult}가 기초의 중앙에서 $x = e_B$, $y = e_L$만큼 떨어져서 편심하중으로 작용하는 것과 등가이다(그림 2.12d). 이때 편심은 다음과 같다.

$$e_B = \frac{M_y}{Q_{ult}} \tag{2.35}$$

$$e_L = \frac{M_x}{Q_{ult}} \tag{2.36}$$

만약 Q_{ult}가 필요하다면, 식 (2.24)를 따라 다음과 같이 구할 수 있다.

$$Q_{ult} = q_u'A'$$

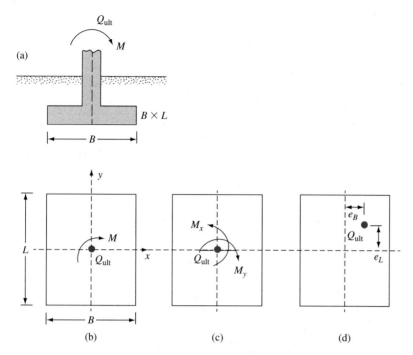

그림 2.12 양방향 편심하중이 작용하는 기초의 분석

여기서 식 (2.23)으로부터

$$q'_u = c'N_cF_{cs}F_{cd}F_{ci} + qN_qF_{qs}F_{qd}F_{qi} + \frac{1}{2}\gamma B'N_\gamma F_{\gamma s}F_{\gamma d}F_{\gamma i}$$

또한

$$A' = 유효면적 = B'L'$$

이전과 마찬가지로, F_{cs}, F_{qs}, $F_{\gamma s}$를 (표 2.3을 이용하여) 결정하기 위해서 L과 B 대신 유효길이(L')와 유효폭(B')을 각각 사용한다. 한편 F_{cd}, F_{qd} 그리고 $F_{\gamma d}$를 결정하기 위해서 표 2.3을 이용하지만 B 대신 B'을 이용하지 않는다. 유효면적(A'), 유효폭(B'), 유효길이(L')를 결정할 때 네 가지 가능한 경우가 있다(Higher and Anders, 1985). 유효면적의 도심은 하중의 작용점과 일치하여야 한다.

Case I: 그림 2.13a는 $e_L/L \geq \frac{1}{6}$이고 $e_B/B \geq \frac{1}{6}$인 경우, 유효면적을 보여주며, 이는 다음과 같다.

$$A' = \frac{1}{2}B_1L_1 \tag{2.37}$$

여기서

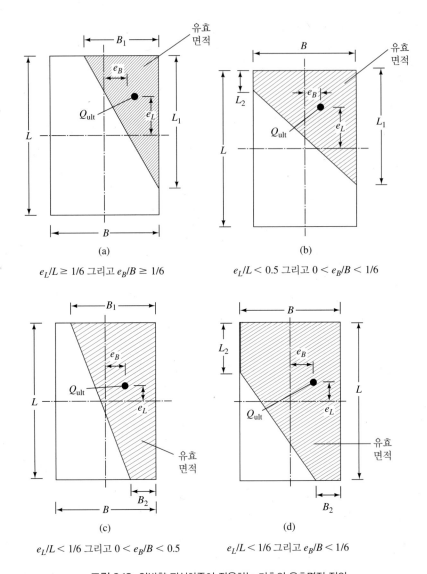

그림 2.13 양방향 편심하중이 작용하는 기초의 유효면적 정의

$$B_1 = B\left(1.5 - \frac{3e_B}{B}\right) \qquad (2.38)$$

$$L_1 = L\left(1.5 - \frac{3e_L}{L}\right) \qquad (2.39)$$

유효길이 L'은 B_1과 L_1 중 큰 값이다. 따라서 유효폭은 다음과 같다.

$$B' = \frac{A'}{L'} \qquad (2.40)$$

Case II : 그림 2.13b는 $e_L/L < 0.5$이고 $0 < e_B/B < \frac{1}{6}$인 경우, 유효면적을 보여준다.

$$A' = \frac{1}{2}(L_1 + L_2)B \tag{2.41}$$

L_1과 L_2의 크기는 그림 2.14로부터 구한다. 유효폭은 다음과 같다.

$$B' = \frac{A'}{L_1과 \ L_2 \ 중 \ 큰 \ 값} \tag{2.42}$$

유효길이는 다음과 같다.

$$L' = L_1과 \ L_2 \ 중 \ 큰 \ 값 \tag{2.43}$$

Case III : 그림 2.13c는 $e_L/L < \frac{1}{6}$이고 $0 < e_B/B < 0.5$인 경우, 유효면적을 보여준다.

$$A' = \frac{1}{2}(B_1 + B_2)L \tag{2.44}$$

유효폭은 다음과 같다.

$$B' = \frac{A'}{L} \tag{2.45}$$

유효길이는 다음과 같다.

$$L' = L \tag{2.46}$$

B_1과 B_2의 크기는 그림 2.15로부터 구한다.

Case IV : 그림 2.13d는 $e_L/L < \frac{1}{6}$이고 $e_B/B < \frac{1}{6}$인 경우, 유효면적을 보여준다. 비율 B_2/B와 L_2/L(결국 B_2와 L_2)은 그림 2.16으로부터 구할 수 있다. 유효면적은 다음과 같다.

$$A' = L_2B + \frac{1}{2}(B + B_2)(L - L_2) \tag{2.47}$$

유효폭은 다음과 같다.

$$B' = \frac{A'}{L} \tag{2.48}$$

유효길이는 다음과 같다.

$$L' = L \tag{2.49}$$

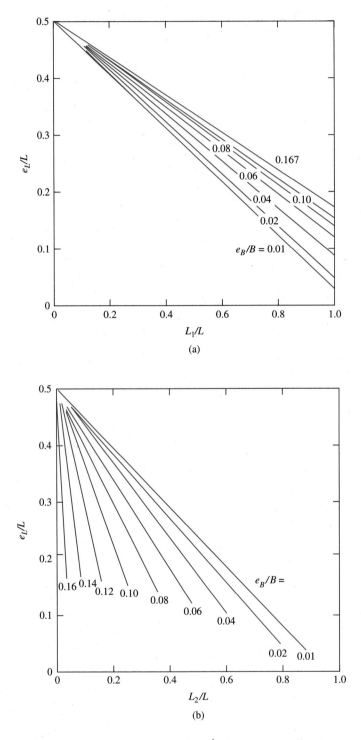

(a)

(b)

그림 2.14 Case II($e_L/L < 0.5$, $0 < e_B/B < \frac{1}{6}$)에서 e_L/L과 e_B/B에 대한 L_1/L 과 L_2/L의 변화[Highter and Anders(1985)]

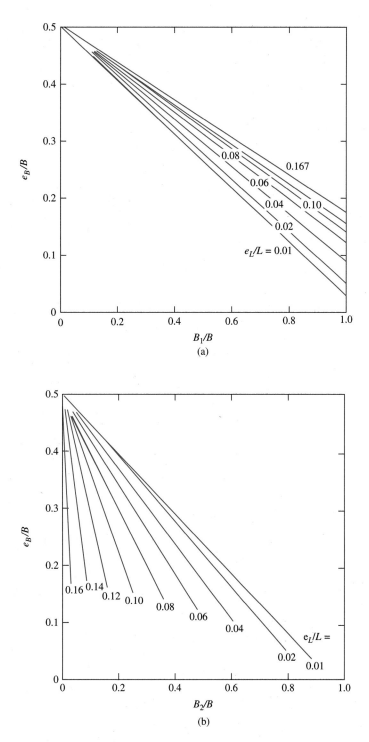

그림 2.15 Case III($e_L/L < \frac{1}{6}$, $0 < e_B/B < 0.5$)에서 e_L/L과 e_B/B에 대한 B_1/B 과 B_2/B의 변화[Highter and Anders(1985)]

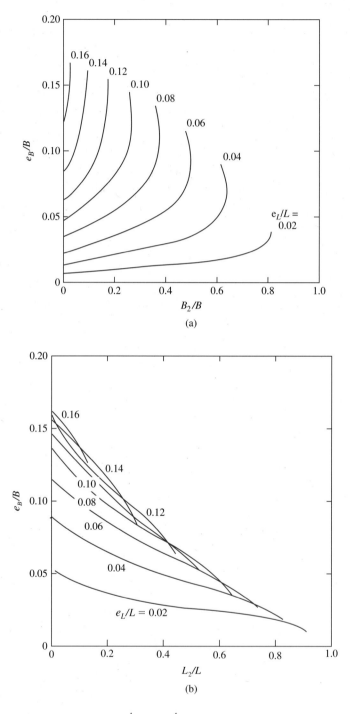

(a)

(b)

그림 2.16 Case IV($e_L/L < \frac{1}{6}$, $e_B/B < \frac{1}{6}$)에서 e_B/B과 e_L/L에 대한 B_2/B와 L_2/L 의 변화[Highter and Anders(1985)]

예제 2.7

그림 2.17과 같이 e_L = 0.3 m이고 e_B = 0.15 m인 정사각형 기초가 있다. 양방향 편심하중을 가정하고 극한하중 Q_{ult}를 결정하시오.

풀이

$$\frac{e_L}{L} = \frac{0.3}{1.5} = 0.2 \qquad \frac{e_B}{B} = \frac{0.15}{1.5} = 0.1$$

이 경우는 그림 2.13b와 같은 Case II와 유사하다. 그림 2.14로부터, e_L/L = 0.2이고 e_B/B = 0.1일 때 다음을 알 수 있다.

$$\frac{L_1}{L} \approx 0.85; \qquad L_1 = (0.85)(1.5) = 1.275 \text{ m}$$

그리고

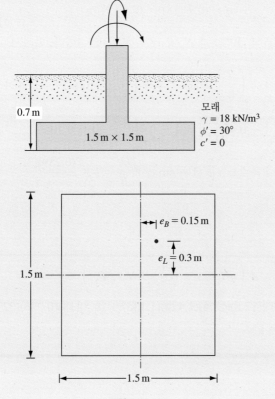

0.7 m

1.5 m × 1.5 m

모래
γ = 18 kN/m³
ϕ' = 30°
c' = 0

e_B = 0.15 m

e_L = 0.3 m

1.5 m

1.5 m

그림 2.17

(계속)

$$\frac{L_2}{L} \approx 0.21; \quad L_2 = (0.21)(1.5) = 0.315\,\text{m}$$

식 (2.41)로부터

$$A' = \frac{1}{2}(L_1 + L_2)B = \frac{1}{2}(1.275 + 0.315)(1.5) = 1.193\,\text{m}^2$$

식 (2.43)으로부터

$$L' = L_1 = 1.275\,\text{m}$$

식 (2.42)로부터

$$B' = \frac{A'}{L_1} = \frac{1.193}{1.275} = 0.936\,\text{m}$$

식 (2.23)으로부터, $c' = 0$일 때 다음을 알 수 있다.

$$q_u' = qN_qF_{qs}F_{qd}F_{qi} + \frac{1}{2}\gamma B'N_\gamma F_{\gamma s}F_{\gamma d}F_{\gamma i}$$
$$q = (0.7)(18) = 12.6\,\text{kN/m}^2$$

표 2.2로부터, $\phi' = 30°$일 때 $N_q = 18.4$, $N_\gamma = 22.4$이다. 따라서

$$F_{qs} = 1 + \left(\frac{B'}{L'}\right)\tan\phi' = 1 + \left(\frac{0.936}{1.275}\right)\tan 30° = 1.424$$

$$F_{\gamma s} = 1 - 0.4\left(\frac{B'}{L'}\right) = 1 - 0.4\left(\frac{0.936}{1.275}\right) = 0.706$$

$$F_{qd} = 1 + 2\tan\phi'(1 - \sin\phi')^2\frac{D_f}{B} = 1 + \frac{(0.289)(0.7)}{1.5} = 1.135$$

$$F_{\gamma d} = 1$$

그러므로

$$Q_{\text{ult}} = A'q_u' = A'\left(qN_qF_{qs}F_{qd} + \frac{1}{2}\gamma B'N_\gamma F_{\gamma s}F_{\gamma d}\right)$$
$$= (1.193)[(12.6)(18.4)(1.424)(1.135) + (0.5)(18)(0.936)(22.4)(0.706)(1)]$$
$$= \mathbf{605.95\,kN}$$

2.11 지진 시의 극한 지지력

Budhu와 al-Karni(1993)는 지진 상황에서 얕은 기초의 극한 지지력 q_{uE}를 결정하기 위해 그림 2.18과 같은 지반 내부의 파괴면을 적용하였다. 이 그림에서 $\widehat{AB}$와 $\widehat{EF}$는 대수나선형 원호이다. 극한 지지력은 다음과 같다.

$$q_{uE} = c'N_cF_{cs}F_{cd}F_{ce} + qN_qF_{qs}F_{qd}F_{qe} + \frac{1}{2}\gamma BN_\gamma F_{\gamma s}F_{\gamma d}F_{\gamma e} \qquad (2.50)$$

여기서 c' = 점착력

N_c, N_q, N_γ = 정적 하중에 대한 지지력계수(표 2.2)

F_{cs}, F_{qs}, $F_{\gamma s}$ = 정적 하중에 대한 형상계수(표 2.3)

F_{cd}, F_{qd}, $F_{\gamma d}$ = 정적 하중에 대한 깊이계수(표 2.3)

F_{ce}, F_{qe}, $F_{\gamma e}$ = 동하중계수

동하중계수의 함수는 다음과 같다.

$$F_{ce} = \exp\left(-4.3k_h^{1+D}\right) \qquad (2.51)$$

$$F_{qe} = (1-k_v)\exp\left[-\left(\frac{5.3k_h^{1.2}}{1-k_v}\right)\right] \qquad (2.52)$$

$$F_{\gamma e} = \left(1+\frac{2}{3}k_v\right)\exp\left[-\left(\frac{9k_h^{1.2}}{1-k_v}\right)\right] \qquad (2.53)$$

여기서 k_h, k_v는 각각 수평방향 및 연직방향 가속도 계수이다.

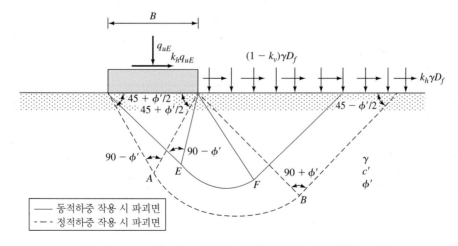

그림 2.18 Budhu와 al-Karni(1993)가 가정한 대상기초 아래 형성된 파괴면

$$D = \frac{c'}{\gamma H} \tag{2.54}$$

$$H = \frac{0.5B}{\cos\left(\dfrac{\pi}{4} + \dfrac{\phi'}{2}\right)} \exp\left(\frac{\pi}{2}\tan\phi'\right) + D_f \tag{2.55}$$

예제 2.8

단위중량 $\gamma = 18$ kN/m³, 점착력 $c' = 36$ kN/m², 마찰각 $\phi' = 27°$인 흙에 의해 지지되고 있는 크기가 1 m × 1.5 m인 한 기초가 있다. 근입깊이 $D_f = 1$ m이다. $k_v = 0$, $k_h = 0.25$로 가정하고 식 (2.50)을 사용하여 극한 지지력 q_{uE}를 산정하시오.

풀이

식 (2.50)은 다음과 같다.

$$q_{uE} = c'N_c F_{cs} F_{cd} F_{ce} + qN_q F_{qs} F_{qd} F_{qe} + \frac{1}{2}\gamma B N_\gamma F_{\gamma s} F_{\gamma d} F_{\gamma e}$$

점착력 $c' = 36$ kN/m²이며, 마찰각 $\phi' = 27°$이므로, 표 2.2로부터 $N_c = 23.94$, $N_q = 13.2$, $N_\gamma = 14.47$이다.

표 2.3으로부터

$$F_{cs} = 1 + \left(\frac{B}{L}\right)\left(\frac{N_q}{N_c}\right) = 1 + \left(\frac{1}{1.5}\right)\left(\frac{13.2}{23.94}\right) = 1.368$$

$$F_{qs} = 1 + \left(\frac{B}{L}\right)\tan\phi' = 1 + \left(\frac{1}{1.5}\right)\tan 27 = 1.34$$

$$F_{\gamma s} = 1 - 0.4\left(\frac{B}{L}\right) = 1 - 0.4\left(\frac{1}{1.5}\right) = 0.733$$

$$F_{cd} = 1 + 0.4\left(\frac{D_f}{B}\right) = 1 + 0.4\left(\frac{1}{1}\right) = 1.4$$

$$F_{qd} = 1 + 2\tan\phi'(1 - \sin\phi')^2\left(\frac{D_f}{B}\right)$$

$$= 1 + 2\tan 27(1 - \sin 27)^2\left(\frac{1}{1}\right) = 1.304$$

$$F_{\gamma d} = 1$$

식 (2.51)~(2.55)로부터

$$H = \frac{0.5B}{\cos\left(\dfrac{\pi}{4} + \dfrac{\phi'}{2}\right)}\exp\left(\frac{\pi}{2}\tan\phi'\right) + D_f$$

$$= \frac{(0.5)(1)}{\cos(45 + 13.5)}\exp\left(\frac{\pi}{2}\times\tan 27\right) + 1 = 3.13\text{ m}$$

$$D = \frac{c'}{\gamma H} = \frac{36}{(18)(3.13)} = 0.639$$

$$F_{ce} = \exp(-4.3k_h^{1+D}) = \exp\left[(-4.3)(0.25)^{1+0.639}\right] = 0.642$$

$$F_{qe} = (1 - k_v)\exp\left[-\left(\frac{5.3k_h^{1.2}}{1 - k_v}\right)\right]$$

$$= (1 - 0)\exp\left[-\left(\frac{5.3\times 0.25^{1.2}}{1 - 0}\right)\right] = 0.366$$

$$F_{\gamma e} = \left(1 + \frac{2}{3}k_v\right)\exp\left[-\left(\frac{9k_h^{1.2}}{1 - k_v}\right)\right]$$

$$= (1 + 0)\exp\left[-\left(\frac{9\times 0.25^{1.2}}{1 - 0}\right)\right] = 0.182$$

그러므로

$$q_{uE} = (36)(23.94)(1.368)(1.4)(0.642) + (18\times 1)(13.2)(1.34)(1.304)(0.366)$$

$$+ \left(\frac{1}{2}\right)(18)(1)(14.47)(0.733)(1)(0.182)$$

$$= \mathbf{1229\ kN/m^2}$$

2.12 전면기초–일반적인 형태

2.1절에서 언급했듯이 전면기초는 얕은 기초이다. 이러한 종류의 기초는 **래프트기초** (raft foundation)라 불리기도 하며, 다수의 기둥 및 벽체를 지지하는 구조물의 밑면 전체에 설치되는 결합된 기초이다. 전면기초는 지지력이 작으나 큰 기둥 및 벽체 하중을 지지해야 하는 지반에 주로 설치된다. 또한 확대기초의 면적이 구조물 면적의 절반 이상이면 전면기초가 더 경제적이다. 현재 다양한 종류의 전면기초 양식이 사용되고 있다. 그림 2.19는 일반적인 형태의 전면기초 모식도를 보여주며 그 특징은 다

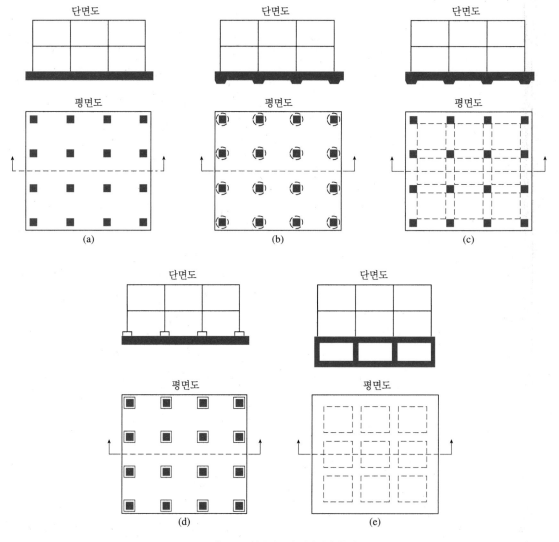

그림 2.19 전면기초의 일반적인 형태

음과 같다.

1. 두께가 일정한 평평한 판(그림 2.19a)
2. 기둥 바로 아래를 두껍게 한 평평한 판(그림 2.19b)
3. 보와 슬래브(그림 2.19c). 보는 양방향으로 설치되며, 기둥은 보가 교차되는 지점에 위치한다.
4. 받침대가 있는 평평한 판(그림 2.19d)
5. 지하실 벽체를 가진 슬래브를 전면기초의 일부로 쓰는 경우(그림 2.19e). 벽체는 전면기초의 강성을 보강하는 역할을 한다.

말뚝을 이용하여서도 전면기초를 지지할 수 있다. 말뚝은 압축성이 큰 흙 위에 건설된 구조물의 침하를 억제하는 데 도움을 준다. 지하수위가 높을 경우에는 부력을 조절하기 위해 전면기초는 흔히 말뚝 위에 시공된다.

그림 2.20은 근입깊이가 D_f이고 폭이 B인 독립기초와 전면기초의 차이점을 보여준다. 그림 2.21은 시공 중인 전면기초를 보여준다.

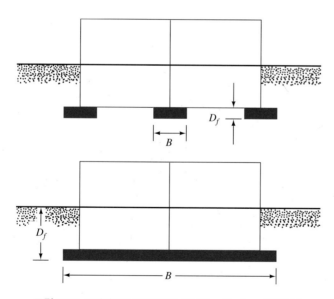

그림 2.20 독립기초와 전면기초의 비교(B = 폭, D_f = 근입깊이)

그림 2.21 시공 중인 전면기초 (Nevada, Henderson, Braja M. Das 제공)

2.13   전면기초의 지지력

전면기초의 **전체 극한 지지력**(gross ultimate bearing capacity)은 확대기초와 동일한 식으로부터 산정된다.

$$q_u = c'N_cF_{cs}F_{cd}F_{ci} + qN_qF_{qs}F_{qd}F_{qi} + \frac{1}{2}\gamma B N_\gamma F_{\gamma s}F_{\gamma d}F_{\gamma i} \tag{2.9}$$

표 2.2와 2.3은 적절한 지지력계수와 형상계수, 깊이계수, 그리고 경사계수를 제시한다. 식 (2.9)에서 B는 전면기초의 치수 중 가장 작은 값이다.

순 극한 지지력(net ultimate bearing capacity)은 다음과 같다.

$$q_{\text{net}(u)} = q_u - q \tag{2.10}$$

순 **허용** 지지력을 계산하기 위해서는 적합한 안전율이 적용되어야 한다. 점토 위에 설치된 전면기초의 경우, 고정하중 및 최대 활하중에 대해 안전율은 3보다 작아서는 안 된다. 하지만 가장 극단적인 경우라도 안전율은 최소한 1.75~2보다 커야 한다. 모래 지반 위에 건설되는 전면기초에 대해서는 일반적으로 안전율을 3으로 적용한다. 대부분의 사용하중 상태에서 모래 지반에 설치된 전면기초의 안전율은 매우 크다.

마찰각 $\phi = 0$인 포화된 점토에 연직하중이 작용하는 조건에서는 식 (2.9)는

$$q_u = c_u N_c F_{cs} F_{cd} + q \qquad (2.56)$$

여기서 c_u는 비배수 점착력이다. 마찰각 $\phi = 0$일 때 $N_c = 5.14$, $N_q = 1$, $N_\gamma = 0$이며, 표 2.3으로부터,

$$F_{cs} = 1 + \left(\frac{B}{L}\right)\left(\frac{N_q}{N_c}\right) = 1 + \left(\frac{B}{L}\right)\left(\frac{1}{5.14}\right) = 1 + \frac{0.195B}{L}$$

그리고

$$F_{cd} = 1 + 0.4\left(\frac{D_f}{B}\right)$$

위 형상계수 및 깊이계수를 식 (2.56)에 대입하면 다음과 같다.

$$q_u = 5.14 c_u \left(1 + \frac{0.195B}{L}\right)\left(1 + 0.4\frac{D_f}{B}\right) + q \qquad (2.57)$$

따라서 순 극한 지지력은 다음과 같다.

$$q_{\text{net}(u)} = q_u - q = 5.14 c_u \left(1 + \frac{0.195B}{L}\right)\left(1 + 0.4\frac{D_f}{B}\right) \qquad (2.58)$$

안전율 $FS = 3$을 적용할 때, 순 허용 지지력은 다음과 같이 산정된다.

$$q_{\text{all(net)}} = \frac{q_{\text{net}(u)}}{FS} = 1.713 c_u \left(1 + \frac{0.195B}{L}\right)\left(1 + 0.4\frac{D_f}{B}\right) \qquad (2.59)$$

예제 2.9

비배수 전단강도 $c_u = 80$ kN/m^2, 마찰각 $\phi = 0$인 포화된 점토 지반에 크기가 12 m $\times$ 8 m인 전면기초가 근입깊이 $D_f = 2$ m에 설치되어 있다. 이 기초의 순 극한 지지력을 산정하시오.

풀이

식 (2.58)로부터

(계속)

$$q_{\text{net}(u)} = 5.14c_u\left[1 + \left(\frac{0.195B}{L}\right)\right]\left[1 + 0.4\left(\frac{D_f}{B}\right)\right]$$

$$= (5.14)(80)\left[1 + \left(\frac{0.195 \times 8}{12}\right)\right]\left[1 + 0.4\left(\frac{2}{8}\right)\right]$$

$$= \mathbf{512 \ kN/m^2}$$

2.14 보상기초

전면기초의 경우, 근입깊이 D_f를 크게 하여 흙에 작용하는 순 하중 증분을 감소시켜 침하를 억제할 수 있다. 이러한 근입깊이의 증가는 큰 압밀 침하량이 예상되는 연약한 점토 지반에 설치된 전면기초에서 특히 중요하다. 그림 2.22로부터, 흙에 평균적으로 작용하는 순 하중은 다음과 같다.

$$q = \frac{Q}{A} - \gamma D_f \tag{2.60}$$

여기서

Q = 구조물의 고정하중 및 활하중

A = 전면기초의 단면적

전면기초 아래 흙에 작용하는 순 하중의 증분이 없다면 q는 0과 같다. 따라서 이 경우

$$D_f = \frac{Q}{A\gamma} \tag{2.61}$$

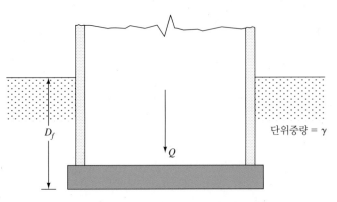

그림 2.22 전면기초로 인해 발생하는 흙에 작용하는 순 하중의 정의

상기 식은 일반적으로 **완전보상기초**의 근입깊이로 알려져 있다.

부분보상기초[$D_f < Q/(A\gamma)$인 경우]의 지지력 파괴에 대한 안전율은 다음과 같다.

$$FS = \frac{q_{\text{net}(u)}}{q} = \frac{q_{\text{net}(u)}}{\dfrac{Q}{A} - \gamma D_f} \tag{2.62}$$

따라서 포화된 점토에 대해 지지력 파괴에 대한 안전율은 식 (2.58)을 식 (2.62)에 대입하여 구한다.

$$FS = \frac{5.14 c_u \left(1 + \dfrac{0.195B}{L}\right)\left(1 + 0.4\dfrac{D_f}{B}\right)}{\dfrac{Q}{A} - \gamma D_f} \tag{2.63}$$

예제 2.10

그림 2.22를 참고한다. 크기가 40 m × 20 m인 전면기초가 있다. 전면기초에 작용하는 고정하중과 활하중의 합은 200 MN이다. 전면기초는 단위중량이 17.5 kN/m³인 연약한 점토층 위에 놓여 있다. 완전보상기초가 되기 위한 D_f를 산정하시오.

풀이

식 (2.61)로부터

$$D_f = \frac{Q}{A\gamma} = \frac{200 \times 10^3 \, \text{kN}}{(40 \times 20)(17.5)} = \mathbf{14.29 \ m}$$

예제 2.11

예제 2.10을 참고한다. 점토의 비배수 전단강도 $c_u = 60$ kN/m²이다. 만약 지지력 파괴에 대해 요구되는 안전율이 3이라면, 이 기초의 근입깊이를 구하시오.

(계속)

풀이

식 (2.63)으로부터

$$FS = \frac{5.14c_u\left(1 + \dfrac{0.195B}{L}\right)\left(1 + 0.4\dfrac{D_f}{B}\right)}{\dfrac{Q}{A} - \gamma D_f}$$

식 (2.63)에 $FS = 3$, $c_u = 60$ kN/m², $B/L = 20/40 = 0.5$, $Q/A = (200 \times 10^3)/(40 \times 20) = 250$ kN/m²을 대입하면

$$3 = \frac{(5.14)(60)[1 + (0.195)(0.5)]\left[1 + 0.4\left(\dfrac{D_f}{20}\right)\right]}{250 - (17.5)D_f}$$

$$750 - 52.5D_f = 338.47 + 6.77D_f$$

$$411.53 = 59.27D_f$$

따라서

$$D_f \approx \mathbf{6.9 \ m}$$

2.15   요약

이 장에서 다룬 주요 주제는 다음과 같다.

1. 확대기초와 전면기초는 얕은 기초이다.
2. 극한하중이 작용할 때 확대기초의 파괴는 이를 지지하는 흙의 조밀한 정도에 따라 (a) 전반 전단 파괴, (b) 국부 전단 파괴, (c) 관입 전단 파괴 형태로 발생한다.
3. 얕은 기초의 극한 지지력은 식 (2.3)~(2.5)와 식 (2.9)를 이용하여 산정할 수 있다.
4. 지하수위가 기초의 밑면에 가까이 있을 경우에는 극한 지지력 공식을 약간 수정할 필요가 있다(2.5절).
5. 편심하중이 작용하는 기초의 극한 및 허용 지지력은 유효면적법을 이용하여 평가할 수 있다(2.7절 및 2.10절).

6. 지진하중이 작용하는 기초의 극한 지지력은 식 (2.50)을 이용하여 결정할 수 있다.

7. 전면기초는 평평한 판, 기둥 바로 아래를 두껍게 한 평평한 판, 보와 슬래브, 받침대가 있는 평평한 판, 지하실 벽체를 가진 슬래브와 같은 다양한 형식이 있다.

8. 전면기초의 극한 지지력은 식 (2.9)를 이용하여 구할 수 있다(2.13절).

9. 완전보상기초는 기초 아래에 작용하는 순 하중의 증분이 0이 되게 하는 기초이다(2.14절)

연습문제

2.1 다음 문장이 참인지 거짓인지 답하시오.

   a. 느슨한 모래에서 기초는 전반 전단 파괴 형태로 파괴된다.

   b. 모래의 상대밀도가 클수록 지지력계수 N_q와 N_γ가 더 크다.

   c. 편심은 극한 지지력을 증가시킨다.

   d. 편심하중이 가해지는 기초의 극한 지지력 계산 시 깊이계수는 B'이 아닌 B를 이용하여 산정한다.

   e. 연속기초에서 형상계수 3개는 모두 1이다.

2.2 단위중량 γ = 19.0 kN/m³, 점착력 c' = 5 kN/m², 마찰각 ϕ' = 23°인 점토 지반에 폭 2.0 m의 연속기초가 350 kN/m의 벽체하중을 지지하고 있다. 이 기초의 근입깊이는 1.5 m이다. 이 기초의 안전율을 결정하시오.

2.3 치수가 1.5 m × 1.5 m인 정사각형 기초가 단위중량 γ = 19.0 kN/m³, 점착력 c' = 10 kN/m², 마찰각 ϕ' = 24°인 지반에 근입깊이 1.0 m로 설치되어 있다. 이 기초가 지지할 수 있는 최대 하중을 안전율 3.0을 적용하여 결정하시오.

2.4 폭이 2.0 m인 연속기초가 모래 지반에 1.0 m 근입되어 있다. 모래의 물성은 γ = 19.5 kN/m³, c' = 0, ϕ' = 34°와 같다. 이 기초가 지지할 수 있는 최대 벽체하중을 안전율 3.0을 적용하고 다음 식을 이용하여 산정하시오.

   a. Terzaghi의 지지력 공식과 지지력계수

   b. Meyerhof의 수정 지지력 공식과 지지력계수(표 2.2와 2.3)

2.5 정사각형 기초가 1805 kN의 총 허용하중을 지지하고 있다(안전율 FS = 3). D_f = 1.5 m, γ = 15.9 kN/m³, ϕ' = 34°, c' = 0일 때, Terzaghi의 지지력 공식을 이용하여 기초의 크기(B)를 결정하시오.

2.6 연직방향에서 15° 각도의 하중이 정사각형 얕은 기초에 작용하고 있다. $B = 1.83$ m, $D_f = 0.91$ m, $\gamma = 18.08$ kN/m³, $\phi' = 25°$, $c' = 23.96$ kN/m²일 때, 식 (2.9)와 안전율 $FS = 4$를 적용하여 총 허용하중의 연직 성분을 결정하시오.

2.7 한 기둥의 기초 치수를 3 m × 2 m로 계획하고 있다. $D_f = 1.5$ m, $\phi' = 25°$, $c' = 70$ kN/m²일 때, 식 (2.9)와 안전율 $FS = 3$을 적용하여 이 기초가 지지할 수 있는 순 허용하중[식 (2.16)]을 결정하시오.

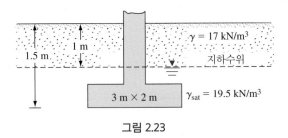

그림 2.23

2.8 한 정사각형 기초의 치수로 $B \times B$를 계획하고 있다. $D_f = 2$ m, 총 연직 허용하중 $Q_{all} = 3330$ kN, $\gamma = 16.5$ kN/m³, $\phi' = 30°$, $c' = 0$, $FS = 4$일 때, 식 (2.9)를 사용하여 이 기초의 치수를 결정하시오.

2.9 치수가 2 m × 3 m이고 근입깊이가 2 m인 확대기초가 그림 2.24와 같이 연직하중 3000 kN과 모멘트 300 kN·m를 지지하고 있다. 안전율을 결정하시오.

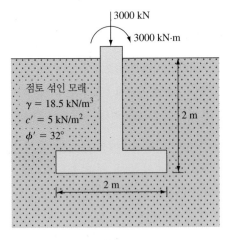

그림 2.24

2.10 그림 2.25와 같이 편심하중이 가해지는 기초가 있다. Meyerhof의 유효면적법과 안전율 $FS = 4$를 적용하여 이 기초가 지지할 수 있는 최대 허용하중을 결정하시오.

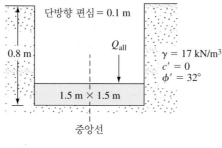

그림 2.25

2.11 모래 지반에 편심하중이 가해지는 연속기초가 있다. B = 1.8 m, D_f = 0.9 m, e/B = 0.12(단방향 편심), γ = 16 kN/m³, ϕ' = 35°일 때, 저감계수법[식 (2.26)]을 이용하여 이 기초의 단위길이당 극한하중을 평가하시오.

2.12 그림 2.12와 같은 치수가 1.2 m × 1.8 m인 얕은 기초의 중심하중과 모멘트가 작용하고 있다. 만일 e_B = 0.12 m, e_L = 0.36 m, 기초의 근입깊이가 1 m일 때, 이 기초가 지지할 수 있는 허용하중을 안전율 3을 적용하여 결정하시오. 흙의 단위중량 γ = 17 kN/m³, 마찰각 ϕ' = 35°, 점착력 c' = 0이다.

2.13 포화된 점토 지반에 14 m × 9 m인 전면기초가 시공되었다. 점토의 c_u = 93 kN/m², ϕ = 0이고, 기초의 근입깊이 D_f는 2 m이다. 순 극한 지지력을 결정하시오.

2.14 문제 2.13을 다음 조건에 대해 다시 푸시오.
* 전면기초: B = 8 m, L = 20 m, D_f = 2 m
* 점토: ϕ = 0, c_u = 130 kN/m²

2.15 치수가 18 m × 12 m인 전면기초가 있다. 이 전면기초에 작용하는 고정하중과 활하중의 조합은 44.5 MN이다. 전면기초는 c_u = 40.7 kN/m²이고 γ = 17.6 kN/m³인 점토 지반 위에 있다. 완전보상기초가 되기 위한 이 전면기초의 근입깊이 D_f를 결정하시오.

2.16 문제 2.15의 전면기초에 대해, 지지력 파괴에 대한 안전율 FS = 3이 되는 근입깊이는 얼마인가?

비판적 사고 문제

2.17 그림 2.26과 같은 3개의 연속기초가 있다. 각각의 경우에 지지력 계산 시 편심과 경사하중에 대해 어떤 값을 사용해야 하는가?

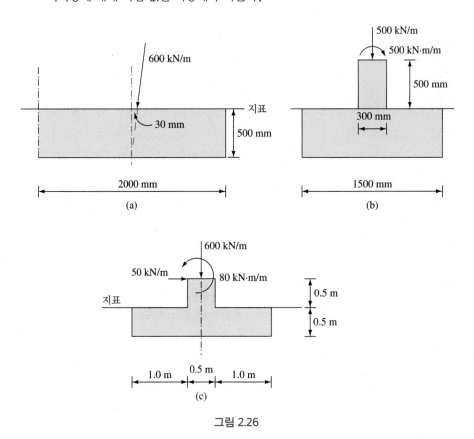

그림 2.26

2.18 밀가루를 보관하고 있는 높은 원통 형태의 사일로가 폭 1.5 m의 고리(ring) 형태의 연속기초에 의해 지지되고 있다. 고리의 내경과 외경은 각각 10 m와 13 m이다. 현장 흙은 대부분 모래($\phi' = 35°$, $\gamma = 19$ kN/m³)이며, 고리 형태의 보는 지표에 놓여 있다($D_f = 0$). 전체 하중은 고리 형태 보를 통해 지반으로 전달됨을 가정하고, 고리 형태 보가 지지할 수 있는 최대 사일로 하중을 결정하시오.

2.19 기둥하중 Q를 지지하는 2.0 m × 2.0 m 정사각형 기초가 정규압밀점토에 놓여 있다. 이 기초의 근입깊이는 1.0 m이다. 흙의 물성값은 $c' = 0$, $\phi' = 26°$, $\gamma = 19$ kN/m³, $c_u = 60$ kN/m²($\phi = 0$ 조건에서)과 같다. 기초의 단기 및 장기적 안정성을 고려하여 기초가 지지할 수 있는 최대 기둥하중 Q를 결정하시오.

참고문헌

BUDHU, M., AND AL-KARNI, A.A. (1993). "Seismic Bearing Capacity of Soils," *Geotechnique*, 43(1), 181–187.

CAQUOT, A., AND KERISEL, J. (1953). "Sur le terme de surface dans le calcul des fondations en milieu pulverulent," *Proceedings*, Third International Conference on Soil Mechanics and Foundation Engineering, Zürich, Vol. I, 336–337.

DE BEER, E.E. (1970). "Experimental Determination of the Shape Factors and Bearing Capacity Factors of Sand," *Geotechnique*, Vol. 20, No. 4, 387–411.

HANNA, A.M., AND MEYERHOF, G.G. (1981). "Experimental Evaluation of Bearing Capacity of Footings Subjected to Inclined Loads," *Canadian Geotechnical Journal*, Vol. 18, No. 4, 599–603.

HANSEN, J.B. (1970). "A Revised and Extended Formula for Bearing Capacity," Danish Geotechnical Institute, *Bulletin 28*, Copenhagen.

HIGHTER, W.H., AND ANDERS, J.C. (1985). "Dimensioning Footings Subjected to Eccentric Loads," *Journal of Geotechnical Engineering*, American Society of Civil Engineers, Vol. 111, No. GT5, 659–665.

KUMBHOJKAR, A.S. (1993). "Numerical Evaluation of Terzaghi's N_γ," *Journal of Geotechnical Engineering*, American Society of Civil Engineers, Vol. 119, No. 3, 598–607.

MEYERHOF, G.G. (1953). "The Bearing Capacity of Foundations Under Eccentric and Inclined Loads," *Proceedings*, Third International Conference on Soil Mechanics and Foundation Engineering, Zürich, Vol. 1, 440–445.

MEYERHOF, G.G. (1963). "Some Recent Research on the Bearing Capacity of Foundations," *Canadian Geotechnical Journal*, Vol. 1, No. 1, 16–26.

PATRA, C.R., BEHERA, R.N., SIVAKUGAN, N. AND DAS, B.M. (2012). "Ultimate Bearing Capacity of Shallow Strip Foundation under Ecentrically Inclined Load: Part I," *International Journal of Geotechnical Engineering*, Vol. 6, No. 3, 342–352.

PRANDTL, L. (1921). "über die Eindringungsfestigkeit (Härte) plastischer Baustoffe und die Festigkeit von Schneiden," *Zeitschrift für angewandte Mathematik und Mechanik*, Vol. 1, No. 1, 15–20.

PURKAYASTHA, R.D., AND CHAR, R.A.N. (1977). "Stability Analysis of Eccentrically Loaded Footings," *Journal of Geotechnical Engineering Div.*, ASCE, Vol. 103, No. 6, pp. 647–651.

REISSNER, H. (1924). "Zum Erddruckproblem," *Proceedings*, First International Congress of Applied Mechanics, Delft, 295–311.

SARAN, S. AND AGARWAL, R.K. (1991). "Bearing Capacity of Eccentrically Obliquely Loaded Footing," *Journal of Geotechnical Engineering*, ASCE, Vol. 117, No. 11, 1669–1690.

TERZAGHI, K. (1943). *Theoretical Soil Mechanics*, Wiley, New York.

TOMLINSON, M.J. (1978). *Foundation Design and Construction*, 3rd Ed., Pitman, London.

VESIC, A.S. (1963). "Bearing Capacity of Deep Foundations in Sand," *Highway Research Record No. 39*, National Academy of Sciences, 112–153.

VESIC, A.S. (1973). "Analysis of Ultimate Loads of Shallow Foundations," *Journal of the Soil Mechanics and Foundations Division*, American Society of Civil Engineers, Vol. 99, No. SM1, 45–73.

CHAPTER

3 얕은 기초의 침하

3.1 서론

얕은 기초의 극한 지지력 개념과 평가방법은 2장에서 설명하였다. 기초는 기초를 지지하는 지반의 전단 파괴에 의해 파괴될 수 있다. 그러나 지반의 전단 파괴 발생 이전에도 구조물에 피해를 야기하기 충분한 큰 침하량이 기초에 발생할 수 있고, 이러한 침하량은 구조물의 본래 설계목적을 상실시킨다. 인접한 기초 사이에서 부등 침하는 구조물에 영향을 미치고 제한되어야 한다. 과도한 부등 침하는 구조의 건전성에 위해를 미칠 수 있는 추가적인 모멘트와 휨 응력을 유발할 수 있다. 초기 단계에서의 손상은 주로 건축에 관련된 것이며, 일부 배치에서 회반죽 및 파티션에 균열의 형태로 발생한다. 큰 부등 침하는 콘크리트의 균열과 철근 노출과 같은 구조적 피해를 발생시킨다. 총 침하량을 제한함으로써, 부등 침하는 조절이 가능하다. 단독 기초(예: pad 또는 연속기초)의 침하량은 일반적으로 25 mm 미만으로 설계한다. 전면기초는 50~75 mm의 침하가 허용된다. 여기서 언급되는 침하량은 두 가지 유형일 수 있다.

- 기초 아래에 위치하는 점토 지반의 압밀침하량(시간 의존)
- 기초에 구조적인 하중이 가해진 후 단기간에 어느 정도 발생하는 탄성 침하량

압밀침하는 점토 지반에 국한되지만, 탄성침하는 모든 지반에서 발생한다.

압밀침하에 관한 내용은 《토질역학》 교재를 참고하고, 이 장에서는 얕은 기초의

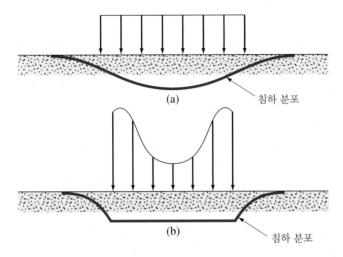

그림 3.1 점토 지반에서의 탄성침하 분포 및 접지압. (a) 연성 기초, (b) 강성 기초

탄성침하 계산과정을 이해시키는 것을 목적으로 한다. 탄성침하 계산의 목적을 위해, 이론적으로는 적어도 기초는 완전 연성 또는 완전 강성으로 간주될 수 있다. 포화된 점토와 같은 탄성 재료 위에 놓인 완전 연성 기초에 균등 하중이 작용하면, 탄성침하로 인해 그림 3.1a와 같이 가운데가 가라앉는 분포를 가질 것이다. 하지만 점토와 같은 탄성 재료 위에 놓인 강성 기초의 경우, 균등한 침하량을 가지고 접지압은 재분배되어 불균등하게 될 것이다(그림 3.1b).

3.2 포화된 점토 지반 위의 기초 탄성침하($\mu_s = 0.5$)

그림 3.2는 $B \times L$의 평면을 가지는 얕은 기초를 나타낸다. 기초의 바닥은 지표면 아래 D_f 깊이에 위치한다. 또한 암반/비압축성 지층은 기초 바닥 아래의 깊이가 H에 위치한다. 압축성 지층의 포아송비와 탄성계수는 각각 μ_s와 E_s이다. 비배수 조건에서는 탄성 변형이 발생하기 때문에, 비배수 탄성계수를 사용해야 한다. 비배수 탄성계수는 배수 조건의 탄성계수보다 조금 크다. 기초의 위치에서 단위면적당 순 하중은 q_o이다.

　Janbu 등(1956)은 포화된 점토($\mu_s = 0.5$)에 위치한 연성 기초의 평균 탄성침하를 평가하기 위한 일반화된 관계식을 제안하였다. 이 관계식은 (a) 근입깊이 D_f와 (b) 근접한 깊이에 강성층 존재의 영향을 고려하며, 식은 다음과 같다.

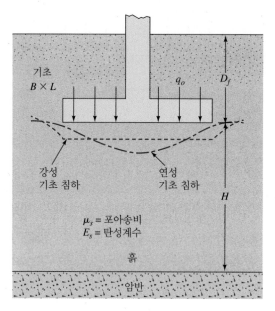

그림 3.2 연성 및 강성 기초의 탄성침하

$$S_e = A_1 A_2 \frac{q_o B}{E_s} \tag{3.1}$$

여기서

$$A_1 = f\left(\frac{D_f}{B}\right)$$

그리고

$$A_2 = f\left(\frac{H}{B}, \frac{L}{B}\right)$$

Christian과 Carrier(1978)는 A_1과 A_2값을 평가하는 방법을 그래프 형식으로 제시하였으며, 이 그래프에서 A_1 및 A_2의 보간값은 표 3.1 및 3.2에 나타내었다.

표 3.1 D_f/B에 따른 A_1의 변화[식 (3.1)]

D_f/B	A_1	D_f/B	A_1
0	1.0	12	0.863
2	0.9	14	0.860
4	0.88	16	0.856
6	0.875	18	0.854
8	0.87	20	0.850
10	0.865		

표 3.2 L/B과 H/B에 따른 A_2의 변화[식 (3.1)]

H/B	원형	L/B				
		1	2	5	10	∞
1	0.36	0.36	0.36	0.36	0.36	0.36
2	0.47	0.53	0.63	0.64	0.64	0.64
4	0.58	0.63	0.82	0.94	0.94	0.94
6	0.61	0.67	0.88	1.08	1.14	1.16
8	0.62	0.68	0.90	1.13	1.22	1.26
10	0.63	0.70	0.92	1.18	1.30	1.42
20	0.64	0.71	0.93	1.26	1.47	1.74
30	0.66	0.73	0.95	1.29	1.54	1.84

3.3 탄성론을 기초로 한 탄성침하(배수 지반)

그림 3.2는 단위면적당 순 하중 q_o가 작용하는 얕은 기초를 나타낸다. 흙의 포아송비와 얕은 기초를 지지하는 흙의 탄성계수를 각각 μ_s와 E_s로 한다. 탄성론에 근거하여 기초(그림 3.2)가 완벽하게 **연성**이라면, 침하량은 다음 식처럼 표현할 수 있다.

$$S_e = q_o(\alpha B')\frac{1 - \mu_s^2}{E_s}I_s I_f \tag{3.2}$$

여기서

q_o = 기초에 작용하는 순 하중

μ_s = 흙의 포아송비

E_s = 기초 하부 $z = 0$부터 $z = 4B$까지 범위 내 흙의 평균 탄성계수

B' = 기초의 중앙일 경우 $B/2$

= 기초의 모서리일 경우 B

I_s = 형상계수(Steinbrenner, 1934)

$$= F_1 + \frac{1 - 2\mu_s}{1 - \mu_s}F_2 \tag{3.3}$$

$$F_1 = \frac{1}{\pi}(A_0 + A_1) \tag{3.4}$$

$$F_2 = \frac{n'}{2\pi}\tan^{-1}A_2 \tag{3.5}$$

$$A_0 = m' \ln \frac{(1 + \sqrt{m'^2 + 1})\sqrt{m'^2 + n'^2}}{m'(1 + \sqrt{m'^2 + n'^2 + 1})} \tag{3.6}$$

$$A_1 = \ln \frac{(m' + \sqrt{m'^2 + 1})\sqrt{1 + n'^2}}{m' + \sqrt{m'^2 + n'^2 + 1}} \tag{3.7}$$

$$A_2 = \frac{m'}{n'\sqrt{m'^2 + n'^2 + 1}} \tag{3.8}$$

$$I_f = \text{깊이계수(Fox, 1948)} = f\left(\frac{D_f}{B}, \mu_s, \frac{B}{L}\right) \tag{3.9}$$

α = 침하량을 계산하는 기초의 위치에 따른 계수

• 기초의 **중앙**에서 침하량을 계산할 경우:

$$\alpha = 4$$
$$m' = \frac{L}{B}$$
$$n' = \frac{H}{\left(\frac{B}{2}\right)}$$

• 기초의 **모서리**에서 침하량을 계산할 경우:

$$\alpha = 1$$
$$m' = \frac{L}{B}$$
$$n' = \frac{H}{B}$$

m'과 n'에 따른 F_1[식 (3.4)] 및 F_2[식 (3.5)]의 변화는 표 3.3과 3.4에 각각 제시되었다. 또한 D_f/B, μ_s, B/L에 따른 I_f의 변화는 표 3.5에 제시되었다. $D_f = 0$이면 모든 경우에 $I_f = 1$이다.

강성 기초의 탄성 침하량은 다음과 같은 식으로 계산될 수 있다.

$$S_{e(\text{rigid})} \approx 0.93 S_{e(\text{flexible, center})} \tag{3.10}$$

표 3.3 m'과 n'에 따른 F_1의 변화

n'	m'									
	1.0	1.2	1.4	1.6	1.8	2.0	2.5	3.0	3.5	4.0
0.25	0.014	0.013	0.012	0.011	0.011	0.011	0.010	0.010	0.010	0.010
0.50	0.049	0.046	0.044	0.042	0.041	0.040	0.038	0.038	0.037	0.037
0.75	0.095	0.090	0.087	0.084	0.082	0.080	0.077	0.076	0.074	0.074
1.00	0.142	0.138	0.134	0.130	0.127	0.125	0.121	0.118	0.116	0.115
1.25	0.186	0.183	0.179	0.176	0.173	0.170	0.165	0.161	0.158	0.157
1.50	0.224	0.224	0.222	0.219	0.216	0.213	0.207	0.203	0.199	0.197
1.75	0.257	0.259	0.259	0.258	0.255	0.253	0.247	0.242	0.238	0.235
2.00	0.285	0.290	0.292	0.292	0.291	0.289	0.284	0.279	0.275	0.271
2.25	0.309	0.317	0.321	0.323	0.323	0.322	0.317	0.313	0.308	0.305
2.50	0.330	0.341	0.347	0.350	0.351	0.351	0.348	0.344	0.340	0.336
2.75	0.348	0.361	0.369	0.374	0.377	0.378	0.377	0.373	0.369	0.365
3.00	0.363	0.379	0.389	0.396	0.400	0.402	0.402	0.400	0.396	0.392
3.25	0.376	0.394	0.406	0.415	0.420	0.423	0.426	0.424	0.421	0.418
3.50	0.388	0.408	0.422	0.431	0.438	0.442	0.447	0.447	0.444	0.441
3.75	0.399	0.420	0.436	0.447	0.454	0.460	0.467	0.458	0.466	0.464
4.00	0.408	0.431	0.448	0.460	0.469	0.476	0.484	0.487	0.486	0.484
4.25	0.417	0.440	0.458	0.472	0.481	0.484	0.495	0.514	0.515	0.515
4.50	0.424	0.450	0.469	0.484	0.495	0.503	0.516	0.521	0.522	0.522
4.75	0.431	0.458	0.478	0.494	0.506	0.515	0.530	0.536	0.539	0.539
5.00	0.437	0.465	0.487	0.503	0.516	0.526	0.543	0.551	0.554	0.554
5.25	0.443	0.472	0.494	0.512	0.526	0.537	0.555	0.564	0.568	0.569
5.50	0.448	0.478	0.501	0.520	0.534	0.546	0.566	0.576	0.581	0.584
5.75	0.453	0.483	0.508	0.527	0.542	0.555	0.576	0.588	0.594	0.597
6.00	0.457	0.489	0.514	0.534	0.550	0.563	0.585	0.598	0.606	0.609
6.25	0.461	0.493	0.519	0.540	0.557	0.570	0.594	0.609	0.617	0.621
6.50	0.465	0.498	0.524	0.546	0.563	0.577	0.603	0.618	0.627	0.632
6.75	0.468	0.502	0.529	0.551	0.569	0.584	0.610	0.627	0.637	0.643
7.00	0.471	0.506	0.533	0.556	0.575	0.590	0.618	0.635	0.646	0.653
7.25	0.474	0.509	0.538	0.561	0.580	0.596	0.625	0.643	0.655	0.662
7.50	0.477	0.513	0.541	0.565	0.585	0.601	0.631	0.650	0.663	0.671
7.75	0.480	0.516	0.545	0.569	0.589	0.606	0.637	0.658	0.671	0.680
8.00	0.482	0.519	0.549	0.573	0.594	0.611	0.643	0.664	0.678	0.688
8.25	0.485	0.522	0.552	0.577	0.598	0.615	0.648	0.670	0.685	0.695
8.50	0.487	0.524	0.555	0.580	0.601	0.619	0.653	0.676	0.692	0.703
8.75	0.489	0.527	0.558	0.583	0.605	0.623	0.658	0.682	0.698	0.710
9.00	0.491	0.529	0.560	0.587	0.609	0.627	0.663	0.687	0.705	0.716
9.25	0.493	0.531	0.563	0.589	0.612	0.631	0.667	0.693	0.710	0.723
9.50	0.495	0.533	0.565	0.592	0.615	0.634	0.671	0.697	0.716	0.719
9.75	0.496	0.536	0.568	0.595	0.618	0.638	0.675	0.702	0.721	0.735
10.00	0.498	0.537	0.570	0.597	0.621	0.641	0.679	0.707	0.726	0.740
20.00	0.529	0.575	0.614	0.647	0.677	0.702	0.756	0.797	0.830	0.858
50.00	0.548	0.598	0.640	0.678	0.711	0.740	0.803	0.853	0.895	0.931
100.00	0.555	0.605	0.649	0.688	0.722	0.753	0.819	0.872	0.918	0.956

(계속)

표 3.3 m'과 n'에 따른 F_1의 변화(계속)

n'	m'									
	4.5	5.0	6.0	7.0	8.0	9.0	10.0	25.0	50.0	100.0
0.25	0.010	0.010	0.010	0.010	0.010	0.010	0.010	0.010	0.010	0.010
0.50	0.036	0.036	0.036	0.036	0.036	0.036	0.036	0.036	0.036	0.036
0.75	0.073	0.073	0.072	0.072	0.072	0.072	0.071	0.071	0.071	0.071
1.00	0.114	0.113	0.112	0.112	0.112	0.111	0.111	0.110	0.110	0.110
1.25	0.155	0.154	0.153	0.152	0.152	0.151	0.151	0.150	0.150	0.150
1.50	0.195	0.194	0.192	0.191	0.190	0.190	0.189	0.188	0.188	0.188
1.75	0.233	0.232	0.229	0.228	0.227	0.226	0.225	0.223	0.223	0.223
2.00	0.269	0.267	0.264	0.262	0.261	0.260	0.259	0.257	0.256	0.256
2.25	0.302	0.300	0.296	0.294	0.293	0.291	0.291	0.287	0.287	0.287
2.50	0.333	0.331	0.327	0.324	0.322	0.321	0.320	0.316	0.315	0.315
2.75	0.362	0.359	0.355	0.352	0.350	0.348	0.347	0.343	0.342	0.342
3.00	0.389	0.386	0.382	0.378	0.376	0.374	0.373	0.368	0.367	0.367
3.25	0.415	0.412	0.407	0.403	0.401	0.399	0.397	0.391	0.390	0.390
3.50	0.438	0.435	0.430	0.427	0.424	0.421	0.420	0.413	0.412	0.411
3.75	0.461	0.458	0.453	0.449	0.446	0.443	0.441	0.433	0.432	0.432
4.00	0.482	0.479	0.474	0.470	0.466	0.464	0.462	0.453	0.451	0.451
4.25	0.516	0.496	0.484	0.473	0.471	0.471	0.470	0.468	0.462	0.460
4.50	0.520	0.517	0.513	0.508	0.505	0.502	0.499	0.489	0.487	0.487
4.75	0.537	0.535	0.530	0.526	0.523	0.519	0.517	0.506	0.504	0.503
5.00	0.554	0.552	0.548	0.543	0.540	0.536	0.534	0.522	0.519	0.519
5.25	0.569	0.568	0.564	0.560	0.556	0.553	0.550	0.537	0.534	0.534
5.50	0.584	0.583	0.579	0.575	0.571	0.568	0.585	0.551	0.549	0.548
5.75	0.597	0.597	0.594	0.590	0.586	0.583	0.580	0.565	0.583	0.562
6.00	0.611	0.610	0.608	0.604	0.601	0.598	0.595	0.579	0.576	0.575
6.25	0.623	0.623	0.621	0.618	0.615	0.611	0.608	0.592	0.589	0.588
6.50	0.635	0.635	0.634	0.631	0.628	0.625	0.622	0.605	0.601	0.600
6.75	0.646	0.647	0.646	0.644	0.641	0.637	0.634	0.617	0.613	0.612
7.00	0.656	0.658	0.658	0.656	0.653	0.650	0.647	0.628	0.624	0.623
7.25	0.666	0.669	0.669	0.668	0.665	0.662	0.659	0.640	0.635	0.634
7.50	0.676	0.679	0.680	0.679	0.676	0.673	0.670	0.651	0.646	0.645
7.75	0.685	0.688	0.690	0.689	0.687	0.684	0.681	0.661	0.656	0.655
8.00	0.694	0.697	0.700	0.700	0.698	0.695	0.692	0.672	0.666	0.665
8.25	0.702	0.706	0.710	0.710	0.708	0.705	0.703	0.682	0.676	0.675
8.50	0.710	0.714	0.719	0.719	0.718	0.715	0.713	0.692	0.686	0.684
8.75	0.717	0.722	0.727	0.728	0.727	0.725	0.723	0.701	0.695	0.693
9.00	0.725	0.730	0.736	0.737	0.736	0.735	0.732	0.710	0.704	0.702
9.25	0.731	0.737	0.744	0.746	0.745	0.744	0.742	0.719	0.713	0.711
9.50	0.738	0.744	0.752	0.754	0.754	0.753	0.751	0.728	0.721	0.719
9.75	0.744	0.751	0.759	0.762	0.762	0.761	0.759	0.737	0.729	0.727
10.00	0.750	0.758	0.766	0.770	0.770	0.770	0.768	0.745	0.738	0.735
20.00	0.878	0.896	0.925	0.945	0.959	0.969	0.977	0.982	0.965	0.957
50.00	0.962	0.989	1.034	1.070	1.100	1.125	1.146	1.265	1.279	1.261
100.00	0.990	1.020	1.072	1.114	1.150	1.182	1.209	1.408	1.489	1.499

표 3.4 m'과 n'에 따른 F_2의 변화

n'	m'									
	1.0	1.2	1.4	1.6	1.8	2.0	2.5	3.0	3.5	4.0
0.25	0.049	0.050	0.051	0.051	0.051	0.052	0.052	0.052	0.052	0.052
0.50	0.074	0.077	0.080	0.081	0.083	0.084	0.086	0.086	0.0878	0.087
0.75	0.083	0.089	0.093	0.097	0.099	0.101	0.104	0.106	0.107	0.108
1.00	0.083	0.091	0.098	0.102	0.106	0.109	0.114	0.117	0.119	0.120
1.25	0.080	0.089	0.096	0.102	0.107	0.111	0.118	0.122	0.125	0.127
1.50	0.075	0.084	0.093	0.099	0.105	0.110	0.118	0.124	0.128	0.130
1.75	0.069	0.079	0.088	0.095	0.101	0.107	0.117	0.123	0.128	0.131
2.00	0.064	0.074	0.083	0.090	0.097	0.102	0.114	0.121	0.127	0.131
2.25	0.059	0.069	0.077	0.085	0.092	0.098	0.110	0.119	0.125	0.130
2.50	0.055	0.064	0.073	0.080	0.087	0.093	0.106	0.115	0.122	0.127
2.75	0.051	0.060	0.068	0.076	0.082	0.089	0.102	0.111	0.119	0.125
3.00	0.048	0.056	0.064	0.071	0.078	0.084	0.097	0.108	0.116	0.122
3.25	0.045	0.053	0.060	0.067	0.074	0.080	0.093	0.104	0.112	0.119
3.50	0.042	0.050	0.057	0.064	0.070	0.076	0.089	0.100	0.109	0.116
3.75	0.040	0.047	0.054	0.060	0.067	0.073	0.086	0.096	0.105	0.113
4.00	0.037	0.044	0.051	0.057	0.063	0.069	0.082	0.093	0.102	0.110
4.25	0.036	0.042	0.049	0.055	0.061	0.066	0.079	0.090	0.099	0.107
4.50	0.034	0.040	0.046	0.052	0.058	0.063	0.076	0.086	0.096	0.104
4.75	0.032	0.038	0.044	0.050	0.055	0.061	0.073	0.083	0.093	0.101
5.00	0.031	0.036	0.042	0.048	0.053	0.058	0.070	0.080	0.090	0.098
5.25	0.029	0.035	0.040	0.046	0.051	0.056	0.067	0.078	0.087	0.095
5.50	0.028	0.033	0.039	0.044	0.049	0.054	0.065	0.075	0.084	0.092
5.75	0.027	0.032	0.037	0.042	0.047	0.052	0.063	0.073	0.082	0.090
6.00	0.026	0.031	0.036	0.040	0.045	0.050	0.060	0.070	0.079	0.087
6.25	0.025	0.030	0.034	0.039	0.044	0.048	0.058	0.068	0.077	0.085
6.50	0.024	0.029	0.033	0.038	0.042	0.046	0.056	0.066	0.075	0.083
6.75	0.023	0.028	0.032	0.036	0.041	0.045	0.055	0.064	0.073	0.080
7.00	0.022	0.027	0.031	0.035	0.039	0.043	0.053	0.062	0.071	0.078
7.25	0.022	0.026	0.030	0.034	0.038	0.042	0.051	0.060	0.069	0.076
7.50	0.021	0.025	0.029	0.033	0.037	0.041	0.050	0.059	0.067	0.074
7.75	0.020	0.024	0.028	0.032	0.036	0.039	0.048	0.057	0.065	0.072
8.00	0.020	0.023	0.027	0.031	0.035	0.038	0.047	0.055	0.063	0.071
8.25	0.019	0.023	0.026	0.030	0.034	0.037	0.046	0.054	0.062	0.069
8.50	0.018	0.022	0.026	0.029	0.033	0.036	0.045	0.053	0.060	0.067
8.75	0.018	0.021	0.025	0.028	0.032	0.035	0.043	0.051	0.059	0.066
9.00	0.017	0.021	0.024	0.028	0.031	0.034	0.042	0.050	0.057	0.064
9.25	0.017	0.020	0.024	0.027	0.030	0.033	0.041	0.049	0.056	0.063
9.50	0.017	0.020	0.023	0.026	0.029	0.033	0.040	0.048	0.055	0.061
9.75	0.016	0.019	0.023	0.026	0.029	0.032	0.039	0.047	0.054	0.060
10.00	0.016	0.019	0.022	0.025	0.028	0.031	0.038	0.046	0.052	0.059
20.00	0.008	0.010	0.011	0.013	0.014	0.016	0.020	0.024	0.027	0.031
50.00	0.003	0.004	0.004	0.005	0.006	0.006	0.008	0.010	0.011	0.013
100.00	0.002	0.002	0.002	0.003	0.003	0.003	0.004	0.005	0.006	0.006

(계속)

표 3.4 m'과 n'에 따른 F_2의 변화(계속)

n'	m'									
	4.5	5.0	6.0	7.0	8.0	9.0	10.0	25.0	50.0	100.0
0.25	0.053	0.053	0.053	0.053	0.053	0.053	0.053	0.053	0.053	0.053
0.50	0.087	0.087	0.088	0.088	0.088	0.088	0.088	0.088	0.088	0.088
0.75	0.109	0.109	0.109	0.110	0.110	0.110	0.110	0.111	0.111	0.111
1.00	0.121	0.122	0.123	0.123	0.124	0.124	0.124	0.125	0.125	0.125
1.25	0.128	0.130	0.131	0.132	0.132	0.133	0.133	0.134	0.134	0.134
1.50	0.132	0.134	0.136	0.137	0.138	0.138	0.139	0.140	0.140	0.140
1.75	0.134	0.136	0.138	0.140	0.141	0.142	0.142	0.144	0.144	0.145
2.00	0.134	0.136	0.139	0.141	0.143	0.144	0.145	0.147	0.147	0.148
2.25	0.133	0.136	0.140	0.142	0.144	0.145	0.146	0.149	0.150	0.150
2.50	0.132	0.135	0.139	0.142	0.144	0.146	0.147	0.151	0.151	0.151
2.75	0.130	0.133	0.138	0.142	0.144	0.146	0.147	0.152	0.152	0.153
3.00	0.127	0.131	0.137	0.141	0.144	0.145	0.147	0.152	0.153	0.154
3.25	0.125	0.129	0.135	0.140	0.143	0.145	0.147	0.153	0.154	0.154
3.50	0.122	0.126	0.133	0.138	0.142	0.144	0.146	0.153	0.155	0.155
3.75	0.119	0.124	0.131	0.137	0.141	0.143	0.145	0.154	0.155	0.155
4.00	0.116	0.121	0.129	0.135	0.139	0.142	0.145	0.154	0.155	0.156
4.25	0.113	0.119	0.127	0.133	0.138	0.141	0.144	0.154	0.156	0.156
4.50	0.110	0.116	0.125	0.131	0.136	0.140	0.143	0.154	0.156	0.156
4.75	0.107	0.113	0.123	0.130	0.135	0.139	0.142	0.154	0.156	0.157
5.00	0.105	0.111	0.120	0.128	0.133	0.137	0.140	0.154	0.156	0.157
5.25	0.102	0.108	0.118	0.126	0.131	0.136	0.139	0.154	0.156	0.157
5.50	0.099	0.106	0.116	0.124	0.130	0.134	0.138	0.154	0.156	0.157
5.75	0.097	0.103	0.113	0.122	0.128	0.133	0.136	0.154	0.157	0.157
6.00	0.094	0.101	0.111	0.120	0.126	0.131	0.135	0.153	0.157	0.157
6.25	0.092	0.098	0.109	0.118	0.124	0.129	0.134	0.153	0.157	0.158
6.50	0.090	0.096	0.107	0.116	0.122	0.128	0.132	0.153	0.157	0.158
6.75	0.087	0.094	0.105	0.114	0.121	0.126	0.131	0.153	0.157	0.158
7.00	0.085	0.092	0.103	0.112	0.119	0.125	0.129	0.152	0.157	0.158
7.25	0.083	0.090	0.101	0.110	0.117	0.123	0.128	0.152	0.157	0.158
7.50	0.081	0.088	0.099	0.108	0.115	0.121	0.126	0.152	0.156	0.158
7.75	0.079	0.086	0.097	0.106	0.114	0.120	0.125	0.151	0.156	0.158
8.00	0.077	0.084	0.095	0.104	0.112	0.118	0.124	0.151	0.156	0.158
8.25	0.076	0.082	0.093	0.102	0.110	0.117	0.122	0.150	0.156	0.158
8.50	0.074	0.080	0.091	0.101	0.108	0.115	0.121	0.150	0.156	0.158
8.75	0.072	0.078	0.089	0.099	0.107	0.114	0.119	0.150	0.156	0.158
9.00	0.071	0.077	0.088	0.097	0.105	0.112	0.118	0.149	0.156	0.158
9.25	0.069	0.075	0.086	0.096	0.104	0.110	0.116	0.149	0.156	0.158
9.50	0.068	0.074	0.085	0.094	0.102	0.109	0.115	0.148	0.156	0.158
9.75	0.066	0.072	0.083	0.092	0.100	0.107	0.113	0.148	0.156	0.158
10.00	0.065	0.071	0.082	0.091	0.099	0.106	0.112	0.147	0.156	0.158
20.00	0.035	0.039	0.046	0.053	0.059	0.065	0.071	0.124	0.148	0.156
50.00	0.014	0.016	0.019	0.022	0.025	0.028	0.031	0.071	0.113	0.142
100.00	0.007	0.008	0.010	0.011	0.013	0.014	0.016	0.039	0.071	0.113

표 3.5 D_f/B, B/L, μ_s에 따른 I_f의 변화

μ_s	D_f/B	B/L		
		0.2	0.5	1.0
0.3	0	1	1	1
	0.2	0.95	0.93	0.90
	0.4	0.90	0.86	0.81
	0.6	0.85	0.80	0.74
	1.0	0.78	0.71	0.65
0.4	0	1	1	1
	0.2	0.97	0.96	0.93
	0.4	0.93	0.89	0.85
	0.6	0.89	0.84	0.78
	1.0	0.82	0.75	0.69
0.5	0	1	1	1
	0.2	0.99	0.98	0.96
	0.4	0.95	0.93	0.89
	0.6	0.92	0.87	0.82
	1.0	0.85	0.79	0.72

퇴적된 흙은 불균질한 특징을 가지고 있기 때문에 E_s의 크기는 깊이에 따라 변화한다. 이러한 이유 때문에 Bowles(1987)는 식 (3.2)에서 E_s의 가중평균값을 사용하도록 다음과 같이 제안하였다.

$$E_s = \frac{\Sigma E_{s(i)}\Delta z}{\bar{z}} \tag{3.11}$$

여기서

   $E_{s(i)}$ = 깊이 Δz 내에서 흙의 탄성계수

   $\bar{z}$ = H 또는 $5B$ 중 작은 값

예제 3.1

그림 3.3은 1 m × 2 m의 강성의 얕은 기초를 나타낸다. 기초 중앙에서의 탄성침하량을 계산하시오.

풀이

B = 1 m, L = 2 m이고, $\bar{z}$ = 5 m = $5B$이다. 식 (3.11)로부터

$$E_s = \frac{\Sigma E_{s(i)}\Delta z}{\bar{z}}$$

$$= \frac{(10,000)(2) + (8,000)(1) + (12,000)(2)}{5} = 10,400 \text{ kN/m}^2$$

(계속)

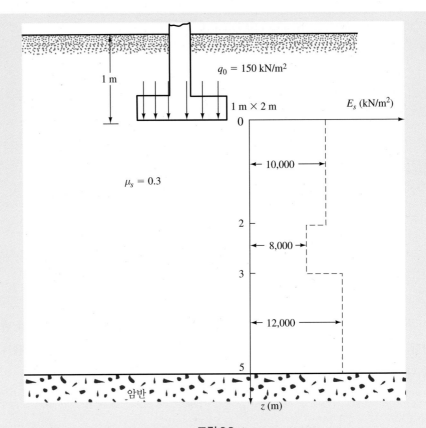

그림 3.3

기초의 중앙일 경우

$$\alpha = 4$$

$$m' = \frac{L}{B} = \frac{2}{1} = 2$$

$$n' = \frac{H}{\left(\dfrac{B}{2}\right)} = \frac{5}{\left(\dfrac{1}{2}\right)} = 10$$

표 3.3과 3.4로부터, $F_1 = 0.641$과 $F_2 = 0.031$을 얻을 수 있다. 식 (3.3)으로부터

$$I_s = F_1 + \frac{2 - \mu_s}{1 - \mu_s} F_2$$

$$= 0.641 + \frac{2 - 0.3}{1 - 0.3}(0.031) = 0.716$$

다시, $\dfrac{D_f}{B} = \dfrac{1}{1} = 1$, $\dfrac{L}{B} = 2$, $\mu_s = 0.3$이다. 표 3.5로부터 $I_f = 0.71$이다. 이로부터

$$S_{e\,(\text{flexible})} = q_o(\alpha B') \frac{1 - \mu_s^2}{E_s} I_s I_f$$

$$= (150)\left(4 \times \frac{1}{2}\right)\left(\frac{1 - 0.3^2}{10{,}400}\right)(0.716)(0.71) = 0.0133 \text{ m} = 13.3 \text{ mm}$$

기초가 강성이기 때문에, 식 (3.10)으로부터

$$S_{e\,(\text{rigid})} = (0.93)(13.3) = \mathbf{12.4 \text{ mm}}$$

3.4 탄성 침하량 계산을 위한 재료 매개변수의 범위

3.3절에서 기초의 탄성 침하량을 계산하기 위한 식을 제시하였다. 계산식은 E_s와 μ_s와 같은 탄성 매개변수를 포함한다. 이러한 매개변수에 대한 실내실험 결과를 사용할 수 없는 경우에 현실적인 가정을 해야 한다. 표 3.6은 다양한 흙의 탄성 매개변수의 대략적인 범위를 제시한다. 탄성계수 E_s는 종종 표준관입시험 또는 콘관입시험과 같은 현장시험을 통해서 결정된다. 포아송비 μ_s는 흙을 포함한 모든 재료에 대해 0~0.5의 범위를 나타낸다. 포화된 점토는 $\mu_s = 0.5$의 비배수 조건하에서 하중이 작용될 때 체적 변화가 발생되지 않는다.

표 3.6 다양한 흙의 탄성 매개변수

흙의 종류	탄성계수 E_s (MN/m^2)	포아송비 μ_s
느슨한 모래	10~25	0.20~0.40
중간 정도 조밀한 모래	15~30	0.25~0.40
조밀한 모래	35~55	0.30~0.45
실트질 모래	10~20	0.20~0.40
모래와 자갈	70~170	0.15~0.35
연약한 점토	4~20	
중간 정도의 점토	20~40	0.20~0.50
단단한 점토	40~100	

3.5   조립토의 개선된 침하량 계산방법

대부분의 침하량 예측방법에서 강성은 표준관입시험(SPT), 콘관입시험(CPT)과 같은 현장의 관입시험으로부터 결정되며, 탄성계수 계산을 위해 상수값을 가정한다[예: E_s = 2.5q_c, 식 (3.26) 참고]. Berardi와 Lancellotta(1991)는 흙의 강성이 응력 수준에 따라 달라지며, 변형률이 증가함에 따라 탄성계수가 감소함을 알게 되었다. 그들은 흙의 강성을 결정하는 데 응력 수준을 고려하고 이를 이용하여 침하량을 계산하는 개선된 방법을 제안하였다.

　그림 3.4는 응력 영향 범위가 기초 아래 깊이 Z까지 확장되는 모래 위에 놓인 기초를 나타낸다. Berardi 등(1991)은 Z가 B에서 $2B$의 범위에서 다양하다고 제시하였다. 정사각형 기초의 경우 $Z = B$이고, 대상기초의 경우 $Z = 2B$이다. 직사각형 기초의 경우 Z는 다음 식과 같이 대수적으로 보간할 수 있다.

$$Z = \left[1 + \log\left(\frac{L}{B}\right) \right]B \tag{3.12}$$

여기서 대상기초에서 L/B는 10으로 제한된다.

　탄성 해석으로부터 탄성체 위에 놓인 $B \times L$ 기초의 침하량은 다음 식으로 계산할 수 있다.

$$S_e = \frac{q_o B}{E_s}\left(1 - \mu_s^2\right)I \tag{3.13}$$

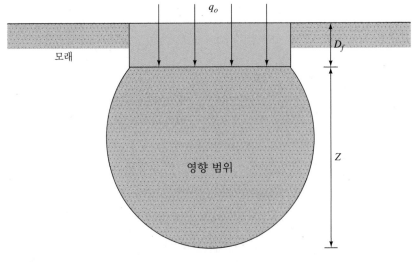

그림 3.4 기초와 영향 범위

여기서

q_o = 작용하는 순 하중

B = 기초 폭

E_s = 흙의 탄성계수

μ_s = 흙의 포아송비

I = 기초의 제원에 따른 영향계수

포아송비 $\mu_s = 0.15$이고 기초를 강성으로 가정하면, B/L와 Z/B에 따른 $(1 - \mu_s^2)I$의 변화는 그림 3.5와 같다.

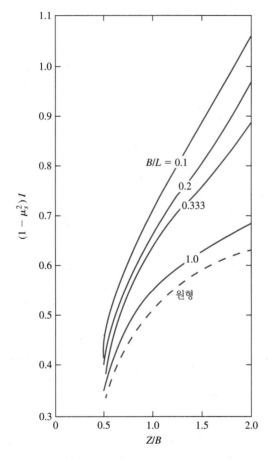

그림 3.5 Z/B와 B/L에 따른 $(1 - \mu_s^2)I$의 변화(Berardi et al., 1991)

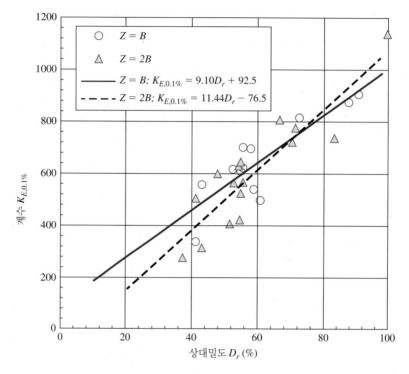

그림 3.6 $Z = B$ 및 $Z = 2B$에 대한 상대밀도에 따른 $K_{E,0.1\%}$의 변화(Lancellotta, 2009)

기초에 하중을 가하면 흙의 강성이 증가할 것이다. Janbu(1963)는 탄성계수를 다음 식으로 제안하였다.

$$E_s = K_E p_a \left(\frac{\sigma_o' + 0.5\Delta\sigma_o'}{p_a} \right)^{0.5} \tag{3.14}$$

여기서

K_E = 상대밀도, 변형률 수준, 영향 범위 Z에 따라 달라지는 모래의 무차원 계수

σ_o' = 영향 범위 중앙의 초기 상재압력

$\Delta\sigma_o'$ = 기초 하중으로 인한 영향 범위 중앙에서의 연직 유효응력 증가량

p_a = 대기압(≈ 100 kN/m²)

Lancellotta(2009)에 따르면, 0.1%의 변형률 수준(S_e/B)에서(그림 3.6 참고)

$$K_{E,0.1\%} = 9.1D_r + 92.5 \qquad (Z = B) \tag{3.15}$$

그리고

$$K_{E,0.1\%} = 11.44D_r - 76.5 \qquad (Z = 2B) \tag{3.16}$$

여기서 D_r는 모래의 상대밀도(%)이다.

식 (3.15)와 (3.16)을 통해 $D_r = 60\%$에 대해 $K_{E,0.1\%}$값을 각각 638.5와 609.9로 얻을 수 있고, $D_r = 80\%$에 대해 $K_{E,0.1\%}$값을 각각 820.5와 838.7로 얻을 수 있다. 이러한 $K_{E,0.1\%}$ 값들은 상대적으로 큰 차이가 없다. 대부분의 기초는 $D_r = 60{\sim}80\%$ 범위 내에서 분석되므로 $Z = B$ 및 $2B$ 범위에 대한 K값은 합리적으로 보간될 수 있다.

D_r의 크기는 다음 식으로 계산할 수 있다(Skempton, 1986)

$$D_r = \left[\frac{(N_1)_{60}}{60}\right]^{0.5} \tag{3.17}$$

여기서 $(N_1)_{60}$은 영향 범위에서 보정된 평균 표준관입치이다[식 (1.6) 참고].

다른 변형률 수준에서 K_E계수는 다음 식으로 계산할 수 있다(Berardi et al., 1991) (그림 3.7 참고).

$$\frac{K_{E(S_e/B\%)}}{K_{E,0.1\%}} = 0.008\left(\frac{S_e}{B}\right)^{-0.7} \tag{3.18}$$

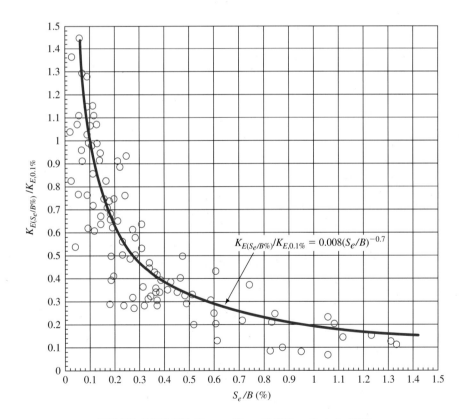

그림 3.7 S_e/B에 따른 $K_{E(S_e/B\%)}/K_{E,0.1\%}$의 비(Berardi et al., 1991)

Berardi(1999)의 연구를 기반으로 Lancellotta(2009)는 다음 식을 제안하였다.

$$\frac{E_s}{E_{s(0.1\%)}} = 0.008\left(\frac{S_e}{B}\right)^{-0.7}$$

(3.19)

여기서 $E_{s(0.1\%)}$는 연직 변형률 $\varepsilon_v = S_e/B = 0.1\%$ 수준에서 모래의 탄성계수이다. $E_{s(0.1\%)}$의 계산을 위해 그림 3.6 또는 식 (3.15) 및 (3.16)으로부터 결정된 $K_{E,0.1\%}$값을 식 (3.14)에 대입한다.

다시 식 (3.13)과 (3.19)로부터

$$\left(\frac{S_e}{B}\right)^{0.3} = \frac{125q_o(1 - \mu_s^2)I}{E_{s(0.1\%)}}$$

(3.20)

예제 3.2

0.5 m 깊이의 모래 위에 놓인 2 m × 2 m 정사각형 기초는 600 kN의 기둥 하중을 지지한다. 모래의 단위중량은 19 kN/m³이고 $(N_1)_{60}$값은 28이다. 침하량을 계산하시오. 모래의 포아송비는 0.15로 가정한다.

풀이

그림 3.8을 참고하면, 기초 위치에서 작용 하중 $= \dfrac{600}{2 \times 2} = 150 \ \text{kN/m}^2$

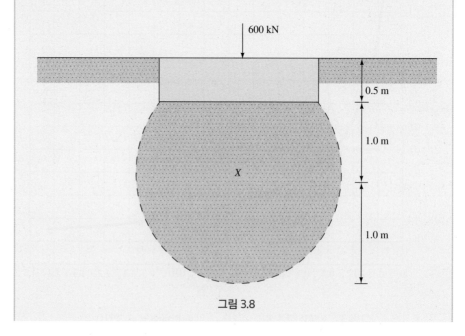

그림 3.8

식 (3.17)로부터 $D_r = \sqrt{\dfrac{(N_1)_{60}}{60}} = \sqrt{\dfrac{28}{60}} = 0.683$ 또는 68.3%

영향 범위 중앙 X에서(그림 3.8) $\sigma_o' = 1.5 \times 19 = 28.5 \ \text{kN/m}^2$

$$\Delta\sigma_o' = \frac{150 \times 2 \times 2}{(2+1)(2+1)} = 66.7 \ \text{kN/m}^2 \quad (2:1 \ \text{방법 이용})$$

영향 범위 $Z = B = 2.0 \ \text{m}$

그림 3.5로부터 $Z/B = 1$과 $L/B = 1$의 경우 $(1 - \mu_s^2)I = 0.56$

$$p_a \approx 100 \ \text{kN/m}^2$$

$$\left(\frac{\sigma_o' + 0.5\Delta\sigma_o'}{p_a}\right)^{0.5} = \left(\frac{28.5 + 0.5 \times 66.7}{100}\right)^{0.5} = 0.786$$

$D_r = 68.3$%와 $Z = B$의 경우 식 (3.15)를 통해 $K_{E, 0.1\%} = 714.03$

식 (3.14)로부터

$$E_{s(0.1\%)} = K_{E, 0.1\%} p_a \left(\frac{\sigma_o' + 0.5\Delta\sigma_o'}{p_a}\right)^{0.5}$$

$$= 714.3 \times 100 \times 0.786 \approx 56{,}144 \ \text{kN/m}^2$$

이 값들을 식 (3.20)에 대입하면

$$\left(\frac{S_e}{B}\right)^{0.3} = \frac{125 \times 150 \times 0.56}{56{,}144} = 0.187$$

따라서 $S_e/B = 0.00375$, $S_e = 0.00374 \times 2000 = $ **7.48 mm**

3.6 사질토 지반의 침하량: 변형률 영향계수 사용

조립토의 침하량은 Schmertmann 등(1978)이 제안한 반경험적인 **변형률 영향계수** (strain influence factor)를 사용하여 구할 수 있다. 이 방법에 따르면 침하량은 다음 식으로 계산된다.

$$S_e = C_1 C_2 (\overline{q} - q) \sum_0^{z_2} \frac{I_z}{E_s} \Delta z \tag{3.21}$$

여기서

I_z = 변형률 영향계수

C_1 = 기초 근입깊이에 대한 보정계수 = $1 - 0.5 \left[q/(\overline{q} - q) \right]$

C_2 = 흙의 크리프 현상을 고려하는 보정계수 = $1 + 0.2 \log(경과년수/0.1)$

$\overline{q}$ = 기초의 위치에서 응력

$q = \gamma D_f$

그림 3.9는 정사각형($L/B = 1$) 또는 원형 기초 및 $L/B \geq 10$인 기초에 대한 변형률 영향계수 I_z의 변화를 나타낸다. 여기서 $L/B = 1$은 축대칭 하중조건을 나타내고, $L/B \geq 10$(즉, 연속기초)는 평면 변형률 하중을 나타낸다. $1 < L/B < 10$에 대한 I_z 도표는 보간할 수 있다.

I_z의 최댓값[즉, $I_{z(m)}$]은 $z = z_1$에서 발생하고, $z = z_2$에서 0으로 감소한다. I_z의 최댓값은 다음 식과 같이 계산할 수 있다.

$$I_{z(m)} = 0.5 + 0.1 \sqrt{\frac{\overline{q} - q}{q'_{z(1)}}} \tag{3.22}$$

여기서 $q'_{z(1)}$은 기초 설치 이전에 z_1 깊이의 유효응력이다.

Salgado(2008)는 직사각형 기초에 대해 $z = 0$, z_1/B 및 z_2/B에서 I_z의 보간에 대한 관계식을 다음과 같이 제안하였다.

• $z = 0$에서 I_z

$$I_z = 0.1 + 0.0111 \left(\frac{L}{B} - 1 \right) \leq 0.2 \tag{3.23}$$

• $I_{z(m)}$에 대한 z_1/B의 변화

$$\frac{z_1}{B} = 0.5 + 0.0555 \left(\frac{L}{B} - 1 \right) \leq 1 \tag{3.24}$$

• z_2/B의 변화

$$\frac{z_2}{B} = 2 + 0.222 \left(\frac{L}{B} - 1 \right) \leq 4 \tag{3.25}$$

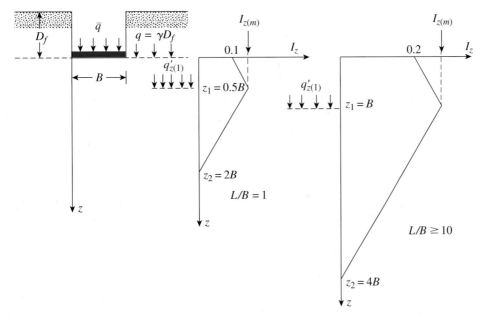

그림 3.9 깊이와 L/B에 따른 변형률 영향계수의 변화

Schmertmann 등(1978)은 다음 식을 제안하였다.

$$E_s = 2.5q_c \quad \text{(정사각형 기초)} \tag{3.26}$$

그리고

$$E_s = 3.5q_c \quad (L/B \geq 10) \tag{3.27}$$

여기서 q_c = 콘관입저항치

평면 변형률 하중 하에서 흙의 강성은 축하중 하중일 때보다 40%가 크다는 점에 주목하여 Terzaghi 등(1996)은 다음 식을 제안하였다.

$$E_{s(\text{rectangle})} = \left(1 + 0.4 \log \frac{L}{B}\right) E_{s(\text{square})} \tag{3.28}$$

Terzaghi 등은 $E_{s(\text{square})}$를 3.5 q_c로 간주할 수 있다고 제안하였다.

식 (3.21)을 사용하여 탄성 침하량을 계산하는 순서는 다음과 같다(그림 3.10).

1단계: 기초와 깊이에 따른 I_z의 변화를 일정한 비율로 그린다(그림 3.10a).

2단계: 표준관입치(N_{60}) 또는 콘관입저항치(q_c)의 상관관계를 사용하여 깊이에 따른 E_s의 실제 변화를 그린다(그림 3.10b).

3단계: $E_{s(1)}$, $E_{s(2)}$, ..., $E_{s(i)}$, ..., $E_{s(n)}$과 같이 E_s가 일정한 여러 지층으로 E_s의 실제

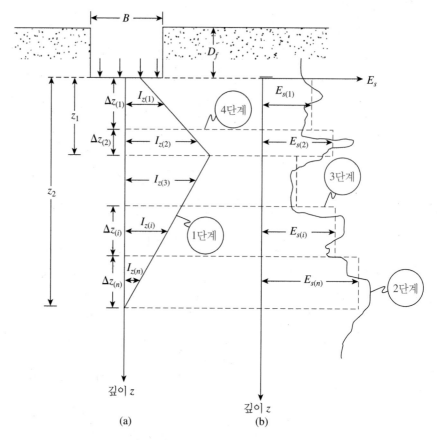

그림 3.10 변형률 영향계수를 사용한 S_e의 계산과정

변화를 근사화한다(그림 3.10b).

4단계: 수평선으로 $z = 0$에서 $z = z_2$까지 여러 지층을 나눈다. 지층의 수는 I_z와 E_s 도표에서 연속성이 중단됨에 따라 달라진다.

5단계: $\sum \dfrac{I_z}{E_s}\Delta z$를 얻기 위해 표(표 3.7)를 준비한다.

6단계: C_1과 C_2를 계산한다.

7단계: 식 (3.21)로 S_e를 계산한다.

Schmertmann 등(1978)은 지반 강성 E_s를 도출하기 위해 콘관입 시험 결과를 사용하는 것을 권장하였다. 가끔 표준관입시험 결과만 가지고 있을 때, Kulhawy와 Mayne (1990)은 표준관입치 N_{60}으로부터 E_s를 결정할 수 있는 다음 식을 제안하였다.

$$E_s = \alpha p_a N_{60} \tag{3.29}$$

표 3.7 $\sum \dfrac{I_z}{E_s}\Delta z$의 계산

층 번호	Δz	E_s	층의 중간지점에서의 I_z	$\dfrac{I_z}{E_s}\Delta z$
1	$\Delta z_{(1)}$	$E_{s(1)}$	$I_{z(1)}$	$\dfrac{I_{z(1)}}{E_{s(1)}}\Delta z_1$
2	$\Delta z_{(2)}$	$E_{s(2)}$	$I_{z(2)}$	
⋮	⋮	⋮	⋮	
i	$\Delta z_{(i)}$	$E_{s(i)}$	$I_{z(i)}$	$\dfrac{I_{z(i)}}{E_{s(i)}}\Delta z_i$
⋮	⋮	⋮	⋮	⋮
n	$\Delta z_{(n)}$	$E_{s(n)}$	$I_{z(n)}$	$\dfrac{I_{z(n)}}{E_{s(n)}}\Delta z_n$
				$\sum \dfrac{I_z}{E_s}\Delta z$

여기서 p_a는 대기압(≈ 100 kN/m^2)이고 N_{60}은 해머 효율이 보정된 표준관입치이다. α는 세립질을 포함하는 모래일 경우 5, 깨끗한 모래일 경우 10, 깨끗한 과압밀 모래일 경우 15를 각각 적용한다.

예제 3.3

그림 3.11a는 모래 지반 1.2 m 깊이에 놓인 2 m × 4 m 직사각형 기초를 나타낸다. $\gamma = 17.5$ kN/m^3, $\overline{q} = 145$ kN/m^{2}이고, z에 따른 q_c의 근사적인 변화는 아래와 같다.

z (m)	q_c (kN/m^2)
0~0.5	2250
0.5~2.5	3430
2.5~5.0	2950

변형률 영향계수 방법을 이용하여 기초의 탄성 침하량을 계산하시오. $E_{s(\text{square})}$에는 식 (3.26)을 사용한다.

풀이

식 (3.24)로부터

(계속)

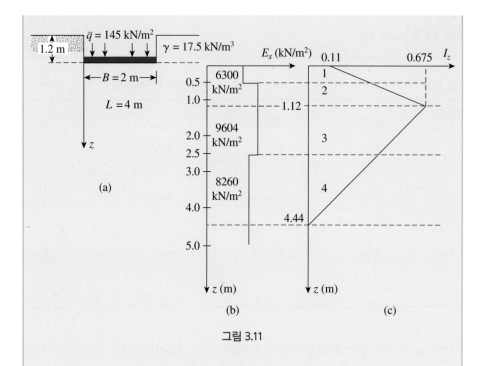

그림 3.11

$$\frac{z_1}{B} = 0.5 + 0.0555\left(\frac{L}{B} - 1\right) = 0.5 + 0.0555\left(\frac{4}{2} - 1\right) \approx 0.56$$

$$z_1 = (0.56)(2) = 1.12 \text{ m}$$

식 (3.25)로부터

$$\frac{z_2}{B} = 2 + 0.222\left(\frac{L}{B} - 1\right) = 2 + 0.222(2 - 1) = 2.22$$

$$z_2 = (2.22)(2) = 4.44 \text{ m}$$

식 (3.23)으로부터, $z = 0$에서

$$I_z = 0.1 + 0.0111\left(\frac{L}{B} - 1\right) = 0.1 + 0.0111\left(\frac{4}{2} - 1\right) \approx 0.11$$

식 (3.29)로부터

$$I_{z(m)} = 0.5 + 0.1\sqrt{\frac{\bar{q} - q}{q'_{z(1)}}} = 0.5 + 0.1\left[\frac{145 - (1.2 \times 17.5)}{(1.2 + 1.12)(17.5)}\right]^{0.5} = 0.675$$

그림 3.11c는 z에 따른 I_z를 나타낸다. 다시 식 (3.28)로부터

$$E_{s(rectangle)} = \left(1 + 0.4\log\frac{L}{B}\right)E_{s(square)} = \left[1 + 0.4\log\left(\frac{4}{2}\right)\right](2.5 \times q_c) = 2.8q_c$$

따라서 z에 따른 E_s의 근사적인 변화는 다음과 같다.

z (m)	q_c (kN/m²)	E_S (kN/m²)
0~0.5	2250	6300
0.5~2.5	3430	9604
2.5~5.0	2950	8260

그림 3.11b는 z에 따른 E_s를 나타낸다.

지층은 그림 3.11b와 3.11c와 같이 4개의 층으로 나뉜다. 이제 다음 표를 준비할 수 있다.

층 번호	Δz (m)	E_s (kN/m²)	층의 중간지점에서의 I_z	$\dfrac{I_z}{E_s}\Delta z$ (m³/kN)
1	0.50	6300	0.236	1.87×10^{-5}
2	0.62	9604	0.519	3.35×10^{-5}
3	1.38	9604	0.535	$7.68 \times I0^{-5}$
4	1.94	8260	0.197	4.62×10^{-5}
				$\Sigma 17.52 \times 10^{-5}$

$$S_e = C_1 C_2 (\bar{q} - q)\Sigma\frac{I_z}{E_s}\Delta z$$

$$C_1 = 1 - 0.5\left(\frac{q}{\bar{q} - q}\right) = 1 - 0.5\left(\frac{21}{145 - 21}\right) = 0.915$$

크리프 시간은 10년으로 가정한다. 그래서

$$C_2 = 1 + 0.2\log\left(\frac{10}{0.1}\right) = 1.4$$

따라서

$$S_e = (0.915)(1.4)(145 - 21)(17.52 \times 10^{-5}) = 2783 \times 10^{-5}\text{m} = \textbf{27.83 mm}$$

3.7 침하를 고려한 모래 지반 위 확대기초의 허용 지지력

Meyerhof(1956)는 표준관입치 N_{60}을 이용하여 기초의 **순 허용 지지력**(net allowable bearing pressure)에 대한 상관관계를 제안하였다. 순 허용 지지력은 다음 식으로 정의할 수 있다.

$$q_{all(net)} = q_{all} - \gamma D_f \qquad (3.30)$$

Meyerhof가 상관관계를 제안한 이후, 연구자들은 그 결과가 다소 보수적이라는 것을 발견하였다. 그 이후 Meyerhof(1965)는 순 허용 지지력이 약 50% 증가되어야 한다고 제안했다. Bowles(1977)는 지지력 수정식을 다음 식과 같이 제안하였다.

$$q_{net}(kN/m^2) = \frac{N_{60}}{0.05} F_d\left(\frac{S_e}{25}\right) \quad (B \le 1.22 \text{ m}) \qquad (3.31)$$

그리고

$$q_{net}(kN/m^2) = \frac{N_{60}}{0.08}\left(\frac{B + 0.3}{B}\right)^2 F_d\left(\frac{S_e}{25}\right) \quad (B > 1.22 \text{ m}) \qquad (3.32)$$

여기서

N_{60} = 현장 표준관입치

F_d = 깊이계수 $= 1 + 0.33(D_f/B) \le 1.33$ (3.33)

S_e = 허용 침하량(mm)

B = 폭(m)

방금 제시한 경험적 관계는 몇 가지 질문을 떠올린다. 예를 들어 표준관입치 중 어떤 값을 사용해야 할까? 순 허용 지지력에 대한 지하수위의 영향은 무엇일까? N_{60}의 설계값은 기초의 바닥으로부터 $2B \sim 3B$의 깊이에서 측정된 N_{60}값들을 고려하여 결정해야 한다. 많은 기술자들은 지하수위가 기초에 가까우면 N_{60}값을 다소 줄여야 된다고 생각한다. 그러나 저자는 관입저항치가 지하수위의 위치를 반영하기 때문에 이러한 감소가 필요하지 않다고 생각한다.

3.8 모래 지반의 전면기초 허용 지지력

3.7절의 모래 지반에 설치된 확대기초에 대한 식 (3.32)는 전면기초에도 적용될 수 있다. 그러나 전면기초는 B가 크므로 식 (3.32)를 다음 식과 같이 근사화할 수 있다.

$$
\begin{aligned}
q_{net}(kN/m^2) &= \frac{N_{60}}{0.08} F_d\left(\frac{S_e}{25}\right) \\
&= \frac{N_{60}}{0.08}\left[1 + 0.33\left(\frac{D_f}{B}\right)\right]\left[\frac{S_e(mm)}{25}\right] \\
&\leq 16.63\, N_{60}\left[\frac{S_e(mm)}{25}\right]
\end{aligned}
\tag{3.34}
$$

원래 식 (3.32)는 25 mm 침하량과 약 19 mm의 부등 침하량에 대해 제안된 식이다. 그러나 전면기초의 폭은 독립 확대기초보다 더 크다. 기초 아래의 지반에 상당한 응력 증가가 발생하는 깊이는 기초 폭에 따라 다르다. 이러한 이유로 전면기초의 경우, 영향 범위 깊이는 확대기초의 영향 범위 깊이보다 훨씬 더 클 수 있다. 따라서 전면기초 아래의 느슨한 지반이 더 고르게 분포될 수 있고 결과적으로 더 작은 부등 침하가 발생한다. 관례적으로 전면기초의 침하량이 50 mm인 경우, 부등 침하량은 19 mm 정도라고 가정한다. 이 논리를 사용하고 보수적으로 F_d가 1과 같다고 가정하면 식 (3.35)와 같이 근사적으로 나타낼 수 있다.

$$
q_{all(net)} = q_{net}(kN/m^2) \approx 25 N_{60}
\tag{3.35}
$$

예제 3.4

모래 퇴적층 위에 설치된 13 m × 9 m 크기의 전면기초의 순 허용 지지력을 계산하시오. 여기서 D_f = 2 m, 허용 침하량 = 25 mm, 평균 표준관입치 N_{60} = 10이다.

풀이

식 (3.34)로부터

$$
\begin{aligned}
q_{all(net)} &= \frac{N_{60}}{0.08}\left[1 + 0.33\left(\frac{D_f}{B}\right)\right]\left[\frac{S_e}{25}\right] \leq 16.63\, N_{60}\left[\frac{S_e}{25}\right] \\
&= \frac{10}{0.08}\left[1 + \frac{(0.33)(2)}{9}\right]\left(\frac{25}{25}\right) \approx \mathbf{134\ kN/m^2}
\end{aligned}
$$

3.9 조립토의 탄성 침하량에 대한 지하수위 상승의 영향

2장에서 지하수위가 기초 주변에 있을 때, 흙의 단위중량은 감소되어야 한다고 언급하였다. 향후 지하수위의 상승은 극한 지지력을 감소시킬 수 있다. 유사하게 조립토의 기초 주변의 지하수위가 상승하면 지반 강성을 감소시키고 추가적인 침하를 일으킬 수 있다. Terzaghi(1943)는 지하수위가 매우 깊은 곳부터 기초 위치까지 상승할 때, 조립토에서 침하량은 2배가 된다고 결론지었다. Shahriar 등(2014)은 최근 실내모형 실험과 수치해석을 수행하여 지하수위가 임의의 높이까지 상승할 때 **추가적인 침하량**이 발생한다는 것을 다음 식으로 제안하였다.

$$S_{e,\,\text{additional}} = \frac{A_w}{A_t} S_e \tag{3.36}$$

여기서

S_e = 건조토에서 계산된 탄성 침하량

A_w = 지하수위 상승으로 인해 잠기는 변형률–영향 도표의 영역 면적

A_t = 변형률–영향 도표의 전체 면적

예제 3.5는 식 (3.36)의 적용을 나타낸다.

예제 3.5

모래 지반 1.5 m 깊이에 설치된 2.5 m 너비의 정사각형 기초가 있다. 여기서 γ = 18.0 kN/m³인 모래로 구성된 하부 지면에 175 kN/m²이 작용된다. 현재 지하수위는 기초 아래로 6.5 m에 위치하며, 예상 침하량은 15.0 mm이다. 향후 최악의 시나리오로 그림 3.12a에서 나타나듯 지하수위가 4.0 m까지 상승할 수 있는 것으로 예상된다. 이 현상이 발생할 때 기초의 침하량을 계산하시오.

풀이

영향계수 도표를 먼저 그린다. 식 (3.22)로부터

$$I_{z(m)} = 0.5 + 0.1 \sqrt{\frac{\bar{q} - q}{q'_{z(1)}}} = 0.5 + 0.1 \sqrt{\frac{175 - (18.0)(1.5)}{(18.0)(2.75)}} = 0.67$$

$$\left[\text{주의}: q'_{z(1)} = \left(1.5 + \frac{2.5}{2} \right)(18) = (18)(2.75) \text{ kN/m}^2 \right].$$

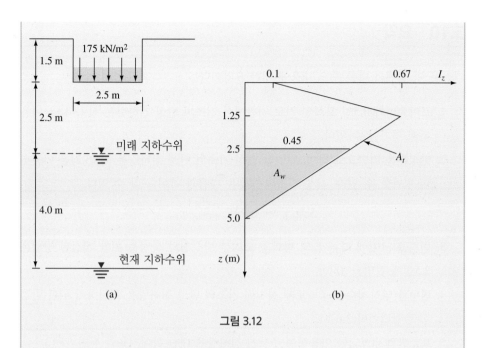

그림 3.12

그림 3.12b는 z에 따른 I_z 도표를 나타낸다.

지하수위가 영향 범위 아래에 있을 때 S_e = 15.0 mm이다. 영향 도표의 전체 면적 A_t는 다음과 같이 구할 수 있다.

$$A_t = \left(\frac{0.10 + 0.67}{2} \right) \times 1.25 + \frac{1}{2} \times 0.67 \times 3.75 = 1.738 \text{ m}$$

$$A_w = \frac{1}{2} \times 2.5 \times 0.45 = 0.563 \text{ m}$$

식 (3.26)으로부터

$$S_{e,\,\text{additional}} = \frac{A_w}{A_t} S_e = \frac{0.563}{1.738} \times 15.0 = 4.9 \text{ mm}$$

전체 침하량은 15 + 4.9 = **19.9 mm**가 된다.

3.10 요약

다음은 이 장에서 다룬 주요 내용에 대한 요약이다.

1. 포아송비가 0.5인 포화된 점토 지반에서 기초의 탄성 침하량은 식 (3.1)을 이용하여 평가할 수 있다.

2. 탄성론을 기반으로 하여, 완전한 연성 기초의 탄성 침하량은 식 (3.2)를 이용하여 평가할 수 있다. 강성 기초의 경우는 다음과 같이 구할 수 있다.

$$S_{e(\text{rigid})} \approx 0.93 S_{e(\text{flexible, center})}$$

3. 변형률 크기에 따른 E_s의 변화를 고려한 탄성침하 산정을 위한 개선된 방법은 3.5절에 설명되었다.

4. 변형률 영향계수는 조립토에 설치된 기초의 탄성 침하량을 계산하기 위한 반경험적 방법이다(3.6절).

5. 표준관입치(N_{60})를 이용하여 주어진 침하량에 대한 확대기초와 전면기초(3.7절, 3.8절)의 순 허용 지지력을 계산할 수 있다.

6. 조립토에서 지하수위 상승이 탄성 침하량에 미치는 영향에 대한 새로운 방법이 3.9절에 제시되었다.

연습문제

3.1 다음 문장이 참인지 거짓인지 답하시오.

  a. 포화된 점토의 포아송비는 0.5이다.

  b. 균등한 압력을 전달하는 연성 기초는 균일하게 침하량이 발생할 것이다.

  c. 강성 기초가 균일하게 침하되면 지반에 균일한 압력이 발생하지 않는다.

  d. 모래에 설치된 연속기초 아래의 지반 강성은 동일한 폭의 정사각형 기초일 때보다 크다.

  e. 모래에 설치된 기초 아래의 변형률은 기초 위치에서 최댓값을 보인다.

3.2 점토 지반 2 m 깊이에 지어진 3 m × 4 m 기초는 200 kN/m²의 순 압력이 가해진다. 암반은 기초 아래 10 m에 위치한다. 점토층의 탄성계수는 30 MN/m²이다. Janbu의 일반화된 관계식[식 (3.1)]을 사용하고, 비배수 조건과 균일한 압력을 전달하는 연성 기초로 가정하여, 예상되는 침하량을 계산하시오.

3.3 연성 하중이 작용하는 범위(그림 3.13 참고)는 2 m × 3.2 m이고, 210 kN/m²의 등분포하중이 전달된다. 하중 범위의 중심부 아래의 탄성 침하량을 식 (3.2)를 이용하여 계산하시오. D_f = 1.6 m와 $H = \infty$로 가정한다.

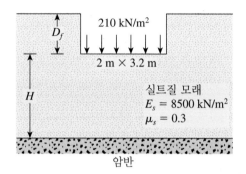

그림 3.13

3.4 연약한 포화점토(μ_s = 0.5) 위에 1.52 m × 3.05 m 단면의 연성 기초를 고려한다. 기초의 깊이는 지표면 아래 1.22 m이다. 단단한 암반층은 기초 바닥 아래 12.2 m에 위치한다. 주어진 값은 q_0 = 144 kN/m², 점토의 경우 E_s = 12,938 kN/m²이다. 기초의 평균 탄성 침하량을 식 (3.1)을 이용하여 결정하시오.

3.5 5 m × 10 m의 연성 기초는 하부 지반에 250 kN/m²의 균일한 순 압력을 작용한다. 기초는 지표면보다 5 m 아래에 위치하며, 기초 바닥 아래 5 m 깊이에 기반암이 있다. 지반의 탄성계수와 포아송비는 각각 40 MN/m²과 0.3이다. 기초의 중앙과 모서리에서 탄성 침하량을 결정하시오.

만약 기초가 강성이라면 침하량은 어떻게 되겠는가?

3.6 그림 3.2는 모래 퇴적층 위에 있는 3.05 m × 1.91 m의 기초를 나타낸다. 기초 위치에서의 단위면적당 순 하중 q_o는 144 kN/m²이다. 모래의 경우, μ_s = 0.3, E_s = 22,080 kN/m², D_f = 0.76 m, H = 9.76 m이다. 강성 기초로 가정하고, 식 (3.2)와 (3.10)을 이용하여 기초의 탄성 침하량을 결정하시오.

3.7 기초의 크기 = 1.8 m × 1.8 m, q_o = 190 kN/m², D_f = 1.0 m, H = 15 m와 지반 조건 μ_s = 0.4, E_s = 15,400 kN/m², γ = 17 kN/m³인 경우에 대해 문제 3.6을 다시 풀이하시오.

3.8 260 kN/m의 벽 하중을 전달하는 2 m 폭의 연속기초는 단위 중량이 19.0 kN/m³이고 $(N_1)_{60}$이 32인 모래 지반 깊이 1.0 m에 위치한다. 포아송비는 0.15라고 가정하고, 식 (3.20)을 이용하여 기초의 침하량을 계산하시오.

3.9 130 kN/m²의 압력을 전달하는 2 m 너비의 정사각형 기초의 경우, 문제 3.8과 같은 조건으로 식 (3.20)을 이용하여 문제를 풀이하시오.

3.10 1000 kN의 기둥 하중을 전달하는 2.0 m × 2.0 m인 기초는 $\gamma = 19$ kN/m³ 및 $(N_1)_{60} = 25$인 모래 지반 지표면 아래 1.0 m에 위치한다. 식 (3.20)을 이용하여 침하량을 추정하시오.

3.11 식 (3.21)을 이용하여 문제 3.6을 풀이하시오. 보정계수 C_2의 경우 크리프에는 5년을 사용하고, 지반 단위중량은 $\gamma = 18.08$ kN/m³을 사용한다.

3.12 2.5 m 너비의 정사각형 기초는 $\gamma = 18.5$ kN/m³ 및 $q_c = 8.0$ MN/m²인 모래 지반 1.0 m 깊이에 위치한다. 기초 위치에서 작용되는 압력은 150 kN/m²이다. 기반암은 깊이 4.0 m에 있다. 20년 후에 침하량은 어떻게 되겠는가? 식 (3.21)을 이용하여 구하시오.

3.13 그림 3.14에는 지반의 탄성계수(E_s) 변화와 함께 모래 퇴적층 위의 연속기초를 나타낸다. $\gamma = 18$ kN/m³ 및 10년 동안의 C_2를 가정하고, 변형률 영향계수 방법을 이용하여 기초의 탄성 침하량을 계산하시오.

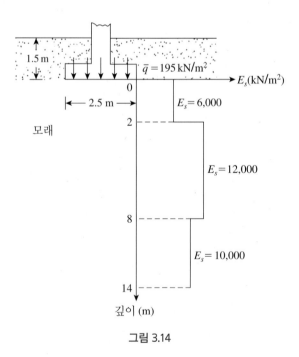

그림 3.14

3.14 다음은 조립토 퇴적층에서의 표준관입시험의 결과이다. 1.5 m × 1.5 m 크기로 계획된 기초의 순 허용 지지력을 3.7절에서 제시된 관계식을 이용하여 구하시오.

D_f = 1 m, 허용 침하량 = 25 mm로 가정한다.

깊이 (m)	표준관입치 N_{60}
1.5	10
3.0	12
4.5	9
6.0	14
7.5	16

3.15 기둥을 지지하는 얕은 정사각형 기초를 건설하는 데 1000 kN의 순 연직하중을 전달해야 한다. 기초를 지지하는 지반은 모래이다. 현장조사로부터 표준관입치(N_{60})는 다음과 같이 얻어졌다.

깊이 (m)	N_{60}
2	4
4	7
6	12
8	12
10	16
12	13
14	12
16	14
18	18

지하수위는 12 m 깊이에 있다. 지하수위 상부의 지반 단위중량은 15.7 kN/m³이고, 지하수위 아래의 포화단위중량은 18.8 kN/m³이다. 기초의 깊이는 1.5 m이고 허용 침하량은 25 mm이다. 기초 크기를 결정하시오.

비판적 사고 문제

3.16 3.0 m 폭의 정사각형 기초는 γ = 18.5 kN/m³인 모래 지반 1.5 m 깊이에 위치한다. 지하수위는 기초 위치보다 훨씬 아래에 있다. 기초 위치에서 200 kN/m²의 작용하중 하에서 측정된 침하량은 14.0 mm였다. 지하수위는 향후에 상승할 것으로 예상된다. 지하수위 상승에 대해 예상되는 추가적인 침하량을 표시하시오. 지하수위 상승에 따른 추가적인 침하량의 증가율에 대해 논의하시오.

3.17 그림 3.15는 하부 지반에 125 kN/m²을 전달하는 2.0 m 폭의 연속기초를 나타낸다. 지표면 아래 3 m에 2 m 두께의 정규압밀점토층이 있다. 지하수위는 점토층의 맨 위에 위치한다. 모래의 단위중량은 지하수위 위의 경우 17.5 kN/m³, 지하수위 아래의 경우 19.0 kN/m³이다. 점토의 단위중량은 19.5 kN/m³이다.

a. 변형률 영향계수 방법을 사용하여 10년 후의 모래층의 침하량을 계산하시오. E_s = 3.5q_c로 가정한다.

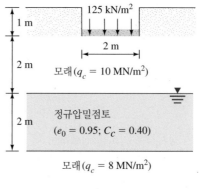

125 kN/m²

1 m

2 m

2 m

2 m

모래 $(q_c = 10 \text{ MN/m}^2)$

정규압밀점토
$(e_0 = 0.95; C_c = 0.40)$

모래 $(q_c = 8 \text{ MN/m}^2)$

그림 3.15

b. 비배수 조건과 $E_s = 20 \text{ MN/m}^2$으로 가정하고, 점토층에서 탄성 침하량을 계산하시오.

c. 점토층에서 압밀침하량을 계산하시오.

d. 1차 압밀이 10년 이내에 완료된다고 가정할 때, 10년 후 기초의 침하량을 구하시오.

참고문헌

BERARDI, R. (1999). "Nonlinear Elastic Approaches in Foundation Design," *2nd International Symposium on Pre-Failure Deformation Characteristics of Geomaterials*, IS Torino 99, Eds. Jamiolkowski, Lancellotta and LoPresti, Balkema.

BERARDI, R., JAMIOLKOWSKI, M. AND LANCELLOTTA, R. (1991). "Settlement of Shallow Foundations in Sands. Selection of Stiffness on the Basis of Penetration Resistance," Geotechnical Engineering Congress, Boulder, Colorado, ASCE *Geotechnical Special Publication No. 27*, Vol. 1, 185–200.

BERARDI, R. AND LANCELLOTTA, R. (1991). "Stiffness of Granular Soil from Field Performance," *Geotechnique*, Vol. 1, 149–157.

BOWLES, J.E. (1977). *Foundation Analysis and Design*, 2nd ed., McGraw-Hill, New York.

BOWLES, J.E. (1987). "Elastic Foundation Settlement on Sand Deposits," *Journal of Geotechnical Engineering*, ASCE, Vol. 113, No. 8, 846–860.

CHRISTIAN, J.T., AND CARRIER, W.D. (1978). "Janbu, Bjerrum, and Kjaernsli's Chart Reinterpreted," *Canadian Geotechnical Journal*, Vol. 15, 124–128.

FOX, E.N. (1948). "The Mean Elastic Settlement of a Uniformaly Loaded Area at a Depth Below the Ground Surface," *Proceedings*, 2nd International Conference on Soil Mechanics and Foundation Engineering, Rotterdam, Vol. 1, pp. 129–132.

JANBU, N. (1963). "Soil Compressibility as Determined by Oedometer and Triaxial Tests," *Proceedings, ECSMFE*, Wiesbaden, Germany, Vol. 1, 19–24.

JANBU N., BJERRUM, L., AND KJAERNSLI, B. (1956). "Veiledning vedlosning av fundamentering—soppgaver," *Publication No.* 18, Norwegian Geotechnical Institute, 30–32.

KULHAWY, F.H. AND MAYNE, P.W. (1990). *Manual on Estimating Soil Properties for Foundation Design*, Electric Power Research Institute, Palo Alto, CA.

LANCELLOTTA, R. (2009). *Geotechnical Engineering*, 2nd Ed., Taylor & Francis, London.

MEYERHOF, G.G. (1956). "Penetration Tests and Bearing Capacity of Cohesionless Soils," *Journal of the Soil Mechanics and Foundations Division*, American Society of Civil Engineers, Vol. 82, No. SM1, 1–19.

MEYERHOF, G.G. (1965). "Shallow Foundations," *Journal of the Soil Mechanics and Foundations Division*, ASCE, Vol. 91, No. SM2, 21–31.

SALGADO, R. (2008). *The Engineering of Foundations,* McGraw-Hill, New York.

SCHMERTMANN, J.H., HARTMAN, J.P., AND BROWN, P.R. (1978). "Improved Strain Influence Factor Diagrams," *Journal of the Geotechnical Engineering Division*, American Society of Civil Engineers, Vol. 104, No. GT8, 113–1135.

SHAHRIAR, M.A., SIVAKUGAN, N., DAS, B.M., URQUHART, A., AND TAPIOLAS, M. (2014). "Water Table Correction Factors for Settlements of Shallow Foundations in Granular Soils," *International Journal of Geomechanics*, ASCE, Vol. 15, No. 1, 7p.

SKEMPTON, A.W. (1986). "Standard Penetration Test Procedures and the Effects in Sands of Overburden Pressure, Relative Density, Particle Size, Ageing and Overconsolidation," *Geotechnique*, Vol. 36, No. 3, 425–447.

STEINBRENNER, W. (1934). "Tafeln zur Setzungsberechnung," *Die Strasse*, Vol. 1, pp. 121–124.

TERZAGHI, K. (1943). *Theoretical Soil Mechanics*, Wiley, New York.

TERZAGHI, K., PECK, R.B., AND MESRI, G. (1996). *Soil Mechanics in Engineering Practice, 3rd Edition*, Wiley, New York.

CHAPTER
4
말뚝 기초

4.1 서론

말뚝은 강재, 콘크리트, 목재로 만들어진 구조적인 부재이다. 얕은 기초(2장, 3장)인 확대기초나 전면기초와는 달리 말뚝 기초는 비용이 많이 들고 깊은 기초로 간주된다. 그러나 비용에도 불구하고 구조적 안전성을 확보하기 위하여 말뚝의 사용이 종종 필요하다. 이 절에서는 다음 내용을 다룰 것이다.

- 다양한 종류의 말뚝 및 구조적 특성
- 말뚝 설치 방법
- 말뚝의 지지력
- 말뚝의 탄성 침하량 및 압밀 침하량

4.2 말뚝 기초의 필요성

특별한 상황에서는 말뚝 기초가 필요하다. 다음은 기초 건설 시 말뚝을 고려할 수 있는 상황들이다.

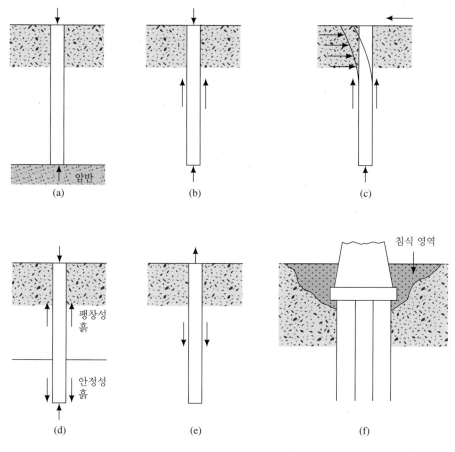

(a)　(b)　(c)

(d)　(e)　(f)

그림 4.1 말뚝 기초의 사용조건

1. 상부 지반층이 압축성이 크고 상부구조물에 의해 전달되는 하중을 지지하기에 너무 약한 경우, 그림 4.1a와 같이 말뚝을 사용하여 하중을 하부 기반암 또는 더 강한 지반층으로 전달한다. 이는 **선단지지 말뚝**(point bearing pile)으로 알려져 있다. 기반암이 지표면 아래의 적절한 깊이에서 나타나지 않으면, 말뚝을 사용하여 구조적 하중을 점차적으로 지반에 전달한다. 작용하는 구조적 하중에 대한 저항은 주로 지반-말뚝 경계면에서 발생하는 마찰 저항에서 비롯된다(그림 4.1b). 이러한 말뚝을 **마찰말뚝**(friction pile)이라고 한다.

2. 수평력이 작용될 때(그림 4.1c 참고), 말뚝 기초는 휨에 의해 저항하는 동시에 상부구조물에 의해 전달되는 연직하중을 지지한다. 이러한 상황은 일반적으로 강한 바람 및 지진 하중에 영향을 받는 굴뚝 및 송전탑과 같은 높은 구조물의 기초 구조물의 설계 및 시공에서 발생한다.

3. 많은 경우에, 제안된 구조물 부지의 지반이 팽창성이거나 붕괴성일 수 있다. 이러한 지반은 지표면 아래의 깊은 깊이까지 확장될 수 있다. 팽창성 지반은 함수비의 증가 및 감소함에 따라 팽창 및 수축되며, 이러한 지반의 팽창 압력은 상당할 수 있다. 이런 지반에서 만약 얕은 기초를 사용하면 구조물이 큰 손상을 입을 수 있다. 그러나 말뚝이 팽창 및 수축하는 활성 영역을 넘어 설치될 때 말뚝 기초를 대안책으로 고려할 수 있다(그림 4.1d). 황토와 같은 지반은 붕괴할 수 있다. 이러한 지반은 함수비가 증가하면 구조물이 붕괴될 수 있다. 또한 지반의 간극비가 갑자기 감소하면 얕은 기초에 의해 지지되는 구조물은 큰 침하량이 발생한다. 그런 경우 말뚝 기초가 사용될 수 있는데, 말뚝은 가능한 수분 변화 영역을 넘어 안정적인 지반층까지 연장시킨다.

4. 송전탑, 해양 플랫폼, 지하수위 아래의 지하 기초와 같은 일부 구조물의 기초는 상승력(uplifting force)을 받는다. 말뚝은 상승력에 저항하기 위해 이러한 기초에 사용된다(그림 4.1e).

5. 교량의 교대 및 교각은 지표면의 지반 침식으로 인해 얕은 기초가 겪을 수 있는 지지력 손실을 방지하기 위해 일반적으로 말뚝 기초 위에 건설된다(그림 4.1f).

조립토 및 점성토 지반에서 말뚝 거동과 지지력을 예측하기 위해 많은 이론적 및 실험적 연구가 수행되었지만, 메커니즘은 아직 완전히 밝혀지지 않았고 명확하지 않다. 말뚝 기초의 설계는 일부 지반 조건과 관련된 불확실성의 결과로 '예술'로 간주되기도 한다.

4.3 말뚝 기초의 종류와 구조적 특성

전달되는 하중의 종류, 지반 조건, 지하수위에 따라 다양한 유형의 말뚝이 건설 현장에 사용된다. 말뚝은 (a) 강재말뚝, (b) 콘크리트말뚝, (c) 목재말뚝, (d) 복합말뚝으로 구분된다.

강재말뚝

강재말뚝(steel pile)은 일반적으로 타입(항타)으로 설치되는 **강관말뚝**(pipe pile) 또는 **압연 H형 강말뚝**(rolled steel H-section pile)이다. 강관말뚝은 선단부가 개방되거나 막힌 상태로 지반에 타입된다. 넓은 폭의 플랜지를 가진 I형 강재 빔도 말뚝으로 사용

표 4.1 미국에서 사용되는 일반적인 H형 강말뚝

명칭, 크기(mm) × 중량(kN/m)	깊이 d_1 (mm)	단면적 ($m^2 \times 10^{-3}$)	플랜지와 웹 두께 w (mm)	플랜지 폭 (mm)	단면 2차 모멘트 ($m^4 \times 10^{-6}$)	
					I_{xx}	I_{yy}
HP 200 × 0.52	204	6.84	11.3	207	49.4	16.8
HP 250 × 0.834	254	10.8	14.4	260	123	42
× 0.608	246	8.0	10.6	256	87.5	24
HP 310 × 1.226	312	15.9	17.5	312	271	89
× 1.079	308	14.1	15.5	310	237	77.5
× 0.912	303	11.9	13.1	308	197	63.7
× 0.775	299	10.0	11.1	306	164	62.9
HP 330 × 1.462	334	19.0	19.5	335	370	123
× 1.264	329	16.5	16.9	333	314	104
× 1.069	324	13.9	14.5	330	263	86
× 0.873	319	11.3	11.7	328	210	69
HP 360 × 1.707	361	22.2	20.5	378	508	184
× 1.491	356	19.4	17.9	376	437	158
× 1.295	351	16.8	15.6	373	374	136
× 1.060	346	13.8	12.8	371	303	109

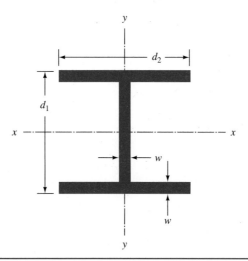

할 수 있지만, 웹과 플랜지 두께가 동일한 H형 말뚝이 일반적으로 선호되고 있다. 넓은 폭의 플랜지를 가진 I형 강재 빔의 웹 두께는 플랜지의 두께보다 얇다. 표 4.1은 미국에서 사용되고 있는 H형 강말뚝의 표준단면과 규격을 나타낸다. 표 4.2는 말뚝으로 자주 사용되는 강관 단면을 나타낸다. 많은 경우에 강관말뚝은 타입 후 콘크리트로 채워진다.

표 4.2 강관말뚝 단면

외경 (mm)	관 두께 (mm)	강재 단면적 (cm^2)	외경 (mm)	관 두께 (mm)	강재 단면적 (cm^2)
219	3.17	21.5	457	5.56	80
	4.78	32.1		6.35	90
	5.56	37.3		7.92	112
	7.92	52.7	508	5.56	88
254	4.78	37.5		6.35	100
	5.56	43.6		7.92	125
	6.35	49.4	610	6.35	121
305	4.78	44.9		7.92	150
	5.56	52.3		9.53	179
	6.35	59.7		12.70	238
406	4.78	60.3			
	5.56	70.1			
	6.35	79.8			

필요한 경우, 강재말뚝은 용접 또는 리벳으로 이음을 할 수 있다. 그림 4.2a는 H형 강말뚝의 용접에 의한 일반적인 이음을 보여준다. 그림 4.2b는 강관말뚝의 용접에 의한 일반적인 이음을 나타낸다. 그림 4.2c는 리벳 또는 볼트에 의한 H형 강말뚝의 이음을 보여준다.

조밀한 자갈층, 혈암(shale), 연암과 같이 타입이 어려운 조건일 때, 강재말뚝은 선단부 또는 슈를 부착시킬 수 있다. 그림 4.2d와 e는 강관말뚝에 사용되는 두 가지 종류의 슈를 나타낸다.

강재말뚝의 일반적인 사항은 다음과 같다.

말뚝 길이: 15~60 m

지지하중: 300~1200 kN

장점: a. 소요 길이에 따라 절단 및 연장에 대한 취급이 용이하다.

b. 타입 시에 큰 응력을 견딜 수 있다.

c. 조밀한 자갈층, 연암과 같은 단단한 층에 관입이 가능하다.

d. 하중에 대한 큰 지지 능력을 가진다.

단점: a. 상대적으로 단가가 비싸다.

b. 타입(항타) 시 큰 소음이 발생한다.

c. 부식될 우려가 있다.

d. H형 강말뚝은 단단한 층 또는 큰 장애물이 있을 때 타입 시 손상되거나 연직으로부터 변형이 발생할 수 있다.

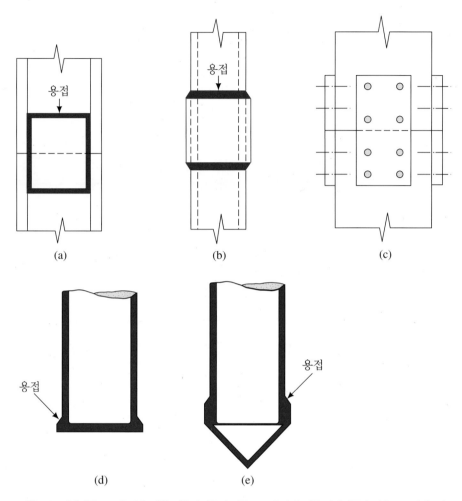

그림 4.2 강재말뚝. (a) 용접에 의한 H형 강말뚝의 이음, (b) 용접에 의한 강관말뚝의 이음, (c) 리벳 또는 볼트에 의한 H형 강말뚝의 이음, (d) 강관말뚝의 평평한 선단부, (e) 강관말뚝의 원추형 선단부

콘크리트말뚝

콘크리트말뚝(concrete pile)은 기본적으로 기성말뚝과 **현장타설말뚝**의 두 가지 종류로 나눌 수 있다. **기성말뚝**(precast pile)은 일반 보강재를 사용하여 제작하며, 단면은 정사각형이나 팔각형이다(그림 4.3). 보강재는 들어올리거나 운송 중에 발생하는 휨모멘트, 수직 하중 및 수평 하중으로 인한 휨모멘트에 대하여 저항할 수 있도록 해준다. 말뚝은 현장에 운반되기 전에 원하는 길이에 맞게 제작 및 양생된다.

또한 기성말뚝은 고강도 강재 프리스트레스 강선을 사용하여 프리스트레스를 가할 수 있다. 이러한 강선의 극한강도는 1800 MN/m^{2}이다. 말뚝 제조 시 강선에 900~1300 MN/m^{2}으로 프리텐션을 가한 후 콘크리트를 타설한다. 양생 후 강선을 절단하

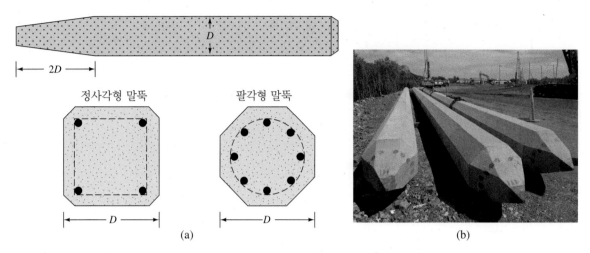

그림 4.3 일반 보강재를 사용한 기성말뚝. (a) 개념도, (b) 타입이 준비된 팔각형 기성말뚝 (Australia, James Cook University , N. Sivakugan 제공)

면 말뚝 단면에 압축력이 발생한다. 표 4.3은 정사각형과 팔각형 단면의 프리스트레스트 콘크리트말뚝에 대한 추가적인 정보를 나타낸다.

기성말뚝의 일반적인 세부사항은 다음과 같다.

말뚝 길이: 10~15 m

지지하중: 300~3000 kN

장점: a. 심한 타입(항타)에 견딜 수 있다.

b. 부식에 대한 저항성

c. 콘크리트 상부구조물과 결합이 쉽다.

단점: a. 적절하게 절단이 어렵다.

b. 운반이 어렵다.

프리스트레스트 콘크리트말뚝에 대한 일반적인 세부사항은 다음과 같다.

말뚝 길이: 10~45 m

최대 길이: 60 m

최대 지지하중: 7500~8500 kN

프리스트레스트 콘크리트말뚝의 장점과 단점은 기성말뚝과 동일하다.

현장타설말뚝(cast-in-situ, or cast-in-place pile)은 지층을 천공한 후 그곳에 콘크리트를 채워서 시공된다. 현재 다양한 종류의 현장타설말뚝이 공사에 사용되고 있으며, 대부분 제작자가 특허를 보유하고 있다. 이 말뚝은 크게 케이스가 있는 경우와 케이스

표 4.3 일반적인 프리스트레스트 콘크리트말뚝

말뚝 모양*	D (mm)	단면적 (cm²)	둘레 (mm)	강선 개수		최소 유효 프리스트레스력 (kN)	단면 계수 (m³ × 10⁻³)	설계 지지력(kN)	
				12.7-mm 직경	11.1-mm 직경			콘크리트 강도 (MN/m²)	
								34.5	41.4
S	254	645	1016	4	4	312	2.737	556	778
O	254	536	838	4	4	258	1.786	462	555
S	305	929	1219	5	6	449	4.719	801	962
O	305	768	1016	4	5	369	3.097	662	795
S	356	1265	1422	6	8	610	7.489	1091	1310
O	356	1045	1168	5	7	503	4.916	901	1082
S	406	1652	1626	8	11	796	11.192	1425	1710
O	406	1368	1346	7	9	658	7.341	1180	1416
S	457	2090	1829	10	13	1010	15.928	1803	2163
O	457	1729	1524	8	11	836	10.455	1491	1790
S	508	2581	2032	12	16	1245	21.844	2226	2672
O	508	2136	1677	10	14	1032	14.355	1842	2239
S	559	3123	2235	15	20	1508	29.087	2694	3232
O	559	2587	1854	12	16	1250	19.107	2231	2678
S	610	3658	2438	18	23	1793	37.756	3155	3786
O	610	3078	2032	15	19	1486	34.794	2655	3186

*S = 정사각형 단면, O = 팔각형 단면

가 없는 경우로 나눌 수 있다. 두 종류 모두 바닥에 구근(pedestal)을 설치할 수 있다.

　케이싱이 있는 말뚝(cased pile)은 케이싱 내부에 설치된 맨드릴(mandrel)을 사용하여 강재 케이싱을 땅속으로 관입시킨다. 말뚝이 적절한 깊이에 도달하면, 맨드릴을 뽑아 올린 다음 케이싱 내에 콘크리트를 타설한다. 그림 4.4a, b, c, d는 구근이 없는 케이싱 말뚝의 예를 보여준다. 그림 4.4e는 구근과 케이싱이 있는 말뚝을 나타낸다. 구근은 콘크리트가 굳지 않은 상태에서 해머를 낙하시켜 형성된 둥그런 모양의 콘크리트 확장부이다.

　현장타설말뚝의 일반적인 세부사항은 다음과 같다.

　　　말뚝 길이: 5~15 m

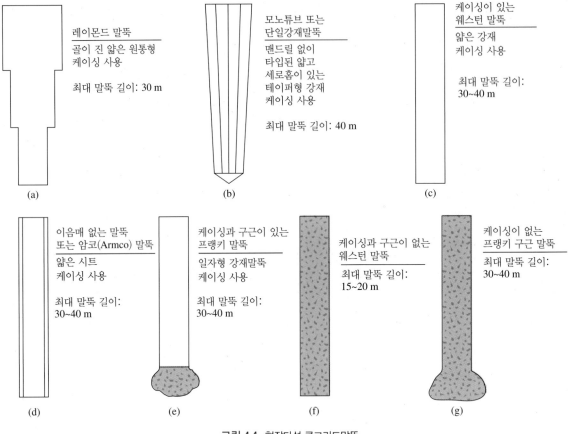

(a) (b) (c)

(d) (e) (f) (g)

그림 4.4 현장타설 콘크리트말뚝

최대 길이: 30~40 m

지지하중: 200~500 kN

최대 지지하중: 800 kN

장점: a. 비교적 가격이 저렴하다.

b. 콘크리트 타설 전에 검사가 가능하다.

c. 말뚝 길이 연장이 수월하다.

단점: a. 콘크리트 양생 후에는 이음이 어렵다.

b. 케이싱이 얇을 경우 타입 시 파손될 수 있다.

구조적 허용하중: $Q_{all} = A_s f_s + A_c f_c$ (4.1)

여기서

A_s = 강재의 단면적

A_c = 콘크리트의 단면적

f_s = 강재의 허용응력

f_c = 콘크리트의 허용응력

그림 4.4f와 4.4g는 구근이 있는 경우와 구근이 없는 경우의 케이싱이 없는 말뚝 (uncased pile)을 나타낸다. 케이싱이 없는 말뚝은 먼저 케이싱을 원하는 깊이까지 관입한 다음 콘크리트를 채운다. 그 후 케이싱은 점차적으로 회수한다.

케이싱이 없는 현장타설말뚝에 대한 일반적인 세부사항은 다음과 같다.

말뚝 길이: 5~15 m

최대 길이: 30~40 m

지지하중: 300~500 kN

최대 지지하중: 700 kN

장점: a. 초기 가격이 경제적이다.

b. 원하는 깊이에서 완료가 가능하다.

단점: a. 콘크리트를 빨리 타설하면 공극이 생길 수 있다.

b. 콘크리트 양생 후에는 이음이 어렵다.

c. 연약 지반에서는 공벽의 측면이 움푹 파여서, 콘크리트가 압착되어 밀려나갈 수 있다.

구조적 허용하중: $Q_{all} = A_c f_c$ (4.2)

여기서

A_c = 콘크리트의 단면적

f_c = 콘크리트의 허용응력

목재말뚝

목재말뚝(timber pile)은 나뭇가지와 껍질을 다듬어 제거한 나무 기둥이다. 대부분의 목재말뚝의 최대 길이는 10~20 m이다. 말뚝으로 사용하기 위해서는 목재가 곧고, 견고하며 결함이 없어야 한다. 미국토목학회(American Society of Civil Engineer) **실무매뉴얼**, No.17(1959)에서는 목재말뚝을 세 가지로 분류한다.

1. **A등급 말뚝**은 무거운 하중을 지지할 수 있다. 말뚝 밑동(butt)의 최소 직경은 356 mm이어야 한다.
2. **B등급 말뚝**은 중간 정도의 하중을 지지하는 데 사용된다. 말뚝 밑동의 최소 직경은 305~330 mm이어야 한다.

3. **C등급 말뚝**은 임시 공사에 사용된다. 전체 말뚝이 지하수위 아래에 있을 때 구조물에 영구적으로 사용할 수 있다. 말뚝 밑동의 최소 직경은 305 mm이어야 한다.

어떠한 경우에도 말뚝 선단의 직경은 150 mm 이상이어야 한다.

목재말뚝은 심한 타입으로 인한 응력에 견딜 수 없다. 따라서 말뚝 지지력은 일반적으로 약 220~270 kN으로 제한된다. 말뚝 선단의 손상을 방지하기 위해 강재 슈가 사용될 수 있다. 타입 중에 목재말뚝의 두부(머리)도 손상될 수 있다. 말뚝 두부의 손상을 방지하기 위해 금속 밴드나 캡이 사용될 수 있다. 해머의 충격으로 인해 목재가 부서지고 무뎌지는 것을 **브루밍**(brooming)이라고 한다.

특히 인장하중 또는 수평하중이 예상되는 경우, 목재말뚝의 **이음**(splicing)은 피해야 한다. 하지만 이음이 필요한 경우, **강관 슬리브**(그림 4.5a) 또는 **금속 스트랩** 및 **볼트**(그림 4.5b)를 사용할 수 있다. 강관 슬리브의 길이는 적어도 말뚝 직경의 5배는 되어야 한다. 목재말뚝의 밑동 끝은 완전히 접촉을 할 수 있도록 정사각형으로 절단해야 한다. 이음부는 강관 슬리브 내부에 단단히 고정되도록 조심스럽게 다듬어야 한다. 금속 스트랩과 볼트의 경우, 목재말뚝 밑동 역시 정사각형으로 절단해야 한다. 또한 이

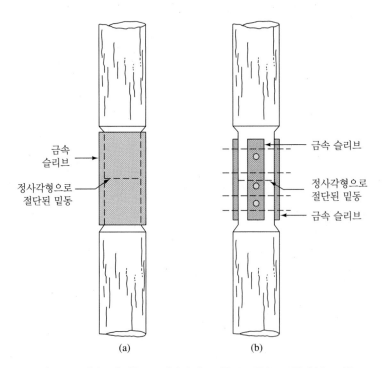

그림 4.5 목재말뚝의 이음. (a) 강관 슬리브 이용, (b) 금속 스트랩과 볼트 이용

음부의 측면은 스트랩이 잘 장착되도록 손질되어야 한다.

목재말뚝은 포화토 내에 있으면 손상 없이 영구적으로 유지될 수 있다. 그러나 해양 환경에서 목재말뚝은 다양한 유기체의 공격을 받아 수개월 내에 극심한 손상을 입게 된다. 지하수위 위에 위치한 말뚝은 곤충의 공격에 의해 손상을 받기 쉽다. 크레오소트(creosote)와 같은 방부제로 처리하여 말뚝의 수명을 늘릴 수 있다.

목재말뚝의 일반적인 길이는 5~15 m, 최대 길이는 약 30~40 m이고, 지지하중은 300~500 kN이다.

복합말뚝

복합말뚝(composite pile)의 상부와 하부는 서로 다른 재료로 만들어진다. 예를 들어, 복합말뚝은 강재와 콘크리트 또는 목재와 콘크리트로 구성된다. 강재와 콘크리트 말뚝은 하부가 강재이고 상부는 현장타설 콘크리트말뚝으로 구성된다. 이러한 유형의 말뚝은 현장타설 콘크리트말뚝만으로 충분한 지지력을 얻을 수 없을 때 사용한다. 목재와 콘크리트 말뚝은 일반적으로 영구적인 지하수위 아래는 목재말뚝, 상부는 콘크리트말뚝으로 구성된다. 서로 다른 두 재료 사이에 이음을 하는 것은 쉽지 않기 때문에 복합말뚝은 널리 사용되지 않는다. 최근 들어 섬유 강화 고분자(fiber-reinforced polymeric) 복합말뚝은 수변구조물에 널리 사용된다.

4.4 말뚝 길이의 산정

사용할 말뚝 종류를 선정하고 필요한 길이를 산정하는 것은 신중한 판단을 요구하므로 상당히 어려운 일이다. 4.3절에서 제시한 분류에 추가하여, 말뚝 길이와 지반으로의 하중전이 원리에 따라 (a) 선단지지 말뚝, (b) 마찰말뚝의 두 가지 종류로 나눌 수 있다.

선단지지 말뚝

만약 현장 시추 주상도 상에 적절한 깊이 내 기반암 또는 암반과 같이 단단한 층이 확인되면 말뚝은 암반 표면에 설치할 수 있다(그림 4.6a). 이 경우 말뚝의 극한 지지력은 전적으로 저면(기반암 또는 단단한 층)의 하중 지지력에 의해 결정되므로, **선단지지 말뚝**(point bearing pile)이라 한다. 대부분의 경우에 말뚝의 필요한 길이는 쉽게 결정할 수 있다.

기반암 대신에 상당히 조밀하고 단단한 지층이 적절한 깊이에 위치하면, 말뚝을 단

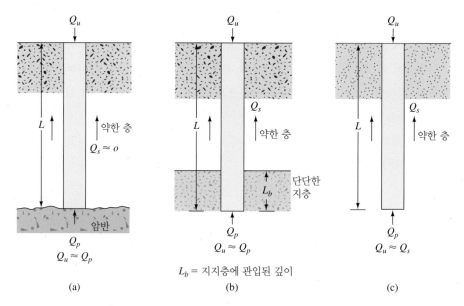

L_b = 지지층에 관입된 깊이

그림 4.6 (a)와 (b)는 선단지지 말뚝, (c) 마찰말뚝

단한 지층으로 몇 미터 관입하여 설치할 수 있다(그림 4.6b). 구근을 가지는 말뚝은 단단한 지층면 위에 시공이 가능하며, 극한 말뚝 지지력은 다음과 같이 표현할 수 있다.

$$Q_u = Q_p + Q_s \tag{4.3}$$

여기서

Q_p = 말뚝 선단부에 의해 지지되는 하중

Q_s = 말뚝 주면에서 발생하는 마찰에 의해 지지되는 하중(흙과 말뚝 사이의 전단 저항으로 인해 발생)

Q_s가 매우 작으면

$$Q_u \approx Q_p \tag{4.4}$$

이 경우에 적절한 지반조사 기록이 있다면 필요한 말뚝 길이를 정확하게 추정할 수 있다.

마찰말뚝

현장에서 적절한 깊이에 암반 또는 암반과 같이 단단한 층이 존재하지 않을 경우, 선단지지 말뚝은 매우 길어져 비경제적이다. 이러한 지반 조건에서 말뚝은 약한 지층 내의 지정된 깊이까지 타입된다(그림 4.6c). 이 경우 말뚝의 극한 지지력은 식 (4.3)으로 나타낼 수 있으나, Q_p가 상대적으로 작으면 다음과 같이 나타낼 수 있다.

$$Q_u \approx Q_s \tag{4.5}$$

대부분의 저항이 주면마찰에서 발생되기 때문에 이러한 말뚝을 **마찰말뚝**(friction pile)이라고 한다. 그러나 **마찰말뚝**이라는 용어는 문헌에서 종종 사용되지만, 점토질 흙의 경우 작용된 하중에 대한 저항은 **부착력**(adhesion)에 의해서도 발생되므로 점토층에서는 잘못된 명칭이다.

마찰말뚝의 길이는 지반의 전단강도, 재하하중, 말뚝 크기에 따라 좌우된다. 이러한 말뚝의 소요길이를 결정하기 위해 기술자는 지반-말뚝 상호작용에 대한 이해, 뛰어난 판단력, 경험을 필요로 한다. 말뚝의 지지력 계산에 대한 이론적 절차는 4.6절에 기술하였다.

4.5 말뚝의 시공

대부분의 말뚝은 **해머**(hammer) 또는 **진동 관입기**(vibratory driver)에 의해 관입되며, 특별한 상황에서 **분사**(jetting) 또는 **부분 천공**(partial augering)으로 관입될 수 있다. 말뚝 타입 시 사용되는 해머의 종류에는 (a) 드롭 해머, (b) 단동식 공기 또는 증기 해머, (c) 복동식, 차동식 공기 또는 증기 해머, (d) 디젤 해머가 있다. 그림 4.7은 현장에서의 말뚝 타입 시공을 보여준다. 타입 시공 시 캡을 말뚝 두부에 설치한다. 쿠션은 말뚝과 캡 사이에 사용한다. 이 쿠션은 충격력을 감소시키고 장시간에 걸쳐 충격력을 분산시키는 효과가 있지만, 사용은 선택사항이다. 해머 쿠션은 말뚝캡 위에 설치한다.

그림 4.7 말뚝 타입 시공 (Australia , James Cook University, N. Sivakugan 제공)

그림 4.8 진동 말뚝 관입기 (©Vincent Lowe/Alamy)

그림 4.8은 진동 말뚝 관입기를 보여준다. 표 4.4는 통상적으로 말뚝 타입에 사용되는 해머에 대한 예시이다.

표 4.4 통상적으로 말뚝 타입에 사용되는 해머

헤머 제작사[†]	모델 번호	해머 종류	전달 에너지 (kN·m)	타격수/분	램 중량 (kN)
V	400C		153.9	100	177.9
M	S-20		81.3	60	89.0
M	S-8	단동식	35.3	53	35.6
M	S-5		22.0	60	22.2
R	5/O		77.1	44	77.8
R	2/O		44.1	50	44.5
V	200C		68.1	98	89.0
V	140C	복동식	48.8	103	62.3
V	80C	또는	33.1	111	35.6
V	65C	차동식	26.0	117	28.9
R	150C		66.1	95~105	66.7
V	4N100		58.8	50~60	23.5
V	IN100	디젤	33.4	50~60	13.3
M	DE40		43.4	48	17.8
M	DE30		30.4	48	12.5

[†]V—Vulcan Iron Works, Florida
M—McKiernan-Terry, New Jersey
R—Raymond International, Inc., Texas

말뚝 타입 시 **분사방식**은 말뚝이 연약 지반층 위에 얇게 구성된 단단한 지층(모래와 자갈)을 관통하는 경우에 종종 사용된다. 분사방식의 경우 말뚝 선단부에 직경 50~75 mm의 파이프를 통해 물을 분사하여 모래와 자갈을 느슨하게 한다.

또한 말뚝 설치 시 특성에 따라 **배토말뚝**(dispalcement pile)과 **비배토말뚝**(nondisplacement pile)으로도 구분된다. 타입말뚝은 흙을 수평방향으로 이동시키기 때문에 배토말뚝이며, 말뚝 주변의 흙을 조밀화시킨다. 말뚝 직경이 커질수록 큰 변위가 발생한다. 콘크리트말뚝과 폐단강관말뚝은 배토량이 많은 말뚝(high-displacement pile)이다. 그러나 H형 강말뚝은 타입 시 흙을 수평방향으로 이동시키는 양이 적으므로 배토량이 적은 말뚝(low-displacement pile)이다. 대조적으로 천공말뚝(bored pile)은 흙의 응력 상태가 거의 변하지 않기 때문에 비배토말뚝이다.

4.6 하중전이 원리

말뚝에서 지반으로의 하중전이 원리(load transfer mechanism)는 복잡하다. 이를 이해하기 위해 그림 4.9a에 표시된 것처럼 길이 L의 말뚝을 고려해보자. 지표면에서 말뚝의 하중을 0에서 $Q_{(z\,=\,0)}$으로 점차 증가시킨다. 이 하중의 일부는 말뚝 주면을 따라 발생하는 주면 마찰력(Q_1)에 의해 저항되고, 나머지(Q_2)는 말뚝 선단 아래의 지반에 의해 저항된다. 이제 어떻게 Q_1과 Q_2를 전체 하중 $Q_{(z\,=\,0)}$과 연계시킬 수 있을까? 만약 임의의 깊이 z에서 말뚝 주면에 전이되는 하중 $Q_{(z)}$를 측정한다면, 하중 분포 특성은 그림 4.9b의 곡선 1과 같을 것이다. 임의의 깊이 z에서 **단위면적당 주면 마찰저항력** $f_{(z)}$는 다음 식으로 결정할 수 있다.

$$f_{(z)} = \frac{\Delta Q_{(z)}}{(p)(\Delta z)} \tag{4.6}$$

여기서 p는 말뚝단면의 둘레이다. 그림 4.9c는 깊이에 따른 $f_{(z)}$의 변화를 보여준다. 말뚝 하중 $Q_{(z)}$는 깊이에 따라 감소한다는 점에 유의하면 식 (4.6)은 다음과 같이 나타낼 수 있다.

$$f_{(z)} = -\frac{1}{p}\frac{dQ_{(z)}}{dz} \tag{4.7}$$

지표면에서 하중 $Q_{(z\,=\,0)}$이 점차 증가하면, 말뚝 직경과 길이 L에 관계없이 흙과 말뚝 사이의 상대변위가 5~10 mm일 때 말뚝 주면을 따라 최대 마찰저항력이 발

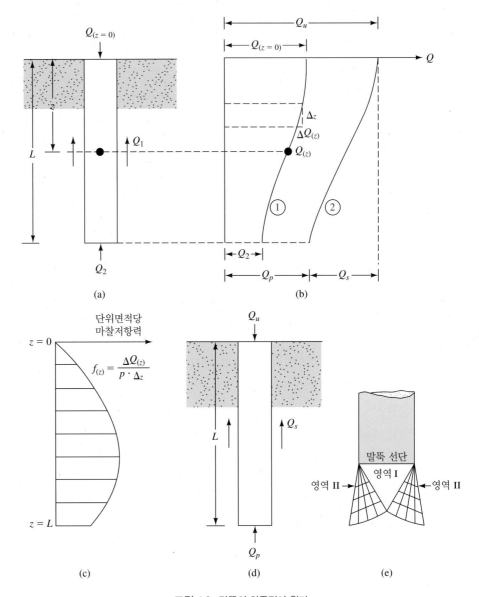

$Q_{(z = 0)}$

L

Q_1

Q_2

(a)

Q_u

$Q_{(z = 0)}$

Δz

$\Delta Q_{(z)}$

$Q_{(z)}$

① ②

Q_2

Q_p Q_s

(b)

단위면적당
마찰저항력

$z = 0$

$f_{(z)} = \dfrac{\Delta Q_{(z)}}{p \cdot \Delta z}$

$z = L$

(c)

Q_u

L

Q_s

Q_p

(d)

말뚝 선단

영역 I

영역 II → ← 영역 II

(e)

그림 4.9 말뚝의 하중전이 원리

생한다. 그러나 최대 선단저항 $Q_2 = Q_p$는 말뚝 선단이 말뚝 너비(또는 직경)의 약 10~25%의 변위가 발생할 때까지 발현되지 않는다. 이때 하한값(10%)은 타입말뚝에 적용되고 상한값(25%)은 천공말뚝에 적용된다. 극한하중(그림 4.9d와 b의 곡선 2)에서 $Q_{(z = 0)} = Q_u$이므로

$$Q_1 = Q_s$$

그리고

$$Q_2 = Q_p$$

앞의 설명은 Q_s(또는 말뚝 주면을 따라 발생하는 단위면적당 주면 마찰저항력 $f_{(z)}$)가 **선단 지지력** Q_p에 비해 **훨씬 작은 말뚝 변위에서** 발생하는 것을 나타낸다.

극한하중에서 말뚝 선단의 지반파괴 형태(Q_p에 의해 발생되는 지지력 파괴)는 그림 4.9e에 표시된 것과 같다. 말뚝 기초는 깊은 기초이며, 지반파괴 형태는 그림 2.1c 및 그림 2.2와 같이 대부분 **관입파괴 형태**(punching mode)를 나타낸다. 즉 **삼각형 영역** (triangular zone) I이 말뚝 선단 부분에서 발생되고, 눈에 띄는 다른 파괴면 없이 아래 방향으로 밀린다. 조밀한 모래와 단단한 점성토의 경우, **회전 전단영역**(radial shear zone) II가 부분적으로 발생할 수 있다. 따라서 말뚝의 하중-변위 곡선은 그림 2.1c에 나타난 것과 유사하다.

식 (4.7)로부터 어떤 깊이에서든 말뚝 하중 $Q_{(z)}$로부터 단위면적당 마찰저항력 $f_{(z)}$를 추정할 수 있으며 그 반대의 경우도 가능하다. 그림 4.10은 4개의 특별한 경우에 대해 $Q_{(z)} - z$ 결과에서 추론된 $f_{(z)} - z$의 분포를 보여준다.

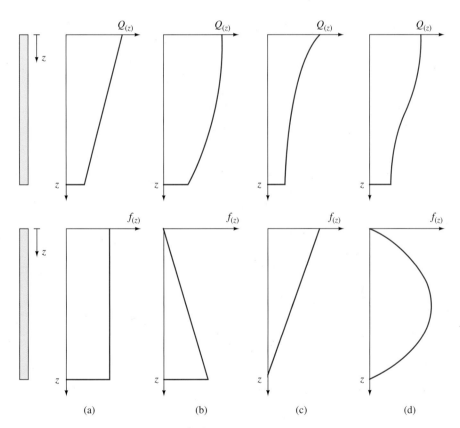

그림 4.10 깊이에 따른 말뚝 하중 $Q_{(z)}$와 단위면적당 주면 마찰력 $f_{(z)}$의 분포

4.7 말뚝 지지력 평가를 위한 식

말뚝의 극한 지지력(Q_u)은 말뚝 선단에 전달되는 하중과 흙-말뚝 경계에서 발생되는 주면 마찰저항력(주면 마찰력)을 합하는 형태의 간단한 식으로 나타낼 수 있다(그림 4.11).

$$Q_u = Q_p + Q_s \tag{4.8}$$

여기서

Q_p = 말뚝 선단부의 지지력

Q_s = 주면 마찰저항력

Q_p와 Q_s값을 결정하기 위해 많은 연구 결과가 발표되었다. Vesic(1977), Meyerhof (1976), Coyle와 Castello(1981)는 많은 연구 결과들에 대한 분석과 검토를 수행하였다. 이러한 연구는 말뚝의 극한 지지력을 결정하는 문제들에 대해 잘 설명하고 있다.

말뚝 선단 지지력 Q_p

얕은 기초의 극한 지지력은 2장에서 논의되었다. 얕은 기초에 대한 일반적인 지지력 공식은 2장(연직하중의 경우)에 다음과 같이 주어졌다.

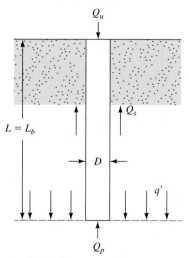

L = 근입길이
L_b = 지지층에 근입된 길이

그림 4.11 말뚝의 극한 지지력

$$q_u = c'N_cF_{cs}F_{cd} + qN_qF_{qs}F_{qd} + \frac{1}{2}\gamma BN_\gamma F_{\gamma s}F_{\gamma d}$$

따라서 일반적인 말뚝의 극한 지지력은 다음과 같이 나타낼 수 있다.

$$q_u = c'N_c^* + qN_q^* + \gamma BN_\gamma^* \tag{4.9}$$

여기서 N_c^*, N_q^*, N_γ^*은 필요 형상 및 깊이계수를 포함하는 지지력계수이다.

　말뚝 기초는 깊다. 그러나 N_c^*, N_q^*, N_γ^*값이 바뀌더라도 말뚝 선단에서 발현되는 단위면적당 극한 저항력 q_p는 식 (4.9)와 유사한 형태로 나타날 수 있다. 이 장에서 사용된 말뚝의 폭 기호는 D이다. 따라서 식 (4.9)에서 B에 D를 대입하면 다음 식과 같다.

$$q_u = q_p = c'N_c^* + qN_q^* + \gamma DN_\gamma^* \tag{4.10}$$

말뚝의 폭 D가 상대적으로 작기 때문에 γDN_γ^*은 선단 지지력에 큰 영향을 미치지 않으므로 무시할 수 있다.

$$q_p = c'N_c^* + q'N_q^* \tag{4.11}$$

유효연직응력을 나타내기 위하여 식 (4.11)에서 q는 q'으로 대체하였다. 따라서 말뚝의 선단 지지력은 다음과 같이 나타낼 수 있다.

$$Q_p = A_pq_p = A_p(c'N_c^* + q'N_q^*) \tag{4.12}$$

여기서

　　A_p = 말뚝 선단의 면적

　　c' = 말뚝 선단 주변 흙의 점착력

　　q_p = 단위면적당 선단 저항력 또는 극한 선단 지지력

　　q' = 말뚝 선단 위치에서의 유효연직응력

N_c^*, N_q^* = 말뚝 지지력계수

　q_p를 계산하는 방법에는 여러 가지가 있다. 이 책에서는 Myerhof(1976)가 제안한 방법을 사용한다.

4.8 말뚝 선단 지지력 Q_p

모래에서 점착력 c'은 0과 같으므로, 식 (4.12)는 다음과 같이 나타낼 수 있다.

$$Q_p = A_p q_p = A_p q' N_q^*$$

(4.13)

그림 4.12는 흙의 내부마찰각 ϕ'에 따른 N_q^*의 변화를 나타낸다. Meyerhof는 모래에서 말뚝의 선단 지지력 q_p는 일반적으로 지지층에 근입되는 깊이에 따라 증가하며, 근입비가 $L_b/D = (L_b/D)_{cr}$일 때 최댓값에 도달한다는 점에 주목하였다. 균질한 흙에서 L_b는 말뚝의 실제 근입길이인 L과 같다(그림 4.11 참고). 그러나 그림 4.6b와 같이 말뚝이 지지층으로 관입된 경우에는 $L_b < L$이다. 임계근입비 $(L_b/D)_{cr}$을 넘어서면 q_p값은 일정하게 유지된다($q_p = q_l$). 즉, 균질한 흙의 경우 그림 4.13에 나타난 바와 같이 $L = L_b$이다. 따라서 Q_p는 한계값 또는 $A_p q_l$을 초과하지 않아야 한다.

$$Q_p = A_p q' N_q^* \leq A_p q_l$$

(4.14)

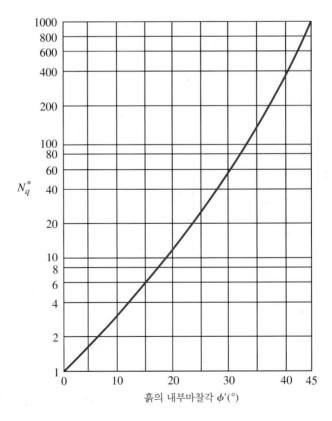

그림 4.12 Meyerhof의 지지력계수 N_q^*

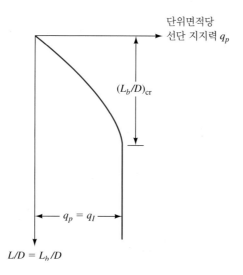

그림 4.13 균질한 모래층에서 단위면적당 선단 지지력의 변화

한계 선단 저항력은 다음과 같다.

$$q_l(\text{kN/m}^2) = 50N_q^* \tan \phi' \tag{4.15}$$

여기서 ϕ'은 지지층의 유효내부마찰각이다.

현장 조사를 바탕으로 Meyerhof(1976)는 균질한 조립토 지층($L = L_b$)에서 극한 선단 저항력 q_p를 다음과 같이 표준관입치 N에서 얻을 수 있는 방법을 제안하였다.

$$q_p(\text{kN/m}^2) = 40N_{60}\frac{L}{D} \leq 400N_{60} \tag{4.16}$$

여기서 N_{60}은 말뚝 선단 부근의 평균 표준관입치 N(말뚝 선단 위 $10D$부터 선단 아래 $4D$까지)이다.

비배수 조건($\phi = 0$)의 **포화된 점토**의 경우, 정사각형 또는 원형 단면의 말뚝 기초가 $L/D > 5$일 경우 $N_c^* = 9$로 나타난다. 따라서

$$Q_p = N_c^* c_u A_p = 9c_u A_p \tag{4.17}$$

여기서 c_u는 말뚝 선단 아래 부분에 흙의 비배수 점착력이다.

모래 또는 점토 지반에서 콘관입시험 결과를 사용할 수 있는 경우, 극한 선단 지지력은 콘관입저항치 q_c로 간주할 수 있다.

4.9 마찰저항력 Q_s

말뚝의 주면 마찰저항력은 다음과 같이 나타낼 수 있다.

$$Q_s = \sum p\,\Delta L f \tag{4.18}$$

여기서

p = 말뚝 단면의 둘레

ΔL = p와 f를 일정하게 고려할 수 있는 곳에서의 말뚝 길이 증분(그림 4.14a)

f = 주어진 깊이 z에서의 단위면적당 주면 마찰저항력

모래에서의 마찰저항력

임의의 깊이에서 말뚝의 단위면적당 마찰저항력은 다음과 같이 나타낼 수 있다.

$$f = K\sigma_o' \tan \delta' \tag{4.19}$$

여기서

K = 토압계수

σ_o' = 고려하는 깊이에서의 유효연직응력

δ' = 흙–말뚝 사이의 마찰각

실제로 K값의 크기는 깊이에 따라 다르다. 이 값은 말뚝 두부(머리)에서 Rankine 수동토압계수 K_p와 거의 같고, 말뚝 선단에서 정지토압계수 K_o보다는 작을 수 있다. 또한 말뚝 설치 특성에 따라 다르게 나타난다. 여러 연구 결과를 바탕으로, 다음과 같이 평균 K값을 식 (4.19)에 사용하는 것을 추천하였다.

말뚝 종류	K
천공식 또는 분사식	$\approx K_o = 1 - \sin \phi'$
배토량이 적은 타입식	$\approx K_o = 1 - \sin \phi'$에서 $1.4K_o = 1.4(1 - \sin \phi')$
배토량이 많은 타입식	$\approx K_o = 1 - \sin \phi'$에서 $1.8K_o = 1.8(1 - \sin \phi')$

식 (4.19)에서 유효연직응력 σ_o'은 그림 4.14b에 나타난 것처럼 말뚝 깊이가 말뚝 직경의 15~20배의 깊이일 때 최대 한계값까지 증가하고, 그 이상은 일정하게 유지된다. 이 한계 깊이 L'은 내부마찰각, 압축성, 상대밀도와 같은 여러 요인들에 따라 달라진다. L'을 보수적으로 추정한다면 다음과 같다.

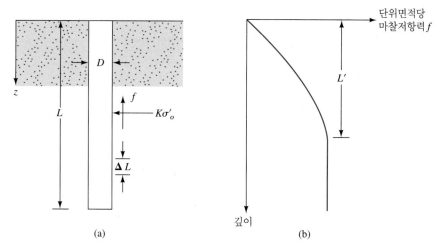

그림 4.14 모래에서 말뚝의 단위면적당 마찰저항력

$$L' = 15D \qquad (4.20)$$

다양한 조사에서 δ'의 값은 $0.5\phi' \sim 0.8\phi'$ 범위로 나타난다. δ'의 값을 선택할 때 판단이 필요하다.

　Meyerhof(1976)는 배토량이 많은 타입말뚝의 경우, 평균 단위면적당 마찰저항력 f_{av}를 평균 표준관입치 N을 이용하여 계산할 수 있는 식을 다음과 같이 제안하였다.

$$f_{av}(\text{kN/m}^2) = 2\overline{N}_{60} \qquad (4.21)$$

여기서 $\overline{N}_{60}$은 표준관입치 N의 평균값이다. 배토량이 적은 타입말뚝의 경우

$$f_{av}(\text{kN/m}^2) = \overline{N}_{60} \qquad (4.22)$$

그러므로

$$Q_s = pLf_{av} \qquad (4.23)$$

　Nottingham과 Schmertmann(1975), 그리고 Schmertmann(1978)은 콘관입시험에서 얻은 콘관입저항치(f_c)를 사용하여 Q_s를 계산하기 위한 상관관계를 제안하였다. 이 방법에 따르면

$$f = \alpha' f_c \qquad (4.24)$$

전기식 및 기계식 콘관입시험에서 L/D에 따른 α'의 변화는 각각 그림 4.15와 4.16에

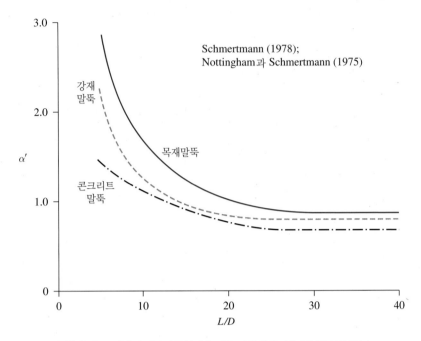

그림 4.15 모래에서 말뚝의 근입비에 따른 α'의 변화: 전기식 콘관입시험기

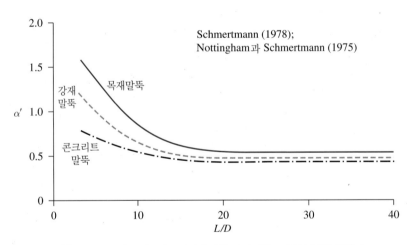

그림 4.16 모래에서 말뚝의 근입비에 따른 α'의 변화: 기계식 콘관입시험기

나타내었다.

$$Q_s = \Sigma p \, (\Delta L) \, f = \Sigma p \, (\Delta L) \, \alpha' \, f_c \qquad (4.25)$$

점토에서의 마찰저항력

점토에서 말뚝의 단위면적당 마찰저항력을 얻기 위해 여러 가지 방법을 사용할 수 있

다. 현재 적용되는 세 가지 방법에 대해 설명하였다.

1. **λ방법**: 이 방법은 Vijayvergiya와 Focht(1972)가 제안하였다. 말뚝 타입으로 인한 흙의 변위가 모든 깊이에서 수동토압을 발생시킨다고 가정한다면, 평균 단위면적당 주면 마찰저항력은 다음과 같다.

$$f_{av} = \lambda(\overline{\sigma}'_o + 2c_u) \tag{4.26}$$

여기서

$\overline{\sigma}'_o$ = 전체 근입길이에 대한 평균 유효연직응력

c_u = 평균 비배수 전단강도($\phi = 0$ 개념)

λ값은 말뚝 근입깊이에 따라 변한다(표 4.5 참고).

따라서 전체 마찰저항력은 다음과 같이 계산할 수 있다.

$$Q_s = pLf_{av}$$

층상 지반에서 $\overline{\sigma}'_o$과 c_u값을 구할 때는 주의해야 한다. 그림 4.17은 그 이유를 설명한다. 그림 4.17b에 따르면 c_u의 평균값은 $(c_{u(1)}L_1 + c_{u(2)}L_2 + \cdots)/L$이다. 유사하게 그림 4.17c는 깊이에 따른 유효응력의 변화를 나타낸다. 평균 유효응력은 다음과 같다.

$$\overline{\sigma}'_o = \frac{A_1 + A_2 + A_3 + \cdots}{L} \tag{4.27}$$

여기서 $A_1, A_2, A_3, \ldots$ = 유효연직응력 분포도의 면적

미국석유협회(American Petroleum Institute, 2007)는 평균 단위면적당 주면 마찰저항력 f_{av}를 다음 중 큰 값으로 취할 수 있다고 제안하였다.

표 4.5 L에 따른 λ의 변화[식 (4.26)]

L(m)	λ	L(m)	λ
0	0.5	35	0.136
5	0.318	40	0.127
10	0.255	50	0.123
15	0.205	60	0.118
20	0.177	70	0.117
25	0.155	80	0.117
30	0.145	90	0.117

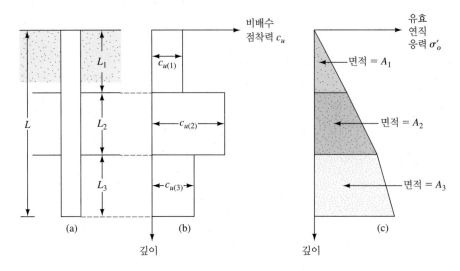

그림 4.17 층상 지반에서 λ방법의 적용

$$f_{av} = 0.5c_u^{0.5}(\overline{\sigma}_o')^{0.5} \tag{4.28}$$

$$f_{av} = 0.5c_u^{0.75}(\overline{\sigma}_o')^{0.25} \tag{4.29}$$

여기서 $\overline{\sigma}_o'$ = 평균 유효연직응력

2. **α방법**: α방법에 따르면, 점성토 지반에서 단위면적당 주면 마찰저항력은 다음 식으로 나타낼 수 있다.

$$f = \alpha c_u \tag{4.30}$$

여기서 α는 경험적 부착력 계수이다. 그림 4.18은 α값의 대략적인 변화를 나타낸다. 그러므로

$$Q_s = \sum f p \, \Delta L = \sum \alpha c_u p \, \Delta L \tag{4.31}$$

3. **β방법**: 말뚝이 포화된 점토에 타입될 때, 말뚝 주변 흙의 간극수압이 증가한다. 일반적으로 정규압밀점토에서 과잉간극수압은 c_u의 4~6배 정도이다. 그러나 한 달 정도 지나면, 이 압력은 점차 소산된다. 따라서 말뚝의 단위면적당 주면 마찰저항력은 재성형 상태($c' = 0$)에서 점토의 유효응력 지반정수를 기반으로 결정할 수 있다. 따라서 임의의 깊이에서

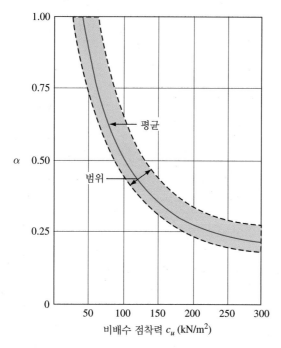

그림 4.18 점성토 지반에서 비배수 점착력에 따른 α의 변화

$$f = \beta\sigma'_o \tag{4.32}$$

여기서

σ'_o = 유효연직응력

$\beta = K \tan \phi'_R \tag{4.33}$

ϕ'_R = 재성형된 점토의 배수 마찰각

K = 토압계수

보수적으로 K값의 크기를 정지토압계수로 계산할 수 있다.

$$K = 1 - \sin \phi'_R \quad \text{(정규압밀점토의 경우)} \tag{4.34}$$

그리고

$$K = (1 - \sin \phi'_R)\sqrt{OCR} \quad \text{(과압밀점토의 경우)} \tag{4.35}$$

여기서 OCR은 과압밀비이다.

식 (4.32), (4.33), (4.34) 및 (4.35)를 결합하면 정규압밀점토의 경우 f를 다음과 같이 나타낼 수 있다.

$$f = (1 - \sin \phi'_R)\tan \phi'_R \sigma'_o \tag{4.36}$$

그리고 과압밀점토의 경우

$$f = (1 - \sin \phi'_R)\tan \phi'_R \sqrt{OCR} \sigma'_o \tag{4.37}$$

f값이 결정되면 전체 마찰저항력은 다음과 같이 평가할 수 있다.

$$Q_s = \sum f p \, \Delta L$$

콘관입시험 결과와의 상관관계

Nottingham과 Schmertmann(1975), 그리고 Schmertmann(1978)은 점토의 단위면적당 주면 마찰저항력과 콘관입저항치와의 상관관계를 다음과 같이 제안하였다.

$$f = \alpha' f_c \tag{4.38}$$

그림 4.19는 콘관입저항치 f_c에 따른 α'의 변화를 나타낸다. 그러므로

$$Q_s = \sum f p(\Delta L) = \sum \alpha' f_c \, p(\Delta L) \tag{4.39}$$

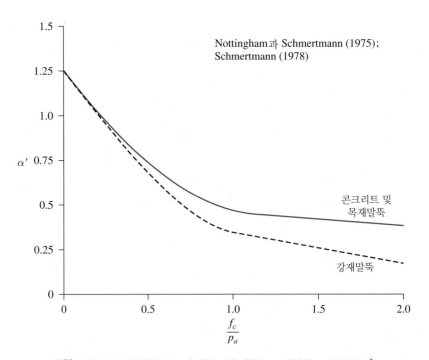

그림 4.19 점토 지반에서 f_c/p_a에 따른 α'의 변화(p_a = 대기압 $\approx$ 100 kN/m^2)

4.10 말뚝 허용 지지력

선단 지지력과 주면 마찰저항력을 합하여 전체 극한 지지력을 결정한 후, 각 말뚝에 대한 전체 허용 지지력을 구하기 위해 합리적인 안전율을 사용해야 한다.

$$Q_{\text{all}} = \frac{Q_u}{FS} \tag{4.40}$$

여기서

Q_{all} = 각 말뚝에 대한 허용 지지력

FS = 안전율

극한하중 계산의 불확실성에 따라, 일반적으로 사용되는 안전율의 범위는 2~3이다. 많은 말뚝을 포함하는 대규모 프로젝트에서는 극한 지지력 및 허용 지지력을 결정하기 위해 일반적으로 정해진 횟수의 재하시험을 수행해야 한다. 이러한 이유는 예측 방법의 신뢰성이 떨어지기 때문이다.

표 4.6은 미국 육군 공병대가 제안한 안전율을 나타낸다.

표 4.6 미국 육군 공병대(1991)가 제안한 축하중 말뚝의 안전율

말뚝 지지력 결정/ 검증 방법	하중조건	최소 안전율	
		압축	인장
말뚝재하시험으로 검증된 이론적 또는 경험적 예측	평상시	2.00	2.00
	이상 시	1.50	1.50
	극한	1.15	1.15
말뚝 타입 분석기(PDA)에 의해 검증된 이론적 또는 경험적 예측	평상시	2.50	3.00
	이상 시	1.90	2.25
	극한	1.40	1.70
말뚝재하시험으로 검증되지 않은 이론적 또는 경험적 예측	평상시	3.00	3.00
	이상 시	2.25	2.25
	극한	1.70	1.70

4.11 암반에 지지된 말뚝의 선단 지지력

때로는 말뚝을 암반이 위치한 지층까지 타입한다. 이러한 경우에 기술자는 암석의 지지력을 평가해야 한다. 암석의 극한 단위면적당 선단 지지력(Goodman, 1980)은 대략 다음과 같다.

$$q_p = q_{u\text{-}R}(N_\phi + 1) \tag{4.41}$$

여기서

$N_\phi = \tan^2(45 + \phi'/2)$

$q_{u\text{-}R}$ = 암석의 일축압축강도

ϕ' = 배수 마찰각

암석의 일축압축강도는 현장 지반 조사 시 채취한 암석 시료에 대한 실내실험을 통해 결정할 수 있다. 그러나 실험실 시편은 일반적으로 직경이 작기 때문에 $q_{u\text{-}R}$의 정확한 값을 얻기 위해서 주의가 필요하다. 시편의 직경이 증가할수록 일축압축강도는 감소하며, 이를 **크기 효과**(scale effect)라 한다. 직경이 1 m보다 큰 시편의 경우, $q_{u\text{-}R}$값은 대체로 일정하게 유지된다. 이 과정에서 $q_{u\text{-}R}$의 크기가 4~5배 감소한다. 암석의 크기 효과는 주로 무작위로 분포하는 크고 작은 균열과 절리면을 따라 발생하는 진행성 파괴로 인해 발생한다. 따라서 다음과 같은 식을 제안한다.

$$q_{u\text{-}R(\text{design})} = \frac{q_{u\text{-}R(\text{lab})}}{5} \tag{4.42}$$

표 4.7은 암석의 내부마찰각 ϕ'에 따른 암석의 일축압축강도(실험실)의 대표적인 값들을 나타낸다.

말뚝의 허용 선단 지지력을 결정하기 위해 적어도 안전율 3을 사용해야 한다. 그러므로

$$Q_{p(\text{all})} = \frac{[q_{u\text{-}R}(N_\phi + 1)]A_p}{FS} \tag{4.43}$$

표 4.7 암석의 일반적인 일축압축강도 및 내부마찰각

암석 종류	$q_{u\text{-}R}$(MN/m^2)	ϕ'(°)
사암	70~140	27~45
석회암	105~210	30~40
혈암	35~70	10~20
화강암	140~210	40~50
대리석	60~70	25~30

예제 4.1

12 m 길이의 기성 콘크리트말뚝이 타입되어 균질한 모래층($c' = 0$)에 완전히 근입되었다. 말뚝의 단면은 폭이 305 mm인 정사각형이다. 모래의 건조단위중량 γ_d는 16.8 kN/m³이고, 평균 내부마찰각은 35°이다. 식 (4.14)와 Meyerhof 방법을 이용하여 말뚝의 극한 선단 지지력을 계산하시오.

풀이

이 지반은 균질하므로 $L_b = L$이다. $\phi' = 35°$인 경우 $N_q^* \approx 120$이다(그림 4.12 참고). 그러므로

$$q' = \gamma_d L = (16.8)(12) = 201.6 \text{ kN/m}^2$$

$$A_p = \frac{305 \times 305}{1000 \times 1000} = 0.0929 \text{ m}^2$$

$$Q_p = A_p q' N_q^* = (0.0929)(201.6)(120) = 2247.4 \text{ kN}$$

그러나 식 (4.15)로부터

$$q_l = 50 N_q^* \tan \phi' = 50(120)\tan 35° = 4201.25 \text{ kN/m}^2$$

그래서

$$Q_p = A_p q_l = (0.0929)(4201.25) = 390.3 \text{ kN} < A_p q' N_q^*$$

결국

$$\boldsymbol{Q_p \approx 390 \text{ kN}}$$

예제 4.2

예제 4.1에서 설명한 조건에 대해, 식 (4.18), (4.19), (4.20)과 $K = 1.4$, $\delta' = 0.6\phi'$을 사용하여 말뚝의 전체 주면 마찰저항력을 산정하시오.

풀이

임의의 깊이에서 단위면적당 주면 마찰력은 다음과 같이 식 (4.19)에 의해 계산된다.

$$f = K\sigma_o' \tan \delta'$$

(계속)

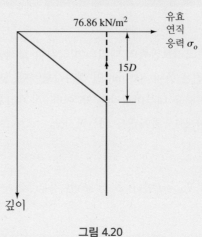

그림 4.20

또한 식 (4.20)으로부터

$$L' = 15D$$

따라서 깊이 $z = 0 \sim 15D$의 경우 $\sigma'_o = \gamma z = 16.8z \, (\text{kN/m}^2)$, 그리고 $z \geq 15D$인 경우 $\sigma'_o = \gamma(15D) = (16.8)(15 \times 0.305) = 76.86 \, \text{kN/m}^2$이다. 이 결과는 그림 4.20과 같다.

$z = 0$에서 $15D$까지의 주면 마찰저항력은 다음과 같다.

$$Q_s = pL'f_{\text{av}} = [(4)(0.305)](15D)\left[\frac{(1.4)(76.86)\tan(0.6 \times 35)}{2}\right]$$

$$= (1.22)(4.575)(20.65) = 115.26 \, \text{kN}$$

$z = 15D$에서 12 m까지의 주면 마찰저항력은 다음과 같다.

$$Q_s = p(L - L')f_{z=15D} = [(4)(0.305)][12 - 4.575][(1.4)(76.86)\tan(0.6 \times 35)]$$

$$= (1.22)(7.425)(41.3) = 374.1 \, \text{kN}$$

따라서 전체 주면 마찰저항력은

$$115.26 + 374.1 = 489.35 \, \text{kN} \approx \mathbf{490 \; kN}$$

예제 4.3

모래 지반에 0.305 m × 0.305 m 단면의 콘크리트말뚝이 있다. 말뚝 길이는 15.2 m이다. 다음은 깊이에 따른 N_{60}의 변화를 나타낸다. 식 (4.16)을 이용하여 Q_p를 산정하시오.

지표면 아래 깊이(m)	N_{60}
1.5	8
3.0	10
4.5	9
6.0	12
7.5	14
9.0	18
10.5	11
12.0	17
13.5	20
15.0	28
16.5	29
18.0	32
19.5	30
21.0	27

풀이

말뚝의 선단이 지표면 아래 15.2 m 깊이에 있다. 말뚝의 경우 D = 0.305 m이다. N_{60}값의 평균은 말뚝 선단에서 하부로 $5D$, 상부로 $10D$이다.

$$N_{60} = \frac{17 + 20 + 28 + 29}{4} = 23.5 \approx 24$$

식 (4.16)으로부터

$$Q_p(\text{kN}) = A_p(q_p) = A_p\left[40\,N_{60}\left(\frac{L}{D}\right)\right] \leq A_p(400\,N_{60})$$

$$A_p\left[40\,N_{60}\left(\frac{L}{D}\right)\right] = (0.305 \times 0.305)\left[(40)(24)\left(\frac{15.2}{0.305}\right)\right] = 4450.6\,\text{kN}$$

$$A_p(400\,N_{60}) = (0.305 \times 0.305)[(400)(24)] = 893\,\text{kN}$$

그러므로 Q_p = **893 kN**

예제 4.4

예제 4.3에서 설명된 말뚝을 참조하여 말뚝 Q_s의 크기를 산정하시오.

- **a.** 식 (4.21)을 사용하시오.
- **b.** 예제 4.3의 결과를 고려하여 말뚝의 허용 지지력을 결정하시오. 안전율 $FS = 3$을 사용하시오.

풀이

상부 15.2 m의 모래에 대한 N_{60}의 평균값은

$$N_{60} = \frac{8 + 10 + 9 + 12 + 14 + 18 + 11 + 17 + 20 + 28}{10} = 14.7 \approx 15$$

a. 식 (4.21)로부터

$$f_{av} = 2(\overline{N}_{60}) = 2(15) = 30 \text{ kN/m}^2$$

$$Q_s = pLf_{av} = (4 \times 0.305)(15.2)(30) = 556.2 \text{ kN}$$

b.

$$Q_{all} = \frac{Q_p + Q_s}{FS} = \frac{893 + 556.2}{3} = \textbf{483 kN}$$

예제 4.5

18 m 길이의 콘크리트말뚝(단면: 0.305 m × 0.305 m)이 모래층에 완전히 근입되어 있다. 모래층의 경우, 깊이에 따른 콘관입저항치 q_c(기계식 콘)와 마찰저항치 f_c는 다음 표와 같다. 안전율 $FS = 3$ 및 $q_p \approx q_c$를 사용하여 말뚝이 지지할 수 있는 허용하중을 산정하시오.

지표면부터의 깊이(m)	q_c(kN/m²)	f_c(kN/m²)
0~5	3040	73
5~15	4560	102
15~25	9500	226

풀이

$$Q_u = Q_p + Q_s$$

$$q_p \approx q_c$$

말뚝 선단(즉 깊이 18 m)에서 $q_c \approx 9500$ kN/m²이다. 그러므로

$$Q_p = A_p q_c = (0.305 \times 0.305)(9500) = 883.7 \text{ kN}$$

Q_s를 결정하기 위해, 다음 표를 구할 수 있다(주의: $L/D = 18/0.305 = 59$).

지표면부터의 깊이(m)	ΔL (m)	f_c (kN/m²)	α' (그림 4.16)	$p\Delta L\alpha' f_c$ (kN)
0~5	5	73	0.44	195.9
5~15	10	102	0.44	547.5
15~18	3	226	0.44	363.95
				$Q_s = 1107.35$ kN

그러므로

$$Q_u = Q_p + Q_s = 883.7 + 1107.35 = 1991.05 \text{ kN}$$

$$Q_{\text{all}} = \frac{Q_u}{FS} = \frac{1991.05}{3} = 663.68 \approx \mathbf{664 \text{ kN}}$$

예제 4.6

단면 458 mm × 458 mm인 콘크리트말뚝이 포화된 점토에 근입되어 있다. 근입 길이는 16 m이다. 점토의 비배수 점착력 c_u는 60 kN/m²이고, 단위중량은 18 kN/m³ 이다. 안전율 3을 이용하여 말뚝이 지지할 수 있는 허용하중을 결정하시오.

　a. α방법을 사용하시오.

　b. λ방법을 사용하시오.

풀이

a. 식 (4.17)로부터

$$Q_p = A_p q_p = A_p c_u N_c^* = (0.458 \times 0.458)(60)(9) = 113.3 \text{ kN}$$

식 (4.30)과 (4.31)로부터

$$Q_s = \alpha c_u p L$$

그림 4.18의 평균 선에서 $c_u = 60$ kN/m²인 경우에는 $\alpha \approx 0.77$이므로

$$Q_s = (0.77)(60)(4 \times 0.458)(16) = 1354 \text{ kN}$$

(계속)

$$Q_{\text{all}} = \frac{Q_p + Q_s}{FS} = \frac{113.3 + 1354}{3} \approx \textbf{489 kN}$$

b. 식 (4.26)으로부터

$$f_{\text{av}} = \lambda(\overline{\sigma}_o' + 2c_u)$$

$L = 16.0$ m로 주어진다. 표 4.5에서 $L = 16$ m인 경우에는 $\lambda \approx 0.2$이므로

$$f_{\text{av}} = 0.2\left[\left(\frac{18 \times 16}{2}\right) + 2(60)\right] = 52.8 \text{ kN/m}^2$$

$$Q_s = pL f_{\text{av}} = (4 \times 0.458)(16)(52.8) = 1548 \text{ kN}$$

문항 a에서, $Q_p = 113.3$ kN이므로

$$Q_{\text{all}} = \frac{Q_p + Q_s}{FS} = \frac{113.3 + 1548}{3} \approx \textbf{554 kN}$$

예제 4.7

그림 4.21a는 점토에 타입말뚝을 나타낸다. 말뚝 직경은 406 mm이다.

  a. 식 (4.17)을 사용하여 순 선단 지지력을 계산하시오.

  b. 주면 마찰저항력을 다음의 각 방법에 따라 계산하시오. (1) 식 (4.30)과 (4.31)을 이용(α방법), (2) 식 (4.26)을 이용(λ방법), (3) 식 (4.32)를 이용(β방법). 모든 점토층의 $\phi_R = 30°$이다. 점토층의 상부 10 m는 정규압밀상태이고, 하부층은 OCR = 2이다.

  c. 안전율 FS = 3을 사용하여 순 허용 지지력을 계산하시오.

풀이

말뚝의 단면적은

$$A_p = \frac{\pi}{4}D^2 = \frac{\pi}{4}(0.406)^2 = 0.1295 \text{ m}^2$$

a. 순 선단 지지력 계산

식 (4.17)로부터

$$Q_p = A_p q_p = A_p N_c^* c_{u(2)} = (0.1295)(9)(100) = \textbf{116.55 kN}$$

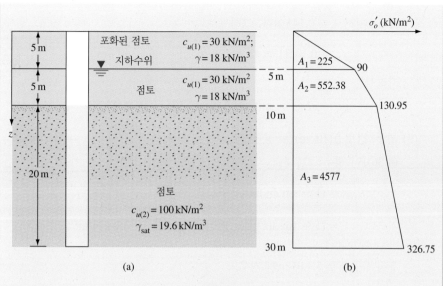

그림 4.21

b. 주면 마찰저항력 계산

(1) 식 (4.31)로부터

$$Q_s = \Sigma \, \alpha c_u p \, \Delta L$$

상부 지층의 경우 $c_{u(1)} = 30$ kN/m²이다. 그림 4.18의 평균 선에 따르면 $\alpha_1 = 1.0$이다. 유사하게 하부 지층의 경우 $c_{u(2)} = 100$ kN/m²이고, $\alpha_2 = 0.5$ 이다.

그러므로

$$Q_s = \alpha_1 c_{u(1)}[(\pi)(0.406)]10 + \alpha_2 c_{u(2)}[(\pi)(0.406)]20$$

$$= (1)(30)[(\pi)(0.406)]10 + (0.5)(100)[(\pi)(0.406)]20$$

$$= 382.7 + 1275.5 = \mathbf{1658.2 \ kN}$$

(2) c_u의 평균값은

$$\frac{c_{u(1)}(10) + c_{u(2)}(20)}{30} = \frac{(30)(10) + (100)(20)}{30} = 76.7 \ \text{kN/m}^2$$

$\overline{\sigma}_o'$의 평균값을 구하기 위해, 깊이에 따른 유효연직응력 변화가 그림 4.21 에 표시됐다. 식 (4.27)로부터

$$\overline{\sigma}_o' = \frac{A_1 + A_2 + A_3}{L} = \frac{225 + 552.38 + 4577}{30} = 178.48 \ \text{kN/m}^2$$

(계속)

표 4.5에서 $\lambda = 0.145$이다. 그러므로

$$f_{av} = 0.145[178.48 + (2)(76.7)] = 48.12 \text{ kN/m}^2$$

따라서

$$Q_s = pLf_{av} = \pi(0.406)(30)(48.12) = \textbf{1841.3 kN}$$

(3) 상부 점토층(10 m)은 정규압밀상태이고 $\phi_R = 30°$이다. $z = 0 \sim 5$ m[식 (4.36)]인 경우

$$f_{av(1)} = (1 - \sin \phi_R)\tan \phi_R \sigma'_{o\,(av)}$$

$$= (1 - \sin 30°)(\tan 30°)\left(\frac{0 + 90}{2}\right) = 13.0 \text{ kN/m}^2$$

유사하게, $z = 5 \sim 10$ m인 경우

$$f_{av(2)} = (1 - \sin 30°)(\tan 30°)\left(\frac{90 + 130.95}{2}\right) = 31.9 \text{ kN/m}^2$$

$z = 10 \sim 30$ m[식 (4.37)]인 경우

$$f_{av} = (1 - \sin \phi_R)\tan \phi_R \sqrt{OCR}\,\sigma'_{a(av)}$$

$OCR = 2$ 경우

$$f_{av(3)} = (1 - \sin 30°)(\tan 30°)\sqrt{2}\left(\frac{130.95 + 326.75}{2}\right) = 93.43 \text{ kN/m}^2$$

따라서

$$Q_s = p[f_{av(1)}(5) + f_{av(2)}(5) + f_{av(3)}(20)]$$

$$= (\pi)(0.406)[(13)(5) + (31.9)(5) + (93.43)(20)] = \textbf{2669.7 kN}$$

c. 순 허용 지지력 Q_{all} 계산

3개의 Q_s 값을 비교하면, α방법과 λ방법이 비슷한 결과를 나타낸다. 따라서

$$Q_s = \frac{1658.2 + 1841.3}{2} \approx 1750 \text{ kN}$$

그러므로

$$Q_u = Q_p + Q_s = 116.55 + 1750 = 1866.55 \text{ kN}$$

$$Q_{all} = \frac{Q_u}{FS} = \frac{1866.55}{3} = \textbf{622.2 kN}$$

예제 4.8

예제 4.7 및 그림 4.21을 참조한다. 식 (4.28)과 (4.29)를 이용하여 주면 마찰저항력 Q_s를 산정하시오.

풀이

$$z = 0 \text{에서 } 5 \text{ m}$$

$$c_{u(1)} = 30 \text{ kN/m}^2; \quad \overline{\sigma}'_o = \frac{0 + 90}{2} = 45 \text{ kN/m}^2$$

$$f_{av} = 0.5(c_u \overline{\sigma}'_o)^{0.5} = 0.5[(30)(45)]^{0.5} = 18.37 \text{ kN/m}^2$$

다시

$$f_{av} = 0.5(c_u)^{0.75}(\overline{\sigma}'_o)^{0.25} = 0.5(30)^{0.75}(45)^{0.25} = 16.6 \text{ kN/m}^2$$

$f_{av} = 18.37 \text{ kN/m}^2$을 이용한다.

$$z = 5 \text{에서 } 10 \text{ m}$$

$$c_{u(1)} = 30 \text{ kN/m}^2; \quad \overline{\sigma}'_o = \frac{90 + 130.95}{2} = 110.475 \text{ kN/m}^2$$

$$f_{av} = 0.5(c_u \overline{\sigma}'_o)^{0.5} = 0.5[(30)(110.475)]^{0.5} = 28.78 \text{ kN/m}^2$$

$$f_{av} = 0.5(c_u)^{0.75}(\overline{\sigma}'_o)^{0.25} = 0.5(30)^{0.75}(110.475)^{0.25} = 20.78 \text{ kN/m}^2$$

$f_{av} = 28.78 \text{ kN/m}^2$을 이용한다.

$$z = 10 \text{에서 } 30 \text{ m}$$

$$c_{u(2)} = 100 \text{ kN/m}^2; \quad \overline{\sigma}'_o = \frac{130.95 + 326.75}{2} = 228.85 \text{ kN/m}^2$$

$$f_{av} = 0.5(c_u \overline{\sigma}'_o)^{0.5} = 0.5[(100)(228.85)]^{0.5} = 75.64 \text{ kN/m}^2$$

$$f_{av} = 0.5(c_u)^{0.75}(\overline{\sigma}'_o)^{0.25} = 0.5(100)^{0.75}(228.85)^{0.25} = 61.49 \text{ kN/m}^2$$

$f_{av} = 75.64 \text{ kN/m}^2$을 이용한다.

$$Q_s = \Sigma f_{av} p \Delta L = (\pi \times 0.406)[(18.37)(5) + (28.78)(5) + (75.64)(20)]$$
$$= \mathbf{2230.3 \text{ kN}}$$

예제 4.9

305 mm × 305 mm 단면의 콘크리트말뚝을 포화된 점토 지반에 지표면 아래 20 m까지 타입하였다. 콘관입시험에서 얻은 마찰저항치 f_c 결과는 다음과 같다.

깊이(m)	마찰저항치 f_c(kg/cm²)
0~6	0.35
6~12	0.56
12~20	0.72

말뚝의 마찰저항력 Q_s를 계산하시오.

풀이

콘관입시험 결과로부터 다음 표를 구할 수 있다.

깊이(m)	f_c (kN/m²)	α' (그림 4.19)	ΔL (m)	$\alpha' f_c p(\Delta L)$ [식 (4.39)] (kN)
0~6	34.34	0.84	6	211.5
6~12	54.94	0.71	6	258.5
12~20	70.63	0.63	8	432.2

(주의: $p = (4)(0.305) = 1.22$ m, 1 kg/cm² = 98.1 kN/m²)

그러므로

$$Q_s = \Sigma \alpha' f_c p(\Delta L) = \mathbf{931 \ kN}$$

4.12 말뚝의 탄성 침하량

연직 사용하중 Q_w 하에서 말뚝의 탄성 침하량은 세 가지 요소로 구성된다.

$$S_e = S_{e(1)} + S_{e(2)} + S_{e(3)} \tag{4.44}$$

여기서

S_e = 전체 말뚝 침하량

$S_{e(1)}$ = 말뚝 축의 침하량(또는 말뚝의 탄성 수축량)

$S_{e(2)}$ = 말뚝 선단에 가해지는 하중에 의한 말뚝의 침하량

$S_{e(3)}$ = 말뚝 주면을 따라 전달되는 하중에 의한 말뚝의 침하량

$S_{e(1)}$의 결정

말뚝 재료를 탄성으로 가정한다면, 재료역학의 기본 원리를 이용하여 말뚝 축의 변형량을 계산할 수 있다.

$$S_{e(1)} = \frac{(Q_{wp} + \xi Q_{ws})L}{A_p E_p} \tag{4.45}$$

여기서

Q_{wp} = 사용하중 하에서 말뚝 선단에 전달되는 하중

Q_{ws} = 사용하중 하에서 주면 마찰력에 의해 전달되는 하중

A_p = 말뚝 단면적

L = 말뚝 길이

E_p = 말뚝 재료의 탄성계수

ξ의 크기는 0.5~0.67로 다양하며(Vesic, 1977), 이는 말뚝 축을 따라 분포하는 단위면적당 주면 마찰저항력($f_{(z)}$)의 특성에 따라 다르다(그림 4.10 참고). 그림 4.10은 깊이에 따른 단위면적당 주면 마찰력의 변화에 대해 네 가지 가능한 경우를 나타낸다. $f_{(z)}$의 변화가 일정하거나(그림 4.10a) 포물선(그림 4.10d)이면 $\xi = 0.5$이고, 선형(그림 4.10b와 c)이면 $\xi = 0.67$이다.

$S_{e(2)}$의 결정

말뚝 선단에 가해지는 하중에 의한 말뚝의 침하량은 다음과 같이 표현될 수 있다.

$$S_{e(2)} = \frac{q_{wp}D}{E_s}(1 - \mu_s^2)I_{wp} \tag{4.46}$$

여기서

D = 말뚝의 폭 또는 직경

q_{wp} = 말뚝 선단에서의 단위면적당 선단하중 = Q_{wp}/A_p

E_s = 말뚝 선단 또는 그 아래에 위치한 흙의 탄성계수

μ_s = 흙의 포아송비

I_{wp} = 영향계수 ≈ 0.85

표 4.8 Vesic(1977)에 의해 제안된 C_p의 일반적인 값[식 (4.47)]

흙 종류	타입말뚝	천공말뚝
모래(조밀~느슨)	0.02~0.04	0.09~0.18
점토(단단한~연약한)	0.02~0.03	0.03~0.06
실트(조밀~느슨)	0.03~0.05	0.09~0.12

또한 Vesic(1977)은 침하량의 크기 $S_{e(2)}$를 구하기 위한 반경험적 방법을 제안하였다.

$$S_{e(2)} = \frac{Q_{wp}C_p}{Dq_p} \tag{4.47}$$

여기서

q_p = 말뚝의 극한 선단 지지력

C_p = 경험적 계수

다양한 흙에 대한 C_p의 대표적인 값은 표 4.8에 나타냈다.

$S_{e(3)}$의 결정

말뚝 주면을 따라 전달되는 하중에 의한 침하량은 식 (4.46)과 유사한 관계로 다음과 같이 나타낼 수 있다.

$$S_{e(3)} = \left(\frac{Q_{ws}}{pL}\right)\frac{D}{E_s}(1 - \mu_s^2)I_{ws} \tag{4.48}$$

여기서

p = 말뚝 둘레

L = 말뚝의 근입길이

I_{ws} = 영향계수

식 (4.48)에서 Q_{ws}/pL은 말뚝 주면을 따라 발생하는 f의 평균값이다. 영향계수 I_{ws}는 간단한 경험식으로 나타낼 수 있다(Vesic, 1977).

$$I_{ws} = 2 + 0.35\sqrt{\frac{L}{D}} \tag{4.49}$$

Vesic(1977)은 또한 $S_{e(3)}$을 구하기 위해 식 (4.47)과 유사한 간단한 경험식을 제안하였다.

$$S_{e(3)} = \frac{Q_{ws}C_s}{Lq_p} \qquad (4.50)$$

여기서

$$C_s = 경험적\ 계수 = (0.93 + 0.16\sqrt{L/D})C_p \qquad (4.51)$$

식 (4.51)에서 사용된 C_p의 값은 표 4.8로부터 추정할 수 있다.

예제 4.10

12 m 길이의 기성 콘크리트말뚝이 모래 지반에 완전히 근입되어 있다. 말뚝의 단면적은 0.305 m × 0.305 m이다. 말뚝의 허용 사용하중은 337 kN이며, 이 중 240 kN은 주면 마찰저항력에 의해 지지된다. $E_p = 21 \times 10^6$ kN/m², $E_s = 30,000$ kN/m² 및 $\mu_s = 0.3$을 사용하여 말뚝의 탄성 침하량을 결정하시오.

풀이

식 (4.44)를 사용할 것이다.

$$S_e = S_{e(1)} + S_{e(2)} + S_{e(3)}$$

식 (4.45)로부터

$$S_{e(1)} = \frac{(Q_{wp} + \xi Q_{ws})L}{A_p E_p}$$

$\xi = 0.6$ 및 $E_p = 21 \times 10^6$ kN/m²이라고 하자. 이때

$$S_{e(1)} = \frac{[97 + (0.6)(240)]12}{(0.305)^2(21 \times 10^6)} = 0.00148\ \text{m} = 1.48\ \text{mm}$$

식 (4.46)으로부터

$$S_{e(2)} = \frac{q_{wp}D}{E_s}(1 - \mu_s^2)I_{wp}$$

$$I_{wp} = 0.85$$

$$q_{wp} = \frac{Q_{wp}}{A_p} = \frac{97}{(0.305)^2} = 1042.7\ \text{kN/m}^2$$

(계속)

따라서

$$S_{e(2)} = \left[\frac{(1042.7)(0.305)}{30,000} \right](1 - 0.3^2)(0.85) = 0.0082 \text{ m} = 8.2 \text{ mm}$$

다시, 식 (4.48)로부터

$$S_{e(3)} = \left(\frac{Q_{ws}}{pL} \right)\frac{D}{E_s}(1 - \mu_s^2)I_{ws}$$

$$I_{ws} = 2 + 0.35\sqrt{\frac{L}{D}} = 2 + 0.35\sqrt{\frac{12}{0.305}} = 4.2$$

따라서

$$S_{e(3)} = \frac{240}{(4 \times 0.305)(12)}\left(\frac{0.305}{30,000} \right)(1 - 0.3^2)(4.2) = 0.00064 \text{ m} = 0.64 \text{ mm}$$

그러므로 전체 침하량은

$$S_e = 1.48 + 8.2 + 0.64 = \textbf{10.32 mm}$$

4.13 말뚝재하시험

대부분의 대규모 프로젝트에서, 말뚝에 대해 정해진 횟수의 재하시험을 수행해야 한다. 주된 이유는 예측 방법의 불확실성 때문이다. 말뚝의 연직 및 수평 지지력은 현장에서 시험할 수 있다. 그림 4.22a는 현장에서 **축방향 압축재하시험**을 하기 위한 재하시험 장치의 모식도를 보여준다. 하중은 유압잭에 의해 말뚝에 가해진다. 말뚝에 단계적으로 하중을 가하고, 각 하중재하 후 충분한 시간이 지나도록 하여 발생한 작은 침하량까지 측정할 수 있도록 한다. 말뚝의 침하량은 다이얼 게이지에 의해 측정된다. 각 단계에 적용되는 하중의 크기는 각 지역의 건설 법규에 따라 다르다. 대부분의 건설 법규에서 각 단계 하중은 제안된 사용하중의 약 1/4 정도로 규정한다. 재하시험은 제안된 사용하중의 최소 2배 하중까지 수행되어야 한다. 말뚝의 소요하중에 도달하면 점차적으로 하중을 제거한다.

　　말뚝 두부 침하는 말뚝의 탄성 침하량(S_e)과 말뚝 선단부의 침하량(S_{net})으로 구성된다. 임의의 하중 단계에서

$$S_t = S_e + S_{net} \tag{4.52}$$

그림 4.22c는 하중재하 및 제하(하중 제거)로부터 얻은 하중–침하 곡선을 나타낸

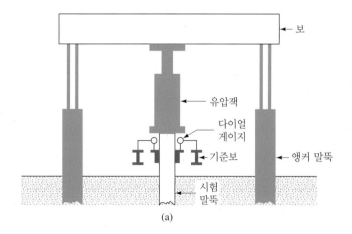

(a)

(b)

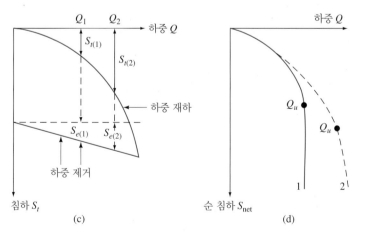

(c)　　　　　　　　　　　　　　　(d)

그림 4.22 (a) 말뚝재하시험 장치의 모식도, (b) 말뚝재하시험 사진, (c) 전체 침하량(S_t)과 하중과의 관계, (d) 순 침하량과 하중과의 관계 [(b): Australia , James Cook University , N. Sivakugan 제공]

다. 임의의 하중 Q에서 말뚝의 순 침하량은 다음과 같이 계산할 수 있다.

$Q = Q_1$일 때,

$$순 \ 침하량 \ S_{net(1)} = S_{t(1)} - S_{e(1)}$$

$Q = Q_2$일 때,

$$순 \ 침하량 \ S_{net(2)} = S_{t(2)} - S_{e(2)}$$

$$\cdots$$

여기서

S_{net} = 순 침하량

S_e = 말뚝 자체의 탄성 침하량

S_t = 전체 침하량(또는 말뚝 두부의 침하량)

이러한 Q값에 해당하는 순 침하량 S_{net}에 대한 그래프는 그림 4.22d와 같이 나타낼 수 있다. 그래프에서 말뚝의 극한하중을 결정할 수 있다. 말뚝 침하량은 하중에 따라 임의의 지점까지 증가하며, 그 이상에서는 하중-침하 곡선이 연직선을 이룬다. 여기서 말뚝의 극한하중 Q_u는 그림 4.22d에서 곡선 1로 표시되는 Q-S_{net} 곡선에서 연직이 되는 지점으로 한다. 많은 경우에 하중-침하 곡선의 후반 단계에서는 거의 선형으로, 작은 하중 증가에도 큰 수준의 침하량을 보이며, 이는 그림 4.22d에서 곡선 2로 표시된다. 이런 경우에 극한하중 Q_u는 Q-S_{net} 곡선에서 급격한 선형부가 시작되는 지점으로 결정한다.

하중-침하 관계에서 극한하중 Q_u를 구하는 방법 중 대표적으로 Davisson(1973)이 제안한 방법이 있다. 그림 4.23에 의하면 극한하중은 전체 침하량 수준(S_u)에서 발생한다.

$$S_u(mm) = 4 + \frac{D(mm)}{120} + \frac{Q_u L}{A_p E_p} \tag{4.53}$$

여기서

Q_u의 단위는 kN이다.

D의 단위는 mm이다.

L = 말뚝 길이(mm)

A_p = 말뚝 단면적(mm^2)

E_p = 말뚝 재료의 탄성계수(kN/mm^2)

이 방법의 적용은 예제 4.11에 기술한다.

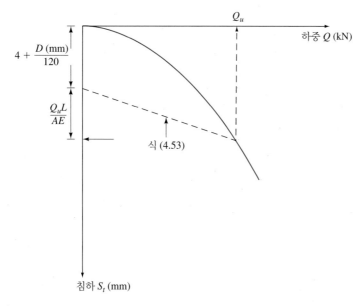

$$4 + \frac{D \text{ (mm)}}{120}$$

$$\frac{Q_u L}{AE}$$

식 (4.53)

Q_u

하중 Q (kN)

침하 S_t (mm)

그림 4.23 Q_u를 결정하기 위한 Davisson 방법

앞서 설명한 재하시험 절차는 말뚝에 가해지는 단계하중과 침하량 측정을 필요로 하며, 이를 **하중제어시험**(load-controlled test)이라 한다. 말뚝재하시험에 사용되는 또 다른 방법은 **등관입속도시험**(constant-rate-of-penetration test)으로, 일정한 관입률을 유지하기 위해 말뚝에 가해지는 하중을 지속적으로 증가시키는 방법이다. 이때 관입률은 0.25~2.5 mm/min 범위에 있다. 이 시험에서는 하중제어시험으로부터 얻은 결과와 유사한 하중-침하 관계를 얻을 수 있다. 또 다른 종류의 말뚝재하시험은 **반복재하시험**(cyclic loading)으로, 증분하중이 반복적으로 가해지고 제거된다.

말뚝재하시험을 수행하기 위해 타입 종료(EOD, end of driving) 후 시간 경과를 고려하는 것이 중요하다. 말뚝을 연약한 점토 지반에 타입할 경우 점토를 둘러싼 임의의 영역이 재성형되거나 압축되고, 이는 비배수 전단강도 c_u의 감소를 유발한다. 시간이 지나면서 비배수 전단강도의 감소분이 부분적으로 또는 완전히 회복하게 되는데, 이때 걸리는 시간은 30~60일 정도이다.

예제 4.11

그림 4.24는 모래에 근입된 20 m 길이의 콘크리트말뚝(406 mm × 406 mm)의 재하시험 결과를 나타낸다. Davisson 방법을 사용하여 극한하중 Q_u를 결정하시

(계속)

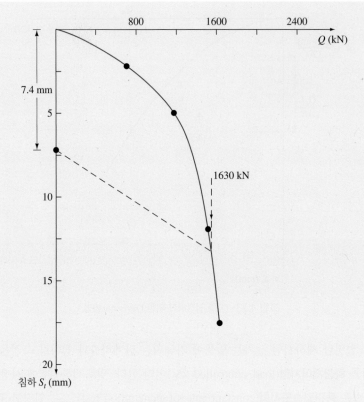

그림 4.24

오. $E_p = 30 \times 10^6$ kN/m²이다.

풀이

식 (4.53)으로부터

$$S_u = 4 + \frac{D}{120} + \frac{Q_u L}{A_p E_p}$$

$D = 406$ mm, $L = 20$ m $= 20{,}000$ mm, $A_p = 406$ mm $\times$ 406 mm $= 164{,}836$ mm², $E_p = 30 \times 10^6$ kN/m². 그러므로

$$S_u = 4 + \frac{406}{120} + \frac{(Q_u)(20{,}000)}{(30)(164{,}836)} = 4 + 3.4 + 0.004 Q_u = 7.4 + 0.004 Q_u$$

S_u(mm) $= 7.4 + 0.004 Q_u$의 선은 그림 4.24의 점선과 같이 나타난다. 이 선과 하중-침하 곡선의 교차점이 극한하중 $Q_u = \mathbf{1630}$ **kN**이다.

그림 4.25 (a) 말뚝 타입 분석기, (b) PDA에 연결된 정사각형 말뚝 (Australia , James Cook University , N. Sivakugan 제공)

최근에는 말뚝 타입 모니터링에 말뚝 타입 분석기(PDA)가 매우 일반적으로 사용되고 있다. 이는 말뚝재하시험의 대안책으로, 타입말뚝의 지지력을 결정하는 데 사용할 수 있다. 그림 4.25는 지층으로 타입되는 정사각형 콘크리트말뚝에 연결된 말뚝 타입 분석기를 보여준다.

4.14 항타 공식

선단지지 말뚝은 필요한 지지력을 얻기 위해 조밀한 지층이나 암반층에 충분히 근입되어야 한다. 그러나 지층은 다양하게 변하기 때문에 말뚝이 이미 정해진 깊이로 타입되어도 항상 이 조건을 만족할 수는 없다. 이러한 이유로 타입 중인 말뚝의 극한 지지력을 계산하기 위한 몇 가지 식들이 개발되었다. 이러한 동적 공식은 말뚝이 이미 정해진 깊이에서 만족스러운 지지력에 도달했는지를 확인하기 위해 현장에서 널리 사용된다. 동적 공식들 중에 가장 초기의 공식 중 하나는 **엔지니어링 뉴스 레코드**(ENR, engineering news record) **공식**이며, 이 공식은 일-에너지 이론에 의해 유도되었다. 즉,

타격당 해머가 제공하는 에너지 = (말뚝 저항력)(해머 타격당 말뚝 관입량)

ENR 공식에 따르면, 말뚝 저항력은 극한하중 Q_u이고 다음과 같이 나타낼 수 있다.

$$Q_u = \frac{W_R h}{S + C} \tag{4.54}$$

여기서

W_R = 램 중량

h = 램의 낙하고

S = 해머 타격당 말뚝 관입량[일반적으로 **세트**(set)로 알려짐]

C = 상수

말뚝 관입량 S는 일반적으로 마지막 몇 번의 타격에서 얻은 평균값을 기준으로 결정한다. 공식의 원래 형태에서는 다음과 같은 상수 C값을 추천한다.

드롭 해머의 경우: $C = 2.54$ cm(S와 h의 단위가 cm인 경우)

증기 해머의 경우: $C = 0.254$ cm(S와 h의 단위가 cm인 경우)

또한 허용 지지력을 산정하기 위해 안전율 $FS = 6$을 사용할 것을 추천한다. 단동식과 복동식 해머의 경우 $W_R h$ 항은 EH_E로 대체할 수 있다(여기서 E = 해머 효율, H_E = 해머의 전달 에너지). 그러므로

$$Q_u = \frac{EH_E}{S + C} \tag{4.55}$$

수년에 걸쳐 ENR 말뚝 타입 공식은 여러 번 수정되었다. 최근 공식(**수정된 ENR 공식**)은 다음과 같다.

$$Q_u = \frac{EW_R h}{S + C} \frac{W_R + n^2 W_p}{W_R + W_p} \tag{4.56}$$

여기서

E = 해머 효율

$C = 0.254$ cm(S와 h의 단위가 cm인 경우)

W_p = 말뚝 중량

n = 램과 말뚝캡 사이의 반발계수

말뚝 타입 해머의 효율 E는 다음 범위에 있다.

해머 유형	해머 효율 E
단동식 또는 복동식 해머	0.7~0.85
디젤 해머	0.8~0.9
드롭 해머	0.7~0.9

반발계수 n의 대푯값은 다음과 같다.

말뚝 재료	반발계수 n
주철 해머와 캡이 없는 콘크리트말뚝	0.4~0.5
강재말뚝 위의 목재 쿠션	0.3~0.4
목재말뚝	0.25~0.3

말뚝의 허용 지지력을 구하기 위해 식 (4.56)에 안전율 4~6을 사용할 수 있다.

Danish 공식이라 불리는 또 다른 공식은 신뢰성 있는 결과를 도출하며 다음과 같이 나타낼 수 있다.

$$Q_u = \frac{EH_E}{S + \sqrt{\dfrac{EH_E L}{2A_p E_p}}} \tag{4.57}$$

여기서

E = 해머 효율

H_E = 해머의 전달 에너지

E_p = 말뚝 재료의 탄성계수

L = 말뚝 길이

A_p = 말뚝의 단면적

식 (4.57)에서는 동일한 단위를 사용해야 한다. 말뚝의 허용 지지력을 계산하기 위해 안전율 3~6의 값이 추천된다.

예제 4.12

단면이 305 mm × 305 mm인 기성 콘크리트말뚝이 해머로 타입된다. 다음과 같은 조건이 있다.

(계속)

최대 해머 전달 에너지 = 35 kN·m

램 중량 = 36 kN

전체 말뚝 길이 = 20 m

해머 효율 = 0.8

반발계수 = 0.45

말뚝캡의 중량 = 3.2 kN

마지막 25.4 mm 관입 시 타격 횟수 = 5

콘크리트 단위중량 γ_c = 23.58 kN/m³

말뚝의 탄성계수 $E_p \approx 20.7 \times 18$ kN/m²

다음 공식을 사용하여 말뚝 허용 지지력을 계산하시오.

a. 식 (4.55) (FS = 6 이용)

b. 식 (4.56) (FS = 5 이용)

c. 식 (4.57) (FS = 4 이용)

풀이

a. 식 (4.55)는

$$Q_u = \frac{EH_E}{S + C}$$

E = 0.8, H_E = 35 kN·m이고

$$S = \frac{25.4}{5} = 5.08 \text{ mm} = 0.508 \text{ cm}$$

따라서

$$Q_u = \frac{(0.8)(35)(100)}{0.508 + 0.254} = 3674.5 \text{ kN}$$

그러므로

$$Q_{all} = \frac{Q_u}{FS} = \frac{3674.5}{6} \approx \mathbf{612 \ kN}$$

b. 식 (4.56)은

$$Q_u = \frac{EW_R h}{S + C} \frac{W_R + n^2 W_p}{W_R + W_p}$$

말뚝 중량 = $LA_p \gamma_c = (20)(0.305)^2(23.58) = 43.87$ kN이고

W_p = 말뚝 중량 + 캡의 중량 = 43.87 + 3.2 = 47.07 kN

따라서

$$Q_u = \left[\frac{(0.8)(35)(100)}{0.508 + 0.254}\right]\left[\frac{36 + (0.45)^2(47.07)}{36 + 47.07}\right]$$

$$= (3674)(0.548) \approx 2013 \text{ kN}$$

$$Q_{\text{all}} = \frac{Q_u}{FS} = \frac{2013}{5} = 402.6 \text{ kN} \approx \textbf{403 kN}$$

c. 식 (4.57)은

$$Q_u = \frac{EH_E}{S + \sqrt{\dfrac{EH_EL}{2A_pE_p}}}$$

$E_p = 20.7 \times 10^6 \text{ kN/m}^2$. 따라서

$$\sqrt{\frac{EH_EL}{2A_pE_p}} = \sqrt{\frac{(0.8)(35)(20)}{(2)(0.305)^2(20.7 \times 10^6)}} = 0.0121 \text{ m} = 1.21 \text{ cm}$$

그러므로

$$Q_u = \frac{(0.8)(35)(100)}{0.508 + 1.21} = 1630 \text{ kN}$$

$$Q_{\text{all}} = \frac{Q_u}{FS} = \frac{1630}{4} = \textbf{407.5 kN}$$

4.15 부마찰력

부마찰력은 말뚝 주변의 흙에 의해 말뚝에 작용하는 하향력(downward drag force)을 의미한다. 이 현상은 다음과 같은 조건에서 발생할 수 있다.

1. 말뚝이 타입된 조립토 지층 위에 점토를 매립하면, 매립층은 점차적으로 압밀이 진행된다. 이런 압밀이 진행되는 기간 동안 말뚝에 하향력을 가한다(그림 4.26a).
2. 그림 4.26b와 같이 연약한 점토층 위에 조립토를 매립하는 경우에, 점토층에 압밀 과정을 유발하여 말뚝에 하향력을 가한다.
3. 지하수위의 하강은 임의의 깊이에서의 유효연직응력을 증가시키고, 이는 점토의 압밀침하를 유발한다. 이때 말뚝이 점토층에 위치하면 하향력을 받는다.

경우에 따라 하향력이 과도하여 기초 파손이 발생할 수 있다. 이 절에서는 부마찰력을 계산하는 두 가지 잠정적인 방법에 대해 설명한다.

조립토층 위에 점토층을 매립하는 경우(그림 4.26a)

4.9절에 제시된 β방법과 유사하게, 말뚝의 부마찰력을 다음과 같이 계산할 수 있다.

$$f_n = K'\sigma_o' \tan \delta' \tag{4.58}$$

여기서

K' = 토압계수 = K_o = $1 - \sin \phi'$

σ_o' = 임의의 깊이 z에서의 유효연직응력 = $\gamma_f' z$

γ_f' = 매립층의 유효단위중량

δ' = 지반–말뚝 사이의 마찰각 $\approx 0.5\phi' \sim 0.7\phi'$

따라서 말뚝에 작용하는 전체 하향력 Q_n은 다음과 같다.

$$Q_n = \int_0^{H_f} (pK'\gamma_f' \tan \delta')z\,dz = \frac{pK'\gamma_f'H_f^2 \tan \delta'}{2} \tag{4.59}$$

여기서 H_f는 매립층의 두께이다. 만약 매립층이 지하수위 위에 있다면, 유효단위중량 γ_f'은 습윤단위중량으로 대체해야 한다.

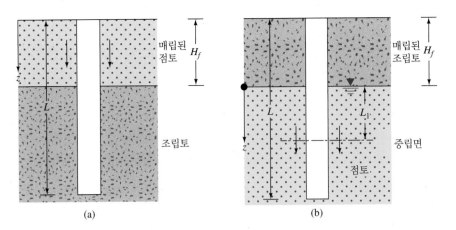

(a)   (b)

그림 4.26 부마찰력

점토층 위에 조립토를 매립하는 경우(그림 **4.26b**)

이 경우 말뚝에 작용하는 부마찰력은 $z = 0$부터 **중립깊이**(neutral depth)라고 불리는 $z = L_1$까지 존재한다(Vesic, 1977, pp. 25~26 참고). 중립깊이는 다음과 같이 구할 수 있다(Bowles, 1982).

$$L_1 = \frac{L - H_f}{L_1}\left(\frac{L - H_f}{2} + \frac{\gamma_f' H_f}{\gamma'}\right) - \frac{2\gamma_f' H_f}{\gamma'} \tag{4.60}$$

여기서 γ_f'과 γ'은 각각 매립층과 그 아래 위치하는 점토층의 유효단위중량이다.

L_1값이 결정되면 하향력은 다음과 같은 방법으로 구할 수 있다. 깊이 $z = 0$에서 $z = L_1$까지의 임의의 깊이에서 단위면적당 부마찰력은 다음과 같다.

$$f_n = K'\sigma_o' \tan \delta' \tag{4.61}$$

여기서

$$K' = K_o = 1 - \sin \phi'$$
$$\sigma_o' = \gamma_f' H_f + \gamma' z$$
$$\delta' = 0.5\phi' \sim 0.7\phi'$$

따라서 전체 하향력은 다음과 같다.

$$Q_n = \int_0^{L_1} pf_n dz = \int_0^{L_1} pK'(\gamma_f' H_f + \gamma' z) \tan \delta' \, dz$$
$$= (pK'\gamma_f' H_f \tan \delta')L_1 + \frac{L_1^2 pK'\gamma' \tan \delta'}{2} \tag{4.62}$$

선단지지 말뚝의 경우, 중립면(중립깊이)은 말뚝 선단(즉, $L_1 = L - H_f$)에 위치하는 것으로 가정할 수 있다.

만일 원지반과 매립층이 지하수위 위에 있는 경우에는 유효단위중량은 습윤단위중량으로 대체해야 한다. 어떤 경우에는 부마찰력 문제를 피하기 위하여 말뚝의 부마찰력(하향력)이 작용하는 구간에 역청재(bitumen)를 코팅하기도 한다. Baligh 등(1978)은 부마찰력을 감소시키는 역청재 효과를 분석하기 위해 여러 현장시험을 수행하고 보고한 바 있다.

예제 4.13

그림 4.26b를 참조한다. 여기서 $H_f = 2\,\text{m}$, 말뚝 직경 $= 0.305\,\text{m}$, $\gamma_f = 16.5\,\text{kN/m}^3$, $\phi'_{\text{clay}} = 34°$, $\gamma_{\text{sat(clay)}} = 17.2\,\text{kN/m}^3$, 그리고 $L = 20\,\text{m}$이다. 지하수위는 점토층의 상단에 위치한다. 부마찰력(하향력)을 계산하시오. 단 $\delta' = 0.6\,\phi'$이다.

풀이

중립면의 깊이는 식 (4.60)에 의해 다음과 같이 주어진다.

$$L_1 = \frac{L - H_f}{L_1}\left(\frac{L - H_f}{2} + \frac{\gamma_f H_f}{\gamma'}\right) - \frac{2\gamma_f H_f}{\gamma'}$$

매립층이 지하수위 위에 위치하기 때문에 식 (4.60)의 γ'_f은 γ_f로 대체된다. 그러므로

$$L_1 = \frac{20 - 2}{L_1}\left[\frac{(20-2)}{2} + \frac{(16.5)(2)}{(17.2 - 9.81)}\right] - \frac{(2)(16.5)(2)}{(17.2 - 9.81)}$$

$$= \frac{242.4}{L_1} - 8.93$$

$$L_1 = 11.75\,\text{m}$$

식 (4.62)를 참조하면

$$Q_n = (pK'\gamma_f H_f \tan\delta')L_1 + \frac{L_1^2 pK'\gamma'\tan\delta'}{2}$$

$$p = \pi(0.305) = 0.958\,\text{m}$$

$$K' = 1 - \sin 34° = 0.44$$

$$Q_n = (0.958)(0.44)(16.5)(2)[\tan(0.6 \times 34)](11.75)$$

$$+ \frac{(11.75)^2(0.958)(0.44)(17.2 - 9.81)[\tan(0.6 \times 34)]}{2}$$

$$= 60.78 + 79.97 = \mathbf{140.75\,kN}$$

4.16 군말뚝의 효율

대부분의 경우 말뚝은 구조적 하중을 지반에 전달하기 위해 무리(군)형태로 적용된다 (그림 4.27과 4.28). 그림 4.28a는 팔각형 기성 콘크리트말뚝으로 구성된 2 × 4의 군

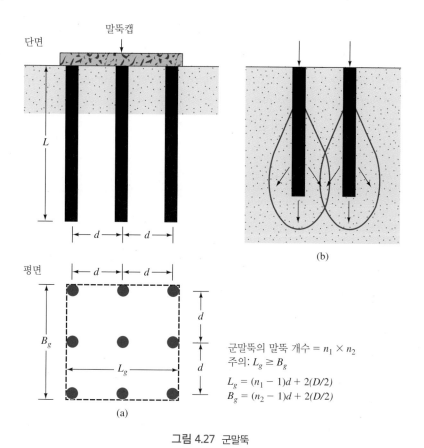

군말뚝의 말뚝 개수 = $n_1 \times n_2$
주의: $L_g \geq B_g$

$L_g = (n_1 - 1)d + 2(D/2)$
$B_g = (n_2 - 1)d + 2(D/2)$

그림 4.27 군말뚝

말뚝을 나타낸다. 그림 4.28b는 4개의 콘크리트말뚝 위에 타설될 말뚝캡 보강용 케이지를 나타낸다. **말뚝캡**(pile cap)은 **군말뚝**(group pile) 위에 시공된다(그림 4.27a와

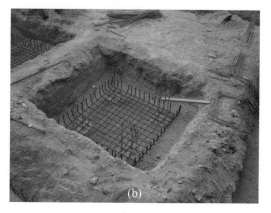

그림 4.28 (a) 2 × 4의 군말뚝, (b) 2 × 2 군말뚝의 말뚝캡을 위한 보강용 케이지 (Australia, James Cook University, N. Sivakugan 제공)

4.28b). 군말뚝의 지지력을 결정하는 것은 매우 복잡한 문제이고, 아직 완전히 해결되지 않고 있다. 말뚝이 서로 가깝게 배치되면 각 말뚝들에 의해 지반에 전달되는 응력이 중복되며(그림 4.27b), 이로 인해 말뚝의 지지력이 감소한다. 이상적으로는 군말뚝의 지지력이 개별 말뚝 지지력의 합보다 작지 않도록 군말뚝의 간격을 적절히 배치해야 한다. 실제로 말뚝의 최소중심간격 d는 2.5D이고, 보통의 경우 약 $3D{\sim}3.5D$로 한다.

군말뚝의 지지력 효율은 다음과 같이 정의할 수 있다.

$$\eta = \frac{Q_{g(u)}}{\Sigma\,Q_u} \qquad (4.63)$$

여기서

η = 군말뚝의 효율

$Q_{g(u)}$ = 군말뚝의 극한 지지력

Q_u = 군말뚝의 효과를 제외한 각 말뚝의 극한 지지력

모래층에 설치된 말뚝

지금까지 모래층에 설치된 군말뚝 거동에 대한 실험적 결과를 바탕으로 두 가지의 일반적인 결론을 내릴 수 있다.

1. **모래층에** $d \geq 3D$으로 **타입된 군말뚝**의 경우, $Q_{g(u)}$는 각 개별 말뚝의 주면 마찰력 및 선단 지지력을 포함하는 ΣQ_u로 간주할 수 있다.
2. **모래층에** 보통의 간격($d \approx 3D$)으로 설치된 **천공 군말뚝**의 경우, $Q_{g(u)}$는 ΣQ_u(각 개별 말뚝의 주면 마찰력 및 선단 지지력)의 $\frac{2}{3}{\sim}\frac{3}{4}$배로 간주할 수 있다.

점토에 설치된 말뚝

점토에서 군말뚝의 극한 지지력은 다음 방법으로 계산할 수 있다.

1. $\Sigma\,Q_u = n_1 n_2 (Q_p + Q_s)$를 결정한다. 식 (4.17)로부터

$$Q_p = A_p[9c_{u(p)}]$$

여기서 $c_{u(p)}$는 말뚝 선단부 점토의 비배수 점착력이다. 또한 식 (4.31)로부터

$$Q_s = \sum \alpha c_u p \Delta L$$

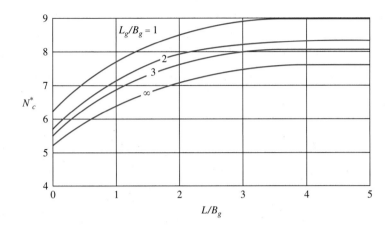

그림 4.29 L_g/B_g와 L/B_g에 따른 N_c^*

따라서

$$\sum Q_u = n_1 n_2 [9 A_p c_{u(p)} + \sum \alpha c_u p \Delta L] \tag{4.64}$$

2. 군말뚝이 $L_g \times B_g \times L$의 크기의 블록으로 작용한다고 가정하여 극한 지지력을 결정한다. 블록의 주면 마찰저항력은 다음과 같다.

$$\sum p_g c_u \Delta L = \sum 2(L_g + B_g) c_u \Delta L$$

선단 지지력을 다음과 같이 계산한다.

$$A_p q_p = A_p c_{u(p)} N_c^* = (L_g B_g) c_{u(p)} N_c^*$$

그림 4.29는 L/B_g와 L_g/B_g에 따른 N_c^*의 변화를 나타낸다. 따라서 극한하중은

$$\sum Q_u = L_g B_g c_{u(p)} N_c^* + \sum 2(L_g + B_g) c_u \Delta L \tag{4.65}$$

3. 식 (4.64)와 (4.65)에서 구한 값을 비교한다. 두 값 중 작은 값을 $Q_{g(u)}$로 결정한다.

암반에 근입된 말뚝

암반층에 지지되는 선단지지 말뚝의 경우, 대부분의 건설 법규에서는 말뚝의 최소중심간격이 $D + 300\ mm$인 경우 $Q_{g(u)} = \Sigma Q_u$로 규정한다. H형 강말뚝과 정사각형 말뚝의 경우, D의 크기는 말뚝 단면의 대각선 치수와 같다.

일반사항

그림 4.27a와 같이 지반 위에 놓인 말뚝캡은 군말뚝의 지지력에 기여를 할 수 있다. 그러나 공사 기간 동안 지반 침식 또는 굴착으로 인해 지지능력이 손실될 수 있어, 설계목적상 이를 무시할 수 있다.

예제 4.14

포화된 점토층상 지반에 설치된 3 × 4 군말뚝의 단면이 그림 4.30과 같다. 말뚝은 356 mm × 356 mm의 정사각형 단면이다. 말뚝의 중심간격 d는 890 mm이다. $FS = 4$를 이용하여 군말뚝의 허용 지지력을 결정하시오.

풀이

식 (4.64)로부터

$$\Sigma Q_u = n_1 n_2 [9 A_p c_{u(p)} + \alpha_1 p c_{u(1)} L_1 + \alpha_2 p c_{u(2)} L_2]$$

그림 4.18로부터 $c_{u(1)} = 50 \text{ kN/m}^2$, $\alpha_1 = 0.86$ 그리고 $c_{u(2)} = 85 \text{ kN/m}^2$, $\alpha_2 = 0.6$ 이다.

$$\Sigma Q_u = (3)(4) \begin{bmatrix} (9)(0.356)^2(85) + (0.86)(4 \times 0.356)(50)(5) + \\ (0.6)(4 \times 0.356)(85)(15) \end{bmatrix} \approx 17{,}910 \text{ kN}$$

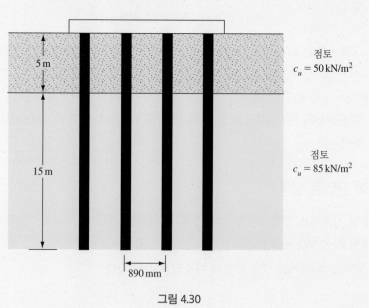

점토
$c_u = 50 \text{ kN/m}^2$

점토
$c_u = 85 \text{ kN/m}^2$

5 m

15 m

890 mm

그림 4.30

군말뚝으로 작용하는 경우

$$L_g = (3)(890) + 356 = 3026 \text{ mm} = 3.026 \text{ m}$$

$$B_g = (2)(890) + 356 = 2136 \text{ mm} = 2.136 \text{ m}$$

$$\frac{L_g}{B_g} = \frac{3.026}{2.136} = 1.42$$

$$\frac{L}{B_g} = \frac{20}{2.136} = 9.36$$

그림 4.29로부터 $N_c^* \approx 8.75$이다. 식 (4.65)로부터

$$\Sigma Q_u = L_g B_g c_{u(p)} N_c^* + \Sigma 2(L_g + B_g) c_u \Delta L$$

$$= (3.026)(2.136)(85)(8.75) + (2)(3.026 + 2.136)[(50)(3) + (85)(15)]$$

$$= 19{,}519 \text{ kN}$$

그러므로

$$\Sigma Q_u = 17{,}910 \text{ kN}$$

$$\Sigma Q_{\text{all}} = \frac{17{,}910}{FS} = \frac{17{,}910}{4} \approx \mathbf{4478 \text{ kN}}$$

4.17   군말뚝의 탄성침하

군말뚝의 침하량과 관련하여 다양한 결과를 나타내는 여러 가지 연구 결과들이 문헌에 보고되고 있다. 군말뚝의 침하량에 대한 가장 간단한 관계식은 Vesic(1969)에 의해 다음과 같이 제안되었다.

$$S_{g(e)} = \sqrt{\frac{B_g}{D}} S_e \tag{4.66}$$

여기서

$S_{g(e)}$ = 군말뚝의 탄성 침하량

B_g = 군말뚝 단면의 폭(그림 4.27a 참고)

D = 군말뚝에서 단말뚝의 폭 또는 직경

S_e = 비슷한 사용하중에서 단말뚝의 탄성 침하량(4.12절 참고)

Meyerhof(1976)는 모래와 자갈에 설치된 군말뚝의 탄성 침하량에 대해 다음과 같은 경험적 관계식을 제안하였다.

$$S_{g(e)}(\text{mm}) = \frac{0.92q\sqrt{B_g}I}{N_{60}} \qquad (4.67)$$

여기서

$$q\ (\text{kN/m}^2) = Q_g/(L_g\,B_g) \qquad (4.68)$$

L_g와 B_g = 군말뚝 단면의 길이와 폭(m)

N_{60} = 침하영역 내의 평균 표준관입치 N(≈ 말뚝 선단 아래로 B_g만큼의 깊이)

I = 영향계수 = $1 - \frac{L}{(8\,B_g)} \geq 0.5$ $\qquad (4.69)$

L = 말뚝의 근입길이(m)

유사하게, 군말뚝의 침하량은 다음과 같이 콘관입시험과도 관련이 있다.

$$S_{g(e)} = \frac{qB_g I}{2q_c} \qquad (4.70)$$

여기서 q_c는 침하영역 내의 평균 콘관입저항치이다. 식 (4.70) 사용 시 모든 부호는 일관된 단위를 사용하여야 한다.

4.18 군말뚝의 압밀침하

군말뚝의 압밀 침하량은 일반적으로 2 : 1 방법이라 불리는 분포 방법으로 가정하여 산정할 수 있다. 계산 절차는 다음과 같다(그림 4.31).

1. 말뚝의 근입깊이를 L이라 하자. 군말뚝은 Q_g의 전체 하중을 받는다. 말뚝캡이 원래 지표면 아래에 있다면, Q_g는 말뚝에 작용하는 상부구조물의 전체 하중에서 굴착으로 제거된 군말뚝 위의 흙의 유효중량을 뺀 값과 같다.

2. 그림 4.31($z = 0$)과 같이, 하중 Q_g가 말뚝 상단으로부터 2L/3의 깊이에서 지반으로 전달된다고 가정한다. 하중 Q_g는 이 깊이부터 연직으로 2 : 수평으로 1의 비율로 확장된다. 선 aa'과 bb'은 2개의 2 : 1 선이다.

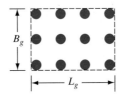

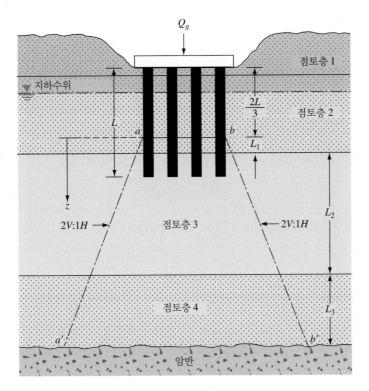

그림 4.31 군말뚝의 압밀침하

3. 하중 Q_g에 의해 각 지층의 중앙지점에서 발생하는 유효응력 증가량을 계산한다.

$$\Delta\sigma_i' = \frac{Q_g}{(B_g + z_i)(L_g + z_i)} \tag{4.71}$$

여기서

$\Delta\sigma_i' = i$층의 중앙지점에서의 유효응력 증가량

$L_g, B_g = $ 군말뚝 평면의 길이와 폭

$z_i = z = 0$으로부터 점토 지층 i의 중앙까지의 거리

예를 들어, 그림 4.31에서 2번 지층의 경우 $z_i = L_1/2$, 3번 지층의 경우 $z_i = L_1 + L_2/2$, 그리고 4번 지층의 경우 $z_i = L_1 + L_2 + L_3/2$이다. 그러나 1번 지층은 응

력 분포가 시작하는 평면($z = 0$) 위에 있기 때문에 응력이 증가하지 않는다.

4. 응력 증가로 인한 각 지층의 침하량을 계산하면 다음과 같다.

$$\Delta S_{c(i)} = \left[\frac{\Delta e_{(i)}}{1 + e_{0(i)}} \right] H_i \tag{4.72}$$

여기서

$\Delta S_{c(i)}$ = i층의 압밀 침하량

$\Delta e_{(i)}$ = i층의 응력 증가로 인한 간극비 변화

$e_{o(i)}$ = i층의 초기 간극비(시공 전)

H_i = i층의 두께(그림 4.31에서, 2번 지층의 경우 $H_i = L_i$, 3번 지층의 경우 $H_i = L_2$, 그리고 4번 지층의 경우 $H_i = L_3$)

5. 군말뚝의 전체 압밀 침하량은 다음과 같이 계산한다.

$$\Delta S_{c(g)} = \sum \Delta S_{c(i)} \tag{4.73}$$

말뚝의 압밀 침하량은 인근에서의 성토, 인접한 건물의 하중, 그리고 지하수위의 하강에 의하여 발생할 수 있다.

예제 4.15

그림 4.32는 점토에 설치된 군말뚝을 나타낸다. 군말뚝의 압밀 침하량을 계산하시오. 모든 점토층은 정규압밀상태이다.

풀이

말뚝 길이가 각각 15 m이기 때문에, 응력 분포는 말뚝 상단 아래 10 m 깊이에서 시작된다. $Q_g = 2000$ kN이다.

점토층(1)의 침하량 계산

정규압밀점토의 경우

$$\Delta S_{c(1)} = \left[\frac{C_{c(1)} H_1}{1 + e_{0(1)}} \right] \log \left[\frac{\sigma'_{o(1)} + \Delta \sigma'_{(1)}}{\sigma'_{o(1)}} \right]$$

$$\Delta \sigma'_{(1)} = \frac{Q_g}{(L_g + z_1)(B_g + z_1)} = \frac{2000}{(3.3 + 3.5)(2.2 + 3.5)} = 51.6 \text{ kN/m}^2$$

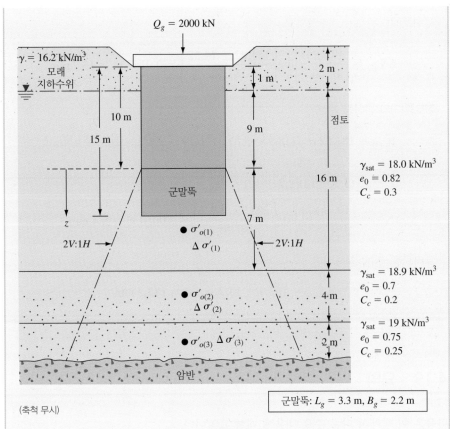

$\gamma = 16.2\ kN/m^3$

$Q_g = 2000\ kN$

모래

지하수위

점토

군말뚝

$\sigma'_{o(1)}$
$\Delta \sigma'_{(1)}$

2V:1H

2V:1H

z

$\gamma_{sat} = 18.0\ kN/m^3$
$e_0 = 0.82$
$C_c = 0.3$

$\sigma'_{o(2)}$
$\Delta \sigma'_{(2)}$

$\gamma_{sat} = 18.9\ kN/m^3$
$e_0 = 0.7$
$C_c = 0.2$

$\sigma'_{o(3)}\ \Delta \sigma'_{(3)}$

$\gamma_{sat} = 19\ kN/m^3$
$e_0 = 0.75$
$C_c = 0.25$

암반

(축척 무시)

군말뚝: $L_g = 3.3\ m$, $B_g = 2.2\ m$

그림 4.32

$$\sigma'_{o(1)} = 2(16.2) + 12.5(18.0 - 9.81) = 134.8\ kN/m^2$$

따라서

$$\Delta S_{c(1)} = \left[\frac{(0.3)(7)}{1 + 0.82}\right]\log\left[\frac{134.8 + 51.6}{134.8}\right] = 0.1624\ m = \textbf{162.4 mm}$$

점토층(2)의 침하량 계산

$$\Delta S_{c(2)} = \left[\frac{C_{c(2)}H_2}{1 + e_{o(2)}}\right]\log\left[\frac{\sigma'_{o(2)} + \Delta\sigma'_{(2)}}{\sigma'_{o(2)}}\right]$$

$$\sigma'_{o(2)} = 2(16.2) + 16(18.0 - 9.81) + 2(18.9 - 9.81) = 181.62\ kN/m^2$$

$$\Delta\sigma'_{(2)} = \frac{2000}{(3.3 + 9)(2.2 + 9)} = 14.52\ kN/m^2$$

(계속)

그러므로

$$\Delta S_{c(2)} = \left[\frac{(0.2)(4)}{1 + 0.7}\right]\log\left[\frac{181.62 + 14.52}{181.62}\right] = 0.0157 \text{ m} = \textbf{15.7 mm}$$

점토층(3)의 침하량 계산

$$\sigma'_{o(3)} = 181.62 + 2(18.9 - 9.81) + 1(19 - 9.81) = 208.99 \text{ kN/m}^2$$

$$\Delta\sigma'_{(3)} = \frac{2000}{(3.3 + 12)(2.2 + 12)} = 9.2 \text{ kN/m}^2$$

$$\Delta S_{c(3)} = \left[\frac{(0.25)(2)}{1 + 0.75}\right]\log\left[\frac{208.99 + 9.2}{208.99}\right] = 0.0054 \text{ m} = \textbf{5.4 mm}$$

그러므로 전체 침하량은

$$\Delta S_{c(g)} = 162.4 + 15.7 + 5.4 = \textbf{183.5 mm}$$

4.19 요약

다음은 이 장에서 다룬 주요 내용에 대한 요약이다.

1. 말뚝은 필요로 하는 구조적 하중, 환경 조건 및 관입깊이에 따라 강재, 콘크리트, 목재로 제작할 수 있다. 또한 복합말뚝은 특정 상황에서 사용한다.

2. 선단지지 말뚝은 지표면 아래 적절한 깊이에 위치한 기반암 또는 암반과 같이 단단한 지층에 대부분의 구조적 하중을 전달한다.

3. 마찰말뚝에서 대부분의 구조적 하중은 말뚝-흙 경계면에서 발생하는 마찰저항력에 의해 지지된다.

4. 설치방법의 특성에 따라, 말뚝은 배토말뚝 또는 비배토말뚝으로 분류할 수 있다.

5. 조립토에서 선단 지지력[식 (4.14)와 (4.15)]은

$$Q_p = A_p q' N_q^* \le 50 N_q^* \tan\phi'$$

포화된 점토에서[식 (4.17)]

$$Q_p = 9 c_u A_p$$

6. 조립토에서 주면 마찰저항력[식 (4.18)과 (4.19)]은

$$Q_s = \Sigma p \, \Delta L f = \Sigma(p)(\Delta L)(K\sigma'_o \tan \delta')$$

유효연직응력 σ'_o이 증가할 수 있는 한계 깊이는 약 15D이다. $L \geq 15$인 경우, σ'_o은 일정하게 유지된다.

7. 점성토 지반에서 주면 마찰저항력(Q_s)은 α방법, λ방법, β방법[식 (4.26)~ (4.37)]에 의해 결정할 수 있다.

8. 말뚝의 탄성 침하량은 말뚝의 축 압축, 말뚝 선단에 가해지는 하중에 의한 침하, 말뚝 주면을 따라 전달되는 하중에 의한 침하의 합이다(4.12절).

9. 부마찰력은 점토층의 압밀로 인하여 말뚝에 작용하는 하향력이다.

10. 군말뚝의 효율(η)[식 (4.63)]은

$$\eta = \frac{Q_{u(g)}}{\Sigma Q_u}$$

모래 지반에 설치된 타입말뚝의 경우, 말뚝중심간격(d)이 $3D(D$ = 말뚝 직경) 보다 크거나 같을 때, η는 1로 간주할 수 있다. 모래 지반에 설치된 천공말뚝의 경우, $d \approx 3D$인 경우에 η는 약 2/3~3/4이다.

11. 점토 지반에 설치된 군말뚝의 지지력은 다음 두 조건에 대해 결정되어야 한다. (a) 군말뚝에서 말뚝들은 개별적으로 작용할 수 있다. 따라서 $Q_g = \Sigma Q_u$. 그리고 (b) 군말뚝에서 말뚝들은 $L_g \times B_g \times L$ 크기의 블록으로 작용할 수 있다[식 (4.65) 참고]. 위에서 계산된 두 값 중 작은 값을 군말뚝 지지력으로 결정한다.

연습문제

4.1 다음 문장이 참인지 거짓인지 답하시오.

a. 목재말뚝의 지지력은 강재 또는 콘크리트말뚝보다 작다.

b. 말뚝 단면에 의해 전달되는 하중이 깊이에 따라 선형적으로 감소하면, 단위마찰 저항력은 모든 깊이에서 동일하게 유지된다.

c. 선단하중은 주면하중보다 이전에 발현된다.

d. 흙-말뚝 사이의 내부마찰각 δ'은 흙의 내부마찰각 ϕ'보다 클 수 있다.

e. 천공말뚝은 배토량이 많은 말뚝이다.

4.2 깊이에 따른 하중 변화를 측정하기 위해 길이 20 m, 직경 500 mm의 2개의 타입말뚝을 설치하였고, 하중 1500 kN을 적용시켰다.

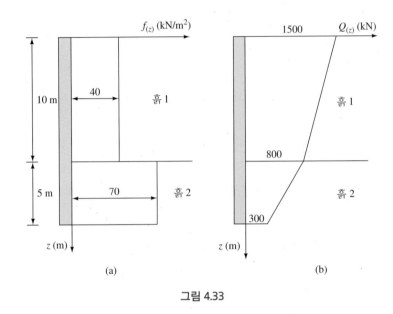

그림 4.33

   a. 그림 4.33a는 첫 번째 말뚝의 깊이에 따른 단위면적당 주면 마찰저항력 $f_{(z)}$의 변화를 나타낸다. 깊이에 따른 말뚝하중 $Q_{(z)}$의 변화를 그리시오.

   b. 그림 4.33b는 두 번째 말뚝의 깊이에 따른 말뚝하중 $Q_{(z)}$의 변화를 나타낸다. 깊이에 따른 단위면적당 주면 마찰저항력 $f_{(z)}$의 변화를 그리시오.

4.3 직경 500 mm, 길이 20 m인 콘크리트말뚝을 $\gamma = 18.5$ kN/m³, $\phi' = 32°$인 모래 지반에 타입하였다. $\delta' = 0.7\phi'$과 $K = 1.5\,K_o$로 가정하고, 안전율 3을 이용하여 말뚝 지지력을 결정하시오.

4.4 직경 400 mm, 길이 15 m인 콘크리트말뚝을 $\gamma = 18.0$ kN/m³, $\phi' = 31°$인 모래 지반에 타입하였다. $\delta' = 0.65\phi'$과 $K = 1.4\,K_o$로 가정하고, 안전율 3을 이용하여 말뚝 지지력을 결정하시오.

4.5 길이 15 m와 400 mm × 400 mm 단면인 정사각형 기성 콘크리트말뚝을 $\gamma = 18.0$ kN/m³, $\phi' = 33°$인 모래 지반에 타입하였다. $\delta' = 0.7\phi'$과 $K = 1.4\,K_o$로 가정하고, 안전율 3을 이용하여 말뚝 지지력을 결정하시오.

4.6 그림 4.34에 나타낸 450 mm 직경의 타입말뚝에 허용되는 최대 하중을 안전율 3을 이용하여 결정하시오. $K = 1.5\,K_o$, $\delta' = 0.65\phi'$이다.

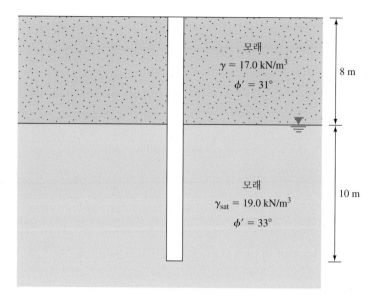

그림 4.34

4.7 그림 4.35는 타입된 폐단강관말뚝을 보여준다.

　a. 극한 선단 지지력을 구하시오.

　b. $K = 1.4$와 $\delta' = 0.6\phi'$을 이용하여 극한 주면 마찰저항력 Q_s를 결정하시오.

　c. $FS = 4$를 이용하여 말뚝의 허용하중을 계산하시오.

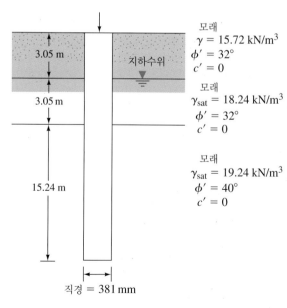

그림 4.35

4.8 다음은 조립토 지반에서 깊이에 따른 N_{60}의 변화를 나타낸다. 9 m 길이(0.305 m × 0.305 m 단면)의 콘크리트말뚝을 모래 지반에 타입하여 완전히 근입시킨다.

깊이(m)	N_{60}
1.5	4
3.0	8
4.5	7
6.0	5
7.5	16
9.0	18
10.5	21
11.0	24
12.5	20
14.0	19

$FS = 4$와 Meyerhof 방법[식 (4.16)과 (4.21)]을 이용하여 말뚝의 허용 지지력(Q_{all})을 산정하시오.

4.9 $\gamma = 20.0$ kN/m³과 $c_u = 60$ kN/m²인 점토에 타입된 직경 500 mm, 길이 18 m 말뚝에 허용되는 최대 하중을 결정하시오. 주면 마찰력을 결정하는 α방법과 안전율 3을 이용하여 말뚝 주면에 의해 전달되는 극한하중의 비율을 구하시오.

4.10 길이 15 m, 단면 380 mm × 380 mm인 콘크리트말뚝이 포화된 점토층에 완전히 근입되어 있다. 점토는 $\gamma_{sat} = 18$ kN/m³, $\phi = 0$, $c_u = 80$ kN/m²이다. 지하수위는 말뚝 선단 아래에 위치한다고 가정한다. 말뚝이 지지할 수 있는 허용하중을 결정하시오($FS = 3$). α방법을 사용하여 주면 마찰저항력을 산정하시오.

4.11 주면 마찰력을 산정하기 위해 λ방법을 사용하여 문제 4.10을 다시 풀이하시오.

4.12 그림 4.36에 나타난 직경 450 mm 말뚝에 허용되는 최대 하중을 결정하시오. 안전율 3을 적용하고 α방법을 사용하여 주면 마찰저항력을 계산하시오.

4.13 그림 4.37은 단면이 381 mm × 381 mm인 콘크리트말뚝을 나타낸다. 다음 각 방법들을 사용하여 극한 주면 마찰력을 계산하시오.
a. α방법   b. λ방법   c. β방법
모든 점토층은 정규압밀상태이고, $\phi'_R = 25°$이다.

4.14 사암층에 강재말뚝(H 단면, HP 360 × 1.491, 표 4.1 참고)이 타입되어 있다. 말뚝의 길이는 18.9 m이다. 다음은 사암의 물성이다.

$$\text{일축압축강도} = q_{u(lab)} = 78.7 \text{ MN/m}^2$$

$$\text{내부마찰각} = 36°$$

안전율 3과 식 (4.42)를 사용하여, 말뚝의 허용 선단 지지력을 계산하시오.

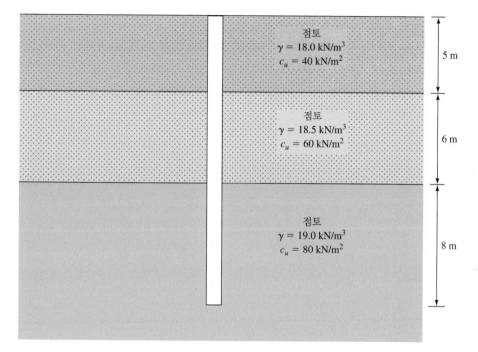

그림 4.36

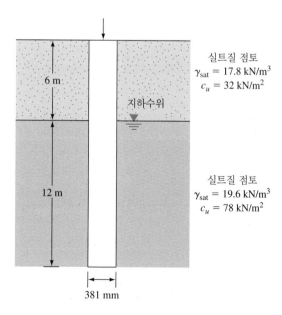

그림 4.37

4.15 콘크리트말뚝의 길이는 18 m이고, 단면은 405 mm × 405 mm이다. 말뚝은 γ = 17.5 kN/m³, ϕ' = 36°인 모래 지반에 근입되어 있다. 허용 사용하중은 650 kN이다. 450 kN이 주면 마찰저항력, 200 kN이 선단 지지력에 의해 지지된다면 말뚝의 탄성 침하량을 결정하시오. 여기서 E_p = 21 × 10⁶ kN/m², E_s = 28 × 10³ kN/m², μ_s = 0.4, 그리고 ζ = 6이다.

4.16 단동식 스팀해머(Vulcan Model 08)를 사용하여 직경 400 mm, 길이 20 m의 기성 콘크리트말뚝을 타입하였다. 기록된 데이터는 다음과 같다.

- 램 중량 = 35.6 kN
- 스트로크(램 낙하고) = 1.0 m
- 최대 해머 전달 에너지 = 35.6 kN·m
- 해머 효율 = 0.8
- 반발계수 = 0.4
- 말뚝캡의 중량 = 5 kN
- 마지막 25 mm 관입 시 타격 횟수 = 6
- 콘크리트 단위중량 = 24 kN/m³

안전율 4를 적용하고 수정된 ENR 공식을 사용하여 말뚝의 허용하중을 결정하시오.

4.17 최대 전달 에너지가 30.0 kN·m이고 해머 효율이 85%인 디젤 해머(Delmag D-12)를 사용하여 길이 15 m, 400 mm × 400 mm의 정사각형 단면을 가지는 콘크리트말뚝을 타입한다. 제공된 정보는 다음과 같다.

- 램 중량 = 12.2 kN
- 말뚝캡의 중량 = 4.0 kN
- 반발계수 = 0.35
- 콘크리트 단위중량 = 24.0 kN/m³

안전율 4를 적용하고 수정된 ENR 공식을 사용하여, 400 kN의 말뚝 허용하중을 얻기 위한 세트 S는 얼마인가?

4.18 해머를 사용하여 강재말뚝(H 단면, HP 330 × 1.462, 표 4.1 참고)을 타입한다. 해머의 최대 전달 에너지는 50 kN·m, 램 중량은 58 kN, 말뚝 길이는 25 m이다. 또한 제공된 정보는 다음과 같다.

- 반발계수 = 0.3
- 말뚝캡의 중량 = 4.3 kN
- 해머 효율 = 0.8
- 마지막 25.4 mm 관입 시 타격 횟수 = 12

• $E_p = 207 \times 10^6\,\text{kN/m}^2$

$FS = 4$를 적용하고 식 (4.56)을 사용하여 말뚝 지지력을 산정하시오.

4.19 $FS = 3$을 적용하고 Danish 공식[식 (4.57)]을 사용하여 문제 4.18을 풀이하시오.

4.20 그림 4.26a의 말뚝을 참고하시오. $L = 20\,\text{m}$, $D = 450\,\text{mm}$, $H_f = 4\,\text{m}$, $\gamma_f = 17.5\,\text{kN/m}^3$, $\phi'_{\text{fill}} = 25°$일 때 말뚝에 작용하는 전체 부마찰력(하향력)을 결정하시오. 매립층이 지하수위 위에 있고, $\delta' = 0.5\phi'_{\text{fill}}$이다.

4.21 그림 4.26b를 참조하시오. $L = 15.24\,\text{m}$, $\gamma_{\text{fill}} = 17.29\,\text{kN/m}^3$, $\gamma_{\text{sat(clay)}} = 19.49\,\text{kN/m}^3$, $\phi'_{\text{clay}} = 20°$, $H_f = 3.05\,\text{m}$, $D = 0.406\,\text{m}$이다. 지하수위는 점토층의 상단에 위치한다. 말뚝에 작용하는 전체 부마찰력(하향력)을 결정하시오. $\delta' = 0.6\phi'_{\text{clay}}$으로 가정한다.

4.22 그림 4.38은 군말뚝의 평면도를 나타낸다. 말뚝은 $c_u = 80\,\text{kN/m}^2$인 균질한 포화된 점토층에 근입되어 있다고 가정한다. 말뚝은 $D = 356\,\text{mm}$, 말뚝중심간격 = 850 mm, 그리고 $L = 22\,\text{m}$이다. $FS = 3$을 적용하여 군말뚝의 허용 지지력을 구하시오.

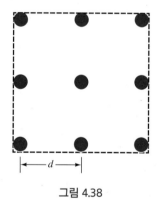

그림 4.38

4.23 그림 4.39는 직경 400 mm, 길이 12 m인 콘크리트말뚝 15개로 구성된 3 × 5의 군말뚝을 나타낸다. 안전율 3을 적용하면 기초에 허용되는 최대 하중은 얼마인가? 말뚝중심간격은 1200 mm이다.

4.24 그림 4.40은 포화된 점토 층상 지반에 설치된 4 × 4 군말뚝의 단면을 보여준다. 말뚝은 356 mm × 356 mm 단면인 정사각형 말뚝이다. 말뚝중심간격 d는 850 mm이다. 지하수위는 말뚝 선단 아래 3 m에 위치하는 것으로 가정하고 $FS = 4$를 이용하여 군말뚝의 허용 지지력을 결정하시오.

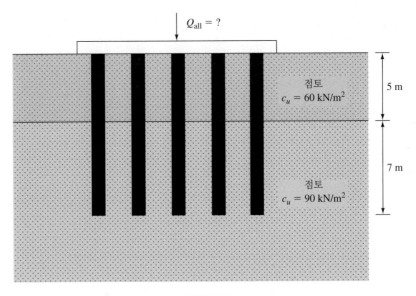

그림 4.39

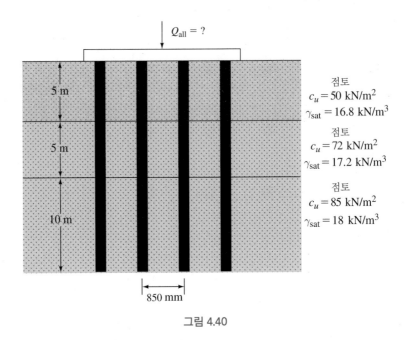

그림 4.40

4.25 그림 4.41은 점토에 설치된 군말뚝을 나타낸다. 군말뚝의 압밀 침하량을 결정하시오.

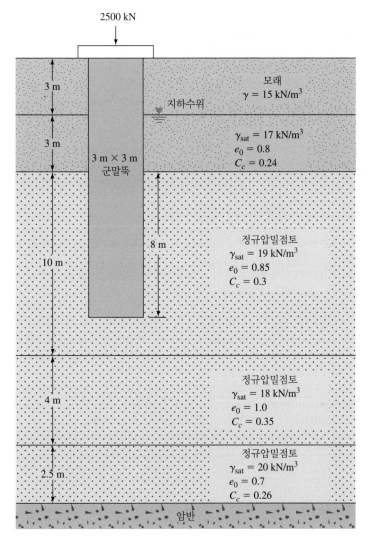

2500 kN

3 m

모래
$\gamma = 15 \text{ kN/m}^3$

지하수위

3 m

3 m × 3 m
군말뚝

$\gamma_{sat} = 17 \text{ kN/m}^3$
$e_0 = 0.8$
$C_c = 0.24$

10 m

8 m

정규압밀점토
$\gamma_{sat} = 19 \text{ kN/m}^3$
$e_0 = 0.85$
$C_c = 0.3$

4 m

정규압밀점토
$\gamma_{sat} = 18 \text{ kN/m}^3$
$e_0 = 1.0$
$C_c = 0.35$

2.5 m

정규압밀점토
$\gamma_{sat} = 20 \text{ kN/m}^3$
$e_0 = 0.7$
$C_c = 0.26$

암반

그림 4.41

비판적 사고 문제

4.26 4.12절에서 말뚝 탄성 수축량 $S_{e(1)}$은 식 (4.45)에 의해 결정되었다.

$$S_{e(1)} = \frac{(Q_{wp} + \xi Q_{ws})L}{A_p E_p}$$

단위면적당 주면 마찰저항력 $f_{(z)}$가 모든 깊이에서 동일하게 유지될 때, 첫 번째 법칙에서 $\xi = 0.5$임을 보이시오.

참고문헌

AMERICAN PETROLEUM INSTITUTE (API). (2007). "Recommended Practice for Planning, Designing and Constructing Fixed Offshore Platforms—Working Stress Design," API RP2A, 22nd Edition, API, Washington, DC.

AMERICAN SOCIETY OF CIVIL ENGINEERS (1959). "Timber Piles and Construction Timbers," *Manual of Practice*, No. 17, American Society of Civil Engineers, New York.

BALIGH, M.M., VIVATRAT, V., AND PIGI, H. (1978). "Downdrag on Bitumen-Coated Piles," *Journal of the Geotechnical Engineering Division*, American Society of Civil Engineers, Vol. 104, No. GT11, 1355–1370.

BOWLES, J.E. (1982). *Foundation Design and Analysis*, McGraw-Hill, New York.

DAVISSON, M.T. (1973). "High Capacity Piles" in *Innovations in Foundation Construction*, Proceedings of a Lecture Series, Illinois Section, American Society of Civil Engineers, Chicago.

GOODMAN, R.E. (1980). *Introduction to Rock Mechanics*, Wiley, New York.

MCCLELLAND, B. (1974). "Design of Deep Penetration Piles for Ocean Structures," *Journal of the Geotechnical Engineering Division*, American Society of Civil Engineers, Vol. 100, No. GT7, 709–747.

MEYERHOF, G.G. (1976). "Bearing Capacity and Settlement of Pile Foundations," *Journal of the Geotechnical Engineering Division*, American Society of Civil Engineers, Vol. 102, No. GT3, 197–228.

NOTTINGHAM, L.C., AND SCHMERTMANN, J.H. (1975). *An Investigation of Pile Capacity Design Procedures*, Research Report No. D629, Department of Civil Engineering, University of Florida, Gainesville, FL.

USACE. (1991). *Design of Pile Foundations*, Engineering Design Manual EM 1110-2-2906, US Army Corps of Engineers, Washington, DC.

VESIC, A.S. (1977). *Design of Pile Foundations*, National Cooperative Highway Research Program Synthesis of Practice No. 42, Transportation Research Board, Washington, D.C.

VIJAYVERGIYA, V.N., AND FOCHT, J.A., JR. (1972). *A New Way to Predict Capacity of Piles in Clay*, Offshore Technology Conference Paper 1718, Fourth Offshore Technology Conference, Houston.

CHAPTER 5 현장타설말뚝

5.1 서론

현장타설말뚝은 기본적으로 직경 750 mm 이상인 현장에서 시공된 콘크리트말뚝 공법으로, 철근 보강이 있는 경우와 없는 경우 그리고 선단 확장이 있는 경우와 없는 경우가 있다. 현장타설말뚝은 여러 장점을 가지며, 이 중 일부는 다음과 같다.

- 군말뚝과 말뚝캡 대신에 단일 현장타설말뚝을 사용할 수 있다.
- 조밀한 모래와 자갈층에서의 현장타설말뚝 시공은 타입말뚝 시공보다 수월하다.
- 현장타설말뚝은 부지작업이 완료되기 전에 시공할 수 있다.
- 해머로 말뚝을 타입하는 경우에 지반 진동으로 인접 구조물에 손상을 줄 수 있으나, 현장타설말뚝은 이를 피할 수 있다.
- 점성토 지반에 타입된 말뚝은 지반의 융기현상(heaving)을 발생시킬 수 있고, 이전에 시공된 타입말뚝을 횡방향으로 이동시킬 수도 있다. 그러나 현장타설말뚝 시공에서는 이런 현상이 발생되지 않는다.
- 말뚝 타입 시 소음이 발생하지만, 현장타설말뚝 시공 시에는 소음이 발생하지 않는다.
- 현장타설말뚝의 선단을 확장시킬 수 있으므로 인발하중에 대한 저항력이 우

수하다.

- 시공 중에 현장타설말뚝의 기초 저면을 육안으로 검사할 수 있다.
- 현장타설말뚝의 시공은 일반적으로 이동식 장비를 사용하므로, 적절한 지반 조건에서라면 말뚝 기초의 시공보다 경제적일 수 있다.
- 현장타설말뚝은 수평하중에 대한 저항력이 우수하다.

현장타설말뚝 시공에는 몇 가지 단점이 있다. 콘크리트 작업은 악천후로 인해 지연될 수 있으며, 항상 철저한 감독을 필요로 한다. 또 버팀굴착(braced cut)의 경우처럼 현장타설말뚝의 깊은 굴착은 상당한 지반 손실과 인접 구조물에 손상을 줄 수 있다.

이 장에서는 현장타설말뚝의 시공과정과 극한 지지력 및 침하량을 기반으로 허용 지지력을 결정하는 방법을 설명한다.

5.2   현장타설말뚝의 종류

현장타설말뚝은 구조적 하중을 지지층에 전달하도록 설계되는 방법에 따라 분류된다. 그림 5.1a는 **연직 현장타설말뚝**을 나타낸다. 이는 상부의 연약층을 통과하여 말뚝 선단이 단단한 지지층이나 암반층에 놓이게 된다. 연직 현장타설말뚝은 필요시 강재 철

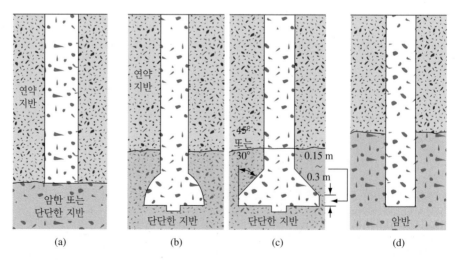

그림 5.1   현장타설말뚝의 종류. (a) 연직 현장타설말뚝, (b)와 (c) 종형 현장타설말뚝, (d) 암반에 근입된 연직 현장타설말뚝

판이나 관을 케이싱으로 사용할 수 있다(케이싱이 있는 현장타설말뚝인 경우). 이런 경우 작용하중에 대한 저항력은 선단 지지력과 말뚝 주면과 흙 경계면에서 발생하는 마찰력에서 발생한다.

종형 현장타설말뚝(그림 5.1b와 c)은 종형의 선단부를 가지는 연직형 기둥으로 구성되며, 단단한 지지층에 놓인다. 종형 선단부는 돔 형태(그림 5.1b) 또는 각이 진 형태(그림 5.1c)로 시공할 수 있다. 각이 진 종형 선단부의 경우 시중에 판매되는 도구로 연직과 30~45° 각도를 만들 수 있다.

연직 현장타설말뚝은 또한 암반층 아래까지 관입될 수 있다(그림 5.1d). 이 경우 지지력을 산정할 때 지반 기술자는 말뚝 주면과 암반 경계면을 따라 발생하는 선단 지지력과 전단저항력을 고려할 수 있다.

5.3   시공과정

미국에서 가장 일반적으로 사용되는 시공과정은 회전천공공법(rotary drilling)이다. 공법에는 크게 세 가지 종류가 있으며, (a) 건조시공, (b) 케이싱 사용 시공, (c) 습윤시공으로 나눌 수 있다. 각 방법에 대한 간략한 설명은 다음과 같다.

건조시공

이 방법은 지하수위 위에 위치하는 지층과 암반에 사용되며, 깊이 천공을 하여도 함몰이 되지 않는 경우에 사용할 수 있다. 그림 5.2에 표시된 것과 같이 시공과정은 다음과 같다.

1. 적절한 천공기계를 사용하여 굴착을 완료하고(필요시 종형 선단 적용), 굴착 과정에서 나오는 흙은 근처에 쌓는다(그림 5.2a).
2. 다음으로 천공된 구멍에 콘크리트를 채운다(그림 5.2b).
3. 필요시 말뚝 상단에 철근망을 배근한다(그림 5.2c).
4. 콘크리트 타설이 완료되면 현장타설말뚝은 그림 5.2d와 같게 된다.

그림 5.3은 천공된 구멍에 철근망을 넣은 상태에서 콘크리트를 타설하는 것을 보여준다.

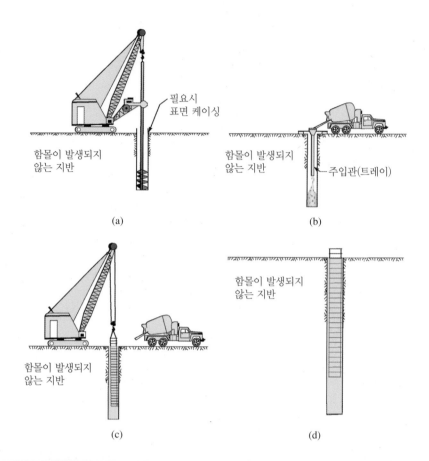

(a)

필요시
표면 케이싱

함몰이 발생되지
않는 지반

(b)

함몰이 발생되지
않는 지반

주입관(트레이)

그림 5.2 건조시공. (a) 초기 천
공, (b) 콘크리트 타설, (c) 철근
망 설치, (d) 현장타설말뚝 완성
(After O'Neill and Reese, 1999)

함몰이 발생되지
않는 지반

(c)

함몰이 발생되지
않는 지반

(d)

그림 5.3 천공된 구멍에 철근
망을 넣은 상태에서 콘크리트 주
입 (Texas, Arlington, University
of Texas at Arlington, Anard J.
Puppala 제공)

케이싱 사용 시공

이 방법은 천공을 할 때 함몰이 되거나 과도한 변형이 발생할 수 있는 지반 또는 암반에서 사용된다. 그림 5.4는 시공과정을 나타내며, 다음과 같이 설명할 수 있다.

1. 앞서 설명한 건조시공의 경우처럼 천공과정을 시작한다(그림 5.4a).
2. 함몰이 발생할 수 있는 흙이 발견되면, 구멍에 벤토나이트 슬러리를 주입한다 (그림 5.4b). 함몰이 발생할 수 있는 흙을 지나 불투수성 지층 또는 암반층이 나타날 때까지 천공을 계속한다.
3. 다음으로 구멍에 케이싱을 삽입한다(그림 5.4c).
4. 슬러리는 수중펌프를 사용하여 케이싱 밖으로 배출시킨다(그림 5.4d).
5. 케이싱을 통과할 수 있는 소형 드릴을 구멍에 넣고 천공을 계속한다(그림 5.4e).
6. 필요시 언더리머를 사용하여 구멍의 저면을 확장할 수 있다(그림 5.4f).
7. 철근 보강이 필요하면, 철근망을 천공 전체 길이로 확장을 해야 한다. 다음으로 구멍에 콘크리트를 타설하고 케이싱을 점차적으로 빼낸다(그림 5.4g).
8. 그림 5.4h는 완성된 현장타설말뚝을 나타낸다.

그림 5.5는 천공비트가 부착된 장비를 사용한 현장타설말뚝의 시공 장면을 보여준다. 그림 5.5b의 현장타설말뚝은 직경이 1200 mm이고, 그림 5.1d에서 보여준 것과 유사하게 하부 1.5 m가 암반에 근입되어 있다. 삽도는 구멍 내부의 평면도를 보여준다.

습윤시공

이 방법은 때때로 슬러리 치환 공법이라 한다. 슬러리는 전체 깊이를 천공하는 동안 천공구멍을 유지하는 데 사용된다(그림 5.6). 습윤시공 방법은 다음과 같다.

1. 슬러리를 사용하여 소요 깊이까지 천공한다(그림 5.6a).
2. 보강이 필요한 경우 슬러리에 철근망을 넣는다(그림 5.6b).
3. 슬러리의 체적만큼 치환될 콘크리트를 트레미를 통해 구멍에 채운다(그림 5.6c).
4. 그림 5.6d는 완성된 현장타설말뚝을 나타낸다.

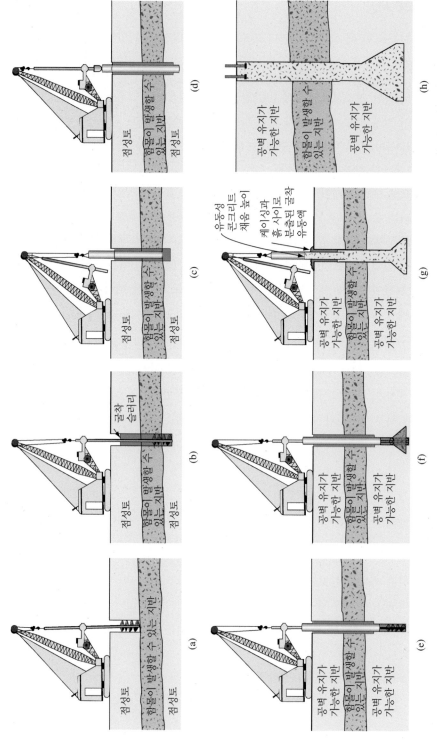

그림 5.4 케이싱 사용 시공. (a) 초기 천공, (b) 슬러리를 채우고 천공, (c) 케이싱 설치, (d) 케이싱 밀봉 및 내부 슬러리 제거, (e) 케이싱 지면 천공, (f) 선단 확장, (g) 케이싱 제거, (h) 현장타설말뚝 완성 (After O'Neill and Reese, 1999)

그림 5.5 현장타설말뚝 시공. (a) 천공 장비, (b) 케이싱을 사용한 직경 1200 mm 현장타설말뚝의 천공(삽도: 구멍의 평면도) (Australia, James Cook University, N. Sivakugan 제공)

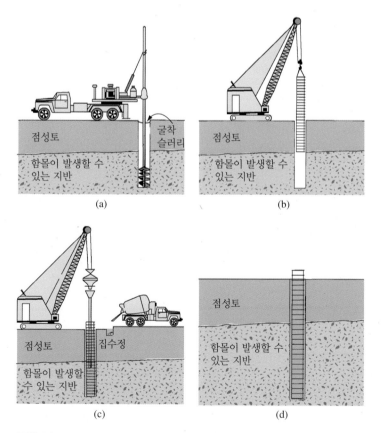

그림 5.6 슬러리를 이용한 시공. (a) 슬러리를 사용하여 소요 깊이까지 천공, (b) 철근망 설치, (c) 콘크리트 타설, (d) 현장타설말뚝 완성 (After O'Neill and Reese, 1999)

5.4 지지력 산정

말뚝 기초의 경우와 같이 현장타설말뚝의 극한 지지력은 다음과 같다(그림 5.7).

$$Q_u = Q_p + Q_s \tag{5.1}$$

여기서

Q_u = 극한 지지력

Q_p = 극한 선단 지지력

Q_s = 주면 마찰저항력

극한 선단 지지력의 공식은 얕은 기초의 공식과 유사하며 다음과 같이 나타낼 수 있다.

$$Q_p = A_p \left(c' N_c F_{cs} F_{cd} F_{cc} + q' N_q F_{qs} F_{qd} F_{qc} + \frac{1}{2} \gamma' N_\gamma F_{\gamma s} F_{\gamma d} F_{\gamma c} \right) \tag{5.2}$$

여기서

c' = 점착력

N_c, N_q, N_γ = 지지력계수

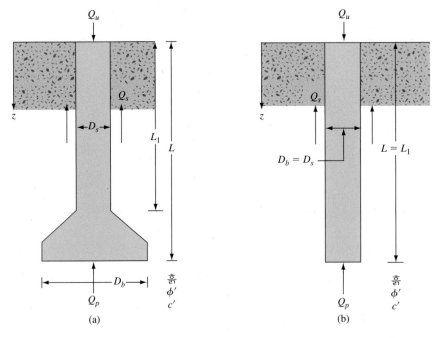

그림 5.7 현장타설말뚝의 극한 지지력. (a) 종형 선단, (b) 연직형

F_{cs}, F_{qs}, $F_{\gamma s}$ = 형상계수

F_{cd}, F_{qd}, $F_{\gamma d}$ = 깊이계수

F_{cc}, F_{qc}, $F_{\gamma c}$ = 압축계수

γ' = 말뚝 선단부 흙의 유효단위중량

q' = 말뚝 선단부에서의 유효연직응력

A_p = 선단 면적 = $\dfrac{\pi}{4} D_b^2$

대부분의 경우, 상대적으로 짧은 현장타설말뚝의 경우를 제외하면 마지막 항(N_γ를 포함하는 항)은 무시한다. 이 가정에 따라 다음과 같이 나타낼 수 있다.

$$Q_u = A_p(c'N_cF_{cs}F_{cd}F_{cc} + q'N_qF_{qs}F_{qd}F_{qc}) + Q_s \tag{5.3}$$

주면 마찰저항력 Q_s는 말뚝과 유사하게 다음과 같이 나타낼 수 있다.

$$Q_s = \int_0^{L_1} pf\,dz$$

여기서 p = 말뚝기둥 둘레 = πD_s

f = 단위면적당 주면 마찰저항력

5.5 모래 지반의 현장타설말뚝-순 극한 지지력

Q_p의 산정

선단이 조립토 지층(즉 $c' = 0$)에 위치한 현장타설말뚝의 경우, 선단에서의 **순 극한 지지력** (net ultimate load-carrying capacity)은 식 (5.3)으로부터 다음과 같이 구할 수 있다.

$$Q_{p(\text{net})} = A_p[q'(N_q - 1)F_{qs}F_{qd}F_{qc}] \tag{5.4}$$

지지력계수 N_q는 흙의 내부마찰각(ϕ')에 대해 표 2.2 또는 표 5.1에서 구할 수 있다.

$$F_{qs} = 1 + \tan \phi' \tag{5.5}$$

$$F_{qd} = 1 + C\underbrace{\tan^{-1}\left(\frac{L}{D_b}\right)}_{\text{라디안}} \tag{5.6}$$

$$C = 2 \tan \phi'(1 - \sin \phi')^2 \tag{5.7}$$

표 5.1 ϕ'에 따른 N_q, F_{qs}, C, I_{cr}, μ_s, n의 변화

흙의 내부 마찰각 ϕ' (°)	N_q (표 2.2)	F_{qs} [식 (5.5)]	C [식 (5.7)]	I_{cr} [식 (5.8)]	μ_s [식 (5.12)]	n [식 (5.14)]
25	10.66	1.466	0.311	43.84	0.100	0.00500
26	11.85	1.488	0.308	47.84	0.115	0.00475
27	13.20	1.510	0.304	52.33	0.130	0.00450
28	14.72	1.532	0.299	57.40	0.145	0.00425
29	16.44	1.554	0.294	63.13	0.160	0.00400
30	18.40	1.577	0.289	69.63	0.175	0.00375
31	20.63	1.601	0.283	77.03	0.190	0.00350
32	23.18	1.625	0.276	85.49	0.205	0.00325
33	26.09	1.649	0.269	95.19	0.220	0.00300
34	29.44	1.675	0.262	106.37	0.235	0.00275
35	33.30	1.700	0.255	119.30	0.250	0.00250
36	37.75	1.727	0.247	134.33	0.265	0.00225
37	42.92	1.754	0.239	151.88	0.280	0.00200
38	48.93	1.781	0.231	172.47	0.295	0.00175
39	55.96	1.810	0.223	196.76	0.310	0.00150
40	64.20	1.839	0.214	225.59	0.325	0.00125
41	73.90	1.869	0.206	259.98	0.340	0.00100
42	85.38	1.900	0.197	301.29	0.355	0.00075
43	99.02	1.933	0.189	351.22	0.370	0.00050
44	115.31	1.966	0.180	412.00	0.385	0.00025
45	134.88	2.000	0.172	486.56	0.400	0.00000

표 5.1은 ϕ'에 따른 F_{qs}와 C의 변화를 나타낸다.

Chen과 Kulhawy(1994)에 따르면, F_{qc}는 다음과 같은 방식으로 계산할 수 있다.

1단계 임계강성지수를 다음과 같이 계산한다.

$$I_{cr} = 0.5 \exp\left[2.85 \cot\left(45 - \frac{\phi'}{2}\right)\right] \tag{5.8}$$

여기서 I_{cr} = 임계강성지수(표 5.1 참고)

2단계 감소강성지수를 다음과 같이 계산한다.

$$I_{rr} = \frac{I_r}{1 + I_r\Delta} \tag{5.9}$$

여기서

$$I_r = \text{흙의 강성지수} = \frac{E_s}{2(1 + \mu_s)q' \tan\phi'} \tag{5.10}$$

여기서

$$E_s = 흙의 \ 배수탄성계수 = mp_a \qquad (5.11)$$

$$p_a = 대기압(\approx 100 \ kN/m^2)$$

$$m = \begin{cases} 100{\sim}200(느슨한 \ 흙) \\ 200{\sim}500(중간 \ 정도 \ 조밀한 \ 흙) \\ 500{\sim}1000(조밀한 \ 흙) \end{cases}$$

$$\mu_s = 흙의 \ 포아송비 = 0.1 + 0.3\left(\frac{\phi' - 25}{20}\right)$$

$$(25° \leq \phi' \leq 45°의 \ 경우) \ (표 \ 2.1 \ 참고) \qquad (5.12)$$

$$\Delta = n\frac{q'}{p_a} \qquad (5.13)$$

$$n = 0.005\left(1 - \frac{\phi' - 25}{20}\right) \ (표 \ 5.1 \ 참고) \qquad (5.14)$$

3단계 $I_{rr} \geq I_{cr}$ 인 경우

$$F_{qc} = 1 \qquad (5.15)$$

그러나 $I_{rr} < I_{cr}$ 인 경우

$$F_{qc} = \exp\left\{(1 - 3.8 \tan \phi') + \left[\frac{(3.07 \sin \phi')(\log_{10} 2I_{rr})}{1 + \sin \phi'}\right]\right\} \qquad (5.16)$$

$Q_{p(net)}$의 크기는 Berezantzev 등(1961)의 분석을 바탕으로 한 상관관계식으로부터 합리적으로 계산할 수 있다. 이는 다음과 같이 나타낼 수 있다.

$$Q_{p(net)} = A_p q'(\omega N_q^* - 1) \qquad (5.17)$$

여기서

$$N_q^* = 0.21e^{0.17\phi'} \quad [\phi'의 \ 단위는 \ 도(°)이다.] \qquad (5.18)$$

$$\omega = 보정계수 = f\left(\frac{L}{D_b}, \phi'\right), \ 그림 \ 5.8 \ 참고$$

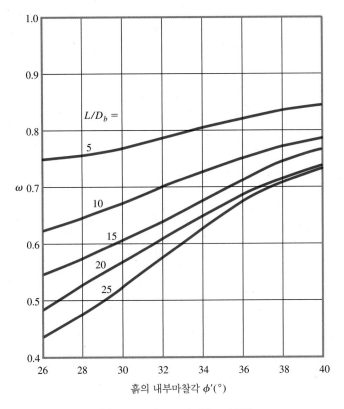

그림 5.8 ϕ'과 L/D_b에 따른 ω의 변화

Q_s의 산정

현장타설말뚝에서 발생하는 극한하중에서의 마찰저항 Q_s는 5.4절에 주어진 관계에서 계산할 수 있다.

$$p = \text{말뚝기둥 둘레} = \pi D_s$$

$$f = \text{단위면적당 주면 마찰저항력} = K\sigma_o' \tan \delta' \qquad (5.19)$$

여기서

$K = \text{토압계수} \approx K_o = 1 - \sin \phi'$

$\sigma_o' = \text{임의의 깊이 } z\text{에서의 유효연직응력}$

따라서

$$Q_s = \int_0^{L_1} pf \, dz = \pi D_s (1 - \sin \phi') \int_0^{L_1} \sigma_o' \tan \delta' \, dz \qquad (5.20)$$

σ'_o의 값은 그림 4.13에서와 같이 약 $15D_s$의 깊이까지 증가하고 그 이후에는 일정하게 유지된다.

순 허용하중 $Q_{all(net)}$

순 허용하중을 구하기 위하여 극한하중에 적절한 안전율을 적용해야 한다.

$$Q_{all(net)} = \frac{Q_{p(net)} + Q_s}{FS} \tag{5.21}$$

5.6 점토 지반의 현장타설말뚝 – 순 극한 지지력

$\phi = 0$인 포화된 점토의 경우, 식 (5.3)에서 지지력계수 N_q는 1이다. 그러므로 이 경우에는

$$Q_{p(net)} \approx A_p c_u N_c F_{cs} F_{cd} F_{cc} \tag{5.22}$$

여기서 c_u = 비배수 점착력

$L \geq 3D_b$이면, 식 (5.22)를 다시 다음과 같이 나타낼 수 있다.

$$Q_{p(net)} = A_p c_u N_c^* \tag{5.23}$$

여기서

$$N_c^* = N_c F_{cs} F_{cd} F_{cc} = 지지력계수 = 1.33[(\ln I_r) + 1] \tag{5.24}$$

I_r = 흙의 강성지수

$\phi = 0$ 조건에서 I_r은 다음과 같이 정의된다.

$$I_r = \frac{E_s}{3c_u} \tag{5.25}$$

여기서 E_s는 흙의 탄성계수이다.

O'Neill과 Reese(1999)는 c_u와 $E_s/3c_u$ 사이의 대략적인 상관관계를 제안하였다. 표 5.2는 이 상관관계의 보간된 값을 나타낸다.

실무적으로는 c_u가 100 kN/m² 이상이면, N_c^*의 크기는 9이다.

점토에서 현장타설말뚝의 주면 마찰저항력은 식 (4.28)과 유사하며 다음과 같이 나타낼 수 있다.

표 5.2 c_u에 따른 $E_s/3c_u$의 근삿값(O'Neill and Reese로부터 보간, 1999)

c_u (kN/m²)	$\dfrac{E_s}{3c_u}$	c_u (kN/m²)	$\dfrac{E_s}{3c_u}$
25	25	125	270
50	145	150	285
75	219	175	292
100	250	200	300

$$Q_s = \sum_{L=0}^{L=L_1} \alpha^* c_u p \Delta L \tag{5.26}$$

여기서 p는 말뚝 단면의 둘레이다. 식 (5.26)에서 사용하는 α^*의 값은 완전히 정립되지 않았으나, 현재 수행된 현장시험결과를 종합하면 α^*의 값은 0.3~1.0의 범위를 나타낸다.

Kulhawy와 Jackson(1989)은 총 106개 연직 현장타설말뚝의 현장시험 결과(65회 인발시험, 41회 압축시험)를 보고하였다. 이 결과로부터 얻은 α^*의 값에 대한 최적의 상관관계는 다음과 같다.

$$\alpha^* = 0.21 + 0.25\left(\frac{p_a}{c_u}\right) \leq 1 \tag{5.27}$$

여기서 p_a = 대기압 $\approx$ 100 kN/m²이고 c_u의 단위는 kN/m²이다. 따라서 α^*의 값은 보수적으로 다음과 같다.

$$\alpha^* = 0.4 \tag{5.28}$$

예제 5.1

그림 5.9는 지층 조건을 나타낸다. 종형 현장타설말뚝의 선단은 조밀한 모래와 자갈층에 위치한다. 현장타설말뚝이 지지할 수 있는 허용하중을 식 (5.4)와 안전율 4를 이용하여 결정하시오. D_s = 1 m, D_b = 1.75 m이다. 조밀한 모래는 ϕ' = 36°, E_s = 500p_a이다. 주면 마찰저항력은 무시한다.

풀이

$$Q_{p(\text{net})} = A_p[q'(N_q - 1)F_{qs}F_{qd}F_{qc}]$$

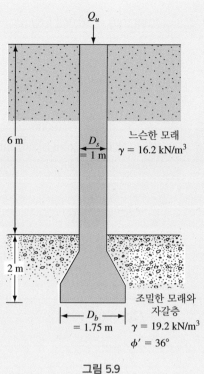

Q_u

6 m

D_s = 1 m

느슨한 모래
$\gamma = 16.2 \text{ kN/m}^3$

2 m

D_b = 1.75 m

조밀한 모래와
자갈층
$\gamma = 19.2 \text{ kN/m}^3$
$\phi' = 36°$

그림 5.9

그리고

$$q' = (6)(16.2) + (2)(19.2) = 135.6 \text{ kN/m}^2$$

$\phi' = 36°$일 때, 표 5.1로부터 $N_q = 37.75$이다. 또한

$$F_{qs} = 1.727$$

그리고

$$F_{qd} = 1 + C \tan^{-1}\left(\frac{L}{D_b}\right)$$

$$= 1 + 0.247 \tan^{-1}\left(\frac{8}{1.75}\right) = 1.335$$

식 (5.8)로부터

$$I_{cr} = 0.5 \exp\left[2.85 \cot\left(45 - \frac{\phi'}{2}\right)\right] = 134.3 \quad \text{(표 5.1 참고)}$$

식 (5.11)로부터, $E_s = mp_a$이다. $m = 500$이면

(계속)

$$E_s = (500)(100) = 50,000 \text{ kN/m}^2$$

식 (5.12)와 표 5.1로부터

$$\mu_s = 0.265$$

따라서

$$I_r = \frac{E_s}{2(1 + \mu_s)(q')(\tan \phi')} = \frac{50,000}{2(1 + 0.265)(135.6)(\tan 36)} = 200.6$$

식 (5.9)로부터

$$I_{rr} = \frac{I_r}{1 + I_r \Delta}$$

$$\Delta = n\frac{q'}{p_a} = 0.00225\left(\frac{135.6}{100}\right) = 0.0031$$

$$I_{rr} = \frac{200.6}{1 + (200.6)(0.0031)} = 123.7$$

I_{rr}은 I_{cr} 보다 작으므로, 식 (5.16)으로부터

$$F_{qc} = \exp\left\{(1 - 3.8 \tan \phi') + \left[\frac{(3.07) \sin \phi'(\log_{10} 2I_{rr})}{1 + \sin \phi'}\right]\right\}$$

$$= \exp\left\{(1 - 3.8 \tan 36) + \left[\frac{(3.07 \sin 36) \log(2 \times 123.7)}{1 + \sin 36}\right]\right\} = 0.958$$

그러므로

$$Q_{p(\text{net})} = \left[\left(\frac{\pi}{4}\right)(1.75)^2\right](135.6)(37.75 - 1)(1.727)(1.335)(0.958) = 26,474 \text{ kN}$$

그리고

$$Q_{p(\text{all})} = \frac{Q_{p(\text{net})}}{FS} = \frac{26,474}{4} \approx \mathbf{6619 \text{ kN}}$$

예제 5.2

식 (5.17)을 사용하여 예제 5.1을 다시 풀이하시오.

풀이

식 (5.17)은 다음과 같다.

$$Q_{p(\text{net})} = A_p q' \left(\omega N_q^* - 1\right)$$

식 (5.18)로부터

$$N_q^* = 0.21 e^{0.17\phi'} = 0.21 e^{(0.17)(36)} = 95.52$$

$$\frac{L}{D_b} = \frac{8}{1.75} = 4.57$$

그림 5.8로부터 $\phi' = 36°$와 $L/D_b = 4.57$일 때, ω 값은 약 0.83이다. 따라서

$$Q_{p(\text{net})} = \left[\left(\frac{\pi}{4}\right)(1.75)^2\right](135.6)[(0.83)(95.52) - 1] = 25{,}532 \text{ kN}$$

$$Q_{p(\text{all})} = \frac{25{,}532}{4} = \mathbf{6383 \ kN}$$

예제 5.3

그림 5.10은 연직 현장타설말뚝을 나타낸다. 여기서 $L_1 = 8$ m, $L_2 = 3$ m, $D_s = 1.5$ m, $c_{u(1)} = 50$ kN/m², $c_{u(2)} = 105$ kN/m²이다. 다음을 결정하시오.

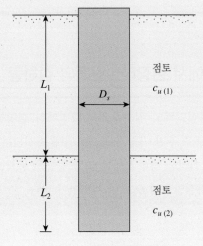

그림 5.10 연직 현장타설말뚝

(계속)

a. 순 극한 선단 지지력

b. 극한 주면 마찰저항력

c. 사용하중 $Q_w(FS = 3)$

식 (5.23), (5.26), (5.28)을 사용하시오.

풀이

a. 식 (5.23)으로부터

$$Q_{p(\text{net})} = A_p c_{u(2)} N_c^* = A_p c_{u(2)} N_c^* = \left[\left(\frac{\pi}{4} \right)(1.5)^2 \right](105)(9) \approx \mathbf{1670\ kN}$$

$(c_{u(2)}/p_a > 1$이므로 $N_c^* \approx 9$이다.)

b. 식 (5.26)으로부터

$$Q_s = \Sigma \alpha^* c_u p \Delta L$$

식 (5.28)로부터

$$\alpha^* = 0.4$$
$$p = \pi D_s = (3.14)(1.5) = 4.71\ \text{m}$$

그리고

$$Q_s = (0.4)(4.71)[(50 \times 8) + (105 \times 3)] \approx \mathbf{1347\ kN}$$

c.

$$Q_w = \frac{Q_{p(\text{net})} + Q_s}{FS} = \frac{1670 + 1347}{3} = \mathbf{1005.7\ kN}$$

5.7   사용하중 하에서 현장타설말뚝의 침하량

사용하중 하에서 현장타설말뚝의 침하량은 4.12절에서 설명한 것과 유사한 방법으로 계산된다. 대부분의 경우 주면 마찰저항으로 인해 지지되는 하중은 선단에서 지지되는 하중에 비해 작다. 이러한 경우 $S_{e(3)}$에 의한 영향은 무시할 수 있다. 식 (4.46)과 (4.47)에서의 D는 현장타설말뚝의 D_b로 대체되어야 한다.

5.8 침하량에 따른 지지력

Reese와 O'Neill(1989)은 41개의 재하시험 결과를 바탕으로 현장타설말뚝의 지지력을 산정할 수 있는 방법을 제안하였다. 이 방법은 다음과 같은 범위에서 적용할 수 있다.

1. 말뚝 직경: $D_s = 0.52{\sim}1.2$ m

2. 종형 선단의 깊이: $L = 4.7{\sim}30.5$ m

3. $c_u = 29{\sim}287$ kN/m²

4. 표준관입치 N: $N_{60} = 5{\sim}60$

5. 과압밀비: $2{\sim}15$

6. 콘크리트 슬럼프: $100{\sim}225$ mm

그림 5.11을 참조하여 Reese와 O'Neill의 방법은 다음과 같다.

$$Q_u = \sum_{i=1}^{N} f_i p\, \Delta L_i + q_p A_p \qquad (5.29)$$

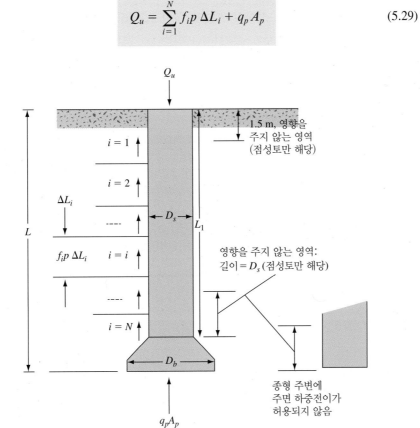

그림 5.11 식 (5.29)의 전개

여기서

f_i = i층의 극한 단위 주면 마찰저항력

p = 말뚝의 둘레 = πD_s

q_p = 단위면적당 선단 지지력

A_p = 선단 면적 = $(\pi/4)D_b^2$

다음은 점성토와 조립토 지반에서 Q_u를 결정하는 상관관계를 나타낸다.

점성토 지반

식 (5.29)에서

$$f_i = \alpha_i^* c_{u(i)} \tag{5.30}$$

α_i^*의 추천값은 다음과 같다.

α_i^* = 0, 현장타설말뚝의 직경이 D_s일 때 상단 1.5 m와 하단 $1D_s$ 부분

(주의: $D_b > D_s$일 경우, 종형 선단 위로 $1D_s$ 부분과 종형 선단 주변 영역에 대해 $\alpha^* = 0$)

α_i^* = 0.55, 그 이외 부분

그리고

$$q_p \text{ (kN/m}^2) = 6c_{ub}\left(1 + 0.2\frac{L}{D_b}\right) \leq 9c_{ub} \leq 3.83 \text{ MN/m}^2 \tag{5.31}$$

여기서 c_{ub}는 선단부 아래 $2D_b$ 내의 평균 비배수 점착력(kN/m²)이다.

D_b가 클 경우, 식 (5.31)에 의해 얻은 단위면적당 극한하중 q_p하에서 과도한 침하량이 발생할 것이다. 따라서 $D_b > 1.9$ m인 경우, q_p는 감소된 q_{pr} 값으로 대체될 수 있다.

$$q_{pr} = F_r q_p \tag{5.32}$$

여기서

$$F_r = \frac{2.5}{0.0254\psi_1 D_b \text{(m)} + \psi_2} \leq 1 \tag{5.33}$$

$$\psi_1 = 0.0071 + 0.0021\left(\frac{L}{D_b}\right) \le 0.015 \tag{5.34}$$

$$\psi_2 = 7.787(c_{ub})^{0.5} \qquad (0.5 \le \psi_2 \le 1.5) \tag{5.35}$$
$$\underset{\text{kN/m}^2}{\uparrow}$$

제한된 침하량 수준에서 지지력이 요구되는 경우, 표 5.3과 5.4를 사용하여 다음에 설명된 절차를 통해 허용하중을 결정할 수 있다. 이 표의 값은 Reese와 O'Neill(1989)에 의해 현장시험에서 얻은 평균 곡선을 기준으로 한다.

1. 침하량 S_e를 결정한다.
2. 식 (5.29)에 주어진 대로 $\sum_{i=1}^{N} f_i p \, \Delta L_i$와 $q_p A_p$를 계산한다.
3. 표 5.3과 5.4, 그리고 2단계에서 계산된 값을 사용하여 **주면 마찰저항력**과 **선단 지지력**을 결정한다.
4. 주면 마찰저항력과 선단 지지력의 합은 전체 작용하중이다.

표 5.3 점성토 지반에서 침하량에 따른 정규화된 주면 전이하중(평균 곡선 기준)

침하량 $\dfrac{}{D_s}$ (%)	주면 전이하중 $\dfrac{}{\Sigma f_i p \Delta L_i}$	침하량 $\dfrac{}{D_s}$ (%)	주면 전이하중 $\dfrac{}{\Sigma f_i p \Delta L_i}$
0	0	0.8	0.95
0.1	0.48	1.0	0.94
0.2	0.74	1.2	0.92
0.3	0.86	1.4	0.91
0.4	0.91	1.6	0.89
0.6	0.95	1.8	0.85
0.7	0.955	2.0	0.82

표 5.4 점성토 지반에서 침하량에 따른 정규화된 선단 전이하중(평균 곡선 기준)

침하량 $\dfrac{}{D_b}$ (%)	선단 지지력 $\dfrac{}{q_p A_p}$	침하량 $\dfrac{}{D_b}$ (%)	선단 지지력 $\dfrac{}{q_p A_p}$
0	0	4.0	0.951
0.5	0.363	5.0	0.971
1.0	0.578	6.0	0.971
1.5	0.721	7.0	0.971
2.0	0.804	8.0	0.971
2.5	0.863	9.0	0.971
3.0	0.902	10.0	0.971

사질토 지반

식 (5.29)에서

$$f_i = \beta\sigma'_{ozi} \tag{5.36}$$

여기서

$\sigma'_{ozi} = i$층의 중앙지점에서 유효연직응력

$\beta = 1.5 - 0.244z_i^{0.5} \qquad (0.25 \le \beta \le 1.2) \tag{5.37}$

$z_i = i$층 중앙지점의 깊이(m)

최근에는, Rollins 등(2005)은 자갈질 모래에 대해 식 (5.37)을 다음과 같이 수정하였다.

자갈이 25~50%인 모래의 경우:

$$\beta = 2.0 - 0.15z_i^{0.75} \qquad (0.25 \le \beta \le 1.8) \tag{5.38}$$

자갈이 50% 이상인 모래의 경우:

$$\beta = 3.4e^{-0.085z_i} \qquad (0.25 \le \beta \le 3.0) \tag{5.39}$$

식 (5.38)과 (5.39)에서 z의 단위는 미터(m)이다.

선단 지지력은 다음과 같다.

$$q_p\,(\text{kN/m}^2) = 57.5N_{60} \le 4.3\;\text{MN/m}^2 \tag{5.40}$$

여기서 N_{60}은 현장타설말뚝의 선단부 아래로 $2D_b$ 거리 내에 **수정되지 않은** 평균 표준관입치 N이다.

식 (5.32)와 같이 과도한 침하량을 조절하기 위해 q_p의 크기를 다음과 같이 줄일 수 있다.

$$q_{pr} = \frac{1.27}{D_b\,(\text{m})}q_p \qquad (D_b \ge 1.27\;\text{m인 경우}) \tag{5.41}$$

표 5.5와 5.6은 침하량에 근거한 지지력을 계산하는 데 사용할 수 있다. 점토에 대한 표 5.3과 5.4와 유사하다.

표 5.5 사질토 지반에서 침하량에 따른 정규화된 주면 전이하중(평균 곡선 기준)

침하량 D_s (%)	주면 전이하중 $\Sigma f_i p \Delta L_i$	침하량 D_s (%)	주면 전이하중 $\Sigma f_i p \Delta L_i$
0	0	0.8	0.974
0.1	0.371	1.0	0.987
0.2	0.590	1.2	0.974
0.3	0.744	1.4	0.968
0.4	0.846	1.6	0.960
0.5	0.910	1.8	0.940
0.6	0.936	2.0	0.920

표 5.6 사질토 지반에서 침하량에 따른 정규화된 선단 전이하중(평균 곡선 기준)

침하량 D_b (%)	선단 지지력 $q_p A_p$	침하량 D_b (%)	선단 지지력 $q_p A_p$
0	0	6	1.10
1	0.32	7	1.20
2	0.56	8	1.29
3	0.73	9	1.38
4	0.87	10	1.44
5	0.98		

예제 5.4

그림 5.12는 점성토 지반에 설치된 현장타설말뚝을 나타낸다. 이 절에서 설명된 방법을 사용하여 다음 값들을 결정하시오.

a. 극한 지지력

b. 12.7 mm의 허용 침하량에 대한 지지력

풀이

a. 식 (5.30)에서

$$f_i = \alpha_i^* c_{u(i)}$$

그림 5.12로부터

$$\Delta L_1 = 3.66 - 1.5 = 2.16 \text{ m}$$
$$\Delta L_2 = (6.1 - 3.66) - D_s = 2.44 - 0.76 = 1.68 \text{ m}$$
$$c_{u(1)} = 38 \text{ kN/m}^2$$
$$c_{u(2)} = 57.5 \text{ kN/m}^2$$

(계속)

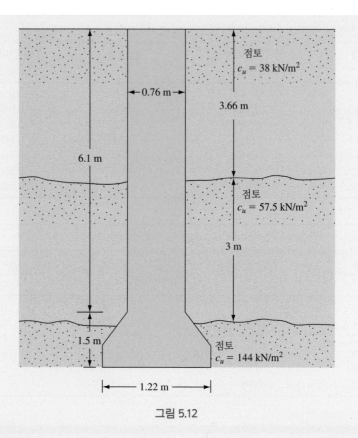

그림 5.12

그러므로

$$Q_s = \Sigma f_i p\, \Delta L_i = \Sigma\, \alpha_i^* c_{u(i)} p\, \Delta L_i$$

$$= (0.55)(38)(\pi \times 0.76)(2.16) + (0.55)(57.5)(\pi \times 0.76)(1.68)$$

$$= 234.6\ \text{kN}$$

식 (5.31)로부터

$$q_p = 6c_{ub}\left(1 + 0.2\frac{L}{D_b}\right) = (6)(144)\left[1 + 0.2\left(\frac{6.1 + 1.5}{1.22}\right)\right] = 1940\ \text{kN/m}^2$$

검토:

$$q_p = 9c_{ub} = (9)(144) = 1296\ \text{kN/m}^2 < 1940\ \text{kN/m}^2$$

따라서 q_p =1296 kN/m²을 사용한다.

$$Q_p = q_p A_p = q_p\left(\frac{\pi}{4}D_b^2\right) = (1296)\left[\left(\frac{\pi}{4}\right)(1.22)^2\right] \approx 1515\ \text{kN}$$

그러므로

$$Q_u = \sum \alpha_i^* c_{u(i)} p\, \Delta L_i + q_p A_p = 234.6 + 1515 = \textbf{1749.6 kN}$$

b.

$$\frac{\text{허용 침하량}}{D_s} = \frac{12.7}{(0.76)(1000)} = 0.0167 = 1.67\%$$

표 5.3으로부터, 1.67%의 정규화된 침하량에 대한 정규화된 주면 전이하중의 값은 약 0.87이다. 그러므로 주면 마찰저항력은

$$(0.87)\left(\sum f_i p\, \Delta L_i\right) = (0.87)(234.6) = 204.1 \text{ kN}$$

다시

$$\frac{\text{허용 침하량}}{D_b} = \frac{12.7}{(1.22)(1000)} = 0.0104 = 1.04\%$$

표 5.4로부터, 1.04%의 정규화된 침하량에 대한 정규화된 선단 전이하중의 값은 약 0.58이다. 그러므로 선단 지지력은

$$(0.58)(q_p A_p) = (0.58)(1515) = 878.7 \text{ kN}$$

따라서 전체 하중은

$$Q = 204.1 + 878.7 = \textbf{1082.8 kN}$$

예제 5.5

그림 5.13은 현장타설말뚝을 보여준다. 말뚝의 선단부 아래로 $2D_b$의 거리 내에 수정되지 않은 평균 표준관입치 N_{60}은 약 30이다. 다음 값들을 결정하시오.

  a. 극한 지지력
  b. 12 mm의 침하량에 대한 지지력. 식 (5.38)을 사용하시오.

풀이

a. 식 (5.36)과 (5.38)로부터

$$f_i = \beta \sigma'_{ozi}$$

(계속)

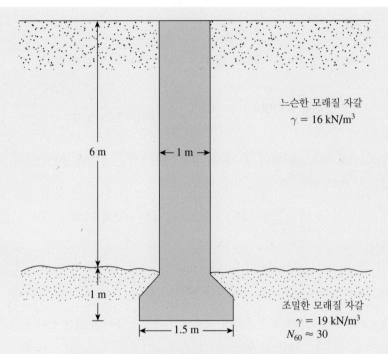

느슨한 모래질 자갈
$\gamma = 16$ kN/m^3

6 m

1 m

1 m

1.5 m

조밀한 모래질 자갈
$\gamma = 19$ kN/m^3
$N_{60} \approx 30$

그림 5.13 조밀한 모래질 자갈층에 의해 지지되는 현장타설말뚝

그리고

$$\beta = 2.0 - 0.15z^{0.75}$$

이 문제의 경우 $z_i = 6/2 = 3$ m이다. 따라서

$$\beta = 2 - (0.15)(3)^{0.75} = 1.658$$

그리고

$$\sigma'_{ozi} = \gamma z_i = (16)(3) = 48 \text{ kN/m}^2$$

그러므로

$$f_i = (1.658)(48) = 79.58 \text{ kN/m}^2$$

그리고

$$Q_s = \Sigma f_i p \Delta L_i = (79.58)(\pi \times 1)(6) = 1500 \text{ kN}$$

식 (5.40)으로부터

$$q_p = 57.5N_{60} = (57.5)(30) = 1725 \text{ kN/m}^2$$

D_b는 1.27 m보다 크므로, 식 (5.41)을 사용한다.

$$q_{pr} = \left(\frac{1.27}{D_b}\right)q_p = \left(\frac{1.27}{1.5}\right)(1725) \approx 1461 \text{ kN/m}^2$$

$$q_{pr}A_p = (1461)\left(\frac{\pi}{4} \times 1.5^2\right) \approx 2582 \text{ kN}$$

그러므로

$$Q_{u(\text{net})} = q_{pr}A_p + \Sigma f_i p\Delta L_i = 2582 + 1500 = \textbf{4082 kN}$$

b.

$$\frac{\text{허용 침하량}}{D_s} = \frac{12}{(1.0)(1000)} = 0.012 = 1.2\%$$

표 5.5에서 1.2%의 정규화된 침하량의 경우, 주면 전이하중의 정규화된 값은 약 0.974이다. 따라서 주면 마찰저항력은 (0.974)(1500) ≈ 1461 kN이다. 비슷하게

$$\frac{\text{허용 침하량}}{D_b} = \frac{12}{(1.5)(1000)} = 0.008 = 0.8\%$$

표 5.6에서 0.8%의 정규화된 침하량의 경우, 선단 전이하중의 정규화된 값은 약 0.25이다. 따라서 선단 지지력은 (0.25)(2582) = 645.5 kN이다. 따라서 전체 하중은

$$Q = 1461 + 645.5 \approx \textbf{2102 kN}$$

5.9 요약

다음은 이 장에서 다룬 주요 내용에 대한 요약이다.

1. 현장타설말뚝은 지반조건에 따라 건조시공, 케이싱 사용 시공, 습윤시공 방식을 적용하여 시공이 가능하다.
2. 조립토 지반에서 현장타설말뚝의 극한 지지력은 식 (5.4)와 (5.20)으로 산정할 수 있다. 유사하게 점토 지반의 경우($\phi = 0$ 개념), 식 (5.23)과 (5.26)을 사용하여 극한 지지력을 산정할 수 있다.
3. Reese와 O'Neill의 방법(1989)은 침하량을 기준으로 지지력을 결정하는 방법이다.

연습문제

5.1 다음 문장이 참인지 거짓인지 답하시오.

　a. 현장타설말뚝은 대구경 타입말뚝을 포함한다.

　b. 현장타설말뚝의 직경이 500 mm일 수 있다.

　c. 점토 지반에서 단위면적당 주면 마찰저항력을 계산하는 데 사용되는 부착력 계수 α^*은 단단한 점토보다 연약한 점토에서 더 크다.

　d. 모래 지반에서 현장타설말뚝은 주면 마찰저항보다 선단저항에서 대부분의 지지력을 얻는다.

　e. 침하량이 현장타설말뚝 직경의 1%일 때, 모래와 점토 지반에서 주면 마찰저항력이 선단하중보다 더 크게 발현된다.

5.2 그림 5.14는 현장타설말뚝을 나타낸다. 말뚝은 $L_1 = 6$ m, $L_2 = 3$ m, $D_s = 1.2$ m, $D_b = 2$ m이다. 흙은 $\gamma_c = 15.6$ kN/m^3, $c_u = 35$ kN/m^2, $\gamma_s = 17.6$ kN/m^3, $\phi' = 35°$이다. 식 (5.17)을 사용하여 순 허용 선단 지지력($FS = 3$)을 결정하시오.

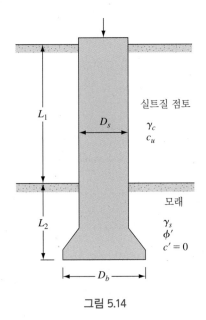

그림 5.14

5.3 식 (5.4)와 $E_s = 600\, p_a$를 사용하여 문제 5.2를 다시 풀이하시오.

5.4 문제 5.2에 설명된 현장타설말뚝의 경우, 상부 6 m 점토 지반에서 발생하는 주면 마찰저항력을 식 (5.26)과 (5.28)을 사용하여 구하시오.

5.5 그림 5.15는 모래 지반에서 현장타설말뚝을 나타낸다. 안전율 4를 사용하여 허용될

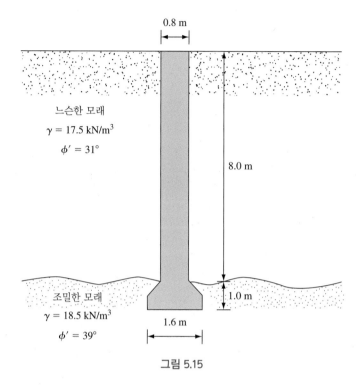

0.8 m

느슨한 모래

γ = 17.5 kN/m³

ϕ' = 31°

8.0 m

조밀한 모래

γ = 18.5 kN/m³

ϕ' = 39°

1.0 m

1.6 m

그림 5.15

수 있는 최대 하중을 결정하시오. δ' = 0.6ϕ'로 가정하고 선단 지지력을 계산하기 위해 식 (5.17)을 사용하시오. 주면으로부터 발생되는 지지력의 비율은 얼마인가?

5.6 상부 5 m는 c_u = 80 kN/m²인 점토로 구성되고, c_u = 150 kN/m²인 두꺼운 점토 퇴적층이 아래에 위치한다. 이 현장에 직경 1.0 m, 길이 15 m인 연직 현장타설말뚝이 시공되었다. 안전율 3을 사용하여 말뚝에 허용될 수 있는 최대 하중을 결정하시오. 식 (5.23)과 (5.26)을 사용하여 선단 지지력과 주면 마찰저항력을 각각 계산하시오.

5.7 그림 5.16은 연직 현장타설말뚝을 나타낸다. 여기서 L_1 = 6 m, L_2 = 7 m, D_s =1.5 m, $c_{u(1)}$ = 50 kN/m², $c_{u(2)}$ = 75 kN/m²이다. 다음 값들을 구하시오.

a. 순 극한 선단 지지력. 식 (5.23)과 (5.24)를 사용하시오.

b. 극한 주면 마찰저항력. 식 (5.26)과 (5.28)을 사용하시오.

c. 사용하중 $Q_w(FS$ = 3)

5.8 문제 5.7에 설명된 현장타설말뚝의 경우, 사용하중 하에서 전체 탄성 침하량을 식 (4.45), (4.47), (4.48)을 사용하여 산정하시오. E_p = 20 $\times$ 10⁶ kN/m², μ_s = 0.3, E_s = 12 $\times$ 10³ kN/m², ξ = 0.65, C_p = 0.03이다. 사용하중 하에서 주면 마찰저항력이 80% 발생하는 것으로 가정한다(문제 5.7의 문항 c 참고).

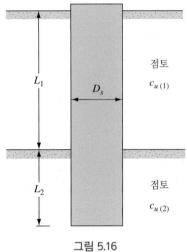

그림 5.16

5.9 문제 5.7에 설명된 현장타설말뚝의 경우, 다음 값들을 결정하시오.

　a. 극한 지지력

　b. 25 mm의 침하량에 대한 지지력

　5.8절에 설명된 방법을 사용하시오.

5.10 그림 5.17을 참조하시오. 여기서 $L = 6$ m, $L_1 = 5$ m, $D_s = 1.2$ m, $D_b = 1.7$ m, $\gamma = 15.7$ kN/m^3, $\phi' = 33°$이다. 말뚝의 선단부 아래로 $2D_b$의 거리 내에 수정되지 않은 평균 표준관입치 N은 32이다. 다음 값들을 결정하시오.

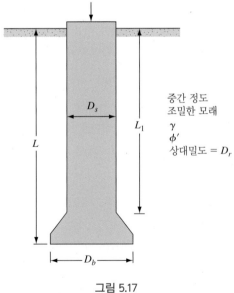

그림 5.17

a. 극한 지지력

b. 12.7 mm의 침하량에 대한 지지력

5.8절에 설명된 방법을 사용하시오.

비판적 사고 문제

5.11 그림 5.18은 사질토 지반에 종형 현장타설말뚝을 보여준다. 지반 물성은 그림에 나타난 바와 같다.

a. 안전율 4를 사용하여 현장타설말뚝에 허용되는 최대 하중을 식 (5.17)과 (5.20)을 사용하여 결정하시오. $\delta' = 0.5\,\phi'$으로 가정한다.

b. 침하량을 15 mm로 제한한다면 허용하중은 얼마인가? 표 5.5와 5.6을 사용하시오.

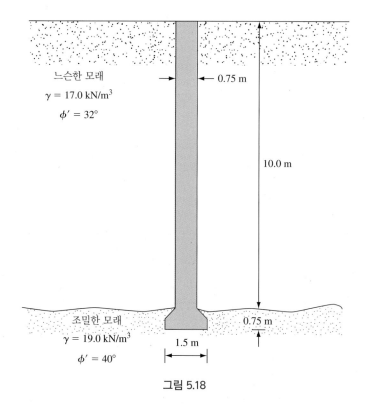

그림 5.18

참고문헌

BEREZANTZEV, V.G., KHRISTOFOROV, V.S., AND GOLUBKOV, V.N. (1961). "Load Bearing Capacity and Deformation of Piled Foundations," *Proceedings*, Fifth International Conference on Soil Mechanics and Foundation Engineering, Paris, Vol. 2, 11–15.

CHEN, Y.-J., AND KULHAWY, F.H. (1994). "Case History Evaluation of the Behavior of Drilled Shafts under Axial and Lateral Loading," *Final Report, Project 1493-04, EPRITR-104601*, Geotechnical Group, Cornell University, Ithaca, NY, December.

KULHAWY, F.H., AND JACKSON, C.S. (1989). "Some Observations on Undrained Side Resistance of Drilled Shafts," *Proceedings*, Foundation Engineering: Current Principles and Practices, American Society of Civil Engineers, Vol. 2, 1011–1025.

O'NEILL, M.W., AND REESE, L.C. (1999). *Drilled Shafts: Construction Procedure and Design Methods*, FHWA Report No. IF-99–025.

REESE, L.C., AND O'NEILL, M.W. (1989). "New Design Method for Drilled Shafts from Common Soil and Rock Tests," *Proceedings*, Foundation Engineering: Current Principles and Practices, American Society of Civil Engineers, Vol. 2, 1026–1039.

ROLLINS, K.M., CLAYTON, R.J. MIKESELL, R.C., AND BLAISE, B.C. (2005). "Drilled Shaft Side Friction in Gravelly Soils," *Journal of Geotechnical and Geoenvironmental Engineering*, American Society of Civil Engineers, Vol. 131, No. 8, 987–1003.

CHAPTER

6 하중저항계수 설계법(LRFD)

6.1 서론

지반공학자는 건물, 교량, 댐, 도로 및 기타 인프라 시설물의 설계 및 시공에서 중요한 역할을 한다. 모든 설계에서 주요 관심사 중 하나는 설계수명 동안 구조물의 안전성이다. 동시에 모든 프로젝트에서 중요한 고려 사항은 경제성이다. 충분한 수준의 안전을 유지하면서 비용이 초과해서는 안 되는 것이다. 그림 6.1은 안전의 수준과 프로젝트 비용 간의 일반적인 상관관계를 보여준다.

구조물에 요구되는 안전의 수준은 파괴의 결과, 설계수명, 구조물의 중요도에 따라 다르다. 원자력 발전소의 경우 파괴 시 심각한 피해를 일으킬 수 있으므로 매우 높은 수준의 안전성이 요구된다. 그림 6.1에서 볼 수 있듯이 안전의 수준을 높이면 프로젝트 비용이 크게 증가할 수 있다.

대부분의 구조물은 다양한 방법으로 설계 및 시공이 가능하며, 이러한 대안들은 안전성과 비용의 수준이 다를 것이다. 최적의 공법을 선택할 때 또 다른 선택 요소는 환경 문제와 시공 기간이다. 이 장에서는 두 가지의 설계 방법을 설명한다.

- **허용응력 설계법**(ASD, allowable stress design)
- **한계상태 설계법**(LSD, limit state design)

허용응력 설계법은 두 방법 중 오래된 방법으로, 대부분의 책에서 다루고 있다. 지반

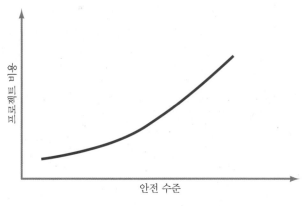

그림 6.1 안전과 비용의 관계

공학 분야에서 한계상태 설계법은 비교적 새로운 방법으로, 전 세계적으로 점점 사용이 늘고 있다. 이 장은 흔히 하중저항계수 설계법(LRFD, Load and Resistance Factor Design)으로 알려진 지반공학분야의 한계상태 설계법에 대한 일반적인 소개를 하고자 한다.

6.2 설계 개념

모든 토목 설계는 **설계요구량**(demand)과 **저항능력**(capacity) 사이의 상관관계로 볼 수 있다. 저항능력이 설계수명 동안 설계요구량을 초과하게 되면, 설계는 만족하게 된다. 확대기초의 경우, 기초 저면의 흙에 전달되는 압력이 설계요구량이고, 극한 지지력은 저항능력이 된다. 저항능력은 재료 특성에 따라 달라지며, 설계요구량은 하중에 따라 달라진다. 재료 특성과 하중에 의한 가변성으로 인해, 설계요구량과 저항능력은 모두 결정적(deterministic)이지 않다. 이들은 그림 6.2에서 볼 수 있듯이 특정 확률분포(예: 정규분포, 대수정규분포, 베타분포)를 따르는 확률(probabilistic) 변수이다. 표 6.1은 일반적인 지반공학 문제와 관련된 설계요구량-저항능력의 예를 나타낸다.

그림 6.2에서 $\overline{C}$와 $\overline{D}$는 각각 저항능력과 설계요구량의 평균값이다. 기존 **허용응력 설계법**(ASD)에서, 평균값 $\overline{C}$와 $\overline{D}$는 재료 특성과 하중으로부터 산정된다. 불확실성을 고려하기 위해 다음과 같이 보수적인 안전율을 사용한다.

$$FS = \frac{\overline{C}}{\overline{D}} \tag{6.1}$$

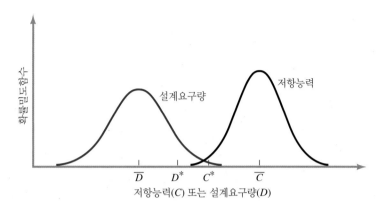

그림 6.2 설계요구량–저항능력 모델

표 6.1 간단한 설계요구량–저항능력 예

문제	저항능력	설계요구량
옹벽 활동	활동에 대한 저항	주동토압 합력의 수평요소
옹벽 전도	전도에 대한 저항모멘트	전도를 유발하는 모멘트
침투에 의한 파이핑	한계동수경사	출구동수경사
기초의 지지력 파괴	극한 지지력	기초 저면의 흙에 가해지는 압력

이 경우에 (a) 사하중, 활하중, 풍하중, 지진하중을 포함한 다양한 하중에 대한 변동성, (b) 흙의 물성에 대한 변동성, (c) 설계방법론에서 발생하는 불확실성을 고려하기 위해 **전체 안전율**(lumped factor of safety)이 사용된다. 일반적으로 1.5~4.0 범위를 가지는 전체 안전율은 경험, 판단, 설계 방법, 현장조사의 품질 및 수량, 구조물 유형에 기초한다. 식 (6.1)에서 계산된 FS가 추천된 최솟값보다 크면 설계가 만족되는 것이다.

두 번째로, 좀 더 현대적인 설계법은 **하중저항계수 설계법**(LRFD)으로 알려진 한계상태 설계법이다. 여기서, 최악의 시나리오에서 실제 저항이 저항능력 C^*보다 작을 가능성이 없도록 추정한다(즉, 과소평가). 유사하게 실제 하중이 설계요구량 D^*보다 더 클 가능성이 없도록 추정한다(즉, 과대평가). C^*이 D^*보다 크면 설계가 만족되는 것이다.

강재 또는 콘크리트와 같은 공학적 재료와 비교할 때 흙과 암반에 대한 변동성은 상당하며, 이러한 변동성은 예측에 대한 위험성을 증가시킨다. 표 6.2는 문헌에서 보고된 지반공학 매개변수의 변동계수(COV) 값을 요약하였다(Duncan, 2000;

표 6.2 변동계수의 일반적인 범위	
매개변수	변동계수(%)
간극비, e	20~30
간극률, n	20~30
상대밀도, D_r	10~40
비중, G_s	2~3
단위중량, γ	3~7
수중단위중량, γ'	0~10
액성한계, LL	10~20
소성한계, PL	10~20
소성지수, PI	30~70[a]
최적함수비, w_{opt}	20~40[b]
최대 건조밀도, $\rho_{d(max)}$	5
CBR(California bearing ratio)	25
투수계수(포화), k	70~90
투수계수(불포화), k	130~240
압밀계수, c_v	25~70
압축지수, C_c	10~40
선행압밀하중, σ'_c	10~35
내부마찰각(모래), ϕ'	10
내부마찰각(점토), ϕ'	10~50
내부마찰각(광미), ϕ'	5~20
비배수 전단강도, c_u	20~40
표준관입치, N	20~40
콘(전기식) 저항치, q_c	5~15
콘(기계식) 저항치, q_c	15~35
현장베인시험에서 얻은 비배수 전단강도, c_u	10~30

[a]점토의 경우 작은 값, 모래질/자갈질 점토의 경우 큰 값
[b]점토의 경우 작은값, 조립토의 경우 큰 값

Sivakugan, 2011). 여기서 변동계수는 다음과 같이 정의된다.

$$변동계수(\%) = \frac{표준편차}{평균} \times 100 \tag{6.2}$$

6.3   허용응력 설계법(ASD)

허용응력 설계법(allowable stress design 또는 working stress design)은 1800년대 초반부터 토목공학에 적용되어 왔다. 여기서 하중(S)은 구조물에 의해 제공되는 저항(R)과 비교되며, 안전율(FS)은 다음과 같이 정의된다.

$$FS = \frac{R}{S} \tag{6.3}$$

하중(S)과 저항(R)을 결정하는 데 필요한 매개변수에 대한 불확실성이 상당하다. 또한 설계방법에는 가정사항, 이상화, 근사화와 같은 많은 불확실성을 가진다. 예를 들어, 흙을 균질한 등방성의 탄성연속체로 가정하는데, 이는 사실이 아니다. 설계 매개변수의 변동성과 설계방법의 불확실성을 고려하기 위해 **전체 안전율 FS**가 사용되며, 이는 구조물의 중요성과 가능한 파괴의 결과에 따라 조정될 수 있다. 이러한 전체 안전율은 1.5~4.0의 범위에 있으며, 큰 값은 설계 매개변수와 근사화의 불확실성이 높은 경우에 일반적으로 사용한다(예: 기초의 지지력, 댐 하부 파이핑 현상). 토공과 코퍼댐 같은 임시 구조물의 경우 1.2~1.5 정도의 낮은 안전율을 적용한다. 표 6.3은 실제로 사용되는 전체 안전율의 일반적인 값을 나타낸다. 안전율은 설계기간 동안 파괴 가능성을 반영한다. 예를 들어, 사용기간 동안 파괴확률은 토공의 경우 1×10^{-2}, 흙막이 구조물의 경우 1×10^{-3}, 기초의 경우 1×10^{-4} 정도로 예상된다(Meyerhof, 1984).

표 6.3 안전율의 일반적인 값

구조물	FS	참고문헌
얕은 기초		
압축하중 하에 확대 기초	2.0~3.0	Bowles 1988
전면기초	1.7~2.5	Bowles 1988
인발하중	1.7~2.5	Bowles 1988
압축하중 하에 말뚝 기초		
정적재하시험으로 확인	2.0	USACE 1991
말뚝 타입 분석기(PDA)로 확인	2.5	USACE 1991
정적재하시험 또는 PDA로 확인되지 않음	3.0	USACE 1991
항타 공식	3.0~6.0	
옹벽		
활동—수동저항 무시	1.5	Goodman & Karol 1968
활동—수동저항 포함	2.0	Goodman & Karol 1968
전도—조립토 뒤채움	1.5	Teng 1962
전도—점성토 뒤채움	2.0	Teng 1962
침투		
파이핑	3.0~5.0	Bowles 1988
융기 또는 부력	1.5~2.5	Bowles 1988
토공사	1.2~1.6	Bowles 1988
임시 버팀굴착	1.2~1.5	Bowles 1988
코퍼댐 널말뚝	1.2~1.6	Bowles 1988

6.4 한계상태 설계법(LSD)과 부분안전계수

구조공학에서 한계상태 설계법(LSD)은 1980년대에 처음 도입되었지만, 지반공학 분야에서의 도입은 훨씬 늦었다. 구조공학 분야에서 한계상태는 구조적 구성요소가 의도한 대로 거동하지 않는 상태를 의미한다. 한계상태는 **극한한계상태**(ULS, ultimate limit state)와 **사용한계상태**(SLS, serviceability limit state)로 구분된다. 이들은 보수적으로 설정된 설계하중과 설계저항을 사용하여 확인되며, 여기서 하중은 과대평가되고 저항은 과소평가된다. 하중 및 저항은 이미 부분안전계수(하중계수의 경우 ψ, 저항계수의 경우 Φ)를 사용하여 조정되었기 때문에, 한계상태 설계에서 별도의 안전율은 사용되지 않는다. 하중계수는 1보다 크고 저항계수는 1보다 작다. 표 6.4는 캐나다 기초공학 매뉴얼(Canadian Foundation Engineering Manual, 1992)에서 제안된 계수들을 나타낸다.

극한한계상태는 인발, 압축, 전단 또는 굽힘 상태에서 파괴 또는 붕괴를 의미한다. 이러한 다양한 **파괴 형태**(modes of failure)는 각각 한계상태를 구성하기 때문에 개별적으로 확인해야 한다. 사용한계상태는 파괴와 붕괴와는 관련이 없다. 이는 구조물이 의도하는 대로 기능을 유지하는지가 중요하며, 허용 가능한 한계 내에 있어야 되는 문제들(변형, 침하, 기울어짐, 진동, 소음 등)에 관한 것이다. 사용한계에 도달했을 때, 긴급한 파괴의 징후가 없을 수 있다. 변형, 부등침하, 진동 등에 사용되는 허용값은 구조물 또는 시설물이 시공되는 목적에 따라 다르며 매우 큰 폭으로 달라질 수 있다.

지반공학 문제에서 계수하중 S^*(설계요구량과 유사)은 다음과 같이 계산할 수 있다.

$$S^* = \sum_{i=1}^{n} \psi_i S_i \tag{6.4}$$

여기서 S_i는 다양한 영구하중, 가변하중, 돌발하중의 영향을 고려한다. 영구하중은 설

표 6.4 하중계수(ψ)와 저항계수(Φ)의 일반적인 값(캐나다 기초공학 매뉴얼 기준, 1992)		
구분	항목	계수
하중:	사하중	$\psi = 1.25$
	활하중, 풍하중 또는 지진하중	$\psi = 1.50$
	수압	$\psi = 1.25$
전단강도:	점착력(안정성, 토압)	$\Phi = 0.65$
	점착력(기초)	$\Phi = 0.50$
	마찰각 ($\tan \phi'$)	$\Phi = 0.80$

계수명 동안 작용하는 사하중을 포함한다. 가변하중은 제한된 기간 동안에만 작용하는 활하중, 풍화중, 적설하중, 교통하중을 포함한다. 돌발하중은 지진하중, 폭발하중, 차량충격하중 등을 포함한다.

계수저항 R^*(저항능력과 유사)은 계수재료물성을 사용하여 다음과 같이 계산된다.

$$R^* = \sum_{i=1}^{n} \Phi_i R_i \qquad (6.5)$$

다음과 같다면 설계가 적절한 것으로 판단한다.

$$S^* \leq R^* \qquad (6.6)$$

하중저항계수 설계법(LRFD)은 지반공학 분야에서 점점 적용이 증가하고 있는 한계상태 설계법이다. 하중 효과는 고려하는 하중 조합의 범위, 하중계수 및 저항계수의 크기, 국가나 기관(예: AASHTO, IBC)에 따른 적용 방식, 문제 종류(예: 얕은 기초, 옹벽 등) 등 여러 가능한 하중 조건을 고려하여 계산된다. 여기서 조정되지 않은 재료 매개변수를 사용하여 계산된 저항값 R에 단일 강도감소계수 Φ가 적용된다. 따라서 식 (6.5)는 다음과 같이 될 수 있다.

$$R^* = \Phi R \qquad (6.7)$$

표 6.5는 AASHTO 교량 설계 기준에서 추천하는 LRFD의 강도감소계수를 나타낸다.

식 (6.4)에서 하중 효과를 계산할 때, 가능한 모든 하중 조합을 고려하고 최악의 조건을 사용해야 한다. Scott 등(2003)은 주요 기관에서 제안한 기초 설계를 위한 하중계수를 요약하였고, 이는 표 6.6에 정리되었다.

표 6.5 저항계수(AASHTO 기준, 2012)

구조	저항계수
얕은 기초의 지지력	0.45~0.55
타입말뚝의 지지력	
재하시험	0.75~0.80
항타 공식	0.10~0.40
정적 분석: 점토와 혼합토	
α방법	0.35
β방법	0.25
λ방법	0.40
정적 분석: 모래	0.45

표 6.6 기초 설계를 위한 하중계수

하중 종류	미국				캐나다		유럽	
	AASHTO	ACI	AISC	API	MOT	NRC	DGI	ECS
사하중	1.25~1.95	1.4	1.2~1.4	1.1~1.3	1.1~1.5	1.25	1.0	1.0~1.35
	(0.65~0.9)	(0.9)	(0.9)	(0.9)	(0.65~0.95)	(0.85)	(0.85)	(0.95)
활하중	1.35~1.75	1.7	1.6	1.1~1.5	1.15~1.4	1.5	1.3	1.3~1.5
				(0.8)				
풍하중	1.4	1.3	1.3	1.2~1.35	1.3	1.5	1.3	1.3~1.5
지진하중	1.0	1.4	1.0	0.9	1.3	1.0	1.0	1.0

주의: 괄호 안의 값은 하중이 양호하고 파괴에 저항할 때 적용

AASHTO = American Association of State Highway Transportation Officials
ACI = American Concrete Institute
AISC = American Institute of Steel Construction
API = American Petroleum Institute
MOT = Ministry of Transportation
NRC = National Research Council of Canada
DGI = Danish Geotechnical Institute
ECS = Eurocode

설계에서 고려되는 일반적인 하중 조합은 다음과 같다.

$$Q = 1.25Q_D + 1.75Q_L \tag{6.8}$$

$$Q = 1.25\,Q_D + 1.35Q_L + 0.4Q_W \tag{6.9}$$

여기서 Q = 설계하중, Q_D = 사하중, Q_L = 활하중, Q_W = 풍하중

예제 6.1

폭 2.0 m의 정사각형 기초는 $\phi' = 35°$, $\gamma = 19.0$ kN/m³인 조립토 지반에 1.0 m의 깊이에 설치되어 있다. 활하중은 사하중의 80%로 예상된다. 다음을 기준으로 기초에 적용될 수 있는 최대 사하중을 결정하시오.

a. FS = 3인 허용응력 설계법

b. 표 6.4의 하중계수 및 저항계수를 이용한 한계상태 설계법

지지력 공식[식 (2.4)]과 2.3절의 지지력계수(표 2.1)를 참조하시오.

풀이

a. 허용응력 설계법

$\phi' = 35°$인 경우, 표 2.1에서 $N_q = 41.44$와 $N_\gamma = 45.41$

식 (2.4): $q_u = qN_q + 0.4\gamma BN_\gamma$

$q_u = (19.0 \times 1)(41.44) + 0.4(19.0)(2.0)(45.41) = 1477.6 \text{ kN/m}^2$

$q_{all} = \dfrac{1477.6}{3} = 492.5 \text{ kN/m}^2$

사하중을 P kN으로 가정한다. 활하중은 $0.8P$ kN이다. 기초에 작용하는 전체 하중은 $1.8P$이다.

흙에 가해지는 압력은 $\dfrac{1.8P}{2 \times 2} = 0.45P$ kN/m² 이다.

$$0.45P \leq 492.5$$

따라서 **$P \leq 1094.4$ kN**

b. 한계상태 설계법

표 6.4의 저항계수를 적용하면

$$\tan \phi' = 0.8 \times \tan 35 = 0.560; \phi' = 29.3°$$

표 2.1로부터 $N_q = 20.72$와 $N_\gamma = 17.07$

식 (2.4): $q_u = qN_q + 0.4\gamma BN_\gamma$

$q_u = (19.0 \times 1)(20.72) + 0.4(19.0)(2.0)(17.07) = 653.1 \text{ kN/m}^2$

표 6.4의 하중계수를 적용하면,

$$\text{전체 하중} = 1.25(P) + 1.5(0.8P) = 2.45P$$

흙에 가해지는 압력은 $\dfrac{2.45P}{2 \times 2} = 0.6125P$ kN/m²이다.

$$0.6125P \leq 653.1$$

따라서 **$P \leq 1066.3$ kN**

예제 6.2

LRFD를 기반으로 예제 6.1로부터 2.0 m 폭의 기초에 적용될 수 있는 최대 사하중을 결정하시오. 다음의 하중계수/저항계수를 가정하시오.

$$\text{사하중의 하중계수} = 1.25$$
$$\text{활하중의 하중계수} = 1.75$$
$$\text{극한 지지력에 대한 강도감소계수} = 0.50$$

풀이

전체 하중 = $1.25 (P) + 1.75 (0.8P) = 2.65P$

흙에 가해지는 압력은 $\dfrac{2.65P}{2 \times 2} = 0.6625P$ kN/m². 즉 $S^* = 0.6625P$ kN/m²

$\phi' = 35°$인 경우, 표 2.1로부터 $N_q = 41.44$와 $N_\gamma = 45.41$

식 (2.4)로부터: $q_u = qN_q + 0.4\gamma BN\gamma$

$$q_u = (19.0 \times 1)(41.44) + 0.4(19.0)(2.0)(45.41) = 1477.6 \text{ kN/m}^2$$
$$R^* = 0.5 \times 1477.6 = 738.8 \text{ kN/m}^2$$

$S^* \leq R^*$인 경우 $0.6625P \leq 738.8$

$$\boldsymbol{P \leq 1115.2 \text{ kN}}$$

6.5 요약

다음은 이 장에서 다룬 주요 내용에 대한 요약이다.

1. 허용응력 설계법(ASD)은 하중저항계수 설계법(LRFD)보다 오래되었다.
2. LRFD는 한계상태 설계법이다.
3. LRFD에서 안전율은 하중계수 및 저항계수에 내재되어 있다. 별도의 안전율이 사용되지 않는다.
4. LRFD에서는 계수하중이 계수저항보다 작아야 한다.

연습문제

6.1 다음 문장이 참인지 거짓인지 답하시오.

   a. 변동성이 높을수록 변동계수가 커진다.

   b. 변동계수는 100%를 초과할 수 없다.

   c. LRFD에서 사용되는 하중은 ASD에서 사용되는 하중보다 크다.

   d. 기초에 사용되는 하중계수/저항계수는 옹벽과 다르다.

   e. LRFD의 하중계수는 일반적으로 1보다 크다.

6.2 $c' = 10 \text{ kN/m}^2$, $\phi' = 26°$, $\gamma = 19.0 \text{ kN/m}^3$인 지반에 연속기초가 필요하다. 기초의 깊이는 1.0 m이다. 사하중과 활하중은 각각 600 kN/m, 400 kN/m이다. 식 (2.3)과 표 2.1을 사용하고, $FS = 3$을 적용한 허용응력 설계법을 사용하여 필요한 기초의 폭을 결정하시오.

6.3 표 6.4를 사용하여 한계상태 설계법을 기반으로 문제 6.2를 다시 풀이하시오.

6.4 다음 계수를 사용하여 LRFD를 기반으로 문제 6.2를 다시 풀이하시오.

        사하중의 하중계수 = 1.25

        활하중의 하중계수 = 1.75

        극한 지지력에 대한 강도감소계수 = 0.50

참고문헌

AASHTO (2012). AASHTO LRFD Bridge Design Specifications, Washington, DC.

BOWLES, J.E., (1988). *Foundation Analysis and Design*, 4th Ed., McGraw-Hill, New York.

CFEM (1992). *Canadian Foundation Engineering Manual*, 3rd Ed., Canadian Geotechnical Society, Canada.

DUNCAN, J.M. (2000). "Factor of Safety and Reliability in Geotechnical Engineering," *Journal of Geotechnical and Geoenvironmental Engineering*, ASCE, 126(4), 307–316.

GOODMAN, L.J., AND Karol, R.H. (1968). *Theory and Practice of Foundation Engineering*, Macmillan Publishing Co., New York.

MEYERHOF, G.G. (1984). "Safety Factors and Limit States Analysis in Geotechnical Engineering," *Canadian Geotechnical Journal*, 21, 1–7.

SCOTT, B., KIM, B.J. AND SALGADO, R. (2003). "Assessment of Current Load Factors for Use in Geotechnical Load and Resistance Factor Design," *Journal of Geotechnical and Geoenvironmental Engineering*, ASCE, 129(4), 287–295.

SIVAKUGAN, N. (2011). "Engineering Properties of Soil," Chapter 1, *Geotechnical engineering handbook*, Ed. B.M. Das, J. Ross Publishing, Florida.

TENG, W.C. (1962). *Foundation Design*, Prentice Hall, Englewood Cliffs, New Jersey.

USACE (1991). *Design of Pile Foundations*, Engineering Design Manual EM 1110-2-2906, US Army Corps of Engineers, Washington, DC.

CHAPTER
7 수평토압

7.1 서론

구조물이 수평방향으로 확산되는 지반을 억제할 때, 지반 구조물은 수평 하중을 받는다. 옹벽, 지하 벽체, 버팀 굴착, 그리고 널말뚝은 수평토압을 받고 있는 지반공학적 구조물들 중 일부이다(그림 7.1 참고). 이와 같은 구조물의 설계를 위해서는 구조물에 작용하는 수평토압에 대한 철저한 지식이 필요하다.

이 장에서는 수평토압의 특별한 세 경우에 대해서 알아보기로 한다.

- 정지토압(at-rest pressure)
- 주동토압(active pressure)
- 수동토압(passive pressure)

여기에서 주동토압과 수동토압은 흙이 파괴되는 두 가지 극한의 하중조건을 말한다. 이러한 특정한 경우들하에서 수평토압을 결정하기 위한 원리와 절차를 이 장에서 설명한다.

그림 7.1 옹벽 구조물. (a) 옹벽, (b) 격자형 조립식 옹벽, (c) 지하 벽체 (Australia, James Cook University, N. Sivakugan 제공)

7.2 정지토압

그림 7.2와 같은 토체를 생각해 보자. 이 토체는 무한 깊이로 확대된 마찰이 없는 벽면(frictionless wall) AB에 의해 구속되어 있다. 깊이 z에 위치한 흙 요소에 **유효연직응력** σ_o'과 **유효**수평응력 σ_h'이 작용한다. 이러한 경우는 건조한 흙이기 때문에 다음과 같다.

$$\sigma_o' = \sigma_o'$$

그리고

$$\sigma_h' = \sigma_h$$

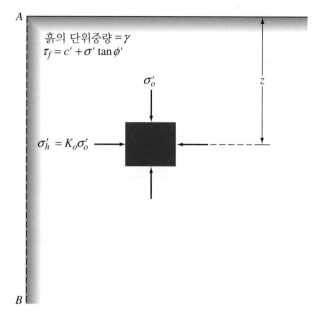

그림 7.2 정지토압

여기서 σ_o와 σ_h는 각각 연직방향과 수평방향의 전응력이다. 또한 연직면과 수평면상에는 전단응력이 작용하지 않는다.

만일 벽체 AB가 정적인 상태라면, 즉 초기위치에서부터 왼쪽 또는 오른쪽으로 이동이 없다면, 토체는 **탄성평형**(elastic equilibrium) 상태이기 때문에 수평 변형률은 '0'이다. 유효연직응력에 대한 유효수평응력의 비를 **정지토압계수**(coefficient of earth pressure at rest) K_o라고 하며 다음과 같다.

$$K_o = \frac{\sigma_h'}{\sigma_o'} \tag{7.1}$$

균질한 지반에서 K_o의 크기는 모든 위치에서 동일하다.

$\sigma_o' = \gamma z$이기 때문에 다음과 같이 유효수평응력을 나타낼 수 있다.

$$\sigma_h' = K_o(\gamma z) \tag{7.2}$$

정규압밀된 조립토 지반에서 정지토압계수는 다음과 같은 경험적인 관계식으로 추정될 수 있다(Jaky, 1944).

$$K_o = 1 - \sin \phi' \tag{7.3}$$

여기서 ϕ' = 배수마찰각

또한 이 관계식은 정규압밀점토에서도 유효한 경험식이다.

정규압밀된 세립토 지반에서도 Massarsch(1979)는 K_o에 관한 다음 식을 제안하였다.

$$K_o = 0.44 + 0.42 \left[\frac{PI\,(\%)}{100} \right] \tag{7.4}$$

Alpan(1969)은 정규압밀점토에 대해서 다음과 같이 제안하였다.

$$K_o = 0.19 + 0.233 \log PI \tag{7.5}$$

과압밀 지반(조립토이거나 점성토)의 정지토압계수 K_o는 정규압밀상태의 K_o 크기보다 크고 다음과 같이 표현된다.

$$K_{o\,\text{(overconsolidated)}} = K_{o\,\text{(normally consolidated)}}\, OCR^m \tag{7.6}$$

여기서 $m \approx 0.5$이며 OCR은 다음과 같이 정의된 과압밀비이다.

$$OCR = \frac{\text{선행압밀압력}}{\text{현재 유효상재압력}} \tag{7.7}$$

Mayne과 Kulhawy(1982)는 $m = \sin \phi'$이라고 제안하였다. 토체를 선형탄성인 연속체로 가정하였을 때, 정지토압계수는 다음과 같이 표현할 수 있다.

$$K_o = \frac{\mu}{1 - \mu} \tag{7.8}$$

여기서 μ는 탄성체의 포아송비이다. 일차원적인 압밀상태의 지반은 $\sigma_h' = K_o\sigma_z'$인 K_o 상태이다. 여기서 σ_z'은 유효연직응력이다. 또한 일차원적인 압밀상태의 점토에서는 어떠한 측면 변형률도 발생하지 않으므로 K_o 상태(정지, at-rest)이다.

심하게 과압밀된 점토의 경우에는 더 큰 값을 갖지만, 대부분 흙의 K_o 크기는 0.5~1.0 범위이다.

그림 7.3은 높이 H인 벽체에서 정지토압 분포를 보여준다. 벽체의 단위길이당 총힘 P_o은 토압 분포의 면적과 같으므로 다음과 같이 표현된다.

$$P_o = \frac{1}{2} K_o \gamma H^2 \tag{7.9}$$

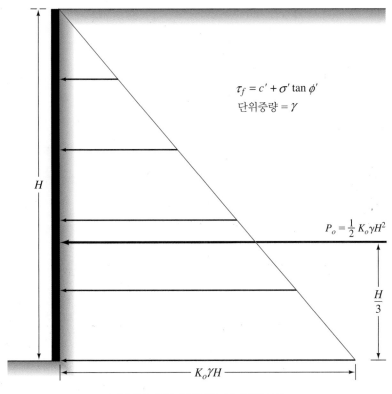

$$\tau_f = c' + \sigma' \tan \phi'$$
$$단위중량 = \gamma$$

$$P_o = \frac{1}{2} K_o \gamma H^2$$

$$\frac{H}{3}$$

$$K_o \gamma H$$

그림 7.3 벽체에 작용하는 정지토압 분포

지하수가 있는 지반의 정지토압

그림 7.4a는 높이 H인 벽체를 보여준다. 지하수위는 지표 아래 깊이 H_1에 위치하고, 벽체 반대 측에는 지하수가 없다. $z \leq H_1$ 조건에서는 총 정지토압은 $\sigma'_h = K_o \gamma z$이다. 깊이에 따른 σ'_h의 변화는 그림 7.4a와 같이 삼각형 ACE로 나타난다. 그러나 $z \geq H_1$ (즉, 지하수위 아래) 조건에서 벽체에 작용하는 토압은 유효응력과 간극수압성분으로 구성되며 다음과 같은 방법으로 나타낸다.

$$유효연직응력 = \sigma'_o = \gamma H_1 + \gamma'(z - H_1) \tag{7.10}$$

여기서 $\gamma' = \gamma_{sat} - \gamma_w =$ 유효 또는 수중단위중량이다. 따라서 정지상태 유효수평토압은 다음과 같다.

$$\sigma'_h = K_o \sigma'_o = K_o[\gamma H_1 + \gamma'(z - H_1)] \tag{7.11}$$

깊이에 따른 σ'_h의 변화는 그림 7.4a의 $CEGB$와 같다. 또한 간극수에 의한 수평압력은 다음과 같다.

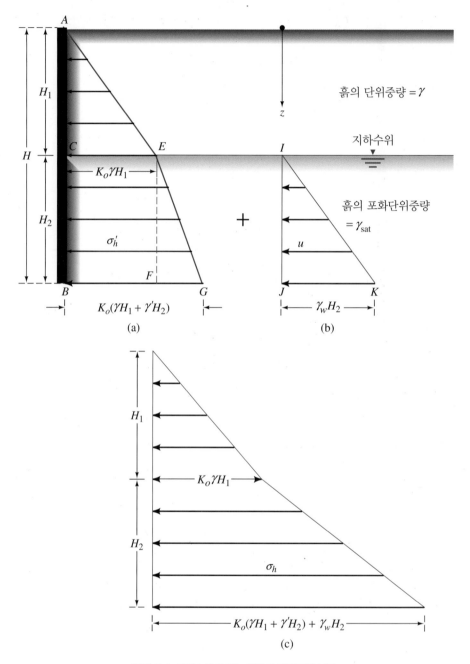

그림 7.4 지하수위가 있는 경우의 정지토압 분포

$$u = \gamma_w(z - H_1) \qquad (7.12)$$

깊이에 따른 u의 변화는 그림 7.4b에 보여준다.

따라서 $z \geq H_1$의 임의 깊이에서 흙과 지하수에 의한 총 수평토압(total lateral pressure)은 다음과 같다.

$$\sigma_h = \sigma_h' + u$$
$$= K_o[\gamma H_1 + \gamma'(z - H_1)] + \gamma_w(z - H_1) \tag{7.13}$$

벽체의 단위길이당 작용하는 힘은 그림 7.4a와 7.4b의 압력 분포도 면적의 합으로 구할 수 있다.

$$P_o = \frac{1}{2} K_o\gamma H_1^2 + \underbrace{K_o\gamma H_1 H_2}_{} + \underbrace{\frac{1}{2}(K_o\gamma' + \gamma_w)H_2^2}_{} \tag{7.14}$$
$$\underbrace{\phantom{\frac{1}{2} K_o\gamma H_1^2}}_{\substack{\text{면적} \\ ACE}} \quad \underbrace{}_{\substack{\text{면적} \\ CEFB}} \quad \underbrace{\phantom{\frac{1}{2}(K_o\gamma' + \gamma_w)H_2^2}}_{\substack{\text{면적} \\ EFG\text{와 } IJK}}$$

또는

$$P_o = \frac{1}{2} K_o[\gamma H_1^2 + 2\gamma H_1 H_2 + \gamma' H_2^2] + \frac{1}{2} \gamma_w H_2^2 \tag{7.15}$$

7.3 주동 및 수동토압의 Rankine 이론

흙의 **소성평형**(plastic equilibrium)이란 토체 내부의 모든 점들이 파괴 직전의 상태에 있음을 말한다. Rankine(1857)은 소성평형 상태에 있는 흙의 응력조건에 대하여 연구하였다. 이 절은 Rankine의 토압이론을 다룬다.

Rankine의 주동상태

그림 7.5a는 그림 7.2에서 설명한 동일한 토체를 보여준다. 깊이가 무한하고 마찰이 없는 벽면 AB에 의해 구속된 토체이다. 깊이 z에서 흙 요소에 작용하는 연직과 수평 유효 주응력은 각각 σ_o'과 σ_h'이다. 7.2절에서 언급한 바와 같이 벽면 AB가 전혀 움직이지 못한다면, $\sigma_h' = K_o\sigma_o'$이 된다. 흙 요소의 응력조건은 그림 7.5b에서 Mohr원 a로 나타난다. 하지만 벽면 AB가 원래의 위치에서 점차 이동이 허락된다면, 수평 유효 주응력은 감소하는 반면 연직 유효 주응력 σ_o'은 동일하게 유지된다. 그래서 Mohr원은 커지게 된다. 결국 흙 요소 응력조건은 Mohr원 b 상태에 도달하게 되며, 이러한 소성평형 상태는 흙의 파괴를 발생시킬 것이다. 이런 상태를 **Rankine의 주동상태**(Rankine's active state)라고 하고 연직면(즉, 주응력면)에 작용하는 압력 σ_a'을

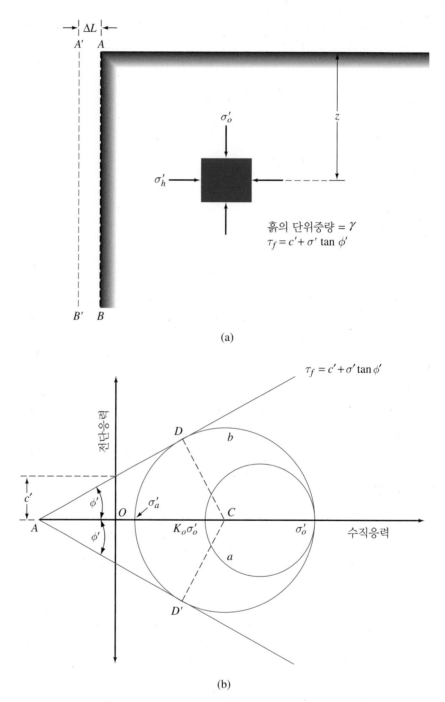

(a)

(b)

그림 7.5 Rankine의 주동토압

Rankine의 **주동토압**(Rankine's active earth pressure)이라고 한다. 다음은 γ, z, c', 그리고 ϕ'의 관계로 주동토압 σ_a'을 유도한 것이다.

그림 7.5b로부터

$$\sin \phi' = \frac{CD}{AC} = \frac{CD}{AO + OC}$$

그러나

$$CD = \text{파괴원의 반경} = \frac{\sigma_o' - \sigma_a'}{2}$$

$$AO = c' \cot \phi'$$

그리고

$$OC = \frac{\sigma_o' + \sigma_a'}{2}$$

그래서

$$\sin \phi' = \frac{\dfrac{\sigma_o' - \sigma_a'}{2}}{c' \cot \phi' + \dfrac{\sigma_o' + \sigma_a'}{2}}$$

또는

$$c' \cos \phi' + \frac{\sigma_o' + \sigma_a'}{2} \sin \phi' = \frac{\sigma_o' - \sigma_a'}{2}$$

또는

$$\sigma_a' = \sigma_o' \frac{1 - \sin \phi'}{1 + \sin \phi'} - 2c \frac{\cos \phi'}{1 + \sin \phi'} \tag{7.16}$$

그러나

$$\sigma_o' = \text{유효연직상재압력} = \gamma z$$

$$\frac{1 - \sin \phi'}{1 + \sin \phi'} = \tan^2 \left(45 - \frac{\phi'}{2} \right)$$

그리고

$$\frac{\cos \phi'}{1 + \sin \phi'} = \tan \left(45 - \frac{\phi'}{2} \right)$$

위 식을 식 (7.16)에 대입하면 다음과 같이 정리된다.

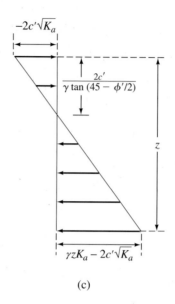

(c)

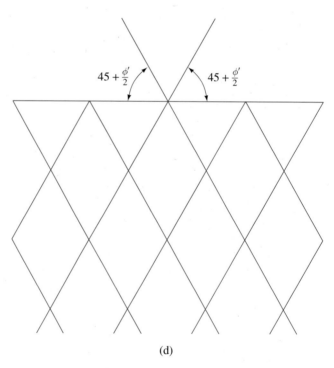

(d)

그림 7.5 Rankine의 주동토압 (계속)

$$\sigma'_a = \gamma z \tan^2\left(45 - \frac{\phi'}{2}\right) - 2c' \tan\left(45 - \frac{\phi'}{2}\right) \tag{7.17}$$

그림 7.5c는 깊이에 따른 σ'_a의 변화를 나타내고 있다. 사질토에서는 $c' = 0$이므로

$$\sigma'_a = \sigma'_o \tan^2\left(45 - \frac{\phi'}{2}\right) \tag{7.18}$$

σ'_o에 대한 σ'_a의 비를 **Rankine의 주동토압계수**(coefficient of Rankine's active earth pressure) K_a라고 부르고 다음과 같이 나타낼 수 있다.

$$K_a = \frac{\sigma'_a}{\sigma'_o} = \tan^2\left(45 - \frac{\phi'}{2}\right) \tag{7.19}$$

또한 그림 7.5b로부터 흙의 파괴면은 최대 주응력면인 수평면과 $\pm(45 + \phi'/2)$의 각도를 이루는 것을 알 수 있다. 이러한 파괴면을 **활동면**(slip plane)이라 하며, 그림 7.5d와 같이 그려진다.

Rankine의 수동상태

Rankine의 수동상태는 그림 7.6으로 설명할 수 있다. AB는 깊이가 무한한 마찰이 없는 벽이다(그림 7.6a). 흙 요소의 초기응력조건은 그림 7.6b에서 Mohr원 a로 표현된다. 만일 벽체가 점차적으로 토체 방향으로 밀린다면 유효 주응력 σ'_h은 증가하는 반면 σ'_o은 그대로 유지된다. 결국 벽체는 흙 요소의 응력조건이 Mohr원 b로 표현되는 상태로 도달할 것이다. 이때 흙은 파괴된다. 이러한 상태를 **Rankine의 수동상태**(Rankine's passive state)라 한다. 최대 주응력인 유효수평토압 σ'_p을 **Rankine의 수동토압**(Rankine's passive earth pressure)이라고 한다. 그림 7.6b로부터 다음과 같이 나타낼 수 있다.

$$\begin{aligned} \sigma'_p &= \sigma'_o \tan^2\left(45 + \frac{\phi'}{2}\right) + 2c' \tan\left(45 + \frac{\phi'}{2}\right) \\ &= \gamma z \tan^2\left(45 + \frac{\phi'}{2}\right) + 2c' \tan\left(45 + \frac{\phi'}{2}\right) \end{aligned} \tag{7.20}$$

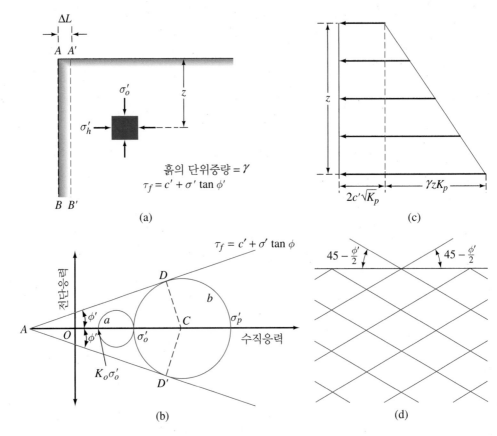

그림 7.6 Rankine의 수동토압

이 수식의 유도과정은 Rankine의 주동상태의 수식과 유사하다.

그림 7.6c는 깊이에 따른 수동압력의 변화를 나타내고 있다. 사질토($c' = 0$)에서는 다음과 같다.

$$\sigma_p' = \sigma_o' \tan^2\left(45 + \frac{\phi'}{2}\right)$$

또는

$$\frac{\sigma_p'}{\sigma_o'} = K_p = \tan^2\left(45 + \frac{\phi'}{2}\right) \tag{7.21}$$

위 식의 K_p를 Rankine의 **수동토압계수**(coefficient of Rankine's passive earth pressure)라고 부른다.

파괴원에서 점 D와 D'(그림 7.6b)은 토체 내의 활동면들과 일치한다. Rankine의 수동상태에 있어서 활동면은 최소 주응력면인 수평면과 $\pm(45 - \phi'/2)$의 각도를 이룬다. 그림 7.6d는 토체 내부의 활동면 분포를 보여준다.

벽체의 항복 효과

앞 절에서 이야기한 소성평형 상태에 도달하기 위해서 벽체의 충분한 이동이 필요하다는 것을 알고 있다. 그러나 벽체에 작용하는 수평토압의 분포는 벽체가 실제 항복되는 방식에 의해 매우 큰 영향을 받는다. 대부분 단순한 옹벽에서 벽체 이동은 단순한 수평이동 또는 빈번히 발생하는 옹벽 하부를 중심으로 한 회전에 의해 발생한다.

예비적인 이론해석을 위하여 그림 7.7a와 같은 AB면을 마찰 없는 옹벽으로 생각해보자. 벽체 AB가 옹벽 바닥을 중심으로 $A'B$ 위치로 충분히 회전한다면 벽에 가까운 삼각형 흙 쐐기 ABC'은 Rankine의 주동상태에 도달할 것이다. Rankine의 주동상태에서 활동면은 최대 주응력면과 $\pm(45 + \phi'/2)$의 각을 이루기 때문에 소성평형 상태에 도달한 토체는 수평면과 $(45 + \phi'/2)$의 각도를 이루고 있는 BC' 평면에 의해 구분된다. ABC' 구역 내부에 있는 흙은 모든 지점에서 수평방향으로 동일한 단위변형이 발생하는데 그 크기는 $\Delta L_a/L_a$와 같다. 지표로부터 임의 깊이 z에서 벽체의 수평토압은 식 (7.17)에 의해 계산된다.

이와 동일한 방법으로 마찰 없는 벽체 AB(그림 7.7b)가 $A''B$ 위치로 충분히 회전하면, 삼각형의 흙 쐐기 ABC''은 Rankine의 수동상태에 도달하게 된다. 소성평형 상태인 흙 쐐기를 구분하는 활동면 BC''은 수평면과 $(45 - \phi'/2)$의 각도를 이룬다. 삼각형의 흙 쐐기 ABC'' 내의 모든 흙은 수평방향으로 동일한 단위변형이 발생한다. 이 크기는 $\Delta L_p/L_p$와 같다. 임의 깊이 z에서의 벽체에 작용하는 수동토압은 식 (7.20)에 의해 평가할 수 있다.

Rankine의 상태에 도달하는 데 필요한 최소 벽 기울기(ΔL_a와 ΔL_p)의 일반적인 값이 표 7.1에 제시되어 있다. 주동상태에 도달하는 데 필요한 벽 기울기가 수동상태에 비해 현저히 적음을 알 수 있다. 또한 그것은 점성토보다 조립토에서 더 적다.

표 7.1 Rankine의 상태의 $\Delta L_a/H$와 $\Delta L_p/H$의 일반적인 값

흙의 종류	$\Delta L_a/H$	$\Delta L_p/H$
느슨한 모래	0.001~0.002	0.01
조밀한 모래	0.0005~0.001	0.005
연약점토	0.02	0.04
단단한 점토	0.01	0.02

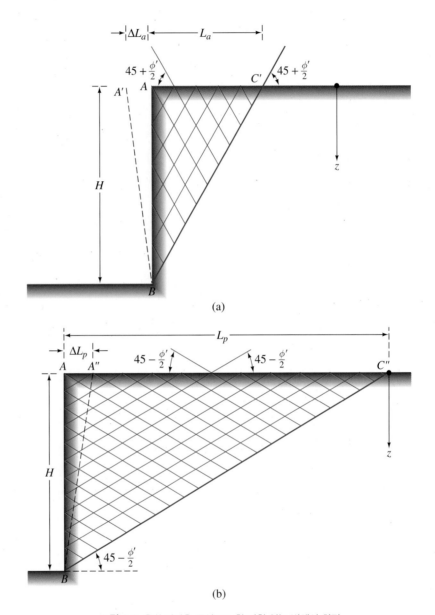

그림 7.7 옹벽 바닥을 중심으로 한 마찰 없는 벽체의 회전

7.4 옹벽에 작용하는 수평토압 분포도

사질토로 평평하게 뒤채움한 경우

주동상태 그림 7.8a는 평평하게 뒤채움(backfill)된 사질토 지반에서의 옹벽을 보여준다. 흙의 단위중량과 내부마찰각은 각각 γ와 ϕ'이다. Rankine의 주동상태에서 옹

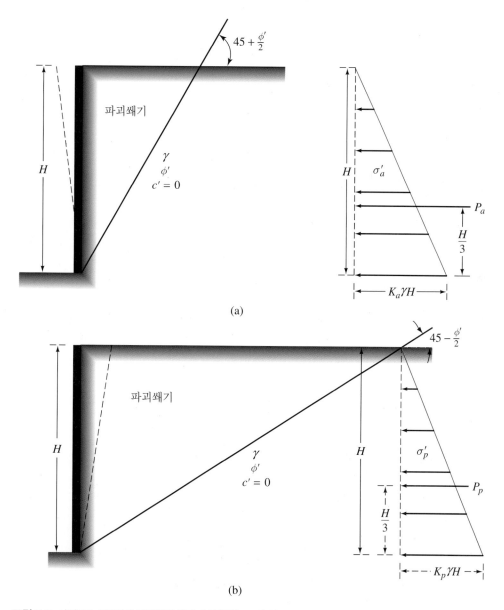

그림 7.8 사질토로 평평하게 뒤채움한 옹벽에 작용하는 토압 분포도. (a) Rankine의 주동상태, (b) Rankine의 수동상태

벽에 작용하는 임의 깊이의 토압은 식 (7.17)로 구할 수 있다.

$$\sigma_a = \sigma_a' = K_a \gamma z \quad (\text{주의}: c' = 0)$$

σ_a는 깊이에 따라 비례하고 벽면 바닥에서는

$$\sigma_a = K_a \gamma H \tag{7.22}$$

벽체의 단위길이당 총 힘 P_a는 토압 분포도의 면적과 같다.

$$P_a = \frac{1}{2}K_a\gamma H^2 \tag{7.23}$$

수동상태 Rankine의 수동상태에서 높이 H인 옹벽에 작용하는 수평토압 분포는 그림 7.8b와 같다. 임의 깊이 z에서의 수평토압[식 (7.20), $c' = 0$]은

$$\sigma_p = \sigma'_p = K_p\gamma H \tag{7.24}$$

벽체의 단위길이당 총 힘 P_p는 다음과 같다.

$$P_p = \frac{1}{2}K_p\gamma H^2 \tag{7.25}$$

상재하중과 지하수가 있는 뒤채움이 사질토인 경우

주동상태 그림 7.9a는 사질토로 뒤채움된 높이 H인 마찰 없는 옹벽을 보여준다. 지하수위는 지표면 아래 깊이 H_1에 위치하고 있으며, 뒤채움 흙은 단위면적당 상재하중 q를 받고 있다. 식 (7.18)로부터 깊이에 따른 유효주동토압은 다음과 같다.

$$\sigma'_a = K_a\sigma'_o \tag{7.26}$$

여기서 σ'_o과 σ'_a은 각각 유효연직응력 및 유효수평응력이다.

깊이 $z = 0$에서

$$\sigma_o = \sigma'_o = q \tag{7.27}$$

그리고

$$\sigma_a = \sigma'_a = K_aq \tag{7.28}$$

깊이 $z = H_1$에서

$$\sigma_o = \sigma'_o = (q + \gamma H_1) \tag{7.29}$$

그리고

$$\sigma_a = \sigma'_a = K_a(q + \gamma H_1) \tag{7.30}$$

깊이 $z = H$에서

$$\sigma'_o = (q + \gamma H_1 + \gamma' H_2) \tag{7.31}$$

그리고

$$\sigma'_a = K_a(q + \gamma H_1 + \gamma' H_2) \tag{7.32}$$

여기서 $\gamma' = \gamma_{sat} - \gamma_w$이다. 깊이에 따른 σ'_a의 변화는 그림 7.9b에 보여준다.

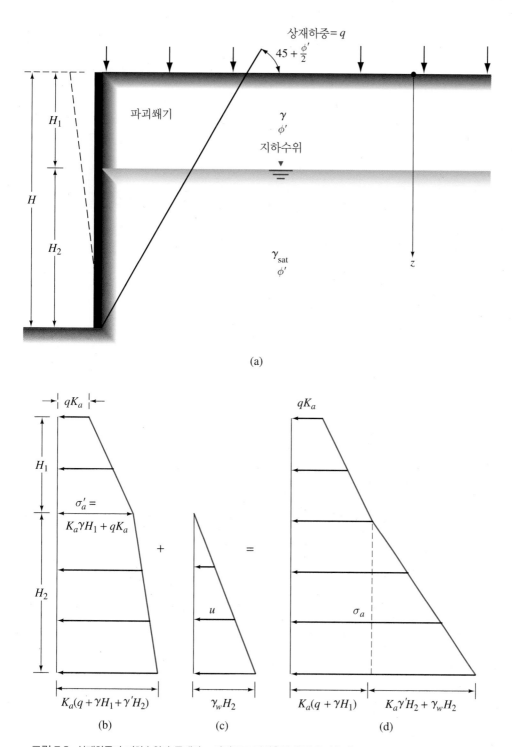

그림 7.9 상재하중과 지하수위가 존재하고 사질토로 뒤채움된 옹벽에 작용하는 Rankine의 주동토압 분포도

$z = 0$과 H_1 사이의 간극수압은 0이고, $z > H_1$인 경우 간극수압은 깊이에 따라서 선형적으로 증가한다(그림 7.9c). 깊이 $z = H$인 경우

$$u = \gamma_w H_1$$

총 수평토압 분포도 σ_a(그림 7.9d)는 그림 7.9b와 7.9c에서 보여준 토압과 수압 분포도의 합이다. 벽체의 단위길이당 작용하는 총 주동토압의 합력은 압력 분포 전체 면적이다. 그래서

$$P_a = K_a qH + \frac{1}{2}K_a \gamma H_1^2 + K_a \gamma H_1 H_2 + \frac{1}{2}(K_a \gamma' + \gamma_w)H_2^2 \qquad (7.33)$$

수동상태 그림 7.10a는 그림 7.9a와 동일한 형태의 옹벽이다. 벽체의 깊이에 따라서 Rankine의 수동토압은 식 (7.20)과 같다.

$$\sigma_p' = K_p \sigma_o'$$

앞의 식을 이용하여 그림 7.10b에서 보여준 것과 같이 깊이에 따른 σ_p'의 변화를 결정할 수 있다. 깊이에 따른 벽체에 작용하는 수압의 변화는 그림 7.10c에서 보여준다. 그림 7.10d는 깊이에 따른 전체 압력 σ_p의 분포를 보여준다. 따라서 벽체의 단위길이 당 총 수동토압의 합력은 그림 7.10d에 있는 분포도의 면적이다.

$$P_p = K_p qH + \frac{1}{2}K_p \gamma H_1^2 + K_p \gamma H_1 H_2 + \frac{1}{2}(K_p \gamma' + \gamma_w)H_2^2 \qquad (7.34)$$

점성토로 평평하게 뒤채움한 경우

주동상태 그림 7.11a는 점성토로 뒤채움된 마찰이 없는 옹벽을 나타낸다. 임의의 깊이에서 벽체에 작용하는 주동토압은 식 (7.17)과 같이 표현된다.

$$\sigma_a' = K_a \gamma z - 2c'\sqrt{K_a}$$

깊이에 따른 $K_a \gamma z$의 변화는 그림 7.11b와 같으며, 깊이별 $2c'\sqrt{K_a}$의 변화는 그림 7.11c에 나타나 있다. $2c'\sqrt{K_a}$가 z에 의한 함수가 아니므로 그림 7.11c는 직사각형 분포이다. 결과적으로 순 주동토압 σ_a'값의 변화가 그림 7.11d에 나타나 있다. 점착력의 영향으로 옹벽 상부에서 σ_a'은 음의 값을 갖는다. 그래서 주동토압이 0이 되는 깊이 z_o는 식 (7.17)로부터 구할 수 있다.

$$K_a \gamma z_o - 2c'\sqrt{K_a} = 0$$

또는

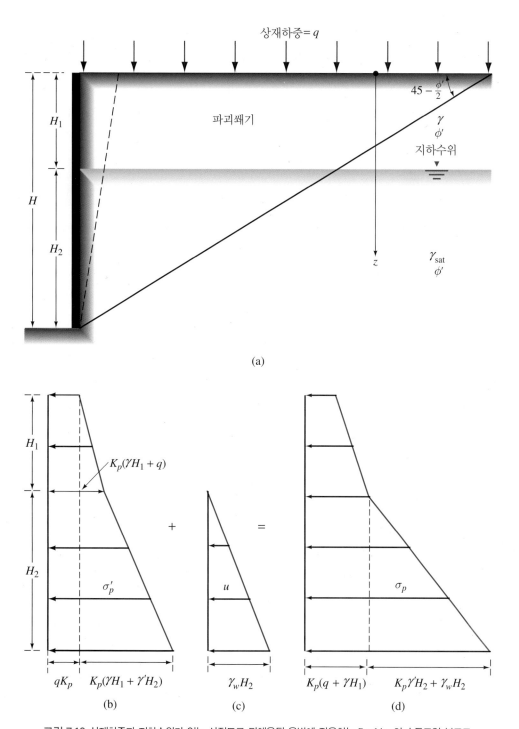

상재하중= q

$45 - \dfrac{\phi'}{2}$

파괴쐐기

γ
ϕ'

지하수위

H_1

H

H_2

z

γ_{sat}
ϕ'

(a)

H_1

$K_p(\gamma H_1 + q)$

H_2

σ'_p

$+$

u

$=$

σ_p

qK_p $K_p(\gamma H_1 + \gamma' H_2)$

(b)

$\gamma_w H_2$

(c)

$K_p(q + \gamma H_1)$ $K_p\gamma' H_2 + \gamma_w H_2$

(d)

그림 7.10 상재하중과 지하수위가 있는 사질토로 뒤채움된 옹벽에 작용하는 Rankine의 수동토압 분포도

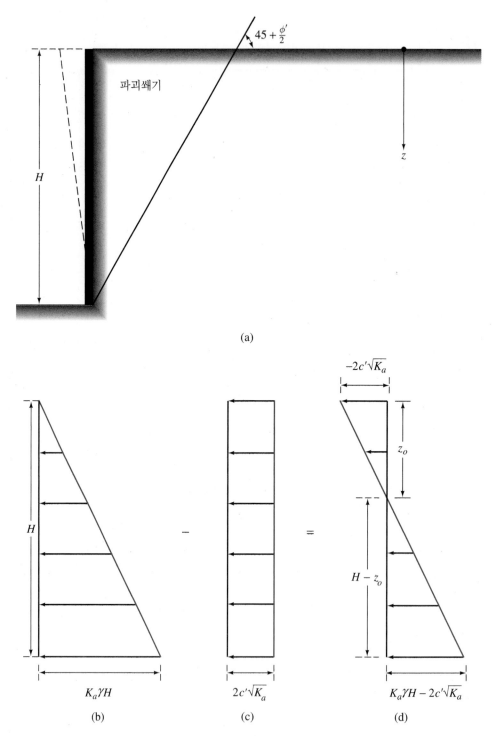

(a)

(b)   (c)   (d)

그림 7.11 점성토로 뒤채움된 옹벽에 작용하는 Rankine의 주동토압 분포도

$$z_o = \frac{2c'}{\gamma\sqrt{K_a}} \tag{7.35}$$

비배수조건, 즉 $\phi = 0$에서는 $K_a = \tan^2 45 = 1$, $c = c_u$(비배수 점착력)이므로 다음 식을 얻을 수 있다.

$$z_o = \frac{2c_u}{\gamma} \tag{7.36}$$

따라서 시간이 경과함에 따라 흙-벽체 경계면에서 인장균열은 깊이 z_o까지 도달하게 된다.

벽체에 단위길이당 총 주동토압의 합력은 전체 토압 분포도(그림 7.11d)의 면적으로부터 구할 수 있다.

$$P_a = \frac{1}{2}K_a\gamma H^2 - 2\sqrt{K_a}c'H \tag{7.37}$$

또한 $\phi = 0$인 경우에 대해서

$$P_a = \frac{1}{2}\gamma H^2 - 2c_uH \tag{7.38}$$

주동토압의 합력을 계산할 때 인장균열을 고려하는 것이 일반적이다. 인장균열 발생 후 깊이 z_o까지 흙과 벽체 사이에 어떠한 접촉도 없기 때문에 $z = 2c'/(\gamma\sqrt{K_a})$와 H(그림 7.11d) 사이의 주동토압만을 고려한다. 이 경우

$$\begin{aligned} P_a &= \frac{1}{2}\,(K_a\gamma H - 2\sqrt{K_a}c')\left(H - \frac{2c'}{\gamma\sqrt{K_a}}\right) \\ &= \frac{1}{2}\,K_a\gamma H^2 - 2\sqrt{K_a}c'H + 2\frac{c'^2}{\gamma} \end{aligned} \tag{7.39}$$

$\phi = 0$인 조건에서

$$P_a = \frac{1}{2}\gamma H^2 - 2c_uH + 2\frac{c_u^2}{\gamma} \tag{7.40}$$

식 (7.40)에서 γ는 흙의 포화단위중량이다.

수동상태 그림 7.12a는 그림 7.11a에서와 같이 유사한 형태의 옹벽을 나타낸 것이

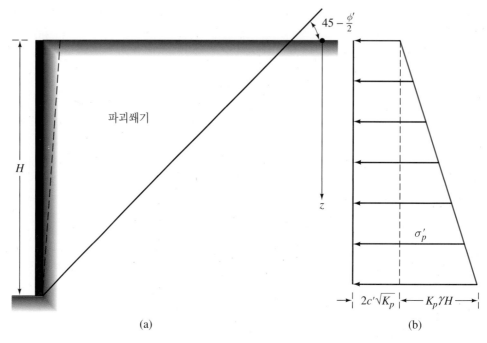

$$45 - \frac{\phi'}{2}$$

파괴쐐기

H

z

σ_p'

$2c'\sqrt{K_p}$ $K_p\gamma H$

(a)   (b)

그림 7.12 점성토로 뒤채움된 옹벽에 작용하는 Rankine의 수동토압 분포도

다. 깊이 z에서 벽체에 작용하는 Rankine의 수동토압은 식 (7.20)으로 구할 수 있다.

$$\sigma_p' = K_p\gamma z + 2\sqrt{K_p}c'$$

$z = 0$에서

$$\sigma_p = \sigma_p' = 2\sqrt{K_p}c' \tag{7.41}$$

$z = H$에서

$$\sigma_p = \sigma_p' = K_p\gamma H + 2\sqrt{K_p}c' \tag{7.42}$$

깊이에 따른 수동토압 $\sigma_p = \sigma_p'$의 변화는 그림 7.12b와 같다. 벽체의 단위길이당 수동토압의 합력은 압력 분포도의 전체 면적으로 구할 수 있다.

$$P_p = \frac{1}{2}K_p\gamma H^2 + 2\sqrt{K_p}c'H \tag{7.43}$$

$\phi = 0$인 비배수 조건에서 $K_p = 1$이므로 수동토압의 합력은 다음과 같다.

$$P_p = \frac{1}{2}\gamma H^2 + 2c_uH \tag{7.44}$$

식 (7.44)에서 γ는 흙의 포화단위중량이다.

예제 7.1

그림 7.13에서처럼 옹벽이 움직이지 않는다면 단위길이당 옹벽에 작용하는 토압의 합력을 구하시오. $\phi' = 26°$이다.

풀이

옹벽이 움직이지 않는다면 뒤채움은 정지상태의 토압이 작용한다. 그래서

$$\sigma'_h = \sigma_h = K_o\sigma'_o = K_o(\gamma z) \qquad (7.2)$$

식 (7.3)과 (7.6)으로부터 $m = \sin\phi'$을 적용하면

$$K_o = (1 - \sin\phi')(OCR)^{\sin\phi'} = (1 - \sin 26)(2)^{\sin 26} = 0.761$$

그리고 $z = 0$에서 $\sigma'_h = 0$, 4.5 m에서 $\sigma'_h = (0.761)(17)(4.5) = 58.22 \text{ kN/m}^2$이다. 총 토압 분포도는 그림 7.3에서 보여준 것과 유사할 것이다.

$$P_o = \frac{1}{2}(4.5)(58.22) = \textbf{131 kN/m}$$

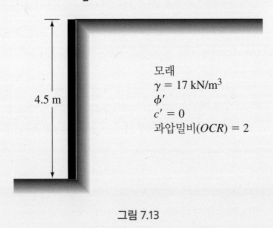

4.5 m

모래
$\gamma = 17 \text{ kN/m}^3$
ϕ'
$c' = 0$
과압밀비(OCR) = 2

그림 7.13

예제 7.2

그림 7.13에서 옹벽의 단위길이당 Rankine의 주동 및 수동토압을 계산하고, 토압의 합력의 작용점 위치를 결정하시오. $\phi' = 32°$이다.

풀이

$c' = 0$이므로 주동토압을 결정하기 위해서 (계속)

$$\sigma'_a = K_a \sigma'_o = K_a \gamma z$$

$$K_a = \frac{1 - \sin \phi'}{1 + \sin \phi'} = \frac{1 - \sin 32°}{1 + \sin 32°} = 0.307$$

$z = 0$에서 $\sigma'_a = 0$, $z = 4.5$ m에서 $\sigma'_a = (0.307)(17)(4.5) = 23.49$ kN/m²이다. 주동토압의 분포도는 그림 7.8a와 유사할 것이다.

$$\text{주동토압의 합력} \quad P_a = \frac{1}{2}(4.5)(23.49)$$
$$= \mathbf{52.85 \ kN/m}$$

총 토압 분포도가 삼각형이므로, P_a의 작용점은 옹벽 바닥으로부터 $4.5/3 = 1.5$ m 높이이다.

수동토압을 결정하기 위해 $c' = 0$이므로

$$\sigma'_p = \sigma_p = K_p \sigma'_o = K_p \gamma z$$

$$K_p = \frac{1 + \sin \phi'}{1 - \sin \phi'} = \frac{1 + 0.53}{1 - 0.53} = 3.26$$

$z = 0$에서 $\sigma'_p = 0$, $z = 4.5$ m에서 $\sigma'_p = 3.26(17)(4.5) = 249.39$ kN/m²이다. 옹벽에 작용하는 총 수동토압 분포도는 그림 7.8b와 같다.

$$P_p = \frac{1}{2}(4.5)(249.39) = \mathbf{561.13 \ kN/m}$$

토압의 합력의 작용점은 **옹벽 바닥으로부터** $5/3 = \mathbf{1.67 \ m}$ 높이이다.

예제 7.3

그림 7.14a는 포화된 연약점토로 뒤채움된 옹벽을 보여준다. 뒤채움의 비배수 조건($\phi = 0$)에 대해 다음 값들은 결정하시오.

a. 인장균열의 최대 깊이
b. 인장균열이 발생하기 전 P_a
c. 인장균열이 발생한 후 P_a

풀이

$\phi' = 0$, $K_a = \tan^2 45 = 1$, 그리고 $c = c_u$에 대해, 식 (7.17)로부터 비배수 조건은

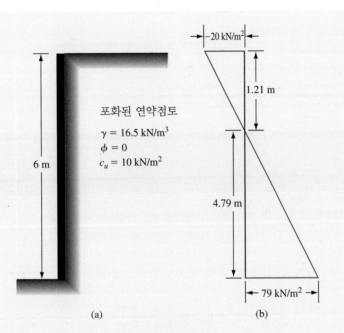

(a)   (b)

그림 7.14

$$\sigma_a = \gamma z - 2c_u$$

$z = 0$에서

$$\sigma_a = -2c_u = -(2)(10) = -20 \ \text{kN/m}^2$$

$z = 6 \ \text{m}$에서

$$\sigma_a = (16.5)(6) - (2)(10) = 79 \ \text{kN/m}^2$$

깊이에 따른 σ_a의 변화는 그림 7.14b와 같다.

a. 식 (7.36)에서 인장균열의 깊이는 다음과 같다.

$$z_o = \frac{2c_u}{\gamma} = \frac{(2)(10)}{16.5} = \textbf{1.21 m}$$

b. 인장균열이 발생하기 전[식 (7.38)],

$$P_a = \frac{1}{2} \gamma H^2 - 2c_u H$$

또는

$$P_a = \frac{1}{2}(16.5)(6)^2 - 2(10)(6) = \textbf{177 kN/m}$$

(계속)

c. 인장균열이 발생한 후

$$P_a = \frac{1}{2}(6 - 1.21)(79) = \textbf{189.2 kN/m}$$

예제 7.4

그림 7.15에서 보여준 옹벽에서 단위길이당 옹벽에 작용하는 Rankine의 주동토압의 합력 P_a를 결정하시오. 또한 그 작용점의 위치도 결정하시오.

풀이

$c' = 0$ 조건에서 $\sigma_a' = K_a\sigma_o'$이다. 상부층에서 Rankine의 주동토압계수는

$$K_a = K_{a(1)} = \frac{1 - \sin 30°}{1 + \sin 30°} = \frac{1}{3}$$

하부층에 대해서

$$K_a = K_{a(2)} = \frac{1 - \sin 35°}{1 + \sin 35°} = \frac{0.4264}{1.5736} = 0.271$$

$z = 0$에서 $\sigma_o' = 0$, $z = 1.2$ m(상부층의 바닥 바로 안쪽으로)에서 $\sigma_o' = (1.2)(16.5) = 19.8$ kN/m^{2}이다. 그래서

$$\sigma_a' = K_{a(1)}\sigma_o' = \frac{1}{3}(19.8) = 6.6 \text{ kN/m}^2$$

또한 $z = 1.2$ m(하부층)에서 $\sigma_o' = (1.2)(16.5) = 19.8$ kN/m^2, 그리고

$$\sigma_a' = K_{a(2)}\sigma_o' = (0.271)(19.8) = 5.37 \text{ kN/m}^2$$

$z = 6$ m에서,

$$\sigma_o' = (1.2)(16.5) + (4.8)(19.2 - \underset{\underset{\gamma_w}{\uparrow}}{9.81}) = 64.87 \text{ kN/m}^2$$

그리고

$$\sigma_a' = K_{a(2)}\sigma_o' = (0.271)(64.87) = 17.58 \text{ kN/m}^2$$

그림 7.15b는 깊이에 따른 σ_a'의 변화를 나타내고 있다.

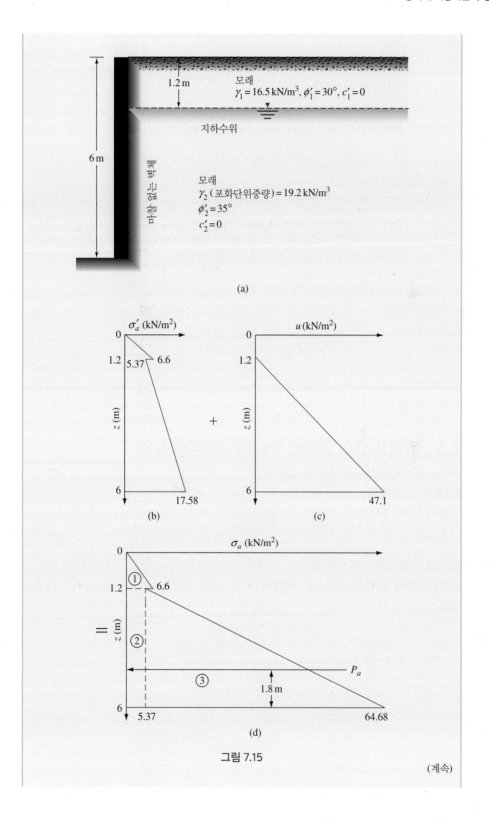

(a)

(b)   (c)

(d)

그림 7.15

(계속)

간극수압에 의한 수평압력은 다음과 같다.

- $z = 0$ m에서 $u = 0$
- $z = 1.2$ m에서 $u = 0$
- $z = 6$ m에서 $u = (4.8)(\gamma_w) = (4.8)(9.81) = 47.1$ kN/m²

깊이에 따른 u의 변화는 그림 7.15c에 나타나 있으며, σ_a(총 주동토압)의 변화는 그림 7.15d와 같다. 그래서

$$P_a = \left(\frac{1}{2}\right)(6.6)(1.2) + (4.8)(5.37) + \left(\frac{1}{2}\right)(4.8)(64.68 - 5.37)$$

$$= 3.96 + 25.78 + 142.34 = \mathbf{172.08 \ kN/m}$$

토압 합력의 작용점은 벽체 하부에서 모멘트를 취하여 구할 수 있다.

$$\bar{z} = \frac{3.96\left(4.8 + \dfrac{1.2}{3}\right) + (25.78)(2.4) + (142.34)\left(\dfrac{4.8}{3}\right)}{172.08} = \mathbf{1.8 \ m}$$

7.5 뒤채움 흙이 경사진 Rankine의 주동토압

7.3절에서 연직벽을 갖는 옹벽과 수평으로 놓인 뒤채움 흙의 사례들을 고려하였다. 그러나 다른 예외적인 사례로는 그림 7.16과 같이 뒤채움이 수평면에 경사 α각으로 연속해서 비탈면을 갖는 조건이다. 이러한 경우에는 Rankine의 주동 및 수동토압이 더이상 수평으로 작용하지 않는다. 오히려 뒤채움의 경사 α각과 동일하게 토압이 작용한다. 만약 뒤채움 흙이 배수마찰각 ϕ'과 $c' = 0$ 값을 갖는 조립토라면, 다음과 같다.

$$\sigma_a' = \gamma z K_a$$

여기서

$$K_a = \text{Rankine의 주동토압계수}$$

$$= \cos \alpha \frac{\cos \alpha - \sqrt{\cos^2 \alpha - \cos^2 \phi'}}{\cos \alpha + \sqrt{\cos^2 \alpha - \cos^2 \phi'}} \tag{7.45}$$

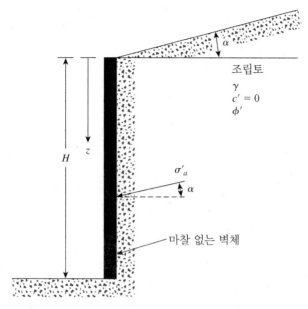

그림 7.16 뒤채움 경사가 있고 마찰 없는 연직벽체 옹벽

벽체에 작용하는 단위길이당 주동토압의 합력은 다음과 같다.

$$P_a = \frac{1}{2} K_a \gamma H^2 \tag{7.46}$$

벽체에 작용하는 토압 합력의 작용선은 옹벽 바닥으로부터 $H/3$ 거리에 위치한다. 표 7.2는 α와 ϕ'의 다양한 조합에 대한 K_a값의 변화를 보여준다.

   같은 방법으로 α 각도만큼 경사진 뒤채움을 갖는 옹벽에서 수동토압이 작용할 때, Rankine의 수동토압계수는 다음과 같다.

$$K_p = \cos \alpha \, \frac{\cos \alpha + \sqrt{\cos^2 \alpha - \cos^2 \phi'}}{\cos \alpha - \sqrt{\cos^2 \alpha - \cos^2 \phi'}} \tag{7.47}$$

7.6 Coulomb의 토압이론−마찰 있는 옹벽

지금까지 다룬 주동 및 수동토압의 이론은 마찰 없는 벽체를 고려했다. 그러나 실제 현장에서의 옹벽은 마찰력이 있으며 벽체와 뒤채움 사이에서 전단력이 발생한다. 약 200년 전 Coulomb(1776)은 옹벽에 대한 주동토압과 수동토압 이론을 발표하였다.

표 7.2 K_a의 변화[식 (7.45)]

$\alpha(°)$ ↓	$\phi'(°)$ →												
	28	29	30	31	32	33	34	35	36	37	38	39	40
0	0.3610	0.3470	0.3333	0.3201	0.3073	0.2948	0.2827	0.2710	0.2596	0.2486	0.2379	0.2275	0.2174
1	0.3612	0.3471	0.3335	0.3202	0.3074	0.2949	0.2828	0.2711	0.2597	0.2487	0.2380	0.2276	0.2175
2	0.3618	0.3476	0.3339	0.3207	0.3078	0.2953	0.2832	0.2714	0.2600	0.2489	0.2382	0.2278	0.2177
3	0.3627	0.3485	0.3347	0.3214	0.3084	0.2959	0.2837	0.2719	0.2605	0.2494	0.2386	0.2282	0.2181
4	0.3639	0.3496	0.3358	0.3224	0.3094	0.2967	0.2845	0.2726	0.2611	0.2500	0.2392	0.2287	0.2186
5	0.3656	0.3512	0.3372	0.3237	0.3105	0.2978	0.2855	0.2736	0.2620	0.2508	0.2399	0.2294	0.2192
6	0.3676	0.3531	0.3389	0.3253	0.3120	0.2992	0.2868	0.2747	0.2631	0.2518	0.2409	0.2303	0.2200
7	0.3701	0.3553	0.3410	0.3272	0.3138	0.3008	0.2883	0.2761	0.2644	0.2530	0.2420	0.2313	0.2209
8	0.3730	0.3580	0.3435	0.3294	0.3159	0.3027	0.2900	0.2778	0.2659	0.2544	0.2432	0.2325	0.2220
9	0.3764	0.3611	0.3463	0.3320	0.3182	0.3049	0.2921	0.2796	0.2676	0.2560	0.2447	0.2338	0.2233
10	0.3802	0.3646	0.3495	0.3350	0.3210	0.3074	0.2944	0.2818	0.2696	0.2578	0.2464	0.2354	0.2247
11	0.3846	0.3686	0.3532	0.3383	0.3241	0.3103	0.2970	0.2841	0.2718	0.2598	0.2482	0.2371	0.2263
12	0.3896	0.3731	0.3573	0.3421	0.3275	0.3134	0.2999	0.2868	0.2742	0.2621	0.2503	0.2390	0.2281
13	0.3952	0.3782	0.3620	0.3464	0.3314	0.3170	0.3031	0.2898	0.2770	0.2646	0.2527	0.2412	0.2301
14	0.4015	0.3839	0.3671	0.3511	0.3357	0.3209	0.3068	0.2931	0.2800	0.2674	0.2552	0.2435	0.2322
15	0.4086	0.3903	0.3729	0.3564	0.3405	0.3253	0.3108	0.2968	0.2834	0.2705	0.2581	0.2461	0.2346
16	0.4165	0.3975	0.3794	0.3622	0.3458	0.3302	0.3152	0.3008	0.2871	0.2739	0.2612	0.2490	0.2373
17	0.4255	0.4056	0.3867	0.3688	0.3518	0.3356	0.3201	0.3053	0.2911	0.2776	0.2646	0.2521	0.2401
18	0.4357	0.4146	0.3948	0.3761	0.3584	0.3415	0.3255	0.3102	0.2956	0.2817	0.2683	0.2555	0.2433
19	0.4473	0.4249	0.4039	0.3842	0.3657	0.3481	0.3315	0.3156	0.3006	0.2862	0.2724	0.2593	0.2467
20	0.4605	0.4365	0.4142	0.3934	0.3739	0.3555	0.3381	0.3216	0.3060	0.2911	0.2769	0.2634	0.2504
21	0.4758	0.4498	0.4259	0.4037	0.3830	0.3637	0.3455	0.3283	0.3120	0.2965	0.2818	0.2678	0.2545
22	0.4936	0.4651	0.4392	0.4154	0.3934	0.3729	0.3537	0.3356	0.3186	0.3025	0.2872	0.2727	0.2590
23	0.5147	0.4829	0.4545	0.4287	0.4050	0.3832	0.3628	0.3438	0.3259	0.3091	0.2932	0.2781	0.2638
24	0.5404	0.5041	0.4724	0.4440	0.4183	0.3948	0.3731	0.3529	0.3341	0.3164	0.2997	0.2840	0.2692
25	0.5727	0.5299	0.4936	0.4619	0.4336	0.4081	0.3847	0.3631	0.3431	0.3245	0.3070	0.2905	0.2750

이 이론에서 Coulomb은 **파괴면을 평면**이라고 가정하고 벽 마찰을 고려하였다. 이 절에서는 **사질토로 뒤채움**된 경우 Coulomb의 토압이론의 일반적인 원리를 설명한다(전단강도는 $\tau_f = \sigma' \tan \phi'$이라고 정의된다).

주동상태

AB(그림 7.17a)는 조립토를 지지하고 있는 옹벽의 배면이고, 뒤채움 흙은 수평면에 대해 α만큼의 경사를 지니고 있다. BC는 가상파괴면이다. 파괴가능성이 있는 흙 쐐기 ABC의 안정성 고려 시 다음과 같은 힘(벽체의 단위길이당)들이 작용된다.

1. W, 흙 쐐기의 유효무게
2. F, 파괴면 BC에 작용하는 수직력과 전단력의 합력. 이 힘은 평면 BC의 법선에 대해 ϕ'만큼의 각도로 경사져 있다.
3. P_a, 벽체에 작용하는 단위길이당 주동토압의 합력. P_a 방향은 흙을 지지하고 있는 벽체의 법선에 대해 δ' 각도만큼 경사진다. δ'은 흙과 벽체 사이의 마찰각이다.

그림 7.17b는 쐐기에 작용하는 힘의 삼각형을 보여준다. sin법칙에 의해 다음과 같이 쓸 수 있다.

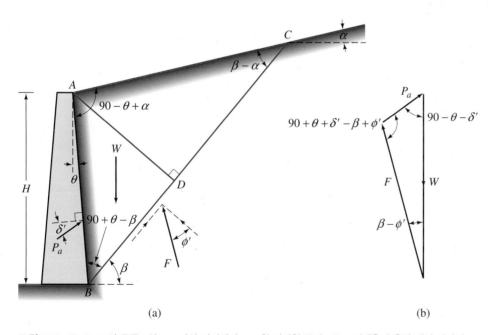

(a)　　　　　　　　　　　　　　(b)

그림 7.17 Coulomb의 주동토압. (a) 가상 파괴쐐기, (b) 힘 다각형(주의: δ' = 뒤채움과 옹벽 배면 사이의 마찰각)

$$\frac{W}{\sin(90 + \theta + \delta' - \beta + \phi')} = \frac{P_a}{\sin(\beta - \phi')} \tag{7.48}$$

또는

$$P_a = \frac{\sin(\beta - \phi')}{\sin(90 + \theta + \delta' - \beta + \phi')} \, W \tag{7.49}$$

위의 식은 다음과 같은 형태로 정리할 수 있다.

$$P_a = \frac{1}{2} \, \gamma H^2 \left[\frac{\cos(\theta - \beta)\cos(\theta - \alpha)\sin(\beta - \phi')}{\cos^2\theta\sin(\beta - \alpha)\sin(90 + \theta + \delta' - \beta + \phi')} \right] \tag{7.50}$$

여기서 γ는 뒤채움 흙의 단위중량이다. γ, H, θ, α, ϕ', 그리고 δ'의 값은 상수이고, β 값만이 유일하게 변수이다. P_a가 최댓값이 되는 β의 임계값을 결정하기 위해서

$$\frac{dP_a}{d\beta} = 0 \tag{7.51}$$

식 (7.51)을 계산한 후 β의 관계식을 식 (7.50)에 대입하여 Coulomb의 주동토압을 구하면 다음과 같다.

$$P_a = \frac{1}{2} K_a \gamma H^2 \tag{7.52}$$

여기서 K_a는 Coulomb의 주동토압계수이며 다음과 같다.

$$K_a = \frac{\cos^2(\phi' - \theta)}{\cos^2\theta\cos(\delta' + \theta)\left[1 + \sqrt{\dfrac{\sin(\delta' + \phi')\sin(\phi' - \alpha)}{\cos(\delta' + \theta)\cos(\theta - \alpha)}}\right]^2} \tag{7.53}$$

참고로 $\alpha = 0°$, $\theta = 0°$, $\delta' = 0°$일 때, Coulomb의 주동토압계수는 $\dfrac{1 - \sin\phi'}{1 + \sin\phi'}$이 되며 이는 이 장 시작부에 제시한 Rankine의 토압계수와 동일하다.

옹벽의 배면이 연직($\theta = 0$)이고 뒤채움 흙의 경사가 수평($\alpha = 0$)인 K_a값들의 변화는 표 7.3에 주어졌다. 이 표로부터 임의의 ϕ'값에 대하여, 벽 마찰 효과가 주동토압계수를 다소 감소시킨다는 것을 알 수 있다.

표 7.4와 7.5는 $\delta' = \frac{2}{3}\phi'$과 $\delta' = \phi'/2$일 때 K_a값들[식 (7.53)]을 나타낸다. 두 표는 옹벽설계를 위해 유용할 것이다.

표 7.3 $\theta = 0°$, $\alpha = 0°$에 대한 K_a값[식 (7.53)]

↓ $\phi'(°)$	$\delta'(°) \rightarrow$					
	0	5	10	15	20	25
28	0.3610	0.3448	0.3330	0.3251	0.3203	0.3186
30	0.3333	0.3189	0.3085	0.3014	0.2973	0.2956
32	0.3073	0.2945	0.2853	0.2791	0.2755	0.2745
34	0.2827	0.2714	0.2633	0.2579	0.2549	0.2542
36	0.2596	0.2497	0.2426	0.2379	0.2354	0.2350
38	0.2379	0.2292	0.2230	0.2190	0.2169	0.2167
40	0.2174	0.2089	0.2045	0.2011	0.1994	0.1995
42	0.1982	0.1916	0.1870	0.1841	0.1828	0.1831

표 7.4 $\delta' = \frac{2}{3}\phi'$에 대한 K_a값[식 (7.53)]

α (°)	ϕ' (°)	$\theta(°)$					
		0	5	10	15	20	25
0	28	0.3213	0.3588	0.4007	0.4481	0.5026	0.5662
	29	0.3091	0.3467	0.3886	0.4362	0.4908	0.5547
	30	0.2973	0.3349	0.3769	0.4245	0.4794	0.5435
	31	0.2860	0.3235	0.3655	0.4133	0.4682	0.5326
	32	0.2750	0.3125	0.3545	0.4023	0.4574	0.5220
	33	0.2645	0.3019	0.3439	0.3917	0.4469	0.5117
	34	0.2543	0.2916	0.3335	0.3813	0.4367	0.5017
	35	0.2444	0.2816	0.3235	0.3713	0.4267	0.4919
	36	0.2349	0.2719	0.3137	0.3615	0.4170	0.4824
	37	0.2257	0.2626	0.3042	0.3520	0.4075	0.4732
	38	0.2168	0.2535	0.2950	0.3427	0.3983	0.4641
	39	0.2082	0.2447	0.2861	0.3337	0.3894	0.4553
	40	0.1998	0.2361	0.2774	0.3249	0.3806	0.4468
	41	0.1918	0.2278	0.2689	0.3164	0.3721	0.4384
	42	0.1840	0.2197	0.2606	0.3080	0.3637	0.4302
5	28	0.3431	0.3845	0.4311	0.4843	0.5461	0.6190
	29	0.3295	0.3709	0.4175	0.4707	0.5325	0.6056
	30	0.3165	0.3578	0.4043	0.4575	0.5194	0.5926
	31	0.3039	0.3451	0.3916	0.4447	0.5067	0.5800
	32	0.2919	0.3329	0.3792	0.4324	0.4943	0.5677
	33	0.2803	0.3211	0.3673	0.4204	0.4823	0.5558
	34	0.2691	0.3097	0.3558	0.4088	0.4707	0.5443
	35	0.2583	0.2987	0.3446	0.3975	0.4594	0.5330
	36	0.2479	0.2881	0.3338	0.3866	0.4484	0.5221
	37	0.2379	0.2778	0.3233	0.3759	0.4377	0.5115
	38	0.2282	0.2679	0.3131	0.3656	0.4273	0.5012
	39	0.2188	0.2582	0.3033	0.3556	0.4172	0.4911
	40	0.2098	0.2489	0.2937	0.3458	0.4074	0.4813
	41	0.2011	0.2398	0.2844	0.3363	0.3978	0.4718
	42	0.1927	0.2311	0.2753	0.3271	0.3884	0.4625

표 7.4 $\delta' = \frac{2}{3}\phi'$에 대한 K_a값[식 (7.53)] (계속)

α ($°$)	ϕ' ($°$)	θ ($°$)					
		0	5	10	15	20	25
10	28	0.3702	0.4164	0.4686	0.5287	0.5992	0.6834
	29	0.3548	0.4007	0.4528	0.5128	0.5831	0.6672
	30	0.3400	0.3857	0.4376	0.4974	0.5676	0.6516
	31	0.3259	0.3713	0.4230	0.4826	0.5526	0.6365
	32	0.3123	0.3575	0.4089	0.4683	0.5382	0.6219
	33	0.2993	0.3442	0.3953	0.4545	0.5242	0.6078
	34	0.2868	0.3314	0.3822	0.4412	0.5107	0.5942
	35	0.2748	0.3190	0.3696	0.4283	0.4976	0.5810
	36	0.2633	0.3072	0.3574	0.4158	0.4849	0.5682
	37	0.2522	0.2957	0.3456	0.4037	0.4726	0.5558
	38	0.2415	0.2846	0.3342	0.3920	0.4607	0.5437
	39	0.2313	0.2740	0.3231	0.3807	0.4491	0.5321
	40	0.2214	0.2636	0.3125	0.3697	0.4379	0.5207
	41	0.2119	0.2537	0.3021	0.3590	0.4270	0.5097
	42	0.2027	0.2441	0.2921	0.3487	0.4164	0.4990
15	28	0.4065	0.4585	0.5179	0.5868	0.6685	0.7670
	29	0.3881	0.4397	0.4987	0.5672	0.6483	0.7463
	30	0.3707	0.4219	0.4804	0.5484	0.6291	0.7265
	31	0.3541	0.4049	0.4629	0.5305	0.6106	0.7076
	32	0.3384	0.3887	0.4462	0.5133	0.5930	0.6895
	33	0.3234	0.3732	0.4303	0.4969	0.5761	0.6721
	34	0.3091	0.3583	0.4150	0.4811	0.5598	0.6554
	35	0.2954	0.3442	0.4003	0.4659	0.5442	0.6393
	36	0.2823	0.3306	0.3862	0.4513	0.5291	0.6238
	38	0.2578	0.3050	0.3595	0.4237	0.5006	0.5945
	39	0.2463	0.2929	0.3470	0.4106	0.4871	0.5805
	40	0.2353	0.2813	0.3348	0.3980	0.4740	0.5671
	41	0.2247	0.2702	0.3231	0.3858	0.4613	0.5541
	42	0.2146	0.2594	0.3118	0.3740	0.4491	0.5415
20	28	0.4602	0.5205	0.5900	0.6714	0.7689	0.8880
	29	0.4364	0.4958	0.5642	0.6445	0.7406	0.8581
	30	0.4142	0.4728	0.5403	0.6195	0.7144	0.8303
	31	0.3935	0.4513	0.5179	0.5961	0.6898	0.8043
	32	0.3742	0.4311	0.4968	0.5741	0.6666	0.7799
	33	0.3559	0.4121	0.4769	0.5532	0.6448	0.7569
	34	0.3388	0.3941	0.4581	0.5335	0.6241	0.7351
	35	0.3225	0.3771	0.4402	0.5148	0.6044	0.7144
	36	0.3071	0.3609	0.4233	0.4969	0.5856	0.6947
	37	0.2925	0.3455	0.4071	0.4799	0.5677	0.6759
	38	0.2787	0.3308	0.3916	0.4636	0.5506	0.6579
	39	0.2654	0.3168	0.3768	0.4480	0.5342	0.6407
	40	0.2529	0.3034	0.3626	0.4331	0.5185	0.6242
	41	0.2408	0.2906	0.3490	0.4187	0.5033	0.6083
	42	0.2294	0.2784	0.3360	0.4049	0.4888	0.5930

표 7.5 $\delta' = \phi'/2$에 대한 K_a값[식 (7.53)]

α (°)	ϕ' (°)	θ (°)					
		0	5	10	15	20	25
0	28	0.3264	0.3629	0.4034	0.4490	0.5011	0.5616
	29	0.3137	0.3502	0.3907	0.4363	0.4886	0.5492
	30	0.3014	0.3379	0.3784	0.4241	0.4764	0.5371
	31	0.2896	0.3260	0.3665	0.4121	0.4645	0.5253
	32	0.2782	0.3145	0.3549	0.4005	0.4529	0.5137
	33	0.2671	0.3033	0.3436	0.3892	0.4415	0.5025
	34	0.2564	0.2925	0.3327	0.3782	0.4305	0.4915
	35	0.2461	0.2820	0.3221	0.3675	0.4197	0.4807
	36	0.2362	0.2718	0.3118	0.3571	0.4092	0.4702
	37	0.2265	0.2620	0.3017	0.3469	0.3990	0.4599
	38	0.2172	0.2524	0.2920	0.3370	0.3890	0.4498
	39	0.2081	0.2431	0.2825	0.3273	0.3792	0.4400
	40	0.1994	0.2341	0.2732	0.3179	0.3696	0.4304
	41	0.1909	0.2253	0.2642	0.3087	0.3602	0.4209
	42	0.1828	0.2168	0.2554	0.2997	0.3511	0.4117
5	28	0.3477	0.3879	0.4327	0.4837	0.5425	0.6115
	29	0.3337	0.3737	0.4185	0.4694	0.5282	0.5972
	30	0.3202	0.3601	0.4048	0.4556	0.5144	0.5833
	31	0.3072	0.3470	0.3915	0.4422	0.5009	0.5698
	32	0.2946	0.3342	0.3787	0.4292	0.4878	0.5566
	33	0.2825	0.3219	0.3662	0.4166	0.4750	0.5437
	34	0.2709	0.3101	0.3541	0.4043	0.4626	0.5312
	35	0.2596	0.2986	0.3424	0.3924	0.4505	0.5190
	36	0.2488	0.2874	0.3310	0.3808	0.4387	0.5070
	37	0.2383	0.2767	0.3199	0.3695	0.4272	0.4954
	38	0.2282	0.2662	0.3092	0.3585	0.4160	0.4840
	39	0.2185	0.2561	0.2988	0.3478	0.4050	0.4729
	40	0.2090	0.2463	0.2887	0.3374	0.3944	0.4620
	41	0.1999	0.2368	0.2788	0.3273	0.3840	0.4514
	42	0.1911	0.2276	0.2693	0.3174	0.3738	0.4410
10	28	0.3743	0.4187	0.4688	0.5261	0.5928	0.6719
	29	0.3584	0.4026	0.4525	0.5096	0.5761	0.6549
	30	0.3432	0.3872	0.4368	0.4936	0.5599	0.6385
	31	0.3286	0.3723	0.4217	0.4782	0.5442	0.6225
	32	0.3145	0.3580	0.4071	0.4633	0.5290	0.6071
	33	0.3011	0.3442	0.3930	0.4489	0.5143	0.5920
	34	0.2881	0.3309	0.3793	0.4350	0.5000	0.5775
	35	0.2757	0.3181	0.3662	0.4215	0.4862	0.5633
	36	0.2637	0.3058	0.3534	0.4084	0.4727	0.5495
	37	0.2522	0.2938	0.3411	0.3957	0.4597	0.5361
	38	0.2412	0.2823	0.3292	0.3833	0.4470	0.5230
	39	0.2305	0.2712	0.3176	0.3714	0.4346	0.5103
	40	0.2202	0.2604	0.3064	0.3597	0.4226	0.4979
	41	0.2103	0.2500	0.2956	0.3484	0.4109	0.4858
	42	0.2007	0.2400	0.2850	0.3375	0.3995	0.4740

표 7.5 $\delta' = \phi'/2$에 대한 K_a값[식 (7.53)] (계속)

α (°)	ϕ' (°)	θ (°)					
		0	5	10	15	20	25
15	28	0.4095	0.4594	0.5159	0.5812	0.6579	0.7498
	29	0.3908	0.4402	0.4964	0.5611	0.6373	0.7284
	30	0.3730	0.4220	0.4777	0.5419	0.6175	0.7080
	31	0.3560	0.4046	0.4598	0.5235	0.5985	0.6884
	32	0.3398	0.3880	0.4427	0.5059	0.5803	0.6695
	33	0.3244	0.3721	0.4262	0.4889	0.5627	0.6513
	34	0.3097	0.3568	0.4105	0.4726	0.5458	0.6338
	35	0.2956	0.3422	0.3953	0.4569	0.5295	0.6168
	36	0.2821	0.3282	0.3807	0.4417	0.5138	0.6004
	37	0.2692	0.3147	0.3667	0.4271	0.4985	0.5846
	38	0.2569	0.3017	0.3531	0.4130	0.4838	0.5692
	39	0.2450	0.2893	0.3401	0.3993	0.4695	0.5543
	40	0.2336	0.2773	0.3275	0.3861	0.4557	0.5399
	41	0.2227	0.2657	0.3153	0.3733	0.4423	0.5258
	42	0.2122	0.2546	0.3035	0.3609	0.4293	0.5122
20	28	0.4614	0.5188	0.5844	0.6608	0.7514	0.8613
	29	0.4374	0.4940	0.5586	0.6339	0.7232	0.8313
	30	0.4150	0.4708	0.5345	0.6087	0.6968	0.8034
	31	0.3941	0.4491	0.5119	0.5851	0.6720	0.7772
	32	0.3744	0.4286	0.4906	0.5628	0.6486	0.7524
	33	0.3559	0.4093	0.4704	0.5417	0.6264	0.7289
	34	0.3384	0.3910	0.4513	0.5216	0.6052	0.7066
	35	0.3218	0.3736	0.4331	0.5025	0.5851	0.6853
	36	0.3061	0.3571	0.4157	0.4842	0.5658	0.6649
	37	0.2911	0.3413	0.3991	0.4668	0.5474	0.6453
	38	0.2769	0.3263	0.3833	0.4500	0.5297	0.6266
	39	0.2633	0.3120	0.3681	0.4340	0.5127	0.6085
	40	0.2504	0.2982	0.3535	0.4185	0.4963	0.5912
	41	0.2381	0.2851	0.3395	0.4037	0.4805	0.5744
	42	0.2263	0.2725	0.3261	0.3894	0.4653	0.5582

수동상태

그림 7.18a는 그림 7.17a와 비슷하게 점착력이 없는 뒤채움 흙이 경사져 있는 옹벽을 보여준다. 흙 쐐기 ABC가 수동상태에서 평형이 되기 위한 힘의 다각형은 그림 7.18b와 같다. 수동토압의 합력을 P_p로 표기한다. 다른 기호들 역시 주동상태에서 사용한 것과 동일하게 사용한다. 유사한 방법으로 수동토압의 합력을 다음과 같이 나타낼 수 있다.

$$P_p = \frac{1}{2} K_p \gamma H^2 \tag{7.54}$$

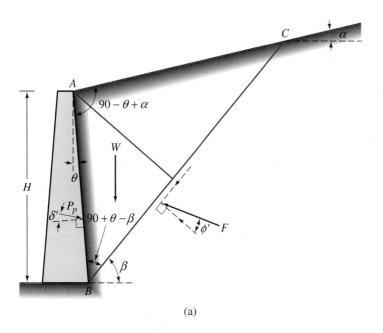

(a)

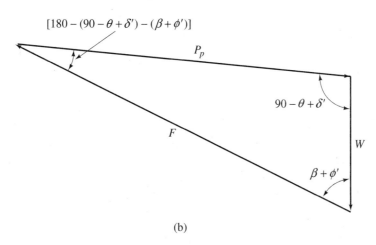

(b)

그림 7.18 Coulomb의 수동토압. (a) 가상 파괴쐐기, (b) 힘 다각형

여기서 K_p는 Coulomb 이론에서의 수동토압계수이며 다음과 같다.

$$K_p = \frac{\cos^2(\phi' + \theta)}{\cos^2\theta \cos(\delta' - \theta)\left[1 - \sqrt{\dfrac{\sin(\phi' - \delta')\sin(\phi' + \alpha)}{\cos(\delta' - \theta)\cos(\alpha - \theta)}}\right]^2} \quad (7.55)$$

조립토가 마찰 없는 연직벽체에 수평으로 뒤채움된 경우 식 (7.55)는 다음과 같이

표 7.6 $\theta = 0°$, $\alpha = 0°$에 대한 K_p값[식 (7.55)]					
	$\delta'(°) \rightarrow$				
$\downarrow \phi'(°)$	0	5	10	15	20
15	1.698	1.900	2.130	2.405	2.735
20	2.040	2.313	2.636	3.030	3.525
25	2.464	2.830	3.286	3.855	4.597
30	3.000	3.506	4.143	4.977	6.105
35	3.690	4.390	5.310	6.854	8.324
40	4.600	5.590	6.946	8.870	11.772

산출된다(즉, $\theta = 0°$, $\alpha = 0°$, 그리고 $\delta' = 0°$).

$$K_p = \frac{1 + \sin\phi'}{1 - \sin\phi'} = \tan^2\left(45 + \frac{\phi'}{2}\right)$$

이 식은 식 (7.21)에서 얻어지는 Rankine의 수동토압계수와 동일하다.

ϕ'과 $\delta'(\theta = 0°$, $\alpha = 0°)$에 따른 K_p값들의 변화를 표 7.6에 나타냈다. 주어진 ϕ'값에서 δ'의 증가에 따라 K_p가 증가함을 확인할 수 있다. 특히 $\delta' > \phi'/2$ 조건에서는 파괴면이 평면으로 가정된 Coulomb의 이론이 벽체의 수동토압을 크게 과대평가한다는 점에 유의해야 한다. 이러한 오류는 모든 설계에서 다소 안전하지 않을 수 있다.

7.7 파괴면을 곡선으로 가정한 수동토압

7.6절에서 언급한 것처럼, Coulomb의 이론은 $\delta' > \phi'/2$ 조건에서 수동토압을 과대평가한다. 과거 몇몇 연구들이 뒤채움 내의 곡선파괴면을 가정하여 K_p를 얻기 위해 수행되었다. 이 절에서 Shields와 Tolunay(1973)가 제안한 이론을 설명할 것이다.

그림 7.19는 연직벽체와 수평 뒤채움 조건에서 높이가 H인 옹벽을 보여준다. BCD는 가상파괴면을 나타낸다. 곡선으로 그려진 BC는 대수나선형 원호로 가정된다. CD는 평면파괴면이다. Rankine의 수동상태는 $CC'D$ 구역 내 존재한다. Shields와 Tolunay(1973)는 가상 흙 쐐기 $ABCC'$의 안정성을 고려하기 위해 절편법을 사용하였다. 이러한 해석을 토대로 벽체의 단위길이당 수동토압의 합력을 다음과 같이 나타낼 수 있다.

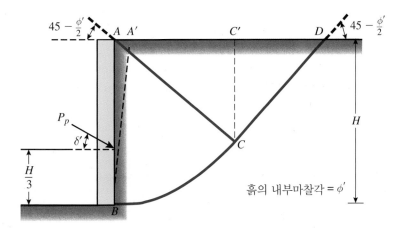

그림 7.19 파괴면을 곡선으로 가정한 수동토압(뒤채움은 조립토)

$$P_p = \frac{1}{2}\,\gamma H^2 K_p \tag{7.56}$$

ϕ'과 δ'/ϕ'에 따른 $K_p \cos \delta'$(즉, K_p의 수평 성분)의 변화는 그림 7.20과 같다.

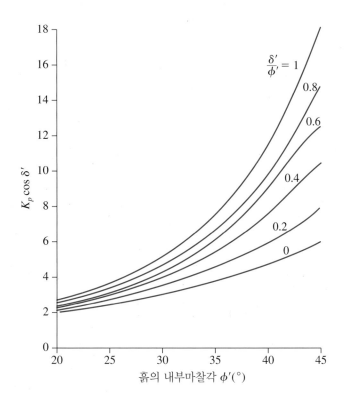

그림 7.20 ϕ'과 δ'/ϕ'에 따른 K_p 변화(Shields와 Tolunay 이론)

예제 7.5

연직벽체와 수평의 조립토 뒤채움 조건인 3 m 높이(H)의 옹벽을 고려하자. $\gamma =$ 15.7 kN/m³, $\delta' = 15°$, 그리고 $\phi' = 30°$일 때, 수동토압의 합력 P_p를 다음을 이용하여 계산하시오.

a. Coulomb의 이론

b. Shields와 Tolunay 이론

풀이

a. 식 (7.54)로부터

$$P_p = \frac{1}{2}K_p\gamma H^2$$

표 7.6으로부터 $\phi' = 30°$와 $\delta' = 15°$에 대해 K_p의 값은 4.977이다. 그래서

$$P = \left(\frac{1}{2}\right)(4.977)(15.7)(3)^2 = \mathbf{351.6\ kN/m}$$

b.

$$P_p = \frac{1}{2}K_p\gamma H^2$$

그림 7.20으로부터 $\phi' = 30°$와 $\delta' = 15°$(즉, $\dfrac{\delta'}{\phi'} = 0.5$)일 때 $K_p \cos \delta'$의 값은 4.13이다. 그래서

$$P_p = \left(\frac{1}{2}\right)\left(\frac{4.13}{\cos 15}\right)(15.7)(3)^2 \approx \mathbf{302\ kN/m}$$

7.8 요약

이 장은 수평토압의 기본적인 개념을 다루고 있다. 논의된 내용을 요약하면 다음과 같다.

1. 옹벽 구조물의 특성을 토대로 수평토압은 정지토압, 주동토압, 그리고 수동토압의 세 가지 종류로 구분된다.

2. 정지토압계수(K_o)는 식 (7.3)~(7.8)에 주어진 경험적인 관계식을 이용한다.

3. Rankine의 주동토압과 수동토압은 마찰 없는 벽체가 대상이다. Rankine의 주동토압계수(연직벽체와 수평 뒤채움의 경우)는 다음과 같이 표현된다.

$$K_a = \tan^2\left(45 - \frac{\phi'}{2}\right) \tag{7.19}$$

같은 방법으로 Rankine의 수동토압계수(연직벽체와 수평 뒤채움의 경우)는 다음과 같다.

$$K_p = \tan^2\left(45 + \frac{\phi'}{2}\right) \tag{7.21}$$

4. 직선으로 평면파괴가 발생한다는 가정하에 유도된 Coulomb의 토압이론은 마찰력이 있는 벽체에 관련이 있다. 조립토 뒤채움을 갖는 Coulomb의 주동 및 수동토압계수는 각각 식 (7.53)과 (7.55)와 같다.

5. $\phi'/2$의 크기보다 벽체와 흙 사이의 마찰각인 δ'이 클 때, Coulomb의 토압이론은 수동토압을 과대평가하고 설계에 불안정한 측면으로 작용한다. 그래서 수동토압의 합력 P_p는 지반 내 곡선파괴면으로 가정하여 평가해야 한다(7.7절).

연습문제

7.1 다음 문장이 참인지 거짓인지 답하시오.

a. 마찰각이 클수록 K_o값은 커진다.

b. 과압밀점토보다 정규압밀점토의 K_o값이 더 크다.

c. 주동토압계수는 수동토압계수보다 크다.

d. 주동상태에서 점토의 점착력이 클수록 인장균열의 깊이는 깊어진다.

e. 수평토압은 깊이에 따라 선형으로 비례한다.

7.2 그림 7.21에서와 같은 중력식 옹벽에 작용하고 있는 뒤채움은 두 가지 모래층으로 구성되고, 다른 밀도를 갖고 있다. 모래의 특성은 그림과 같다. 중력식 옹벽이 수평으로 움직이지 않을 때, 벽체에 작용하는 토압의 합력의 작용위치와 크기를 계산하시오. K_o는 식 (7.3)을 이용한다.

7.3 그림 7.22의 옹벽이 움직이지 않도록 구속되어 있다. 벽체의 단위길이당 작용하는 토압의 합력과 작용위치를 계산하시오. 식 (7.3)과 $m = \sin\phi'$인 조건으로 식 (7.6)을 이용한다.

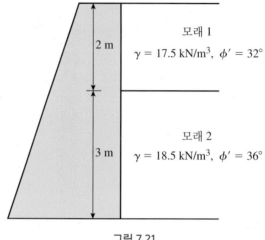

모래 1
$\gamma = 17.5 \text{ kN/m}^3$, $\phi' = 32°$

2 m

모래 2
$\gamma = 18.5 \text{ kN/m}^3$, $\phi' = 36°$

3 m

그림 7.21

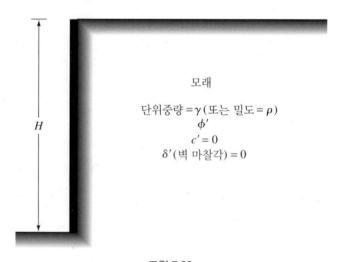

모래

단위중량 $= \gamma$ (또는 밀도 $= \rho$)
ϕ'
$c' = 0$
δ' (벽 마찰각) $= 0$

H

그림 7.22

a. $H = 7$ m, $\gamma = 17 \text{ kN/m}^3$, $\phi' = 38°$, $OCR = 2.5$

b. $H = 6.1$ m, $\gamma = 16.51 \text{ kN/m}^3$, $\phi' = 30°$, $OCR = 1$

7.4 그림 7.22는 사질토로 뒤채움된 옹벽이다. 다음과 같은 조건에서 벽체의 단위길이 당 Rankine의 주동토압의 합력과 작용위치를 계산하시오.

a. $H = 2.44$ m, $\gamma = 17.29 \text{ kN/m}^3$, $\phi' = 34°$

b. $H = 3.05$ m, $\gamma = 16.51 \text{ kN/m}^3$, $\phi' = 36°$

c. $H = 4$ m, $\gamma = 19.95 \text{ kN/m}^3$, $\phi' = 42°$

7.5 그림 7.22에서 벽체의 단위길이당 Rankine의 수동토압의 합력 P_p의 크기와 벽체 바닥에 작용하는 수동토압의 크기를 구하시오.

a. $H = 2.45$ m, $\gamma = 16.67\text{kN/m}^3$, $\phi' = 33°$

b. $H = 4$ m, $\rho = 1800$ kg/m³, $\phi' = 38°$

7.6 연직벽체가 담고 있는 점토의 특성이 $c' = 10$ kN/m², $\phi' = 25°$, $\gamma = 19.0$ kN/m³
이다. 만약 점토가 주동상태라면 다음을 결정하시오.

a. 점토 내 최대 인장응력

b. 인장균열의 깊이

7.7 높이가 5 m인 매끄러운 연직벽체가 $\gamma = 18.5$ kN/m³과 $\phi' = 34°$인 조립토를 지탱
하고 있다. 벽에 작용하는 토압의 합력의 크기와 작용위치를 결정하시오.

a. 주동상태

b. 정지상태[식 (7.3)을 이용한다.]

c. 수동상태

7.8 그림 7.23과 같은 옹벽에서 벽체의 단위길이당 Rankine의 주동토압의 합력 P_a와 작
용위치를 다음과 같은 조건에서 결정하시오.

a. $H = 3.05$ m, $H_1 = 1.52$ m, $\gamma_1 = 16.51$ kN/m³, $\gamma_2 = 19.18$ kN/m³, $\phi'_1 = 30°$,
$\phi'_2 = 30°$, $q = 0$

b. $H = 6$ m, $H_1 = 3$ m, $\gamma_1 = 15.5$ kN/m³, $\gamma_2 = 19.0$ kN/m³, $\phi'_1 = 30°$, $\phi'_2 = 36°$,
$q = 15$ kN/m²

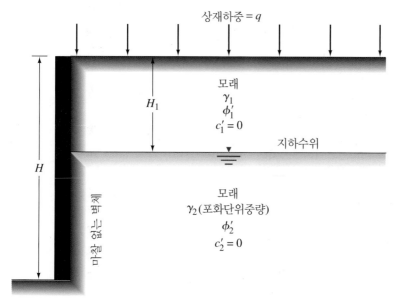

그림 7.23

7.9 균질하고 포화된 연약점토가 수평으로 뒤채움된 6 m 높이의 연직배면인 옹벽이 있다. 점토의 포화단위중량은 19 kN/m³이다. 실내실험에서 얻은 비배수 전단강도 c_u는 16.8 kN/m²이다.

    a. 벽체에 작용하는 Rankine의 주동토압을 계산하고 깊이에 따른 변화를 그리시오.

    b. 인장균열이 발생할 수 있는 최대 깊이를 계산하시오.

    c. 인장균열이 발생하기 전 벽체의 단위길이당 주동토압의 합력을 결정하시오.

    d. 인장균열이 발생한 후 벽체의 단위길이당 주동토압의 합력을 결정하시오. 또 작용위치를 찾으시오.

7.10 상재하중 9.6 kN/m²이 작용할 때, 문제 7.9를 다시 계산하시오.

7.11 높이 5 m이고 연직배면을 가진 옹벽에 $c'-\phi'$를 가진 흙이 뒤채움되어 있다. 뒤채움 흙의 $\gamma = 19$ kN/m³, $c' = 26$ kN/m², $\phi' = 16°$일 때, 인장균열을 고려한다면 Rankine의 주동상태에서 벽체의 단위길이당 주동토압의 합력 P_a를 계산하시오.

7.12 문제 7.11의 옹벽에 대해서 Rankine의 수동상태에서 벽체의 단위길이당 수동토압의 합력 P_p를 결정하시오.

7.13 높이 4 m이고 매끄러운 연직면의 옹벽이 $\gamma = 18.0$ kN/m³이고 $\phi' = 33°$를 갖는 조립토를 지탱한다. Rankine의 토압계수를 사용하여 벽체의 단위길이당 주동토압의 합력 P_a를 다음과 같은 조건에서 계산하시오.

    a. 뒤채움이 수평일 때

    b. 뒤채움 경사각 $\alpha = 10°$일 때

    c. 뒤채움 경사각 $\alpha = 20°$일 때

7.14 그림 7.24에서처럼 옹벽 높이가 6 m인 조건에서 뒤채움 흙의 단위중량이 18.9 kN/m³이다. 다음 벽 마찰각 조건에서 Coulomb의 이론으로 주동토압의 합력 P_a를 계산하시오.

    a. $\delta' = 0°$

    b. $\delta' = 20°$

    c. $\delta' = 26.7°$

토압의 방향과 위치를 함께 구하시오.

7.15 그림 7.24에서 보여준 옹벽에서 $\theta = 0$, $H = 4.75$ m, $\gamma = 15.72$ kN/m³, $\phi' = 30°$, $\delta' = \dfrac{2}{3}\phi'$으로 가정할 때, 그림 7.20을 이용하여 벽체의 단위길이당 수동토압의 합력을 계산하시오.

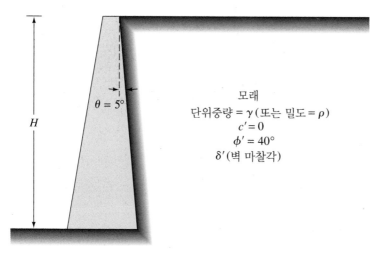

그림 7.24

비판적 사고 문제

7.16 그림 7.25는 점토층 위에 모래질 뒤채움을 지지하는 매끄러운 연직벽체를 보여준다. 지반을 주동상태로 가정할 때 벽체에 작용하는 주동토압의 합력의 크기와 작용 위치를 결정하시오.

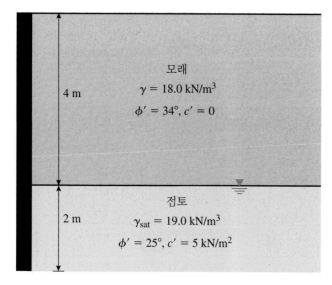

그림 7.25

7.17 매끄러운 연직벽체에 수평으로 조립토가 매립되어 있다. $\phi' = 30°$, $35°$, 그리고 $40°$에 대해서 Rankine과 Coulomb의 주동 및 수동토압계수를 결정하시오.

7.18 그림 7.26은 조립토($\gamma = 19.0$ kN/m³과 $\phi' = 36°$)가 뒤채움된 중력식 옹벽을 보여준다. 뒤채움이 주동상태라고 가정하면, Rankine과 Coulomb($\delta' = 0.67\,\phi'$)의 토압이론으로 주동토압의 합력 P_a의 크기와 작용위치를 계산하시오. 그리고 두 결과에 대한 차이를 설명하시오.

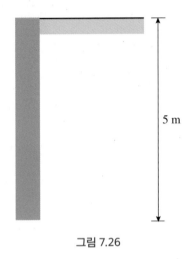

5 m

그림 7.26

7.19 그림 7.27과 같은 옹벽에 작용하는 주동토압의 합력을 계산하시오. 모래질 뒤채움의 특성은 $\gamma = 19.5$ kN/m³, $\phi' = 36°$, 그리고 $\delta' = 0.67\phi'$이다. 주동토압의 합력 P_a가 수평방향과 이루는 기울기는 얼마인가?

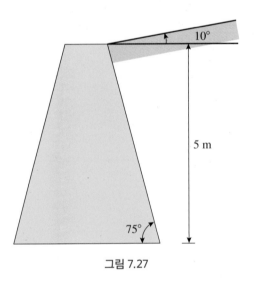

10°

5 m

75°

그림 7.27

참고문헌

ALPAN, I. (1967). "The Empirical Evaluation of the Coefficients K_o and K_{oR}," *Soils and Foundations*, Vol. 7, No. 1, 31–40.

COULOMB, C.A. (1776). "Essai sur une Application des Règles de Maximis et Minimis à quelques Problèmes de Statique, relatifs a l'Architecture," *Mem. Roy. des Sciences*, Paris, Vol. 3, 38.

JAKY, J. (1944). "The Coefficient of Earth Pressure at Rest," *Journal of the Society of Hungarian Architects and Engineers*, Vol. 7, 355–358.

MASSARSCH, K.R. (1979). "Lateral Earth Pressure in Normally Consolidated Clay," *Proceedings of the Seventh European Conference on Soil Mechanics and Foundation Engineering*, Brighton, England, Vol. 2, 245–250.

MAYNE, P.W., AND KULHAWY, F.H. (1982). "K_o—OCR Relationships in Soil," *Journal of the Geotechnical Division*, ASCE, Vol. 108, No. 6, 851–872.

RANKINE, W.M.J. (1857). "On Stability on Loose Earth," *Philosophic Transactions of Royal Society*, London, Part I, 9–27.

SHIELDS, D.H., AND TOLUNAY, A.Z. (1973). "Passive Pressure Coefficients by Method of Slices," *Journal of the Soil Mechanics and Foundations Division*, ASCE, Vol. 99, No. SM12, 1043–1053.

CHAPTER

8 옹벽, 버팀굴착, 널말뚝

8.1 서론

수평토압에 대한 전반적인 원리를 확장하여 옹벽, 버팀굴착, 그리고 널말뚝과 같은 토압을 지지하는 구조물을 분석하고 설계할 수 있다. **옹벽**(retaining wall)은 연직 혹은 연직에 가까운 흙사면에 영구적인 수평방향 지지를 제공한다. 지난 수십년 동안 보강토 옹벽은 토압을 지지하는 벽체로 널리 사용되어 왔다. 또한 건설공사에서 연직 혹은 연직에 가깝게 굴착이 필요할 때가 있다. 예를 들면 도심지에서 건물 지하층의 시공 혹은 지표 아래 얕은 깊이를 지나는 지하 교통시설의 건설(개착식 공법) 등이 있다. 도랑(trench)과 같이 작은 영역을 굴착하거나 임시적인 굴착을 수행할 때는 버팀대로 지지되는 두 벽체를 사용하는 버팀굴착을 일반적으로 적용한다. 넓은 영역을 굴착해야 할 경우에는 굴착 벽체를 지지하기 위해 널말뚝을 지반에 근입시킨다. 굴착깊이에 따라 널말뚝은 앵커형 혹은 캔틸레버형으로 분류된다. 이 장은 전통적인 중력식 및 캔틸레버식 옹벽, 보강토 옹벽, 버팀굴착, 그리고 널말뚝에 대해 다룬다.

옹벽

8.2 옹벽–일반론

많은 건설 프로젝트에서 사용되는 옹벽은 다음과 같이 분류할 수 있다.

1. 중력식 옹벽
2. 부분 중력식 옹벽
3. 캔틸레버식 옹벽
4. 부벽식 옹벽

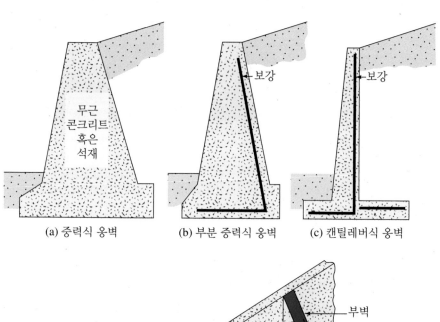

(a) 중력식 옹벽   (b) 부분 중력식 옹벽   (c) 캔틸레버식 옹벽

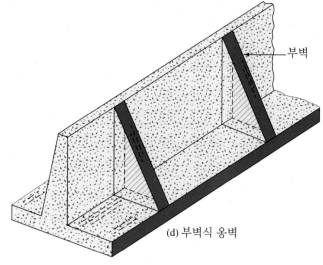

(d) 부벽식 옹벽

그림 8.1 옹벽의 종류

그림 8.2 시공 중인 캔틸레버식 옹벽 (California, Irvine, Geotechnical Solution, Inc., Dharma Shakya 제공)

중력식 옹벽(gravity retaining wall, 그림 8.1a)은 무근콘크리트나 석재를 이용하여 건설된다. 중력식 옹벽은 자중 및 석축 위에 놓은 흙의 무게를 이용하여 그 안정성을 확보한다. 옹벽의 높이가 높을 경우 중력식 옹벽은 경제적이지 못하다.

중력식 옹벽의 시공 시 강재를 소량 적용하여 벽체의 단면을 줄일 수 있다. 이러한 벽체를 일반적으로 **부분 중력식 옹벽**(semigravity retaining wall)이라 한다(그림 8.1b).

캔틸레버식 옹벽(cantilever retaining wall, 그림 8.1c)은 철근콘크리트로 시공되며 얇은 벽체와 바닥 슬래브로 구성된다. 벽체의 높이가 약 8 m까지는 캔틸레버식 옹벽이 경제적이다. 그림 8.2는 시공 중인 캔틸레버식 옹벽을 보여준다.

부벽식 옹벽(counterfort retaining wall, 그림 8.1d)은 캔틸레버식 옹벽과 유사하나, 일정한 간격으로 설치된 벽체와 바닥을 연결하는 얇은 연직 콘크리트 슬래브인 **부벽**(counterfort)을 포함한다. 부벽의 설치목적은 전단력 및 휨모멘트를 감소시키는 데에 있다.

옹벽을 적절하게 설계하기 위해서 공학자는 벽체 뒤채움 흙과 바닥 슬래브 아래 흙의 기본 물성(**단위중량, 마찰각, 점착력**)을 반드시 알아야 한다. 벽체 뒤채움 흙의 특성을 알아야 수평토압의 분포를 결정할 수 있기 때문이다.

옹벽의 설계는 두 단계(지반공학적 설계 및 구조공학적 설계)로 진행된다. 먼저 수평토압을 아는 경우, 발생가능한 **전도**(overturning), **활동**(sliding), **지지력**(bearing capacity)에 대해 전체 구조물에 대한 **안정성**(stability)을 검토해야 한다. 두 번째 단계에서는 구조물의 각각의 부재가 적절한 강도를 가지고 있는지 검토해야 하며, 각 부재의 **철근보강**(steel reinforcement)을 결정해야 한다.

8.3 옹벽의 단면가정

옹벽을 설계할 때 공학자는 안정성 검토를 시도하기 위해 단면을 가정해야 하며, 이 과정을 **단면가정**(proportioning)이라 한다. 만약 안정성 검토 결과가 바람직하지 않을 경우, 단면을 바꾸고 다시 검토해야 한다. 그림 8.3은 예비설계에서 사용되는 다양한 옹벽의 부재에 대한 일반적인 단면가정을 보여준다.

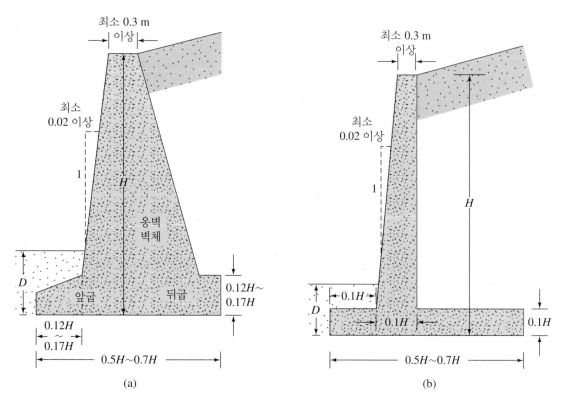

그림 8.3 초기 안정성 검토를 위한 옹벽의 다양한 부재의 대략적인 치수. (a) 중력식 옹벽, (b) 캔틸레버식 옹벽[주의: D의 최소 치수는 0.6 m이다.]

주의할 점은 옹벽 벽체의 상단의 너비는 콘크리트의 적절한 타설을 위해 0.3 m보다 커야 한다는 것이다. 옹벽의 근입깊이 D는 최소 0.6 m 이상이어야 하지만, 바닥 슬래브의 밑면은 반드시 계절적 동결심도 아래에 위치해야 한다.

부벽식 옹벽에 대해서 벽체와 바닥 슬래브의 일반적인 단면가정은 캔틸레버식 옹벽과 동일하다. 하지만 부벽의 두께는 대략 0.3 m로 가정하며, 부벽의 중심 간 거리는 $0.3H{\sim}0.7H$로 가정한다.

8.4 수평토압의 설계 적용

일반적으로 Rankine의 이론이 Coulomb의 이론보다 그 단순성으로 인해 설계 시 더 선호된다. 이러한 토압 이론을 설계에서 적용하기 위해 공학자는 반드시 몇 가지 단순한 가정을 해야 한다. 캔틸레버식 옹벽에 대해 Rankine의 토압론을 사용하여 안정성을 검토한다면, 그림 8.4a와 같이(바닥 슬래브의 뒤굽에 위치하는) 점 A를 통과하는 수직선 AB를 작도하며, Rankine의 주동토압 조건은 수직면 AB를 따라 발생한다고 가정한다. 그 후 Rankine의 주동토압공식을 이용하여 면 AB에 작용하는 수평토압을 계산한다. 벽체의 안정성을 분석하기 위해 힘 $P_{a(\text{Rankine})}$, 뒤굽 위 흙의 무게 W_s, 콘크리트의 무게 W_c 모두를 고려해야 한다. 만일 선분 AC로 구분되는 전단영역이 벽체에 의해 가로막히지 않는다면, 면 AB를 따라 Rankine의 주동토압이 발생함을 가정하는 것은 이론적으로 적합하다. 선분 AC가 연직선과 이루는 각도 η는 다음과 같다 (Chu, 1991).

$$\eta = 45 + \frac{\alpha}{2} - \frac{\phi_1'}{2} - \sin^{-1}\left(\frac{\sin \alpha}{\sin \phi_1'}\right) \tag{8.1}$$

중력식 옹벽에 대해서도 그림 8.4b와 같이 동일하게 분석할 수 있다. 하지만 그림 8.4c와 같이 Coulomb의 이론 또한 적용할 수 있다. 만일 **Coulomb의 주동토압이론**을 적용한다면, $P_{a(\text{Coulomb})}$와 옹벽의 무게 W_c만을 고려하여 분석을 수행한다.

대다수 옹벽에서 뒤채움 흙에 대한 배수시설이 반드시 설치되기 때문에 지하수위와 그로 인한 정수압이 문제가 되는 경우는 드물다.

옹벽의 안정성을 검토하기 위해 다음과 같은 과정을 따른다.

1. 옹벽의 앞굽 끝을 중심으로 한 **전도**(overturing)에 대한 검토
2. 옹벽의 바닥판을 따라 발생하는 **활동파괴**(sliding failure)에 대한 검토

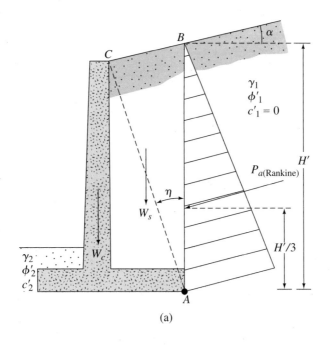

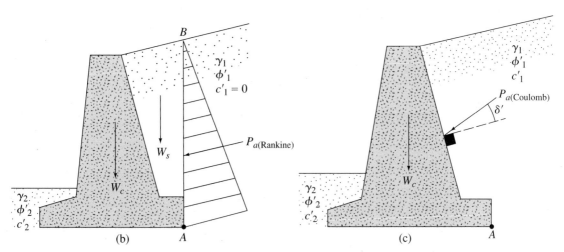

그림 8.4 수평토압의 결정을 위한 가정. (a) 캔틸레버식 옹벽, (b)와 (c) 중력식 옹벽

3. 바닥판의 **지지력 파괴**(bearing capacity failure)에 대한 검토

4. **침하**(settlement)에 대한 검토

5. **전체적 안정성**(overall stability)에 대한 검토

다음 절은 전도, 활동, 지지력 파괴에 대한 검토 과정을 설명한다. 지반 침하에 대해서는 3장에서 다루었으므로 이 장에서는 반복하지 않는다.

8.5 전도에 대한 검토

그림 8.5는 Rankine의 주동토압이 옹벽의 뒤굽 끝단을 지나는 수직면 AB를 따라 작용한다는 가정하에 캔틸레버식 및 중력식 옹벽에 작용하는 힘을 보여준다. P_p는 Rankine의 수동토압이며, 그 크기는(식 $P_p = \dfrac{1}{2}K_p \gamma H^2 + 2\sqrt{K_p}c'H$에 $\gamma = \gamma_2$, $c' = c_2'$, $H = D$를 적용) 다음과 같다.

$$P_p = \frac{1}{2}K_p\gamma_2 D^2 + 2c_2'\sqrt{K_p}\,D \tag{8.2}$$

여기서

γ_2 = 바닥 슬래브 아래 및 전면에 위치한 흙의 단위중량

K_p = Rankine의 수동토압계수 = $\tan^2(45 + \phi_2'/2)$

c_2', ϕ_2' = 흙의 점착력 및 마찰각

옹벽 앞굽의 끝단(그림 8.5의 점 C)을 중심으로 전도에 대한 안전율은 다음과 같다.

$$FS_{(\text{overturning})} = \frac{\sum M_R}{\sum M_O} \tag{8.3}$$

여기서

$\sum M_O$ = 점 C를 중심으로 전도시키려는 힘으로 인한 모멘트의 합

$\sum M_R$ = 점 C를 중심으로 한 전도에 저항하려는 힘으로 인한 모멘트의 합

전도 모멘트는 다음과 같이 산정된다.

$$\sum M_O = P_h\left(\frac{H'}{3}\right) \tag{8.4}$$

여기서

$P_h = P_a\cos\alpha$

저항 모멘트 $\sum M_R$을 산정(P_p는 일반적으로 무시)할 때는 표 8.1과 같은 표가 필요하다. 옹벽 뒤굽 위에 위치한 흙의 무게와 콘크리트(혹은 석축)의 무게는 모두 저항 모멘트에 기여한다. 힘 P_v 또한 저항 모멘트에 기여한다. P_v는 주동토압의 합력 P_a의 연직방향 성분이다.

$$P_v = P_a\sin\alpha \tag{8.5}$$

점 C를 중심으로 힘 P_v에 의한 모멘트는 다음과 같다.

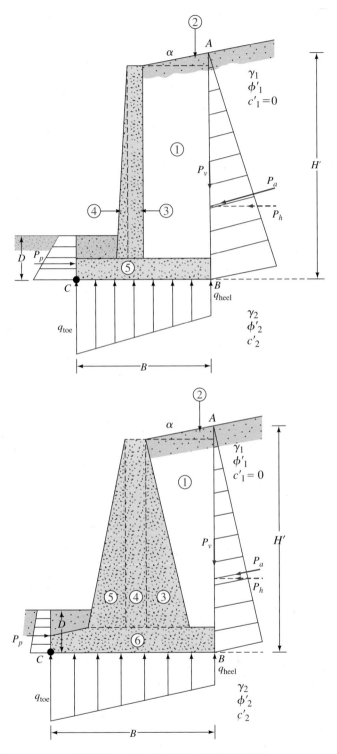

그림 8.5 Rankine의 토압을 가정한 전도 검토

표 8.1 ΣM_R 산정과정

단면 (1)	면적 (2)	무게/벽체의 단위길이 (3)	C로부터 측정된 모멘트 팔 길이 (4)	C를 중심으로 한 모멘트 (5)
1	A_1	$W_1 = \gamma_1 \times A_1$	X_1	M_1
2	A_2	$W_2 = \gamma_1 \times A_2$	X_2	M_2
3	A_3	$W_3 = \gamma_c \times A_3$	X_3	M_3
4	A_4	$W_4 = \gamma_c \times A_4$	X_4	M_4
5	A_5	$W_5 = \gamma_c \times A_5$	X_5	M_5
6	A_6	$W_6 = \gamma_c \times A_6$	X_6	M_6
		P_v	B	M_v
		ΣV		ΣM_R

주의: γ_1 = 뒤채움재의 단위중량
γ_c = 콘크리트의 단위중량
X_i = 모멘트 팔 길이(단면 i의 도심으로부터 C까지의 수평거리)

$$M_v = P_v B = P_a \sin \alpha B \tag{8.6}$$

여기서 B는 바닥 슬래브의 폭이다.

ΣM_R을 안다면, 다음과 같이 안전율을 계산한다.

$$FS_{(overturning)} = \frac{M_1 + M_2 + M_3 + M_4 + M_5 + M_6 + M_v}{P_a \cos \alpha (H'/3)} \tag{8.7}$$

일반적으로 전도에 대한 적합한 안전율의 최솟값은 1.5~2.0이다.

일부 설계자들은 다음 식을 적용하여 전도에 대한 안전율을 산정하기도 한다.

$$FS_{(overturning)} = \frac{M_1 + M_2 + M_3 + M_4 + M_5 + M_6}{P_a \cos \alpha (H'/3) - M_v} \tag{8.8}$$

8.6 바닥면을 따라 발생하는 활동에 대한 검토

활동에 대한 안전율은 다음 식과 같다.

$$FS_{(sliding)} = \frac{\Sigma F_{R'}}{\Sigma F_d} \tag{8.9}$$

여기서

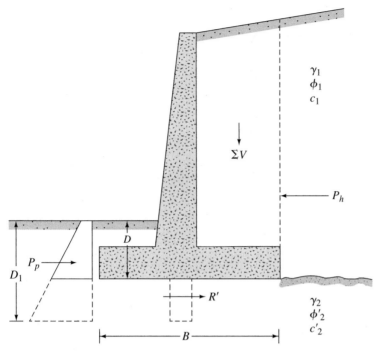

그림 8.6 바닥면을 따라 발생하는 활동에 대한 검토

$\Sigma F_{R'} =$ 수평방향 저항력의 합

$\Sigma F_d =$ 수평방향 활동력의 합

그림 8.6에서 바닥 슬래브 아래 흙의 전단강도는 다음과 같다.

$$\tau_f = \sigma' \tan \phi_2' + c_2'$$

따라서 바닥 슬래브의 바닥을 따라 흙으로부터 얻을 수 있는 벽체의 단위길이당 최대 저항력은 다음과 같다.

$$R' = \tau_f \text{ (단면의 면적)} = \tau_f(B \times 1) = B\sigma' \tan \phi_2' + Bc_2'$$

또한

$$B\sigma' = \text{연직력의 합} = \Sigma V \text{ (표 8.1 참고)}$$

따라서

$$R' = \left(\sum V\right) \tan \phi_2' + Bc_2'$$

그림 8.6에서 수동토압의 합력 P_p 또한 수평방향 저항력이다. P_p의 산정식은 식 (8.2)와 같다. 그러므로

$$\sum F_{R'} = \left(\sum V\right)\tan\phi_2' + Bc_2' + P_p \tag{8.10}$$

벽체의 활동을 발생시키려는 유일한 수평방향 힘(활동력)은 주동토압의 합력 P_a의 수평방향 성분이다. 따라서

$$\sum F_d = P_a\cos\alpha \tag{8.11}$$

식 (8.9), (8.10), (8.11)을 결합하면 다음과 같다.

$$FS_{\text{(sliding)}} = \frac{(\Sigma V)\tan\phi_2' + Bc_2' + P_p}{P_a\cos\alpha} \tag{8.12}$$

활동에 대한 일반적인 최소 안전율은 1.5이다.

많은 경우 활동에 대한 안전율을 산정할 때 보수적인 관점에서 수동토압 P_p는 무시한다. 또한 안전한 설계를 위해 흔히 마찰각 ϕ_2'을 $\frac{1}{2}\sim\frac{2}{3}$ 정도 감소시키는 경우가 많다. 동일하게 점착력 c_2' 또한 $0.5c_2'\sim0.67c_2'$ 사이의 값을 적용할 수 있다. 따라서

$$FS_{\text{(sliding)}} = \frac{(\Sigma V)\tan(k_1\phi_2') + Bk_2c_2' + P_p}{P_a\cos\alpha} \tag{8.13}$$

여기서 k_1과 k_2의 범위는 $\frac{1}{2}\sim\frac{2}{3}$이다.

때때로 어떠한 벽체에 대해서, 소요 안전율이 1.5가 안 되는 경우가 있다. 이러한 벽체의 활동에 대한 저항을 증가시키기 위해서는 바닥쐐기(base key)가 적용될 수 있다. 바닥쐐기는 그림 8.6에 점선으로 표시되어 있다. 쐐기가 없을 경우 수동토압은 다음과 같다.

$$P_p = \frac{1}{2}\gamma_2 D^2 K_p + 2c_2'D\sqrt{K_p}$$

하지만 쐐기가 있다면, 벽체의 단위길이당 수동토압은 다음과 같이 된다(주의: $D = D_1$).

$$P_p = \frac{1}{2}\gamma_2 D_1^2 K_p + 2c_2'D_1\sqrt{K_p}$$

여기서 $K_p = \tan^2(45 + \phi_2'/2)$이다. $D_1 > D$이므로, 쐐기는 옹벽의 앞굽에 작용하는 수동 저항을 명백하게 증가시키며, 따라서 활동에 대한 안전율을 증가시킨다. 일반적으로 바닥쐐기는 벽체 바로 아래 시공하며, 주철근을 쐐기 내부에 배근한다.

8.7 지지력 파괴에 대한 검토

지반의 극한 지지력에 대해서 옹벽의 바닥 슬래브를 통하여 토체에 전달되는 연직하중을 반드시 검토하여야 한다. 바닥 슬래브에서 토체로 전달되는 연직압의 일반적인 분포는 그림 8.7과 같다. q_{toe}와 q_{heel}은 각각 앞굽과 뒤굽 끝단에서 발생하는 **최대** 및 **최소** 접지압이다. q_{toe}와 q_{heel}의 크기는 다음과 같은 방법으로 결정한다.

바닥 슬래브에 작용하는 연직력의 합은 ΣV(표 8.1의 세 번째 열)이고, 수평방향 힘은 $P_a \cos\alpha$이다. 그 합력을 R이라 하면

$$\vec{R} = \overrightarrow{\Sigma V} + \overrightarrow{(P_a \cos\alpha)} \tag{8.14}$$

이러한 힘에 대한 점 C(그림 8.7)를 기준으로 한 순 모멘트는 다음과 같다.

$$M_{net} = \Sigma M_R - \Sigma M_O \tag{8.15}$$

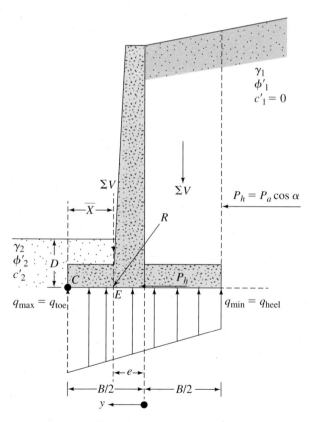

그림 8.7 지지력 파괴에 대한 검토

ΣM_R과 ΣM_O는 이전 절에서 이미 산정되었다[표 8.1의 다섯 번째 열과 식 (8.4)]. 그림 8.7과 같이 합력 R이 바닥 슬래브에서 점 E에 작용한다 하자. 그렇다면 거리 CE는 다음과 같다.

$$\overline{CE} = \overline{X} = \frac{M_{\text{net}}}{\Sigma V} \tag{8.16}$$

그러므로 합력 R의 편심거리는 다음과 같다.

$$e = \frac{B}{2} - \overline{CE} \tag{8.17}$$

재료역학의 기본원리로부터 바닥 슬래브에 작용하는 접지압의 분포는 다음과 같다.

$$q = \frac{\Sigma V}{A} \pm \frac{M_{\text{net}} y}{I} \tag{8.18}$$

여기서

$M_{net} =$ 모멘트 $= (\Sigma V) e$

$I =$ 바닥 단면의 단위길이당 단면2차모멘트 $= \frac{1}{12}(1)(B^3)$

식 (8.18)에서 y가 $B/2$가 될 때 접지압은 최대 및 최소가 된다. 이 값을 식 (8.18)에 대입하면

$$q_{\text{max}} = q_{\text{toe}} = \frac{\Sigma V}{(B)(1)} + \frac{e(\Sigma V)\dfrac{B}{2}}{\left(\dfrac{1}{12}\right)(B^3)} = \frac{\Sigma V}{B}\left(1 + \frac{6e}{B}\right) \tag{8.19}$$

$$q_{\text{min}} = q_{\text{heel}} = \frac{\Sigma V}{B}\left(1 - \frac{6e}{B}\right) \tag{8.20}$$

표 8.1과 같이 ΣV는 흙의 무게를 포함하며, 편심거리 e가 $B/6$보다 클 경우, q_{min}은 음수가 된다[식 (8.20)]. 그러므로 이 경우에 옹벽의 뒤굽 끝단에서는 약간의 인장응력이 발생한다. 흙의 인장강도는 굉장히 작기 때문에 이러한 응력의 발생은 바람직하지 않다. 만일 옹벽의 설계를 분석한 결과 $e > B/6$이면, 설계단면은 다시 가정되어야 하며 접지압을 다시 계산해야 한다.

얕은 기초의 극한 지지력은 2장에서 다루었다. 식 (2.23)으로부터

$$q_u = c_2' N_c F_{cd} F_{ci} + q N_q F_{qd} F_{qi} + \frac{1}{2}\gamma_2 B' N_\gamma F_{\gamma d} F_{\gamma i} \tag{8.21}$$

여기서

$$N_c, N_q, N_\gamma = \text{지지력계수(표 2.2 참고)}$$

$$q = \gamma_2 D$$

$$B' = B - 2e$$

$$F_{cd} = F_{qd} - \frac{1 - F_{qd}}{N_c \tan \phi_2'}$$

$$F_{qd} = 1 + 2 \tan \phi_2'(1 - \sin \phi_2')^2 \frac{D}{B}$$

$$F_{\gamma d} = 1$$

$$F_{ci} = F_{qi} = \left(1 - \frac{\psi^\circ}{90^\circ}\right)^2$$

$$F_{\gamma i} = \left(1 - \frac{\psi^\circ}{\phi_2'^\circ}\right)^2$$

$$\psi^\circ = \tan^{-1}\left(\frac{P_a \cos \alpha}{\Sigma V}\right)$$

옹벽의 기초는 연속기초이므로 2장에서 주어진 형상계수 F_{cs}, F_{qs}, $F_{\gamma s}$는 모두 1이다. 이러한 이유로 형상계수는 식 (8.21)에서 포함하지 않았다.

일단 지반의 지지력을 식 (8.21)을 통해 산정하였다면, 지지력 파괴에 대한 안전율은 다음과 같이 산정된다.

$$FS_{\text{(bearing capacity)}} = \frac{q_u}{q_{\max}} \tag{8.22}$$

지지력 파괴에 대해서 일반적으로 요구되는 안전율은 3이다.

예제 8.1

캔틸레버식 옹벽의 단면은 그림 8.8과 같다. 전도, 활동, 지지력 파괴에 대한 안전율을 계산하시오.

풀이

그림 8.8로부터

$$H' = H_1 + H_2 + H_3 = 2.6 \tan 10^\circ + 6 + 0.7$$

$$= 0.458 + 6 + 0.7 = 7.158 \text{ m}$$

벽체의 단위길이당 작용하는 Rankine의 주동토압은

$$P_a = \frac{1}{2}\gamma_1 H'^2 K_a$$

(계속)

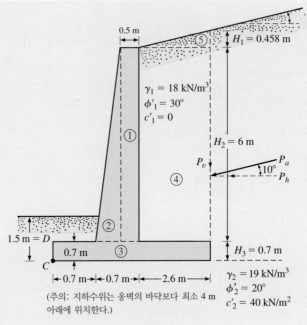

그림 8.8

$\phi'_1 = 30°$, $\alpha = 10°$이므로, K_a는 0.350과 같다. 그러므로

$$P_a = \frac{1}{2}(18)(7.158)^2(0.35) = 161.4 \text{ kN/m}$$

$$P_v = P_a \sin 10° = 161.4(\sin 10°) = 28.03 \text{ kN/m}$$

$$P_h = P_a \cos 10° = 161.4(\cos 10°) = 158.95 \text{ kN/m}$$

전도에 대한 안전율

저항 모멘트를 결정하기 위해 다음 표를 준비한다.

단면 번호[*]	면적 (m²)	무게/벽체의 단위길이 (kN/m)[†]	C로부터 측정된 모멘트 팔 길이 (m)	C를 중심으로 한 모멘트 (kN·m/m)
1	$6 \times 0.5 = 3$	70.74	1.15	81.35
2	$\frac{1}{2}(0.2)6 = 0.6$	14.15	0.833	11.79
3	$4 \times 0.7 = 2.8$	66.02	2.0	132.04
4	$6 \times 2.6 = 15.6$	280.80	2.7	758.16
5	$\frac{1}{2}(2.6)(0.458) = 0.595$	10.71	3.13	33.52
		$P_v = 28.03$	4.0	112.12
		$\Sigma V = 470.45$		$\Sigma 1128.98 = \Sigma M_R$

[*]단면의 번호는 그림 8.8을 참조하시오.

[†]$\gamma_{concrete} = 23.58 \text{ kN/m}^3$

전도 모멘트는 다음과 같다.

$$M_O = P_h \left(\frac{H'}{3} \right) = 158.95 \left(\frac{7.158}{3} \right) = 379.25 \text{ kN·m/m}$$

그러므로

$$FS_{(\text{overturning})} = \frac{\Sigma M_R}{M_O} = \frac{1128.98}{379.25} = \mathbf{2.98 > 2} \quad \textbf{(OK)}$$

활동에 대한 안전율

식 (8.13)으로부터

$$FS_{(\text{sliding})} = \frac{(\Sigma V)\tan(k_1 \phi_1') + Bk_2 c_2' + P_p}{P_a \cos \alpha}$$

$k_1 = k_2 = \frac{2}{3}$ 로 가정하면

$$P_p = \frac{1}{2} K_p \gamma_2 D^2 + 2c_2' \sqrt{K_p} D$$

$$K_p = \tan^2 \left(45 + \frac{\phi_2'}{2} \right) = \tan^2(45 + 10) = 2.04$$

$$D = 1.5 \text{ m}$$

따라서

$$P_p = \frac{1}{2}(2.04)(19)(1.5)^2 + 2(40)(\sqrt{2.04})(1.5)$$

$$= 43.61 + 171.39 = 215 \text{ kN/m}$$

그러므로

$$FS_{(\text{sliding})} = \frac{(470.45)\tan \left(\frac{2 \times 20}{3} \right) + (4)\left(\frac{2}{3} \right)(40) + 215}{158.95}$$

$$= \frac{111.5 + 106.67 + 215}{158.95} = \mathbf{2.73 > 1.5} \quad \textbf{(OK)}$$

주의: 일부 설계에 대해, 수동토압 산정을 위한 근입깊이 D는 바닥 슬래브의 두께와 같게 설정할 때도 있다.

지지력 파괴에 대한 안전율

식 (8.15), (8.16), (8.17)을 결합하면

(계속)

$$e = \frac{B}{2} - \frac{\Sigma M_R - M_O}{\Sigma V} = \frac{4}{2} - \frac{1128.98 - 379.25}{470.45}$$

$$= 0.406 \text{ m} < \frac{B}{6} = \frac{4}{6} = 0.666 \text{ m}$$

식 (8.19), (8.20)으로부터

$$q_{\substack{\text{toe} \\ \text{heel}}} = \frac{\Sigma V}{B}\left(1 \pm \frac{6e}{B}\right) = \frac{470.45}{4}\left(1 \pm \frac{6 \times 0.406}{4}\right) = 189.2 \text{ kN/m}^2 \text{ (toe)}$$

$$= 45.99 \text{ kN/m}^2 \text{ (heel)}$$

지반의 극한 지지력을 식 (8.21)로부터 산정하면

$$q_u = c_2' N_c F_{cd} F_{ci} + q N_q F_{qd} F_{qi} + \frac{1}{2}\gamma_2 B' N_\gamma F_{\gamma d} F_{\gamma i}$$

$\phi_2' = 20°$에 대해서, $N_c = 14.83$, $N_q = 6.4$, $N_\gamma = 5.39$이다(표 2.2). 또한

$$q = \gamma_2 D = (19)(1.5) = 28.5 \text{ kN/m}^2$$

$$B' = B - 2e = 4 - 2(0.406) = 3.188 \text{ m}$$

$$F_{qd} = 1 + 2\tan\phi_2'(1 - \sin\phi_2')^2\left(\frac{D}{B}\right) = 1 + 0.315\left(\frac{1.5}{4}\right) = 1.118$$

$$F_{cd} = F_{qd} - \frac{1 - F_{qd}}{N_c \tan\phi_2'} = 1.118 - \frac{1 - 1.118}{(14.83)(\tan 20)} = 1.14$$

$$F_{\gamma d} = 1$$

$$F_{ci} = F_{qi} = \left(1 - \frac{\psi°}{90°}\right)^2$$

$$\psi = \tan^{-1}\left(\frac{P_a \cos\alpha}{\Sigma V}\right) = \tan^{-1}\left(\frac{158.95}{470.45}\right) = 18.67°$$

따라서

$$F_{ci} = F_{qi} = \left(1 - \frac{18.67}{90}\right)^2 = 0.628$$

$$F_{\gamma i} = \left(1 - \frac{\psi}{\phi_2'}\right)^2 = \left(1 - \frac{18.67}{20}\right)^2 \approx 0$$

그러므로

$$q_u = (40)(14.83)(1.14)(0.628) + (28.5)(6.4)(1.118)(0.628)$$

$$+ \frac{1}{2}(19)(5.39)(3.188)(1)(0)$$

$$= 424.7 + 128.1 + 0 = 552.8 \text{ kN/m}^2$$

$$FS_{\text{(bearing capacity)}} = \frac{q_u}{q_{\text{toe}}} = \frac{552.8}{189.2} = \textbf{2.9}$$

예제 8.2

그림 8.9와 같은 중력식 옹벽이 있다. $\delta' = \frac{2}{3}\phi'_1$을 적용하고, Coulomb의 주동토압이론을 사용하여 다음 값을 산정하시오.

a. 전도에 대한 안전율
b. 활동에 대한 안전율

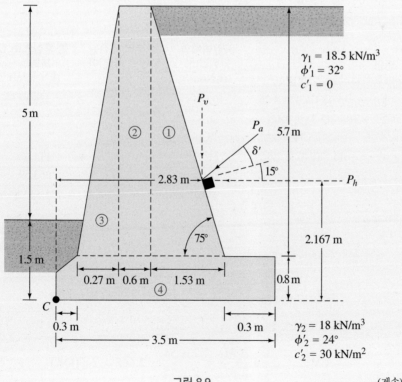

$\gamma_1 = 18.5 \text{ kN/m}^3$
$\phi'_1 = 32°$
$c'_1 = 0$

$\gamma_2 = 18 \text{ kN/m}^3$
$\phi'_2 = 24°$
$c'_2 = 30 \text{ kN/m}^2$

그림 8.9

(계속)

c. 옹벽 앞굽과 뒤굽 끝단에서의 접지압

풀이

$$H' = 5 + 1.5 = 6.5 \text{ m}$$

Coulomb의 주동토압은 다음과 같다.

$$P_a = \frac{1}{2}\gamma_1 H'^2 K_a$$

$\alpha = 0°$, $\theta = 15°$, $\delta' = \frac{2}{3}\phi'_1$, $\phi'_1 = 32°$로부터, $K_a = 0.4023$이다. 따라서

$$P_a = \frac{1}{2}(18.5)(6.5)^2(0.4023) = 157.22 \text{ kN/m}$$

$$P_h = P_a \cos\left(15 + \frac{2}{3}\phi'_1\right) = 157.22 \cos 36.33 = 126.65 \text{ kN/m}$$

$$P_v = P_a \sin\left(15 + \frac{2}{3}\phi'_1\right) = 157.22 \sin 36.33 = 93.14 \text{ kN/m}$$

a. 전도에 대한 안전율

그림 8.9로부터 다음 표를 준비한다.

단면 번호	면적 (m^2)	무게/벽체의 단위길이 (kN/m)*	C로부터 측정된 모멘트 팔 길이 (m)	C를 중심으로 한 모멘트 (kN·m/m)
1	$\frac{1}{2}(5.7)(1.53) = 4.36$	102.81	2.18	224.13
2	$(0.6)(5.7) = 3.42$	80.64	1.37	110.48
3	$\frac{1}{2}(0.27)(5.7) = 0.77$	18.16	0.98	17.80
4	$\approx(3.5)(0.8) = 2.8$	66.02	1.75	115.52
		$P_v = 93.14$	2.83	263.59
		$\Sigma V = 360.77 \text{ kN/m}$		$\Sigma M_R = 731.54 \text{ kN·m/m}$

* $\gamma_{concrete} = 23.58 \text{ kN/m}^3$

전도 모멘트는 다음과 같다.

$$M_O = P_h\left(\frac{H'}{3}\right) = 126.65(2.167) = 274.45 \text{ kN·m/m}$$

그러므로

$$FS_{(overturning)} = \frac{\Sigma M_R}{\Sigma M_O} = \frac{731.54}{274.45} = \textbf{2.665} > \textbf{2} \quad \textbf{(OK)}$$

b. 활동에 대한 안전율

$$FS_{\text{(sliding)}} = \frac{(\Sigma V)\tan\left(\dfrac{2}{3}\phi_2'\right) + \dfrac{2}{3}c_2'B + P_p}{P_h}$$

$$P_p = \frac{1}{2}K_p\gamma_2 D^2 + 2c_2'\sqrt{K_p}\,D$$

$$K_p = \tan^2\left(45 + \frac{24}{2}\right) = 2.37$$

따라서

$$P_p = \frac{1}{2}(2.37)(18)(1.5)^2 + 2(30)(1.54)(1.5) = 186.59 \text{ kN/m}$$

그러므로

$$FS_{\text{(sliding)}} = \frac{360.77\tan\left(\dfrac{2}{3}\times 24\right) + \dfrac{2}{3}(30)(3.5) + 186.59}{126.65}$$

$$= \frac{103.45 + 70 + 186.59}{126.65} = \mathbf{2.84}$$

만약 P_p를 무시한다면, 안전율은 **1.37**이다.

c. 옹벽 앞굽(toe)과 뒤굽(heel) 끝단에서의 접지압

식 (8.15), (8.16), (8.17)로부터

$$e = \frac{B}{2} - \frac{\Sigma M_R - \Sigma M_O}{\Sigma V} = \frac{3.5}{2} - \frac{731.54 - 274.45}{360.77} = 0.483 < \frac{B}{6} = 0.583$$

$$q_{\text{toe}} = \frac{\Sigma V}{B}\left[1 + \frac{6e}{B}\right] = \frac{360.77}{3.5}\left[1 + \frac{(6)(0.483)}{3.5}\right] = \mathbf{188.43 \text{ kN/m}^2}$$

$$q_{\text{heel}} = \frac{V}{B}\left[1 - \frac{6e}{B}\right] = \frac{360.77}{3.5}\left[1 - \frac{(6)(0.483)}{3.5}\right] = \mathbf{17.73 \text{ kN/m}^2}$$

보강토 옹벽

8.8 보강토

보강토(MSE, mechanically stabilized earth) 옹벽은 최근에 개발된 옹벽 구조체 및 기초의 시공과 설계 기법이다. 건설재료로서 보강토는 금속봉(metal rod), 금속띠 (metal strip), 썩지 않는 섬유(지오텍스타일, Geotextile), 지오그리드(Geogrid) 등과 같은 보강재를 이용하여 강화된 흙이다. 지반 보강에 대한 기본 개념은 새로운 것이 아니며, 사실 몇 세기 전에 제시되었다. 하지만 체계적인 분석 및 설계에 대한 현대 적 개념은 1966년에 프랑스 공학자 H. Vidal에 의해 개발되었다. 프랑스 도로 연구 소는 건설재료로서 보강토 사용의 이점과 적용성에 대한 방대한 연구를 수행하였다. Darbin(1970), Schlosser와 Vidal(1969), Schlosser와 Long(1974)은 이러한 연구들에 대한 자세한 내용을 보고하였다. 이 연구들에는 금속띠를 보강재로 사용한 다수의 실 험을 포함하고 있다.

보강토 옹벽은 Vidal의 연구가 발표된 이후 전 세계적으로 건설되었다. 미국에서 금속띠를 보강재로 사용한 첫 번째 보강토 옹벽은 1972년 California 남부에 건설되 었다.

1970년대 초 이후 토목섬유(Geosynthetics)로 분류되는 썩지 않는 고분자(poly-meric) 재료인 지오텍스타일과 지오그리드가 옹벽의 설계와 시공에 지반 보강재로 사용되어 왔다. 지오텍스타일과 지오그리드의 옹벽 건설과 관련된 간략한 개요는 부 록 A에 제시되어 있다.

지반 보강의 이점은 (a) 지반의 인장강도의 증가와 (b) 흙과 보강재 접촉면에 작용 하는 마찰로 인해 발생하는 전단저항이다. 이러한 점에서 지반 보강은 콘크리트 구조 물의 보강과 유사하다. 최근에는 **배수가 원활한 조립토를 이용한** 보강토를 주로 설계 및 시공하므로, 점성토 지반에서 전단강도의 감소와 같은 문제를 발생시키는 간극수 압의 영향은 고려하지 않아도 된다.

8.9 일반적인 설계 시 고려사항

보강토 옹벽에 대해서 설계 순서는 일반적으로 다음 두 부분으로 나뉜다.

1. **내부 안정성** 조건의 만족 여부

2. 벽체의 **외부 안정성**에 대한 검토

내부 안정성에 대한 주요 검토 사항은 보강재의 인장 및 인발 저항력의 결정과 전면판과의 일체성을 확인하는 것이다. 외부 안정성 검토는 전도, 활동, 지지력 파괴에 대한 확인을 포함한다. 다음 절들에서 금속띠, 지오텍스타일, 지오그리드를 사용한 옹벽의 설계과정을 제시한다.

8.10 금속띠 보강 옹벽

보강토 옹벽은 연성 벽체이다. 보강토 옹벽를 구성하는 요소는 다음과 같다.

1. **뒤채움**(조립토)
2. **보강띠**(일정한 간격으로 배치되는 두께가 얇은 넓은 띠)
3. 벽체의 전면에 위치하는 **덮개** 혹은 **전면판**

그림 8.10은 보강토 옹벽의 모식도이다. 모든 깊이에서 보강띠는 수평방향으로 중심간 거리 S_H로 배치된다. 보강띠의 연직방향 중심 간 거리는 S_V이다. 전면판으로는 상대적으로 얇고 유연한 재료를 적용할 수 있다. Lee 등(1973)에 따르면, 보수적인 설계 관점에서도 5 mm 두께의 아연도금 강판은 14~15 m 높이의 벽체를 충분히 지지할 수 있다. 대부분의 경우, 프리케스트 콘크리트 슬래브가 전면판으로 사용될 수 있

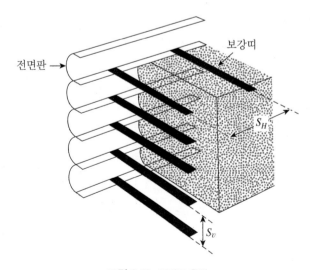

그림 8.10 보강토 옹벽

다. 슬래브에는 홈을 파서 서로 결속되도록 하여 흙이 결속부를 통해 유출되지 않도록 한다. 금속재 전면판을 사용할 경우 전면판을 서로 볼트로 연결하고, 보강띠를 전면판 사이에 위치시킨다.

보강띠를 설계하는 가장 단순하면서 많이 쓰이는 방법은 다음 절에서 다루는 Rankine의 방법이다.

수평방향 주동토압의 산정

그림 8.11은 단위중량이 γ_1이고 마찰각이 ϕ'_1인 조립토로 뒤채움을 한 보강토 옹벽을 보여준다. 옹벽의 바닥면 아래에는 원지반(혹은 자연상태, in-situ)의 흙을 일부 굴착한 후 뒤채움재와 같은 조립토와 함께 다져서 조성한다. 뒤채움 아래 자연상태의 흙의 단위중량은 γ_2, 마찰각은 ϕ'_2, 점착력은 c'_2이다. 옹벽의 보강띠는 깊이 $z = 0$, S_V, $2S_V, \ldots, NS_V$에 설치되어 있다. 벽체의 높이는 $NS_V = H$이다.

Rankine의 주동토압이론에 따라

$$\sigma'_a = \sigma'_o K_a - 2c'\sqrt{K_a}$$

여기서 σ'_a은 깊이 z에서 Rankine의 유효 주동토압이다.

상부에 상재압이 없는 건조한 조립토에 대해서는 $c' = 0$, $\sigma'_o = \gamma_1 z$, $K_a = \tan^2(45 - \phi'_1/2)$이므로, 주동토압은 다음과 같다.

$$\sigma'_a = \gamma_1 z K_a \tag{8.23}$$

벽체의 밑면($z = H$)에서 주동토압은 다음과 같다.

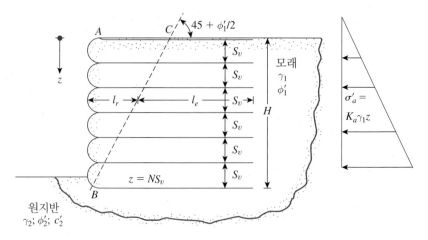

그림 8.11 보강토 옹벽의 해석

$$\sigma'_a = \gamma H K_a$$

보강띠에 작용하는 힘

깊이 z에서 **벽체의 단위길이당** 띠에 작용하는 하중은 다음과 같다(그림 8.11).

$$T = \text{깊이 } z\text{에서 주동토압} \times \text{띠로 인해 지지되는 벽체의 면적}$$
$$= (\sigma'_a)(S_V S_H) \tag{8.24}$$

보강띠의 파괴에 대한 안전율

각 깊이에 설치된 보강띠는 (a) 보강띠가 끊어지거나 (b) 보강띠가 인발될 경우 파괴될 수 있다.

　보강띠의 끊어짐에 대한 안전율은 다음과 같이 산정된다.

$$FS_{(B)} = \frac{\text{각 보강띠의 항복 혹은 파괴강도}}{\text{각 보강띠에 작용하는 최대 힘}} = \frac{wtf_y}{\sigma'_a S_V S_H} \tag{8.25}$$

여기서

　w = 보강띠의 너비

　t = 보강띠의 두께

　f_y = 보강띠 재료의 항복 혹은 파괴강도

모든 깊이의 보강띠에 대해 일반적으로 2.5~3 사이의 안전율을 권장한다.

　만일 깊이 z에서 보강띠 표면을 따라 발생하는 마찰저항이 보강띠에 작용하는 하중보다 작다면, 보강띠는 인발되면서 파괴된다. 보수적인 관점에서 마찰저항이 발현되는 보강띠의 **유효길이**(effective length)를 Rankine의 주동 파괴 **영역**(그림 8.11의 영역 ABC) 뒷편의 보강띠의 길이로 설정한다. 선분 BC는 수평면과 $45 + \phi'_1/2$의 각도를 이룬다. 따라서 깊이 z에서 작용할 수 있는 최대 마찰력은 다음과 같다.

$$F_R = 2l_e w \sigma'_o \tan \phi'_\mu \tag{8.26}$$

여기서

　l_e = 유효길이

　σ'_0 = 깊이 z에서 유효연직응력

　ϕ'_μ = 흙과 보강띠와의 마찰각

그러므로 깊이 z에서 **보강띠의 인발**에 대한 안전율은 다음과 같다.

$$FS_{(P)} = \frac{F_R}{T} \tag{8.27}$$

식 (8.24), (8.26)을 식 (8.27)에 대입하면 다음과 같다.

$$FS_{(P)} = \frac{2l_e w \sigma_o' \tan \phi_\mu'}{\sigma_a' S_V S_H} \tag{8.28}$$

보강띠의 총 길이

보강띠의 총 길이는 다음과 같이 산정된다.

$$L = l_r + l_e \tag{8.29}$$

여기서

l_r = Rankine의 파괴 영역 안의 보강띠의 길이

l_e = 유효길이

주어진 $FS_{(P)}$에 대해서, 식 (8.28)로부터

$$l_e = \frac{FS_{(P)} \sigma_a' S_V S_H}{2w \sigma_o' \tan \phi_\mu'} \tag{8.30}$$

또한 깊이 z에서

$$l_r = \frac{(H - z)}{\tan\left(45 + \dfrac{\phi_1'}{2}\right)} \tag{8.31}$$

따라서 식 (8.29), (8.30), (8.31)을 결합하면 다음을 얻는다.

$$L = \frac{(H - z)}{\tan\left(45 + \dfrac{\phi_1'}{2}\right)} + \frac{FS_{(P)} \sigma_a' S_V S_H}{2w \sigma_o' \tan \phi_\mu'} \tag{8.32}$$

8.11 금속띠 보강 옹벽의 설계 단계 과정

다음은 8.10절에서 다룬 금속재 보강띠를 이용한 보강토 옹벽의 설계 단계 과정이다.

일반

단계 1. 벽체의 높이 H와 단위중량(γ_1), 마찰각(ϕ'_1)과 같은 조립토 뒤채움재의 물성을 결정한다.

단계 2. 보강띠와 흙 사이의 마찰각 ϕ'_μ와 요구되는 안전율 $FS_{(B)}$와 $FS_{(P)}$를 결정한다.

내부 안정성 검토

단계 3. 보강띠의 수평방향 및 연직방향 배치간격을 가정한다. 또한 사용할 보강띠의 너비 w를 가정한다.

단계 4. 식 (8.23)으로부터 σ'_a를 산정한다.

단계 5. 식 (8.24)로부터 보강띠가 설치된 모든 깊이에서 보강띠에 작용하는 하중을 산정한다.

단계 6. 제시된 $FS_{(B)}$에 대해, 식 (8.25)를 이용하여 끊어짐에 저항하기 위해 필요한 보강띠의 두께 t를 계산한다.

$$T = \sigma'_a S_V S_H = \frac{wtf_y}{FS_{(B)}}$$

혹은

$$t = \frac{(\sigma'_a S_V S_H)[FS_{(B)}]}{wf_y} \tag{8.33}$$

보통 모든 깊이에서 두께 t를 동일하게 설정하므로, 식 (8.33)의 σ'_a는 최하단 보강띠에 작용하는 토압인 $\sigma'_{a(\max)}$를 적용한다.

단계 7. 주어진 ϕ'_μ와 $FS_{(P)}$에 대해서, 식 (8.32)를 이용하여 각 깊이에서 보강띠의 길이 L을 결정한다.

단계 8. S_V, S_H, t, w, L의 크기를 조정하며 가장 경제적인 설계를 찾는다.

외부 안정성 검토

단계 9. 그림 8.12를 참고하여 **전도**에 대한 안정성을 검토한다. B 지점을 기준으로 벽체의 단위길이당 작용하는 전도 모멘트를 구한다.

$$M_o = P_a z' \tag{8.34}$$

여기서

$$P_a = 주동토압의\ 합력 = \int_0^H \sigma_a'\, dz$$

벽체의 단위길이당 저항 모멘트는 다음과 같다.

$$M_R = W_1 x_1 + W_2 x_2 + \cdots \tag{8.35}$$

여기서

$W_1 = (AFEGI의\ 면적)\,(1)\,(\gamma_1)$

$W_2 = (FBDE의\ 면적)\,(1)\,(\gamma_1)$

$\vdots$

따라서

$$FS_{(overturning)} = \frac{M_R}{M_o} = \frac{W_1 x_1 + W_2 x_2 + \cdots}{\left(\displaystyle\int_0^H \sigma_a' dz\right) z'} \tag{8.36}$$

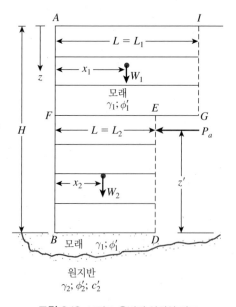

그림 8.12 보강토 옹벽의 안정성 검토

$FS_{(overturning)}$은 최소 3 이상이다.

단계 10. 식 (8.13)을 이용하여 **활동**에 대한 안정성을 검토한다.

$$FS_{(sliding)} = \frac{(W_1 + W_2 + \cdots)[\tan(k\phi_1')]}{P_a} \tag{8.37}$$

여기서 $k \approx \frac{2}{3}$

$FS_{(sliding)}$은 최소 1.5 이상이다.

단계 11. 다음 식으로부터 지지력 파괴에 대한 안정성을 검토한다.

$$q_u = c_2' N_c + \frac{1}{2}\gamma_2 L_2' N_\gamma \tag{8.38}$$

지지력계수 N_c와 N_γ는 흙의 마찰각 ϕ_2'에 대응한다(표 2.2 참고). 식 (8.38)에서 L_2'는 다음 식으로 산정되는 기초의 유효길이이다.

$$L_2' = L_2 - 2e \tag{8.39}$$

여기서 e = 편심거리

$$e = \frac{L_2}{2} - \frac{M_R - M_O}{\Sigma V} \tag{8.40}$$

여기서 $\Sigma V = W_1 + W_2 + \cdots$

깊이 $z = H$에서 연직응력은 다음과 같다.

$$\sigma'_{o(H)} = \gamma_1 H \tag{8.41}$$

따라서 지지력 파괴에 대한 안전율은 다음과 같이 산정된다.

$$FS_{(bearing\ capacity)} = \frac{q_u}{\sigma'_{o(H)}} \tag{8.42}$$

일반적으로 $FS_{(bearing\ capacity)}$의 최솟값은 3~5 사이이다.

예제 8.3

아연도금된 강재띠를 보강재로 사용하고 조립토로 뒤채움을 한 10 m 높이의 옹벽을 건설하였다. 그림 8.11에서 다음이 주어졌다.

(계속)

뒤채움 조립토: $\phi'_1 = 36°$
$\gamma_1 = 16.5 \text{ kN/m}^3$

기초 지반: $\phi'_2 = 28°$
$\gamma_2 = 17.3 \text{ kN/m}^3$
$c'_2 = 48 \text{ kN/m}^2$

아연도금 강재 보강띠:

보강띠의 너비 $w = 72 \text{ mm}$
$S_V = 0.6 \text{ m(중심 간 거리)}$
$S_H = 1 \text{ m(중심 간 거리)}$
$f_y = 242 \text{ MN/m}^2$
$\phi'_\mu = 20°$

보강띠 끊어짐에 대한 소요 안전율 $FS_{(B)} = 3$
보강띠 인발에 대한 소요 안전율 $FS_{(P)} = 3$

외부 및 내부 안정성에 대해 검토하시오. 아연도금 강재의 부식률은 0.025 mm/year 로, 이 구조물의 수명은 50년으로 가정한다.

풀이

내부 안정성 검토

보강띠의 두께: 보강띠에 작용하는 최대 힘 $T_{max} = \sigma'_{a(max)} S_V S_H$

$$\sigma_{a(max)} = \gamma_1 H K_a = \gamma H \tan^2\left(45 - \frac{\phi'_1}{2}\right)$$

따라서

$$T_{max} = \gamma_1 H \tan^2\left(45 - \frac{\phi'_1}{2}\right) S_V S_H$$

식 (8.33)으로부터, 보강띠의 끊어짐에 대해서

$$t = \frac{(\sigma'_a S_V S_H)[FS_{(B)}]}{w f_y} = \frac{\left[\gamma_1 H \tan^2\left(45 - \frac{\phi'_1}{2}\right) S_V S_H\right] FS_{(B)}}{w f_y}$$

따라서

$$t = \frac{\left[(16.5)(10) \tan^2\left(45 - \frac{36}{2}\right)(0.6)(1)\right](3)}{(0.072 \text{ m})(242,000 \text{ kN/m}^2)} = 0.00443 \text{ m} \approx 4.5 \text{ mm}$$

만약 부식률이 0.025 mm/year이고 구조물의 수명이 50년이라면, 보강띠의 실제 두께는 다음과 같이 산정된다.

$$t = 4.5 + (0.025)(50) = 5.75 \text{ mm}$$

따라서 **보강띠의 두께로 6 mm**면 충분하다.

보강띠의 길이: 식 (8.32)를 참고하면, 이 문제의 경우 $\sigma'_a = \gamma_1 z K_a$이고 $\sigma'_o = \gamma_1 z$이다. 따라서

$$L = \frac{(H - z)}{\tan\left(45 + \dfrac{\phi'_1}{2}\right)} + \frac{FS_{(P)}\gamma_1 z K_a S_V S_H}{2w\gamma_1 z \tan \phi'_\mu}$$

다음 순서로 아래 표를 작성한다. 이때 $FS_{(P)} = 3$, $H = 10$ m, $w = 0.072$ m, $\phi'_\mu = 20°$이다.

z(m)	보강띠 길이 L(m) [식 (7.32)]
2	13.0
4	11.99
6	10.97
8	9.95
10	8.93

따라서 **보강띠의 길이는 13.0 m**로 한다.

외부 안정성 검토

전도에 대한 검토: 그림 8.13을 참고하면, 이 경우 식 (8.36)을 이용하여

$$FS_{(\text{overturning})} = \frac{W_1 x_1}{\left[\displaystyle\int_0^H \sigma'_a \, dz\right] z'}$$

$$W_1 = \gamma_1 HL = (16.5)(10)(13) = 2145 \text{ kN}$$

$$x_1 = 6.5 \text{ m}$$

$$P_a = \int_0^H \sigma'_a dz = \tfrac{1}{2}\gamma_1 K_a H^2 = \left(\tfrac{1}{2}\right)(16.5)(0.26)(10)^2 = 214.5 \text{ kN/m}$$

$$z' = \frac{10}{3} = 3.33 \text{ m}$$

$$FS_{(\text{overturning})} = \frac{(2145)(6.5)}{(214.5)(3.33)} = \textbf{19.5} > \textbf{3} \quad \textbf{(OK)}$$

(계속)

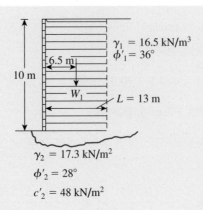

그림 8.13 뒤채움에 아연도금 강재 보강띠로 보강한 옹벽

활동에 대한 검토: 식 (8.37)로부터

$$FS_{(sliding)} = \frac{W_1 \tan(k\phi'_1)}{P_a} = \frac{2145 \tan\left[\left(\frac{2}{3}\right)(36)\right]}{214.5} = \textbf{4.45} > \textbf{3}\quad \textbf{(OK)}$$

지지력 검토: 마찰각 $\phi'_2 = 28°$에 대해서 $N_c = 25.8$, $N_\gamma = 16.72$이다(표 2.2). 식 (8.38)로부터

$$q_u = c'_2 N_c + \tfrac{1}{2}\gamma_2 L' N_\gamma$$

$$e = \frac{L}{2} - \frac{M_R - M_O}{\Sigma V} = \frac{13}{2} - \left[\frac{(2145 \times 6.5) - (214.5 \times 3.33)}{2145}\right] = 0.333 \text{ m}$$

$$L' = 13 - (2 \times 0.333) = 12.334 \text{ m}$$

$$q_u = (48)(25.8) + \left(\tfrac{1}{2}\right)(17.3)(12.334)(16.72) = 3022 \text{ kN/m}^2$$

식 (8.41)로부터

$$\sigma'_{o(H)} = \gamma_1 H = (16.5)(10) = 165 \text{ kN/m}^2$$

$$FS_{(bearing\ capacity)} = \frac{q_u}{\sigma'_{o(H)}} = \frac{3022}{165} = \textbf{18.3} > \textbf{5}\quad \textbf{(OK)}$$

8.12 지오텍스타일 보강토 옹벽

그림 8.14는 여러 층의 지오텍스타일을 보강재로 사용한 옹벽을 보여준다. 그림 8.14
에서 뒤채움재는 조립토이다. 그림에서 보이듯 이러한 형식의 옹벽에는 벽체의 전면
을 길이 l_l만큼 지오텍스타일로 감싸서(혹은 피복하여) 형성한다. 시공을 마친 후 자외
선에 노출되면 지오텍스타일의 열화가 발생할 수 있으므로, 벽체의 전면부를 노출시
키면 안 되며, **역청유제**(Bitmen emulsion)나 **숏크리트**(shotcrete)의 전면에 도포한다.
지오텍스타일 전면부에 고정된 철사 격자가 도포재의 고정을 위해 필요할 수 있다.
그림 8.15는 시공 중인 지오텍스타일 보강토 옹벽을 보여준다.

이러한 형식의 옹벽은 8.11절과 유사한 방식으로 설계한다. 다음은 Bell 등(1975)
과 Koerner(2005)의 제안을 바탕으로 한 단계별 설계 과정이다.

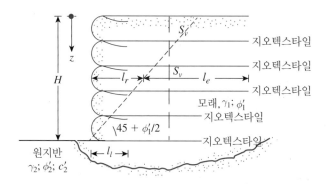

그림 8.14 지오텍스타일 보강토 옹벽

그림 8.15 지오텍스타일 보강토 옹벽의 시공 (Colorado, Denver, University of Colorado at
Denver, Jonathan T. H. Wu 제공)

내부 안정성 검토

단계 1. 다음 식을 이용하여 주동토압의 분포를 결정한다.

$$\sigma'_a = K_a\sigma'_o = K_a\gamma_1 z \tag{8.43}$$

여기서

K_a = Rankine의 주동토압계수 = $\tan^2(45 - \phi'_1/2)$

γ_1 = 뒤채움 조립토의 단위중량

ϕ'_1 = 뒤채움 조립토의 마찰각

단계 2. 허용인장강도 T_{all}(kN/m)을 가지는 지오텍스타일 섬유를 선택한다[T_{all}에 관해서는 부록 A의 식 (A.1) 참고]

단계 3. 다음 식을 이용하여 깊이 z에서의 각 층의 연직방향 간격을 결정한다.

$$S_V = \frac{T_{\text{all}}}{\sigma'_a FS_{(B)}} = \frac{T_{\text{all}}}{(\gamma_1 z K_a)[FS_{(B)}]} \tag{8.44}$$

식 (8.44)는 식 (8.25)와 유사함을 알 수 있다. $FS_{(B)}$는 일반적으로 1.3~ 1.5 사이의 값을 가진다.

단계 4. 각 층의 지오텍스타일의 길이를 다음 식을 이용하여 결정한다.

$$L = l_r + l_e \tag{8.45}$$

여기서

$$l_r = \frac{H - z}{\tan\left(45 + \dfrac{\phi'_1}{2}\right)} \tag{8.46}$$

그리고

$$l_e = \frac{S_V \sigma'_a [FS_{(P)}]}{2\sigma'_o \tan\phi'_F} \tag{8.47}$$

여기서

$$\sigma'_a = \gamma_1 z K_a$$
$$\sigma'_o = \gamma_1 z$$
$$FS_{(P)} = 1.3 \sim 1.5$$

ϕ'_F = 지오텍스타일과 흙의 접촉면에서의 마찰각 $\approx \frac{2}{3}\phi'_1$

단계 5. 피복길이 l_l을 다음 식을 이용하여 결정한다.

$$l_l = \frac{S_V \sigma'_a FS_{(P)}}{4\sigma'_o \tan \phi'_F} \tag{8.48}$$

피복길이는 최소 1 m 이상이어야 한다.

외부 안정성 검토

단계 6. 8.11절의 단계 9, 10, 11에 제시된 방법으로 전도, 활동, 지지력 파괴에 대한 안전율을 검토한다.

예제 8.4

그림 8.16과 같은 높이 5 m의 지오텍스타일로 보강된 옹벽이 있다. 뒤채움 조립토의 단위중량 $\gamma_1 = 15.7 \text{ kN/m}^3$, 마찰각 $\phi'_1 = 36°$이다. 지오텍스타일의 인장강도 $T_{ult} = 52.5 \text{ kN/m}$이다. 이 벽체의 설계를 위해 S_V, L, l_l을 결정하시오. 감소계수 $RF_{id} = 1.2$, $RF_{cr} = 2.5$, $RF_{cbd} = 1.25$이다[부록 A의 식 (A.1) 참고]. 또한 $FS_{(B)} = FS_{(P)} = 1.5$이다.

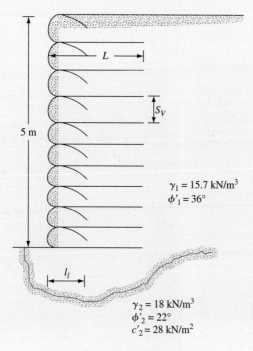

그림 8.16 지오텍스타일 보강토 옹벽

(계속)

풀이

주동토압계수는 다음과 같다.

$$K_a = \tan^2\left(45 - \frac{\phi_1'}{2}\right) = 0.26$$

S_V의 결정

S_V를 결정하기 위해서는 각 깊이에서 소요 S_V를 계산한다. 식 (8.44)로부터

$$S_V = \frac{T_{\text{all}}}{(\gamma_1 z K_a)[FS_{(B)}]}$$

식 (A.1)로부터

$$T_{\text{all}} = \frac{T_{\text{ult}}}{RF_{\text{id}} \times RF_{\text{cr}} \times RF_{\text{cbd}}} = \frac{52.5}{1.2 \times 2.5 \times 1.25} = 14 \text{ kN/m}$$

깊이 $z = 2$ m에서 $FS_{(B)} = 1.5$이므로

$$S_V = \frac{14}{(15.7)\,(2)\,(0.26)\,(1.5)} = 1.14 \text{ m}$$

깊이 $z = 4$ m에서는

$$S_V = \frac{14}{(15.7)\,(4)\,(0.26)\,(1.5)} = 0.57 \text{ m}$$

깊이 $z = 5$ m에서는

$$S_V = \frac{14}{(15.7)\,(5)\,(0.26)\,(1.5)} = 0.46 \text{ m}$$

따라서 **깊이 $z = 0 \sim 5$ m에 대해 $S_V = 0.5$ m를 적용한다**(그림 8.16 참고).

L의 결정

식 (8.45), (8.46), (8.47)로부터

$$L = \frac{(H - z)}{\tan\left(45 + \dfrac{\phi_1'}{2}\right)} + \frac{S_V K_a [FS_{(P)}]}{2 \tan \phi_F'}$$

$FS_{(P)} = 1.5$, $\tan \phi_F' = \tan\left[\left(\frac{2}{3}\right)(36)\right] = 0.445$에 대해

$$L = (0.51)\,(H - z) + 0.438 S_V$$

이므로

$H = 5$ m, $S_V = 0.5$ m

깊이 $z = 0.5$ m: $L = (0.51)(5 - 0.5) + (0.438)(0.5) = 2.514$ m

깊이 $z = 2.5$ m: $L = (0.51)(5 - 2.5) + (0.438)(0.5) = 1.494$ m

따라서 **전체 높이에 대해 $L = 2.5$ m를 적용한다.**

l_l의 결정

식 (8.48)로부터

$$l_l = \frac{S_V \sigma_a'[FS_{(P)}]}{4\,\sigma_o'\tan\phi_F'}$$

$\sigma_a' = \gamma_1 z K_a$, $FS_{(P)} = 1.5$, $\sigma_o' = \gamma_1 z$, $\phi_F' = \frac{2}{3}\phi_1'$이므로

$$l_l = \frac{S_V K_a[FS_{(P)}]}{4\tan\phi_F'} = \frac{S_V(0.26)(1.5)}{4\tan\left[\left(\frac{2}{3}\right)(36)\right]} = 0.219 S_V$$

$$l_l = 0.219 S_V = (0.219)(0.5) = 0.11 \text{ m} \le 1 \text{ m}$$

따라서 $l_l = \mathbf{1}$ **m를 적용한다.**

예제 8.5

예제 8.4에 주어진 내부 안정성 검토 결과를 고려하여, 지오텍스타일 보강토 옹벽에 대해 전도, 활동, 지지력 파괴에 대한 안전율을 계산하시오.

풀이

그림 8.17을 참고한다.

전도에 대한 안전율

식 (8.36)으로부터 $FS_{(\text{overturning})} = \dfrac{W_1 x_1}{(P_a)\left(\dfrac{H}{3}\right)}$

$$W_1 = (5)(2.5)(15.7) = 196.25 \text{ kN/m}$$

$$x_1 = \frac{2.5}{2} = 1.25 \text{ m}$$

$$P_a = \frac{1}{2}\gamma H^2 K_a = \left(\frac{1}{2}\right)(15.7)(5)^2(0.26) = 51.03 \text{ kN/m}$$

(계속)

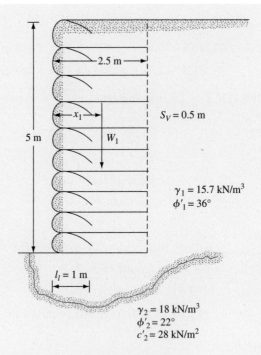

$S_V = 0.5$ m

$\gamma_1 = 15.7$ kN/m^3
$\phi'_1 = 36°$

$l_l = 1$ m

$\gamma_2 = 18$ kN/m^3
$\phi'_2 = 22°$
$c'_2 = 28$ kN/m^2

그림 8.17 안정성 검토

따라서

$$FS_{(overturning)} = \frac{(196.25)(1.25)}{51.03(5/3)} = 2.88 < 3$$

(지오텍스타일 설치층의 길이 L을 3 m까지 늘여야 한다.)

활동에 대한 안전율

식 (8.37)로부터

$$FS_{(sliding)} = \frac{W_1 \tan\left(\frac{2}{3}\phi'_1\right)}{P_a} = \frac{(196.25)\left[\tan\left(\frac{2}{3} \times 36\right)\right]}{51.03} = \mathbf{1.71 > 1.5} \quad \textbf{(O.K.)}$$

지지력 파괴에 대한 안전율

식 (8.38)로부터 $q_u = c'_2 N_c + \frac{1}{2}\gamma_2 L_2 N_\gamma$ (주의: $L'_2 \approx L$로 가정)

$\gamma_2 = 18$ kN/m^3, $L_2 = 2.5$ m, $c'_2 = 28$ kN/m^2, $\phi'_2 = 22°$로 주어졌다. 표 2.2로부터 $N_c = 16.88$, $N_\gamma = 7.13$이다.

$$q_u = (28)(16.88) + \left(\frac{1}{2}\right)(18)(2.5)(7.13) \approx 633 \ \text{kN/m}^2$$

식 (8.42)로부터

$$FS_{\text{(bearing capacity)}} = \frac{q_u}{\sigma'_{\alpha(H)}} = \frac{633}{\gamma_1 H} = \frac{633}{(15.7)(5)} = \mathbf{8.06 > 3} \quad \textbf{(O.K.)}$$

8.13 지오그리드 보강 옹벽

지오그리드 또한 옹벽의 시공에서 조립토 뒤채움재를 보강하는 데 사용할 수 있다. 그림 8.18은 전형적인 지오그리드 보강토 옹벽의 모식도이다. 그림 8.19는 지오그리드 보강토 옹벽의 시공 중 전경을 보여준다. 지오그리드 보강토 옹벽의 설계 과정은 8.12절에서 제시한 방법과 기본적으로 동일하다. 그림 8.20에 제시된 지오그리드 보강토 옹벽의 간략한 설계 단계는 다음과 같다.

내부 안정성 검토

단계 1. 식 (8.43)과 유사한 방법으로 깊이 z에서의 주동토압을 결정한다.

$$\sigma'_a = K_a \gamma_1 z \tag{8.49}$$

여기서

$$K_a = \text{Rankine의 주동토압계수} = \tan^2\left(45 - \frac{\phi'_1}{2}\right)$$

단계 2. 허용인장강도 T_{all}을 가지는 지오그리드를 선택한다[부록 A의 식 (A.3)].

$$T_{\text{all}} = \frac{T_{\text{ult}}}{RF_{\text{id}} \times RF_{\text{cr}} \times RF_{\text{cbd}}} \tag{8.50}$$

여기서

RF_{id} = 설치 시 손상을 고려한 감소계수

RF_{cr} = 크리프 변형을 고려한 감소계수

RF_{cbd} = 화학 및 생물학적 열화를 고려한 감소계수

단계 3. 지오그리드의 연직방향 설치 간격을 다음과 같이 산정한다.

$$S_V = \frac{T_{\text{all}} C_r}{\sigma'_a FS_{(B)}} \tag{8.51}$$

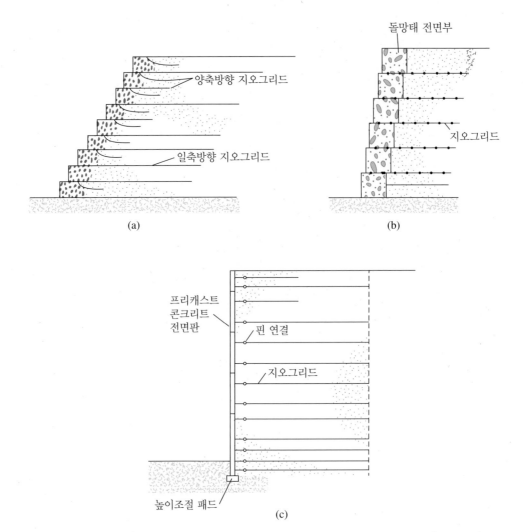

그림 8.18 전형적인 지오그리드 보강토 옹벽의 모식도. (a) 지오그리드 피복 벽체, (b) 전면부 돌망태 벽체, (b) 콘크리트 전면판 벽체

여기서

C_r = 지오그리드의 피복비

피복비는 동일한 깊이에서 전체 면적 대비 지오그리드에 의해서 실제로 덮힌 면적의 비를 뜻한다. 예를 들어, 만일 폭 1.2 m의 지오그리드가 0.3 m 간격으로 설치되었다면, 피복비는 다음과 같이 산정된다.

$$C_r = \frac{1.2\ \text{m}}{1.2\ \text{m} + 0.3\ \text{m}} = 0.8$$

그림 8.19   콘크리트 전면판을 적용한 HDPE 지오그리드 보강토 옹벽의 시공 (Georgia, Atlanta, Tensar International Corporation 제공)

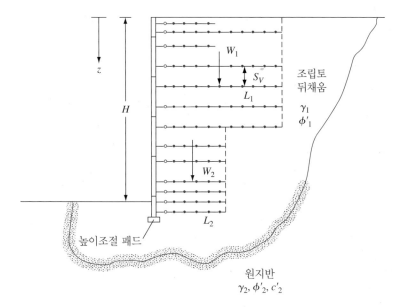

그림 8.20   지오그리드 보강토 옹벽의 설계

단계 4. 식 (8.45)와 유사한 방법으로 깊이 z에서의 지오그리드의 길이를 계산한다.

$$L = l_r + l_e$$

$$l_r = \frac{H - z}{\tan^2\left(45 + \dfrac{\phi_1'}{2}\right)} \tag{8.52}$$

l_e를 결정하기 위해서는 식 (8.47)과 유사하게

$$
\begin{aligned}
FS_{(P)} &= \frac{\text{주어진 수직 유효응력에 대한 인발 저항}}{\text{인발력}} \\
&= \frac{(2)(l_e)(C_i\sigma_0'\tan\phi_1')(C_r)}{S_V\sigma_a'} \\
&= \frac{(2)(l_e)(C_i\tan\phi_1')(C_r)}{S_V K_a}
\end{aligned}
\tag{8.53}
$$

여기서 C_i는 상호작용계수이다. 위 식으로부터

$$l_e = \frac{S_V K_a FS_{(P)}}{2C_r C_i \tan\phi_1'} \tag{8.54}$$

따라서 깊이 z에서 지오그리드 설치층의 전체 길이 L은 다음과 같다.

$$L = l_r + l_e = \frac{H - z}{\tan\left(45 + \dfrac{\phi_1'}{2}\right)} + \frac{S_V K_a FS_{(P)}}{2C_r C_i \tan\phi_1'} \tag{8.55}$$

상호작용계수 C_i는 실험실에서 실험적으로 산정한다. 다양한 뒤채움 종류에 따른 C_i의 대략적인 범위는 다음과 같다.

자갈, 모래질 자갈	0.75~0.8
입도분포가 좋은 모래, 자갈질 모래	0.7~0.75
가는 모래, 실트질 모래	0.55~0.6

외부 안정성 검토

단계 5. 8.11절(단계 9, 10, 11)에서 제시한 방법을 따라 전도, 활동, 지지력 파괴에 대한 안전율을 검토한다.

예제 8.6

그림 8.20과 같은 지오그리드 보강토 옹벽이 있다. $H = 6$ m, $\gamma_1 = 16.5$ kN/m³, $\phi_1' = 35°$, $T_{all} = 45$ kN/m, $FS_{(B)} = 1.5$, $FS_{(P)} = 1.5$, $C_r = 0.8$, $C_i = 0.75$일 때, 벽체의 설계를 위해 S_V와 L을 결정하시오.

풀이

$$K_a = \tan^2\left(45 - \frac{\phi_1'}{2}\right) = \tan^2\left(45 - \frac{35}{2}\right) = 0.27$$

S_V의 결정

식 (8.51)로부터

$$S_V = \frac{T_{all}C_r}{\sigma_a' FS_{(B)}} = \frac{T_{all}C_r}{\gamma z K_a FS_{(B)}} = \frac{(45)(0.8)}{(16.5)(z)(0.27)(1.5)} = \frac{5.39}{z}$$

$$\text{깊이 } z = 2 \text{ m:} \qquad S_V = \frac{5.39}{2} = 2.7 \text{ m}$$

$$\text{깊이 } z = 4 \text{ m:} \qquad S_V = \frac{5.39}{4} = 1.35 \text{ m}$$

$$\text{깊이 } z = 5 \text{ m:} \qquad S_V = \frac{5.39}{5} = 1.08 \text{ m}$$

$S_V \approx$ **1 m**를 적용한다.

L의 결정

식 (8.55)로부터

$$L = \frac{H - z}{\tan\left(45 + \dfrac{\phi_1'}{2}\right)} + \frac{S_V K_a FS_{(P)}}{2C_r C_i \tan\phi_1'}$$

$$= \frac{6 - z}{\tan\left(45 + \dfrac{35}{2}\right)} + \frac{(1 \text{ m})(0.27)(1.5)}{(2)(0.8)(0.75)(\tan 35°)}$$

깊이 $z = 1$ m: $L = 0.52(6 - 1) + 0.482 = 3.08$ m $\approx$ 3.1 m

깊이 $z = 3$ m: $L = 0.52(6 - 3) + 0.482 = 2.04$ m $\approx$ 2.1 m

깊이 $z = 5$ m: $L = 0.52(6 - 5) + 0.482 = 1.0$ m

따라서 $z = $ **0~6 m**에 대해서 $L = $ **3 m**를 적용한다.

버팀굴착

8.14 버팀굴착-일반론

그림 8.21은 시공 시 일반적으로 적용되는 두 가지 버팀굴착 방식을 보여준다. 첫 번째 방식은 굴착 전 지반으로 연직방향으로 근입되는 강재 혹은 목재 보(beam) 부재

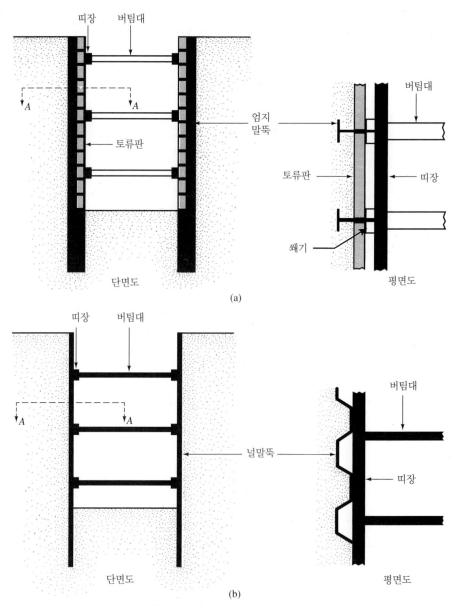

그림 8.21 버팀굴착의 종류. (a) 엄지말뚝의 사용, (b) 널말뚝의 사용

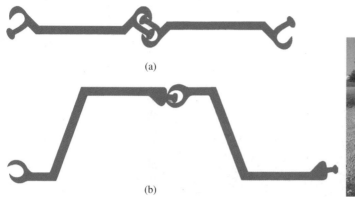

그림 8.22 널말뚝 연결의 기본. (a) 엄지-손가락형, (b) 볼-소켓형, (c) 널말뚝 단면의 사진 (Australia, James Cook University, N. Sivakugan 제공)

인 **엄지말뚝**(soldier beam)을 사용한다. **토류판**(lagging)은 수평방향으로 설치되는 목재 판재로 굴착이 진행됨에 따라 엄지말뚝 사이에 놓인다. 목표한 깊이까지 굴착이 진행되면, **띠장**(wale)과 [수평방향으로 설치되는 강재 보(beam) 부재인] **버팀대**(strut)를 설치한다. 버팀대는 수평방향으로 압축되는 부재이다. 그림 8.21b는 다른 종류의 버팀굴착을 보여준다. 이 경우에는 서로 맞물리는 **널말뚝**(sheet pile)이 굴착 전에 지반으로 근입된다. 띠장과 버팀대는 설치깊이까지 굴착이 진행되면 즉시 설치한다. 대부분의 버팀굴착은 널말뚝을 사용한다(역자주: 우리나라의 경우 엄지말뚝과 토류판 적용도 많이 한다).

미국에서는 약 10~13 mm의 두께의 **강재 널말뚝**(steel sheet pile)이 주로 쓰인다. 유럽에서 사용하는 널말뚝은 더 얇고 넓은 단면을 가진다. 널말뚝은 **Z형, 얕은 아치형, 낮은 아치형**, 혹은 **곧은 일직선형**의 단면을 가진다. 널말뚝 단면의 결합부는 차수결합을 위해 **엄지-손가락형**(thumb and finger) 혹은 **볼-소켓형**(ball and socket)으로 가공한다. 그림 8.22a는 엄지-손가락형 결합부가 적용된 일직선형 널말뚝 단면의 모식도를 보여준다. 그림 8.22b는 볼-소켓형 결합부가 적용된 Z형 널말뚝의 단면을 보여준다. 그림 8.22c는 결합된 널말뚝 단면의 사진을 보여준다. 표 8.2는 미국 미주리주 Hazelwood에 위치한 Hammer and Steel Inc.가 제공하는 널말뚝 단면의 특성을 보여준다. 강재 널말뚝에 대한 허용 설계 휨응력은 다음과 같다.

강재의 종류	허용응력(MN/m^2)
ASTM A-328	170
ASTM A-572	210
ASTM A-690	210

표 8.2 널말뚝 단면의 특성(USA, Missouri, Hazelwood, Hammer and Steel Inc. 제공)

단면 일련번호	단면 모식도	단면계수 (m^3/m)	단면2차모멘트 (m^4/m)
PZ-40	416.6 mm　12.7 mm　15.24 mm　관입거리 = 499.1 mm	329.5×10^{-5}	686.7×10^{-6}
PZ-35	383.5 mm　12.7 mm　15.37 mm　관입거리 = 575.1 mm	262.9×10^{-5}	504.6×10^{-6}
PZ-27	307.3 mm　9.53 mm　9.53 mm　관입거리 = 457.2 mm	166.66×10^{-5}	255.9×10^{-6}
PZ-22	235 mm　9.53 mm　9.53 mm　관입거리 = 558.8 mm	98.92×10^{-5}	116.2×10^{-6}
PS-31	12.7 mm　관입거리 = 500 mm	10.21×10^{-5}	4.1×10^{-6}
PS-27.5	10.16 mm　관입거리 = 500 mm	10.21×10^{-5}	4.1×10^{-6}

그림 8.23 Chicago 지하철 시공 현장에서의 버팀굴착 (Ralph B. Peck 제공)

강재 널말뚝은 단단한 지반에 근입될 때 발생하는 높은 근입 응력에 대한 저항력이 있어 편리하며, 가볍고 재사용이 가능하다.

그림 8.23은 1940년 Chicago 지하철 시공 현장의 버팀굴착을 보여준다. 나무 토류판, 나무 버팀대, 강재 띠장이 사용되었다. 그림 8.24는 1974년 Washington, D.C. 지하철 시공 중 설치한 버팀굴착을 보여준다. 이 버팀굴착에서는 나무 토류판, 강재 H형 엄지말뚝, 강재 띠장, 파이프 버팀대가 사용되었다.

버팀굴착을 설계(띠장, 버팀대, 널말뚝, 엄지말뚝의 선택)하기 위해서는, 공학자는 반드시 버팀굴착에 작용하는 수평방향 토압을 추정해야 하며, 8.15절에서 이를 다룬다. 그 다음 절부터는 버팀굴착의 설계와 분석 과정을 다룬다.

그림 8.24 Washington, D.C. 지하철 시공 현장에서의 버팀굴착 (Ralph B. Peck 제공)

8.15 버팀굴착에서의 수평방향 토압

7장에서 바닥면을 중심으로 회전하는 옹벽에 대해 설명하였다(그림 8.25a). 벽체가 충분히 항복한다면, 수평방향으로 작용하는 토압은 Rankine 혹은 Coulomb의 이론에 의해 산정되는 값과 거의 같아진다. 그러나 옹벽과는 대조적으로, 버팀굴착 시 벽체의

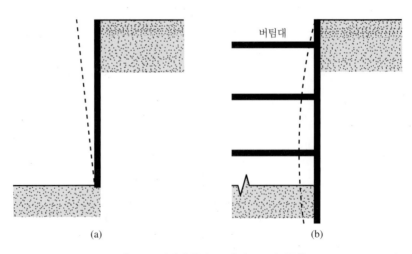

버팀대

(a)   (b)

그림 8.25 벽체의 항복. (a) 옹벽, (b) 버팀굴착

항복은 다른 양상을 보인다(그림 8.25b). 이 경우 벽체의 변형은 굴착깊이가 깊어질수록 점진적으로 증가한다. 이 변형의 크기는 흙의 종류, 굴착깊이, 시공능력과 같은 요소들의 영향을 받는다. 굴착 상부에서 벽체의 항복량은 매우 작으므로, 수평방향 토압은 정지토압에 근접할 것이다. 벽체의 하부에서는 항복 정도가 훨씬 크므로, 수평방향 토압은 Rankine의 주동토압에 비해 상당히 작을 것이다. 따라서 수평방향 토압의 분포는 옹벽의 경우와 같이 선형으로 가정되는 것과는 매우 다를 것이다. 또한 버팀굴착면에 작용하는 수평방향 토압은 흙의 종류, 시공법, 사용한 장비의 종류, 시공능력의 영향을 받는다. 수평방향 토압의 분포에 관련된 이러한 모든 불확실성 때문에 버팀굴착 설계를 위해 제안된 수평방향 토압분포를 사용하는 것이 일반적이다.

Peck(1969)은 Berline, Munich, New York의 지하철 굴착 현장에서 측정된 버팀대에 작용하는 하중을 이용하여 **모래 지반** 굴착 시 설계를 위한 수평방향 토압분포를 제시하였다. 그림 8.26a는 이를 보여준다. 그림 8.26a에서

$$\sigma = 0.65\gamma H K_a \tag{8.56}$$

여기서 γ = 모래의 단위중량

H = 굴착깊이

K_a = Rankine의 주동토압계수 = $\tan^2(45 - \phi'/2)$

유사한 방식으로, Peak(1969)은 점토 지반에서 굴착 시 토압분포를 제시하였다. 연약한 점토부터 중간 정도 단단한 점토 지반의 토압분포는 그림 8.26b와 같다. 이 토압은

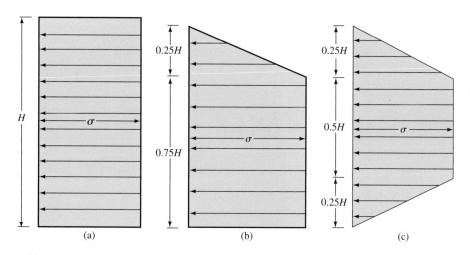

그림 8.26 Peck(1969)의 버팀굴착 시 겉보기 토압분포. (a) 모래 지반, (b) 연약~중간 정도 단단한 점토 지반, (c) 단단한 점토 지반

다음 조건을 만족해야 적용할 수 있다.

$$\frac{\gamma H}{c} > 4$$

여기서 c는 비배수 점착력($\phi = 0$)이다. 토압 σ은 다음 중 큰 값이다.

$$\sigma = \gamma H \left[1 - \left(\frac{4c}{\gamma H} \right) \right] \quad \text{또는} \quad \sigma = 0.3\gamma H \tag{8.57}$$

여기서 γ는 점토의 단위중량이다. 단단한 점토층의 굴착 시 토압분포는 그림 8.26c와 같으며, 토압은 다음과 같다.

$$\sigma = 0.2\gamma H \sim 0.4\gamma H \qquad \text{(평균적으로 } 0.3\gamma H\text{)} \tag{8.58}$$

상기 토압은 $\gamma H/c \le 4$일 때 적용한다.

Peck 토압분포의 한계점

위에서 제시한 토압분포를 사용할 때는 다음을 유의하여야 한다.

1. 상기 토압분포는 때때로 **겉보기 토압분포**(apparent pressure envelope)라 지칭된다. 하지만 실제 토압분포는 시공 단계 및 벽체의 상대적 유연성에 영향을 받는다.
2. 굴착깊이가 6 m 이상일 때 적용한다.
3. 지하수위가 굴착면 아래에 위치한다는 가정을 기반으로 한다.
4. 모래는 완전 배수되어 간극수압이 0인 상태를 가정한다.
5. 점토는 비배수 상태로 가정하며, 간극수압은 고려하지 않는다.

8.16 다층지반 굴착 시 흙의 물성

때때로 버팀굴착 시공 시 모래와 점토층 둘 다 굴착해야 할 수 있다. 이 경우 Peck(1943)은 다음 식을 통한 등가 점착력($\phi = 0$ 개념)의 적용을 제안하였다(그림 8.27a 참조).

$$c_{av} = \frac{1}{2H}[\gamma_s K_s H_s^2 \tan \phi_s' + (H - H_s)n'q_u] \tag{8.59}$$

여기서 H = 전체 굴착깊이

γ_s = 모래의 단위중량

H_s = 모래층의 두께

K_s = 모래층의 수평방향 토압계수(≈ 1)

ϕ'_s = 모래의 마찰각

q_u = 점토의 일축압축강도

n' = 점진적 파괴 계수(0.5~1.0의 범위를 가짐, 평균값은 0.75)

모래 및 점토층의 평균 단위중량 γ_a은 다음과 같다.

$$\gamma_a = \frac{1}{H}[\gamma_s H_s + (H - H_s)\gamma_c] \tag{8.60}$$

여기서 γ_c는 점토층의 포화단위중량이다. 일단 평균 점착력과 평균 단위중량이 결정되면, 점토층에 대한 토압분포를 사용한다.

유사하게, 여러 점토층이 굴착 지반에 존재한다면(그림 8.27b), 평균 비배수 점착력은 다음과 같이 산정된다.

$$c_{\text{av}} = \frac{1}{H}(c_1 H_1 + c_2 H_2 + \cdots + c_n H_n) \tag{8.61}$$

여기서 $c_1, c_2, ..., c_n$ = 층 1, 2, ..., n의 비배수 점착력

$H_1, H_2, ..., H_n$ = 층 1, 2, ..., n의 두께

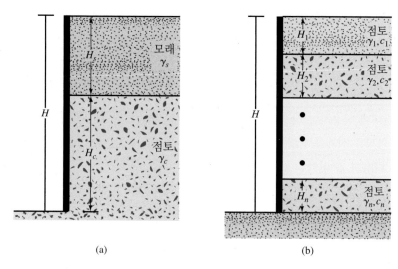

(a)   (b)

그림 8.27 버팀굴착 시 다층지반

평균 단위중량 γ_a은 다음과 같다.

$$\gamma_a = \frac{1}{H}(\gamma_1 H_1 + \gamma_2 H_2 + \gamma_3 H_3 + \cdots + \gamma_n H_n) \tag{8.62}$$

8.17 버팀굴착 부재의 설계

버팀대

시공 시 버팀대의 최소 배치간격은 약 3 m 이상이다. 버팀대는 사실 휨이 작용하고 있는 수평방향 기둥이라 할 수 있다. 기둥의 하중 지지력은 **세장비**(slenderness ratio) l/r의 영향을 받는다. 세장비는 연직방향 혹은 수평방향 지지점을 버팀대 중간중간에 설치하여 줄일 수 있다. 넓은 면적을 굴착할 경우 버팀대를 연결할 필요가 있다. 점토 지반의 버팀굴착을 실시할 때, 지표면 아래 첫 번째 버팀대는 인장균열 깊이 z_o보다 위에 설치해야 한다. 식 (7.17)로부터

$$\sigma_a' = \gamma z K_a - 2c'\sqrt{K_a}$$

여기서 K_a는 Rankine의 주동토압계수이다. 인장균열 깊이는 다음과 같이 결정된다.

$$\sigma_a' = 0 = \gamma z_o K_a - 2c'\sqrt{K_a}$$

다시 쓰면

$$z_o = \frac{2c'}{\sqrt{K_a}\gamma}$$

$\phi = 0$ 조건(비배수)에서, $K_a = \tan^2(45 - \phi/2) = 1$이므로

$$z_o = \frac{2c}{\gamma} \quad (\text{주의: } c = c_u)$$

버팀대에 작용하는 하중을 결정하기 위해서는 단순화된 보수적인 과정을 사용한다. 이 과정은 설계를 담당하는 공학자에 따라 달라질 수 있지만 그 일반적인 단계적 과정은 다음과 같다(그림 8.28 참조).

1. 버팀굴착에 대한 토압분포(그림 8.26)를 그린다. 또한 버팀대의 위치를 표시한다. 그림 8.28a는 모래질 흙의 토압분포를 보여주고 있으나, 점토에 대한 분포도 사용할 수 있다. 지점 A, B, C, D는 버팀대의 위치이다. 최상부 및 최하부 버팀대를 제외하고 널말뚝(혹은 엄지말뚝)과 버팀대의 접속부는 힌지(hinge)로

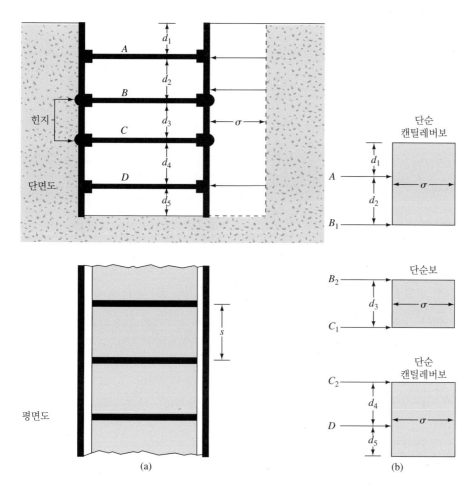

그림 8.28 버팀대에 작용하는 하중의 결정. (a) 굴착 단면 및 평면도, (b) 버팀대 작용하중을 결정하는 방법

가정한다. 그림 8.28a에서 버팀대 위치 B와 C는 힌지이다. [많은 설계자들은 최상부 버팀대를 제외하고 모든 널말뚝(혹은 엄지말뚝)과 버팀대와의 접속부를 힌지로 가정한다.]

2. 두 단순 캔틸레버 보(최상부 및 최하부) 및 그 사이에 있는 모든 단순보에 대해 작용하는 반력을 결정한다. 그림 8.28b에서 이 반력은 A, B_1, B_2, C_1, C_2, D이다.

3. 그림 8.28에서 버팀대 작용하중을 다음과 같이 산정한다.

$$P_A = (A)(s)$$
$$P_B = (B_1 + B_2)(s)$$
$$P_C = (C_1 + C_2)(s)$$
$$P_D = (D)(s) \tag{8.63}$$

여기서

$$P_A, P_B, P_C, P_D = A, B, C, D\text{에 위치한 각 버팀대에 작용하는 하중}$$

$$A, B_1, B_2, C_1, C_2, D = \text{단계 2에서 산정한 반력}$$

(단위: 버팀굴착의 단위길이당 하중)

$$s = \text{버팀대의 수평방향 배치간격(그림 8.28a의 평면도 참고)}$$

4. 각 깊이에서 버팀대에 작용하는 하중과 버팀 조건을 파악하였으므로, 강재 건설 규범에 따라 알맞은 버팀대의 단면을 결정할 수 있다.

널말뚝

널말뚝 설계는 다음 과정을 따른다.

1. 그림 8.28b에서 보이는 각각의 단면에 대해 최대 휨모멘트를 결정한다.
2. 단계 1에서 얻은 각 단면에 작용하는 최대 휨모멘트 중 최댓값(M_{max})을 결정한다. 이때 모멘트 단위의 예를 들면 $kN \cdot m/m$와 같다.
3. 널말뚝의 소요 단면계수를 산정한다.

$$S = \frac{M_{max}}{\sigma_{all}} \tag{8.64}$$

여기서 σ_{all} = 널말뚝 재료의 허용 휨응력

4. 표 8.2와 같은 표로부터 단면계수가 소요 단면계수와 같거나 큰 널말뚝을 선택한다.

띠장

띠장은 적절하게 연결되어 있다면 수평방향으로 설치되는 연속부재로 가정한다. 보수적인 관점에서, 띠장은 또한 버팀대에 고정된 것으로 여겨진다. 그림 8.28a에 보여지는 단면에서, 동일한 깊이에서 두 버팀대 사이에 등분포 토압의 작용 및 고정 결합부를 가정하면, (버팀대에 고정되어 있다는 가정하에) 띠장에 작용하는 최대 모멘트는 다음과 같다.

깊이 A에서, $M_{max} = \dfrac{(A)(s^2)}{8}$

깊이 B에서, $M_{max} = \dfrac{(B_1 + B_2)s^2}{8}$

$$\text{깊이 } C\text{에서,} \quad M_{max} = \frac{(C_1 + C_2)s^2}{8}$$

$$\text{깊이 } D\text{에서,} \quad M_{max} = \frac{(D)(s^2)}{8}$$

여기서 A, B_1, B_2, C_1, C_2, D는 벽체의 단위길이당 버팀대에 작용하는 반력이다(버팀대 설계의 단계 2).

띠장의 단면계수는 다음과 같이 산정된다.

$$S = \frac{M_{max}}{\sigma_{all}}$$

수평방향 지지 기준을 만족시키기 위해 때때로 띠장을 널말뚝에 고정시키기도 한다.

예제 8.7

그림 8.29와 같이 버팀굴착을 수행하였다. 지반 조건은 $\gamma = 17.6$ kN/m³, $\phi' = 32°$, $c' = 0$으로 주어졌다. 버팀대는 평면도상에서 중심 간 거리 4 m로 배치되었다. 토압분포를 그리고 A, B, C에서 버팀대에 작용하는 하중을 결정하시오.

풀이

주어진 조건에서는 그림 8.26a와 같은 토압분포를 적용할 수 있다.

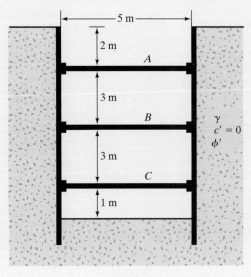

그림 8.29

(계속)

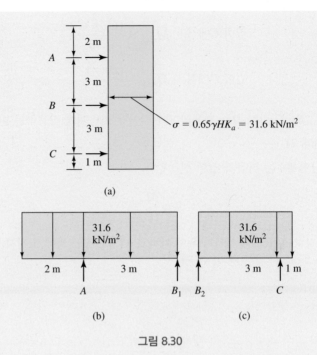

(a)

(b)　　　　　(c)

그림 8.30

$$K_a = \tan^2\left(45 - \frac{\phi'}{2}\right) = \tan^2\left(45 - \frac{32}{2}\right) = 0.307$$

식 (8.56)으로부터

$$\sigma = 0.65\gamma HK_a = (0.65)(17.6)(9)(0.307) = 31.6 \text{ kN/m}^2$$

토압분포는 그림 8.30a와 같다. 그림 8.30b로부터

$$\sum M_{B_1} = 0$$

$$A = \frac{(31.6)(5)\left(\dfrac{5}{2}\right)}{3} = 131.67 \text{ kN/m}$$

$$B_1 = (31.6)(5) - 131.67 = 26.33 \text{ kN/m}$$

또한 그림 8.30c로부터

$$\sum M_{B_2} = 0$$

$$C = \frac{(31.6)(4)\left(\dfrac{4}{2}\right)}{3} = 84.27 \text{ kN/m}$$

$$B_2 = (31.6)(4) - 84.27 = 42.13 \text{ kN/m}$$

지점 A의 버팀대 하중 $= (131.67)(간격\ s) = (131.67)(4) = \textbf{526.68 kN}$

지점 B의 버팀대 하중 $= (B_1 + B_2)(간격\ s) = (26.33 + 42.13)(4) = \textbf{273.84 kN}$

지점 C의 버팀대 하중 $= (84.27)(간격\ s) = (84.27)(4) = \textbf{337.08 kN}$

예제 8.8

예제 8.7의 버팀굴착에 대해 다음을 결정하시오.

a. 널말뚝의 단면계수를 $\sigma_{all} = 170 \times 10^3 \text{ kN/m}^2$을 적용하여 결정하시오.

b. A 지점에서 띠장의 소요 단면계수를 결정하시오. $\sigma_{all} = 173 \times 10^3 \text{ kN/m}^2$ 이다.

풀이

a. 그림 8.30b와 8.30c의 하중 재하 모식도를 참고한다. 하중 재하 모식도로부터, 그림 8.31과 같이 전단력도를 그릴 수 있다.

$$x_1 = \frac{68.47}{31.6} = 2.17 \text{ m}$$

$$x_2 = \frac{52.67}{31.6} = 1.67 \text{ m}$$

$$A지점에서의\ 모멘트 = \frac{1}{2}(63.2)(2) = 63.2 \text{ kN·m/m}$$

$$C지점에서의\ 모멘트 = \frac{1}{2}(31.6)(1) = 15.8 \text{ kN·m/m}$$

$$B'지점에서의\ 모멘트 = \frac{1}{2}(26.33)(0.83) = 10.93 \text{ kN·m/m}$$

$$B''지점에서의\ 모멘트 = \frac{1}{2}(42.13)(1.33) = 28.02 \text{ kN·m/m}$$

최댓값은 A지점에서의 모멘트 M_A이다.

$$S_x = \frac{M_{max}}{\sigma_{all}} = \frac{63.2 \text{ kN·m/m}}{170 \times 10^3 \text{ kN/m}^2} = \textbf{37.2} \times \textbf{10}^{-5} \textbf{ m}^3\textbf{/m}$$

(계속)

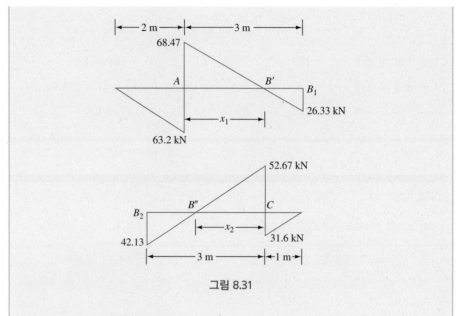

그림 8.31

b. 깊이 A에서의 띠장에 대해

$$M_{\max} = \frac{A(s^2)}{8}$$

$A = 131.67 \text{ kN/m(예제 8.7로부터)이므로}$

$$M_{\max} = \frac{(131.67)(4^2)}{8} = 263.34 \text{ kN-m}$$

$$S_x = \frac{M_{\max}}{\sigma_{\text{all}}} = \frac{263.34}{173 \times 10^3} = \mathbf{1.522 \times 10^{-3} \ m^3/m}$$

8.18 점토 지반 굴착 시 바닥면의 융기

점토 지반에서의 버팀굴착은 굴착 시 바닥면의 융기(혹은 히빙, heaving)로 인해 불안정해질 수 있다. Terzaghi(1943)는 연속 버팀굴착의 바닥면 융기에 대한 안전율을 분석하였다. 이 경우 생성되는 파괴면은 그림 8.32와 같다. 굴착 바닥면에서 선분 bd와 af를 따라 작용하는 단위길이당 연직하중은 다음과 같다.

$$Q = \gamma H B_1 - cH \tag{8.65}$$

여기서

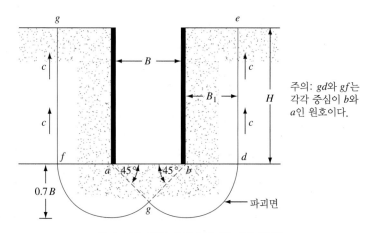

그림 8.32 굴착 시 바닥 융기에 대한 안전율

$B_1 = 0.7B$

c = 점착력($\phi = 0$ 개념 적용)

하중 Q는 선분 bd(그리고 선분 af)의 깊이에 위치한 폭 $B_1 = 0.7B$인 연속기초에 단위길이당 작용하는 하중으로 생각할 수 있다. Terzaghi의 지지력 이론에 따라, 이 기초의 단위길이당 순 극한하중 지지력은 다음과 같다(2장).

$$Q_u = cN_cB_1 = 5.7cB_1$$

따라서 식 (8.65)로부터 바닥면 융기에 대한 안전율은 다음과 같다.

$$FS = \frac{Q_u}{Q} = \frac{5.7cB_1}{\gamma HB_1 - cH} = \frac{1}{H}\left(\frac{5.7c}{\gamma - \dfrac{c}{0.7B}}\right) \tag{8.66}$$

이 안전율은 점토층이 균질하며 굴착 바닥면 아래 최소 $0.7B$ 깊이까지는 위치한다는 가정을 기반으로 한다. 하지만 암반층이 바닥면 아래 깊이 $D < 0.7B$에 위치한다면 파괴면을 어느 정도 수정해야 하며, 이 경우 안전율은 다음과 같다.

$$FS = \frac{1}{H}\left(\frac{5.7c}{\gamma - c/D}\right) \tag{8.67}$$

Bjerrum과 Eide(1956) 역시 점토 지반의 버팀굴착 시 바닥면 융기 문제에 관한 연구를 수행하였으며, 다음과 같은 안전율을 제시하였다.

$$FS = \frac{cN_c}{\gamma H} \tag{8.68}$$

위 식에서 지지력계수 N_c는 비율 H/B와 L/B(L = 굴착의 길이)에 따라 변한다. 연속 굴착($B/L = 0$)의 경우 $H/B = 0$일 때 $N_c = 5.14$이고, $H/B \geq 4$이면 $N_c = 7.6$까지 증가한다. 평면도상 정사각형($B/L = 1$) 굴착에서는, $H/B = 0$일 때 $N_c = 6.3$이고, $H/B \geq 4$이면 $N_c = 9$이다. 일반적으로 임의의 H/B에 대해서

$$N_{c(\text{rectangle})} = N_{c(\text{square})}\left(0.84 + 0.16\frac{B}{L}\right) \tag{8.69}$$

그림 8.33은 $L/B = 1, 2, 3, \infty$일 때 N_c의 변화를 보여준다.

식 (8.68)과 (8.69)를 결합하면 바닥면 융기에 대한 안전율은 다음과 같다.

$$FS = \frac{cN_{c(\text{square})}\left(0.84 + 0.16\dfrac{B}{L}\right)}{\gamma H} \tag{8.70}$$

식 (8.70)과 그림 8.33에 보여지는 지지력계수 N_c의 변화는 굴착 바닥면 아래 점토층이 균질하다는 가정과 파괴면을 포함하는 흙의 비배수 점착력의 크기가 c와 같다는 가정을 기반으로 하고 있다(그림 8.34).

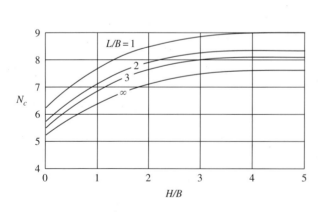

그림 8.33 L/B와 H/B에 대한 N_c의 변화[Bjerrum과 Eide의 공식, 식 (8.69)를 기반함]

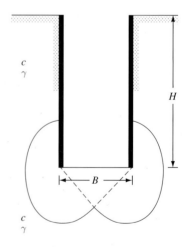

그림 8.34 식 (8.70)의 유도

8.19 널말뚝의 수평방향 항복과 지반 침하

버팀굴착에서 약간의 널말뚝 수평방향 변위가 발생할 것이다(그림 8.35). 수평방향 항복량은 다양한 요소의 영향을 받는다. 그 중 가장 중요한 것은 굴착 후 띠장 및 버팀대 설치까지 소요된 시간이다. 이전에 논했듯이, 널말뚝(혹은 엄지말뚝)은 굴착 바닥면 아래로 일정 깊이만큼 근입되며, 그 이유는 굴착의 마지막 단계에서 벽체의 수평방향 항복을 저감시키기 위함이다. 벽체의 수평방향 항복은 굴착부 주위 지반의 침하를 야기한다(그림 8.35). 하지만 수평방향 항복 정도는 대부분 굴착 바닥면 아래 흙의 종류의 영향을 받는다. 만일 점토층이 굴착 바닥면 아래 아주 깊은 곳까지 있고 그 점토층의 $\gamma H/c$가 6보다 작다면, 널말뚝 혹은 엄지말뚝을 굴착 바닥면 아래로 근입하여 벽체의 수평방향 항복을 크게 감소시킬 수 있다.

하지만 점토층의 $\gamma H/c$가 8보다 크다면, 널말뚝을 굴착 바닥면 아래 점토층으로 근입하는 것은 (수평방향 항복 저감에) 큰 도움이 되지 않는다. 이러한 경우 과도한 벽체의 항복이 예상되고 결국 버팀굴착의 전체적 붕괴를 초래할 수 있다. 만일 굴착 바닥면 밑 점토층 아래에 단단한 지반이 있다면, 널말뚝은 되도록 그 단단한 지반에 근입되어야 하며, 이는 수평방향 항복을 크게 감소시킨다.

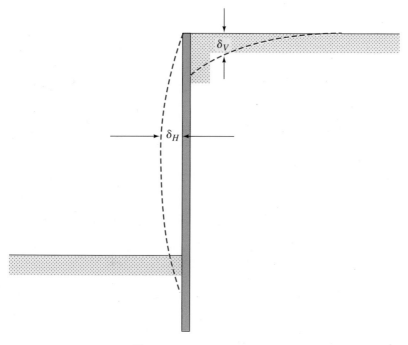

그림 8.35 수평방향 변위와 지반 침하

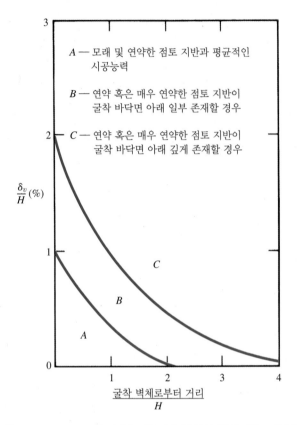

그림 8.36 Peck(1936)의 거리에 따른 지반 침하의 변화에 대한 조사 결과

벽체의 수평방향 항복은 버팀굴착 주변 지반의 침하 δ_V를 발생시키며, 이를 일반
적으로 **지반유실**(ground loss)이라 한다. 몇몇 현장조사를 바탕으로, Peck(1969)은 다
양한 종류의 흙의 지반 침하를 예측하는 곡선을 제시하였다(그림 8.36 참고). 지반유
실 크기의 변동성은 매우 크지만, 그림 8.36은 일반적인 경향파악에 사용할 수 있다.

널말뚝

8.20   조립토($c' = 0$) 지반에서 캔틸레버식 널말뚝

만일 굴착면적이 매우 넓다면, 수평방향 버팀대를 벽체 사이에 배치하는 것은 불가능
하다. 이런 경우에는 굴착 도중 벽체를 단단히 지지할 수 있도록 굴착 전에 널말뚝을
충분한 깊이까지 지반 내에 근입시킨다. 캔틸레버식 널말뚝은 바닥이 고정되고 양쪽

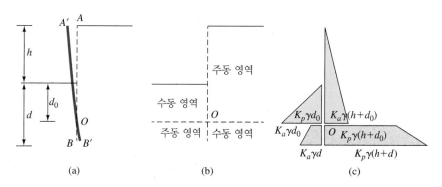

그림 8.37 캔틸레버식 널말뚝의 해석. (a) 변형 전후의 형상, (b) 주동 및 수동토압 영역, (c) 수평토압분포 (주의: K_a와 K_p는 각각 Rankine의 주동 및 수동토압계수이다.)

에서 주동 및 수동토압이 작용하는 연직 캔틸레버와 같이 거동한다. 약 6 m 굴착깊이 까지는 캔틸레버식 널말뚝이 벽체를 지지하는 데 효과적이다.

단위중량이 γ이고 마찰각이 ϕ'인 건조한 **조립토**(granular soil)에 매설된 캔틸레버 식 널말뚝이 깊이 $h + d$까지 근입되었고, 굴착은 깊이 h까지 수행하였다고 하면, 굴 착으로 인해 널말뚝의 변형이 왼쪽으로 발생하며, 이때 널말뚝은 굴착 바닥면에서 d_0 만큼 아래 끝단 근처 점 O를 기준으로 회전한다(그림 8.37a). 널말뚝의 상단은 A에서 A'으로 이동하고 하단은 B에서 B'으로 이동한다. 주위 지반에 주동 및 수동토압을 발 현시킬 만큼 널말뚝이 움직인다면, 벽체의 움직임에 따라 그림 8.37b와 같이 주동 및 수동토압이 작용하는 영역을 설정할 수 있다. 널말뚝 양면에 작용하는 수평토압의 분 포는 그림 8.37c와 같다. 조립토에 근입된 캔틸레버식 널말뚝 벽체를 분석하는 두 가 지 방법은 다음과 같다.

방법 1: 단순 해석법

널말뚝의 양면에 작용하는 수평토압분포는 그림 8.37c와 같다. 회전 중심 O는 널말뚝 의 하단 B에 근접함을 가정하고, 점 O 아래에 작용하는 수평토압은 O 지점에 작용하 는 수평방향 점하중(R)으로 대체할 수 있다.

이 단순화 과정을 통해 수평토압분포는 캔틸레버식 널말뚝의 설계의 근간이 되는 그림 8.38과 같이 단순화시킬 수 있다. 이 경우 널말뚝에서 세 힘이 평형을 이루고 있 으며, 그 힘은 벽체에서는 주동토압의 합력 P_a, 수동토압의 합력 P_p, 수평방향 반력 R 과 같다(그림 8.38b). 여기서 $P_a = \frac{1}{2}K_a\gamma(h + d_0)^2$, $P_p = \frac{1}{2}K_p\gamma d_0^2$이며, K_a와 K_p는 각각 Rankine의 주동 및 수동토압계수이다.

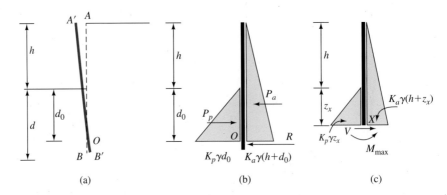

그림 8.38 단순 해석법. (a) 굴착 전후 널말뚝의 변형, (b) 대략적인 수평토압의 분포, (c) 최대 휨모멘트 분석

지점 O를 중심으로 모멘트를 산정하면

$$P_a\left(\frac{h + d_0}{3}\right) = P_p\frac{d_0}{3}$$

$$\frac{1}{2}K_a\gamma(h + d_0)^2\left(\frac{h + d_0}{3}\right) = \frac{1}{2}K_p\gamma d_0^2\frac{d_0}{3}$$

따라서

$$d_0 = \frac{h}{\sqrt[3]{\dfrac{K_p}{K_a} - 1}} \tag{8.71}$$

조립토의 마찰각과 h를 알고 있으므로, 상기 식을 이용하여 d_0를 결정할 수 있다. 널말뚝에서 최대 휨모멘트는 굴착면 아래에서 전단력이 0이 되는 지점에서 발생한다. 굴착면 아래 이 깊이(z_x)는 수평방향 힘들의 평형조건으로부터 산정된다(그림 8.38c). 깊이 z_x에서 전단력(V)은 다음과 같다.

$$V = \frac{1}{2}K_a\gamma(h + z_x)^2 - \frac{1}{2}K_p\gamma z_x^2 = 0$$

따라서

$$z_x = \frac{h}{\sqrt{\dfrac{K_p}{K_a} - 1}} \tag{8.72}$$

그림 8.38c에서 점 X를 중심으로 모멘트를 산정하면 최대 휨모멘트는 다음과 같다.

$$M_{max} = \frac{1}{6}\gamma\left[K_a(h + z_x)^3 - K_p z_x^3\right] \tag{8.73}$$

휨 이론에 따라

$$\sigma_{all} = \frac{M_{max}}{I}y$$

여기서 y는 단면 중립축에서부터 최대 거리, I는 중립축을 기준으로 한 단면2차모멘트이다. 널말뚝의 소요 단면계수(S)는 다음과 같이 정의된다.

$$S = \frac{I}{y} = \frac{M_{max}}{\sigma_{all}} \tag{8.74}$$

일반적으로 널말뚝 제품목록(예를 들면, 표 8.2)에 제시된 단면계수를 기반으로 필요한 널말뚝을 결정할 수 있다.

근사치를 모두 산정하였으나, 본 해석에서 안전율을 아직 적용하지 않았다. 안전율은 다음과 같은 두 가지 방법을 통해 적용한다.

a. 계산된 d_0를 20~40% 증가시킨다.
b. 수동토압에 1.5~2.0 사이의 안전율(FS)을 적용하여 K_p/FS를 사용한다. 여기서 수동토압의 일부만 발현됨을 가정하며, 안정성을 위해 수동토압 전체를 적용하지는 않는다.

방법 2: 순 수평토압분포 사용

여기서는 약간 더 복잡하나 좀 더 합리적인 개선된 방법을 제시한다. 순 수평토압분포를 그림 8.39와 같이 작도한다. 점 C의 우측에서, $\sigma'_o = \gamma h$이고 $\sigma'_a = K_a\gamma h = \sigma'_1$이다. 굴착면 아래 깊이 z에서, 오른쪽에서는 주동토압, 왼쪽에서는 수동토압이 다음과 같이 작용한다.

$$\sigma'_a = K_a\gamma(h + z)$$
$$\sigma'_p = K_p\gamma z$$

순 수평토압 σ'_n은 다음과 같이 주어진다.

$$\sigma'_n = \sigma'_a - \sigma'_p = K_a\gamma(h + z) - K_p\gamma z = \sigma'_1 - (K_p - K_a)\gamma z \tag{8.75}$$

여기서

$$\sigma'_1 = \overline{CG} = K_a\gamma h$$

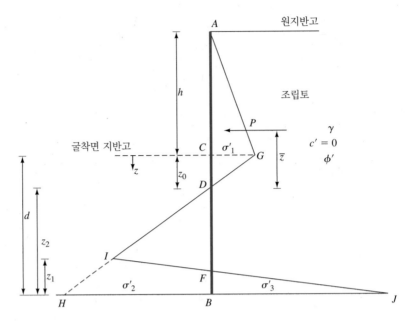

그림 8.39 균질한 건조토 지반에서 캔틸레버식 널말뚝에 작용하는 순 수평토압분포

굴착면 아래 깊이 z_0에서, 순 토압은 0이 된다. 이 깊이는 식 (8.75)를 이용하여 다음과 같이 산정할 수 있다.

$$z_0 = \frac{\sigma'_1}{(K_p - K_a)\gamma} = \frac{K_a}{K_p - K_a}h \qquad (8.76)$$

식 (8.76)으로부터, 굴착면 아래로 매 단위길이만큼 깊어질수록 순 수평토압 σ'_n은 $(K_p - K_a)\gamma$만큼 감소하는 것을 알 수 있다. 따라서 선분 GH의 기울기의 연직성분이 1일 때, 수평방향 성분은 $(K_p - K_a)\gamma$이다. 따라서

$$\sigma'_2 = \overline{HB} = z_2(K_p - K_a)\gamma = K_p\gamma d - K_a\gamma(h + d) \qquad (8.77)$$

널말뚝 하단에서, 오른쪽엔 수동토압, 왼쪽에는 주동토압이 다음과 같이 작용한다.

$$\sigma'_p = K_p\gamma(h + d)$$
$$\sigma'_a = K_a\gamma d$$

따라서 순 수평토압은 다음과 같다.

$$\sigma'_n = \sigma'_p - \sigma'_a = K_p\gamma(h + d) - K_a\gamma d = \sigma'_3$$

즉 $\qquad\qquad \sigma'_3 = K_p\gamma h + (K_p - K_a)\gamma d$

$d = z_0 + z_2$를 대입하면

$$\sigma_3' = K_p \gamma h + (K_p - K_a)\gamma z_0 + (K_p - K_a)\gamma z_2 = \sigma_4' + (K_p - K_a)\gamma z_2 \quad (8.78)$$

여기서 σ_4'는 다음과 같이 산정된다.

$$\sigma_4' = K_p \gamma h + (K_p - K_a)\gamma z_0 \quad (8.79)$$

그림 8.39의 순 수평토압분포를 보면, 두 미지수 z_1과 z_2가 있다. 이 미지수는 평형 방정식을 이용하여 다음과 같이 결정한다. 계산상 편의를 위해 사각형 $IHBF$의 면적을 포함한다. 평형조건을 위해 수평방향 힘을 합산하면 다음과 같다.

$$P + \frac{1}{2}z_1(\sigma_2' + \sigma_3') - \frac{1}{2}z_2\sigma_2' = 0 \quad (8.80)$$

여기서 P는 토압분포에서 삼각형 AGD의 면적이다. 식 (8.80)에서

$$z_1 = \frac{\sigma_2' z_2 - 2P}{\sigma_2' + \sigma_3'} \quad (8.81)$$

점 B를 기준으로 모멘트를 산정하면

$$P(z_2 + \bar{z}) + \frac{1}{2}(\sigma_2' + \sigma_3') z_1 \frac{z_1}{3} - \frac{1}{2}\sigma_2' z_2 \frac{z_2}{3} = 0 \quad (8.82)$$

식 (8.77), (8.78), (8.79), (8.81), (8.82)로부터 다음 방정식을 구축할 수 있다.

$$z_2^4 + A_1 z_2^3 - A_2 z_2^2 - A_3 z_2 - A_4 = 0 \quad (8.83)$$

여기서

$$A_1 = \frac{\sigma_4'}{\gamma(K_p - K_a)}$$

$$A_2 = \frac{8P}{\gamma(K_p - K_a)}$$

$$A_3 = \frac{6P[2\bar{z}\gamma(K_p - K_a) + \sigma_4']}{\gamma^2(K_p - K_a)^2}$$

$$A_4 = \frac{P(6\bar{z}\sigma_4' + 4P)}{\gamma^2(K_p - K_a)^2}$$

시행착오적 반복계산 과정을 통해 식 (8.83)을 풀어서 해 z_2를 찾을 수 있다. 안전율을 적용하기 위해 근입깊이 $d(= z_0 + z_2)$를 20~40% 정도 늘리거나, 1.5~2.0 사이의 안전율(FS)을 수동토압에 적용(예를 들면, K_p/FS 사용)할 수 있다. 최대 휨모멘트는 전단력이 0이 되는 지점에서 발생하며, 그 지점은 이전 절에서 논한 과정을 따라 쉽

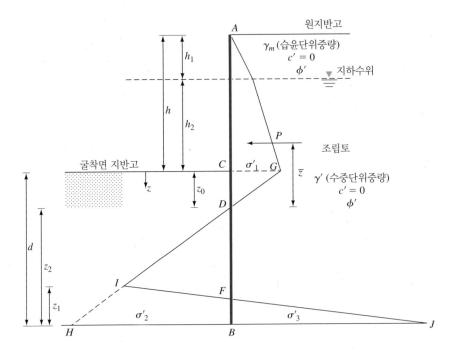

그림 8.40 일부분이 수면 아래에 있는 조립토 지반에서 캔틸레버식 널말뚝에 작용하는 순 수평토압분포

게 구할 수 있다.

지하수위가 있거나 하나 이상의 토층이 존재할 경우, 수평토압분포에 꺾인 점이 있을 것이나 기본 개념은 동일하다. 수위 아래 지반을 굴착하는 준설시공에 있어, 널 말뚝은 그림 8.40과 같이 굴착벽면을 지지하는 데 사용될 수 있다. 수압은 널말뚝 양 쪽에서 동일하게 작용하므로 분석 시 고려하지 않는다.

- 수면 위치에서 널말뚝의 오른쪽
  $$\sigma_o' = \gamma_m h_1$$
  $$\sigma_a' = K_a \gamma_m h_1 \ (\leftarrow)$$
- 굴착 바닥면에서
  $$\sigma_o' = \gamma_m h_1 + \gamma' h_2$$
  $$\sigma_a' = K_a(\gamma_m h_1 + \gamma' h_2) = \sigma_1' \ (\leftarrow)$$
- 굴착 바닥면 아래 깊이 z에서
  $$\sigma_a' = K_a(\gamma_m h_1 + \gamma' h_2 + \gamma' z) \ (\leftarrow)$$
  $$\sigma_p' = K_p \gamma' z \ (\rightarrow)$$
  순 수평토압은 다음과 같다.
  $$\sigma_n' = \sigma_a' - \sigma_p' = K_a(\gamma_m h_1 + \gamma' h_2) + (K_a - K_p)\gamma' z = \sigma_1' - (K_p - K_a)\gamma' z$$

순 수평토압이 0이 되는 깊이 z_0(점 D)는 다음과 같다.

$$z_0 = \frac{\sigma_1'}{(K_p - K_a)\gamma'} \tag{8.84}$$

굴착 바닥면 아래에서 깊이가 단위길이만큼 증가할 때, 순 수평토압 σ_n'은 $(K_p - K_a)\gamma'$만큼 감소한다. 따라서 선분 GH의 기울기의 연직성분이 1일 때, 수평방향 성분은 $(K_p - K_a)\gamma'$이다. 그러므로

$$\sigma_2' = \overline{HB} = z_2(K_p - K_a)\gamma' \tag{8.85}$$

널말뚝 하단에서, 오른쪽엔 수동토압, 왼쪽에는 주동토압이 다음과 같이 작용한다.

$$\sigma_a' = K_a\gamma' d$$
$$\sigma_p' = K_p(\gamma_m h_1 + \gamma' h_2 + \gamma' d)$$

순 수평토압은 $\sigma_n' = \sigma_p' - \sigma_a' = K_p(\gamma_m h_1 + \gamma' h_2 + \gamma' d) - K_a\gamma' d = \sigma_3'$ ($= \overline{BJ}$)와 같다.

위 식에 $d = z_0 + z_2$를 대입하면

$$\begin{aligned}
\sigma_3' &= K_p(\gamma_m h_1 + \gamma' h_2) + (K_p - K_a)\gamma' z_0 + (K_p - K_a)\gamma' z_2 \\
&= \sigma_4' + (K_p - K_a)\gamma' z_2 \tag{8.86}
\end{aligned}$$

여기서 σ_4'는 다음과 같이 정의되는 산정할 수 있는 값이다.

$$\sigma_4' = K_p(\gamma_m h_1 + \gamma' h_2) + (K_p - K_a)\gamma' z_0 \tag{8.87}$$

평형조건을 고려하기 위해서는 식 (8.80)~(8.83)까지를 동일하게 적용한다. 전체 단위중량이 수중단위중량(γ')으로 대체되므로 계수 $A_1 \sim A_4$ 값은 약간 다르게 산정된다.

수위가 존재하는 널말뚝의 경우에도 전에 다룬 단순 해석법을 통해 합리적으로 d를 산정할 수 있다.

예제 8.9

마찰각 $\phi' = 34°$, 단위중량 $\gamma = 18$ kN/m³인 건조한 모래 지반에 깊은 굴착을 4 m 수행한다. 널말뚝의 근입깊이를 (a) 순 수평토압분포와 (b) 단순 해석법을 이용하여 결정하시오.

(계속)

풀이

마찰각 $\phi' = 34°$로 주어졌으므로

$$K_a = \tan^2\left(45 - \frac{\phi'}{2}\right) = 0.283, \quad K_p = \tan^2\left(45 + \frac{\phi'}{2}\right) = 3.537$$

이다.

a. 순 수평토압분포 사용

$$\sigma_1' = K_a\gamma h = 0.283 \times 18 \times 4 = 20.4 \text{ kN/m}^2$$

$$(K_p - K_a)\gamma = (3.537 - 0.283) \times 18 = 58.6 \text{ kN/m}^2 \text{ 깊이 1 m당}$$

$$z_0 = \frac{K_a}{K_p - K_a}h = \frac{0.283}{3.537 - 0.283} \times 4 = 0.35 \text{ m}$$

$$P = 0.5 \times 20.4 \times 4 + 0.5 \times 20.4 \times 0.35$$

$$= 40.8 + 3.57 = 44.37 \text{ kN/m}$$

$$\bar{z} = \frac{40.8 \times 1.683 + 3.57 \times 0.233}{44.37} = 1.57 \text{ m}$$

$$\sigma_4' = K_p\gamma h + (K_p - K_a)\gamma z_0$$

$$= 3.537 \times 18 \times 4 + (3.537 - 0.283) \times 18 \times 0.35$$

$$= 275.16 \text{ kN/m}^2$$

$$A_1 = \frac{\sigma_4'}{\gamma(K_p - K_a)} = \frac{275.16}{18(3.537 - 0.283)} = 4.70 \text{ m}$$

$$A_2 = \frac{8P}{\gamma(K_p - K_a)} = \frac{8 \times 44.37}{18(3.537 - 0.283)} = 6.06 \text{ m}^2$$

$$A_3 = \frac{6P[2\bar{z}\gamma(K_p - K_a) + \sigma_4']}{\gamma^2(K_p - K_a)^2}$$

$$= \frac{6 \times 44.37 \times [2 \times 1.57 \times 18(3.537 - 0.283) + 275.16]}{18^2 \times (3.537 - 0.283)^2} = 35.62 \text{ m}^3$$

$$A_4 = \frac{P(6\bar{z}\sigma_4' + 4P)}{\gamma^2(K_p - K_a)^2} = \frac{44.37(6 \times 1.57 \times 275.16 + 4 \times 44.37)}{18^2 \times (3.537 - 0.283)^2} = 35.82 \text{ m}^4$$

식 (8.83)으로부터 $z_2^4 + 4.70z_2^3 - 6.06z_2^2 - 35.62z^2 - 35.82 = 0$

시행착오법을 통하여 $z_2 = 2.93$ m

$$d = z_2 + z_0 = 2.93 + 0.35 = \mathbf{3.28\ m}$$

b. 단순 해석법 및 식 (8.71) 적용

$$d \approx d_0 = \frac{h}{\sqrt[3]{\dfrac{K_p}{K_a}} - 1} = \frac{4}{\sqrt[3]{\dfrac{3.537}{0.283}} - 1} = \mathbf{3.03\ m}$$

두 가지 방법을 통해 산정한 d는 약 20~40% 정도 증가시켜야 한다.

8.21 점성토 지반에서 캔틸레버식 널말뚝

이제 그림 8.41과 같은 수위가 굴착 바닥면 위에 있고 굴착 바닥면 아래에 점성토 지반이 있는 상황을 고려하자. 널말뚝을 설치한 직후에는, 점토의 비배수 상태($\phi = 0$, 따라서 $K_a = K_p = 1$)를 가정하고, γ_{sat}를 사용하며, 전응력을 기반으로 분석한다. 이전 분석과 동일하게 양면에서 동일하게 작용하는 수압은 무시한다.

널말뚝의 오른쪽에 위치한 조립토층에서는 주동토압은 전과 같이 계산되며, P와 $\bar{z}$은 산정할 수 있다. 예를 들어, 조립토층 바닥에서는

$$p_1 = K_a(\gamma_m h_1 + \gamma' h_2)$$

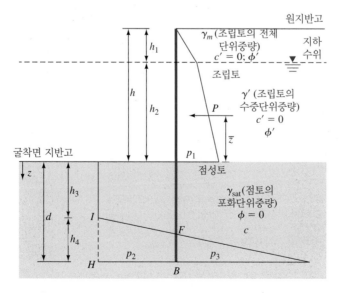

그림 8.41 점성토 지반에 근입된 널말뚝에 작용하는 순 수평토압분포

여기서 γ_m과 γ'은 굴착 바닥면 위 조립토의 전체 및 수중단위중량이며, $K_a = \tan^2(45 - \phi'/2)$이다.

점토층에서 회전중심 위 깊이 z에서는 널말뚝의 오른쪽에서

$$\sigma_a = (\gamma_m h_1 + \gamma' h_2 + \gamma_{sat} z) - 2c$$

여기서 γ_{sat}와 c는 각각 점토의 포화단위중량과 비배수 점착력이다.

점토층에서 회전중심 위 깊이 z에서는 널말뚝의 왼쪽에서

$$\sigma_p = \gamma_{sat} z + 2c$$

점토층에서 회전중심 위 깊이 z에서 순 수평토압은 왼쪽에서 오른쪽으로 작용하며, 그 크기는

$$\sigma_n = \sigma_p - \sigma_a = 4c - (\gamma_m h_1 + \gamma' h_2) = p_2 \tag{8.88}$$

널말뚝 하단에서는 수동토압이 오른쪽에서 왼쪽으로 다음과 같이 작용한다.

$$\sigma_p = (\gamma_m h_1 + \gamma' h_2 + \gamma_{sat} d) + 2c$$

왼쪽에서 오른쪽으로 작용하는 주동토압은

$$\sigma_a = \gamma_{sat} d - 2c$$

따라서 순 수평토압은 오른쪽에서 왼쪽으로 다음과 같이 작용한다.

$$\sigma_n = \sigma_p - \sigma_a = 4c + (\gamma_m h_1 + \gamma' h_2) = p_3 \tag{8.89}$$

전과 같이 계산을 단순화시키기 위해 사각형 $IHBF$의 면적을 고려한다.

수평방향 힘에 대한 평형 방정식은

$$P + \frac{1}{2}(p_2 + p_3)h_4 - p_2 d = 0$$

다시 쓰면,

$$P + \frac{1}{2}[4c - (\gamma_m h_1 + \gamma' h_2) + 4c + (\gamma_m h_1 + \gamma' h_2)]h_4 - [4c - (\gamma_m h_1 + \gamma' h_2)]d = 0$$

여기서 P는 굴착 바닥면 위의 토압분포의 면적이다. 위 식으로부터

$$h_4 = \frac{[4c - (\gamma_m h_1 + \gamma' h_2)]d - P}{4c} \tag{8.90}$$

여기서 h_4는 d로 나타낼 수 있다. 널말뚝의 하단을 중심으로 한 모멘트가 0이 되어야 하므로

$$P(d + \bar{z}) + \frac{1}{2} \times 8c \times \frac{h_4^2}{3} - [4c - (\gamma_m h_1 + \gamma' h_2)] \frac{d^2}{2} = 0 \qquad (8.91)$$

여기서 $\bar{z}$은 합력 P의 작용점과 굴착 바닥면 사이의 거리이다.

식 (8.90)과 (8.91)로부터

$$[4c - (\gamma_m h_1 + \gamma' h_2)]d^2 - 2Pd - \frac{P(P + 12c\bar{z})}{(\gamma_m h_1 + \gamma' h_2) + 2c} = 0 \qquad (8.92)$$

식 (8.92)를 풀면 d를 결정할 수 있다. 점토에 대해서는 근입깊이를 40~60% 증가시킬 필요가 있다.

8.22 앵커식 널말뚝 벽체

굴착깊이가 깊어질 경우($h > 6$ m), 널말뚝에 작용하는 하중이 급격히 증가하여 휨모멘트를 증가시킨다. 단면이 두꺼워질수록 근입깊이(d)를 더 크게 해야 하며, 이는 비경제적인 설계가 될 수 있다. 이 경우 그림 8.42a와 같이 널말뚝에 앵커를 장착하면 근입깊이와 널말뚝의 단면을 크게 감소시킬 수 있다. 이러한 **앵커식 널말뚝**(anchored sheet pile 또는 anchored bulkhead)은 물가에 설치되는 구조물에 흔히 사용된다. 연결봉(tie rod)의 한쪽 끝을 널말뚝에 연결하고, 다른 쪽 끝은 **앵커판**(deadman), 앵커

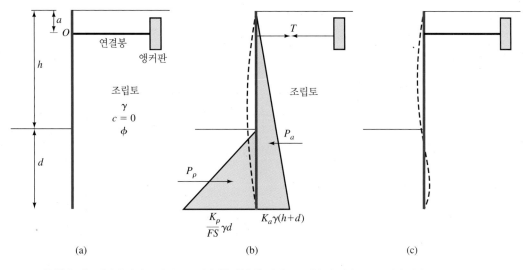

그림 8.42 앵커식 널말뚝 벽체. (a) 앵커판을 활용한 앵커, (b) 자유단 지지, (c) 고정단 지지

말뚝(batter pile), 혹은 널말뚝 등에 고정시킨다. 앵커판은 단순히 연결봉을 고정시키는 콘크리트 블록이다. 여러 연결봉이 연결된 **연속 보**(beam) 부재 또한 앵커판으로 활용할 수 있다.

앵커식 널말뚝의 설계법으로는 (a) **자유단 지지법**과 (b) **고정단 지지법** 두 가지가 있다. 자유단 지지법에서는 널말뚝이 충분히 근입되지 않아 하단에서 고정력이 작용하지 않으며, 이에 따라 널말뚝 하단에서 회전이 발생함을 가정한다. 이 경우 널말뚝은 힘 P_a, P_p, T가 평형을 이루는 단순지지 보처럼 거동하며, 직관적인 분석이 가능하다. 자유단 지지법에서 널말뚝의 변형 후 모양은 그림 8.42b의 점선과 같다. 고정단 지지법에서는 널말뚝이 충분히 근입되어 하단에 고정력이 작용하여 그림 8.42c의 점선과 같이 널말뚝 하단 근처에서 역방향 휨이 발생함을 가정한다. 이 경우 널말뚝을 분석하는 것은 더 복잡하다. 고정단 지지법을 적용할 경우 널말뚝의 근입깊이는 더 크나 최대 휨모멘트는 작으며, 이에 따라 널말뚝의 단면은 줄어든다. 이 장에서는 자유단 지지법만을 다룬다.

그림 8.42b와 같은 수평토압분포를 가지는 건조 조립토 지반에 앵커식 널말뚝이 설치되어 있는 단순한 상황을 고려해보자. 이 경우 널말뚝의 오른쪽에서 주동토압은 완전히 발현이 되며, 왼쪽에서 수동토압은 일부만 발현된다. 주동 및 수동토압의 합력은 다음과 같다.

$$P_a = \frac{1}{2}K_a\gamma(h+d)^2$$

$$P_p = \frac{1}{2}\frac{K_p}{FS}\gamma d^2$$

수평방향 힘의 평형조건으로부터

$$T = P_a - P_p \tag{8.93}$$

점 O를 중심으로 모멘트를 산정하면

$$P_a\left[\frac{2}{3}(h+d)-a\right] - P_p\left(h-a+\frac{2}{3}d\right) = 0 \tag{8.94}$$

식 (8.94)를 이용하여 d를 결정할 수 있다. T는 d를 식 (8.93)에 대입하여 산정할 수 있다. 식 (8.93)을 통해 계산된 T는 벽체의 단위길이당 힘이므로, 연결봉에 작용하는 하중을 산정하기 위해서는 T에 연결봉 배치간격을 곱해야 한다. 수동저항에 대한 안전율 FS는 캔틸레버식 널말뚝과 동일하게 1.5~2.0 사이의 값을 일반적으로 쓴다. 안전율 FS를 사용하지 않고, 단순히 d를 20~40% 증가시킬 수도 있다. 캔틸레버식 널말뚝과 같이 순 수평토압분포를 사용하여 근입깊이 d를 결정할 수도 있다.

예제 8.10

그림 8.43과 같은 모래($\phi' = 32°$, $\gamma_m = 16.0$ kN/m³, $\gamma_{sat} = 19.5$ kN/m³) 지반에 설치된 앵커식 널말뚝의 근입깊이 d를 결정하시오. 수동저항에 대한 안전율은 2.0이다. 또한 3 m 수평간격으로 설치된 앵커 연결봉에 작용하는 하중을 산정하시오.

풀이

마찰각 $\phi' = 32°$로 주어졌으므로

$$K_a = \tan^2\left(45 - \frac{\phi'}{2}\right) = 0.307, \quad K_p = \tan^2\left(45 + \frac{\phi'}{2}\right) = 3.255$$

이다. 수평토압 σ'_1, σ'_2, σ'_3은 다음과 같다.

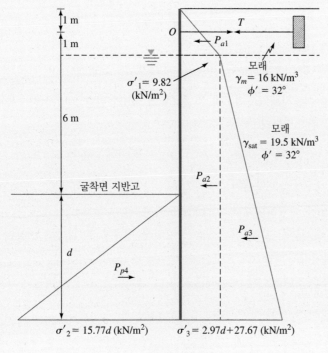

그림 8.43

(계속)

$$\sigma_1' = 0.307(2 \times 16.0) = 9.82 \text{ kN/m}^2$$

$$\sigma_2' = \frac{3.255}{2} \times (19.5 - 9.81)d = 15.77d$$

$$\sigma_3' = 0.307[2 \times 16 + (6 + d)(19.5 - 9.81)] = 2.98d + 27.67$$

수평토압분포를 그림 8.43과 같이 P_{a1}, P_{a2}, P_{a3}, P_{p4}로 나눈 후 다음 표를 작성한다.

수평방향 합력 (kN/m)	점 O 아래부터 거리 (m)	점 O를 중심으로 한 모멘트 (kN·m/m)
$P_{a1} = 0.5 \times 2 \times 9.82 = 9.82$	0.33	3.24
$P_{a2} = (d + 6) \times 9.82$ $= 58.92 + 9.82d$	$4 + 0.5d$	$235.7 + 68.74d + 4.91d^2$
$P_{a3} = (0.5)(d + 6)(2.98d + 17.85)]$ $= 1.49d^2 + 17.84d + 53.55 \quad\}$	$5 + 0.67d$	$d^3 + 19.42d^2$ $+ 125.23d + 267.75$
$P_{p4} = 0.5 \times 15.77d \times d = 7.89d^2$	$7 + 0.67d$	$55.23d^2 + 5.29d^3$

점 O를 중심으로 모멘트를 계산하면

$$3.24 + (235.7 + 68.74d + 4.91d^2) + (d^3 + 19.42d^2 + 125.23d + 267.75)$$
$$- 55.23d^2 - 5.29d^3 = 0$$

다시 쓰면

$$4.29d^3 + 30.9d^2 - 193.97d - 506.69 = 0$$

상기 방정식을 시행착오법으로 풀면 **$d = 5.3$ m**와 같다.

평형조건으로부터

$$T = P_{a1} + P_{a2} + P_{a3} - P_{p4} = 9.82 + (58.92 + 9.82d)$$
$$+ (1.49d^2 + 17.87d + 53.55) - (7.89d^2)$$

$d = 5.3$ m를 대입하면 $T = 89.3$ kN/m이다.

만약 연결봉이 3 m 간격으로 설치되어 있다면, 연결봉에 작용하는 하중은 **267.9 kN**이다.

8.23 앵커판

앵커판은 널말뚝으로부터 그림 8.44a와 같이 멀리 떨어져 있어야 한다. 널말뚝과의 최소거리는 주동 및 수동 파괴영역을 나타내는 두 점선으로부터 결정할 수 있다. 앵커로 인해 발생하는 수동 영역 쐐기와 널말뚝 뒤의 주동 영역 쐐기가 겹치지 않도록 해야 한다.

앵커는 안전율 약 1.5~2.0을 적용하여 더 높은 하중을 지지할 수 있도록 설계한다. 만약 앵커가 지표 근처에 있다면, 즉 앵커의 높이 b가 $0.5d_a$보다 크다면, 앵커 상부의 흙과 앵커가 함께 강체로 거동하여, 오른쪽에서는 주동토압이, 왼쪽에서는 수동토압이 앵커의 근입깊이 d_a 전체(그림 8.44b의 DF와 AC)에 작용함을 가정한다. 연속보 부재를 사용할 경우 평형조건으로부터

$$FS \times T = \left(\frac{1}{2} K_p \gamma d_a^2 - \frac{1}{2} K_a \gamma d_a^2 \right) s = \frac{1}{2} (K_p - K_a) \gamma d_a^2 s \qquad (8.95)$$

여기서 T는 연결봉에 작용하는 하중이고 s는 연결봉의 수평방향 배치간격이다.

앵커의 근입깊이는 식 (8.95)를 통하여 결정할 수 있다. 각각의 연결봉에 연결된 독립 앵커판도 동일한 과정을 통해 설계할 수 있다.

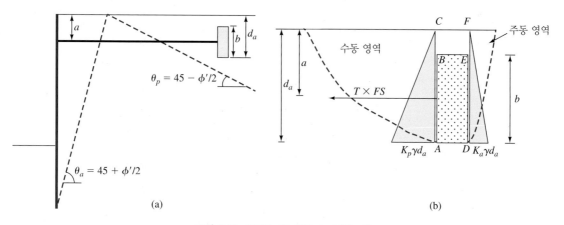

그림 8.44 앵커판. (a) 위치, (b) 평형조건

8.24 요약

이 장에서는 옹벽, 버팀굴착, 널말뚝에 대한 해석을 다루었다. 다음은 이 장에서 다룬 주제의 요점이다.

1. 전형적인 옹벽은 중력식, 부분 중력식, 캔틸레버식, 부벽식 옹벽 네 가지로 분류할 수 있다.
2. 옹벽의 안정성을 위해 옹벽의 전도(8.5절), 바닥면을 따라 발생하는 활동(8.6절), 지지력 파괴(8.7절)에 대해서 검토해야 한다.
3. 보강토 옹벽의 시공은 뒤채움재로 사용되는 조립토를 아연도금 금속재 보강띠, 지오텍스타일, 지오그리드를 이용하여 보강하여 건설된다.
4. 보강토 옹벽에 대해서는 내부 안정성과 외부 안정성을 함께 검토해야 한다.
5. 버팀굴착은 엄지말뚝과 토류판 또는 널말뚝을 이용하여 시공한다.
6. 버팀굴착의 설계는 겉보기 토압분포(8.15절)를 이용하여 수행한다.
7. 버팀굴착에서 버팀대에 작용하는 하중을 결정하기 위해 널말뚝(혹은 엄지말뚝)에 최상단 및 최하단 버팀대를 제외하고 버팀대 위치를 힌지 지점으로 가정한다.
8. 버팀굴착은 굴착 바닥면 융기로 인해 불안정해질 수 있다. 바닥면 융기에 대한 안전율은 식 (8.66), (8.67), (8.68)로 산정할 수 있다.
9. 굴착면적이 넓을 경우 버팀대를 사용하여 벽체를 지지하는 것은 불가능하다. 이때는 캔틸레버식이나 앵커식 널말뚝을 사용한다(8.20~8.22절).
10. 굴착깊이가 깊다면 캔틸레버식 널말뚝은 비경제적이며, 앵커식 널말뚝으로 대체하는 것이 더 좋다(8.21, 8.22절).

연습문제

8.1 다음 문장이 참인지 거짓인지 답하시오.
    a. 전도에 대한 안정성을 높이기 위해 캔틸레버식 옹벽의 밑면에 바닥쐐기를 설치한다.
    b. 옹벽 바닥면 아래의 토압분포는 균등하다.
    c. 주동상태에서의 수평토압은 조밀한 모래보다 느슨한 모래에서 더 크다.
    d. 굴착 바닥면 융기 문제는 단단한 점토 지반보다 연약한 점토 지반에서 더 심각하다.

e. 캔틸레버식 널말뚝은 조밀한 모래 지반보다 느슨한 모래 지반에서 더 깊게 근입
되어야 한다.

8.2 그림 8.45와 같은 중력식 옹벽이 조립토($c' = 0$) 뒤채움을 지지하고 있다. 옹벽의
아래와 왼쪽 지반도 동일한 조립토로 구성된다. 뒤채움재의 단위중량과 마찰각은
각각 18.5 kN/m³과 35°이다. 콘크리트의 단위중량은 24.0 kN/m³이다. 이 옹벽에
대해 전도, 활동, 지지력 파괴에 대한 안전율을 Rankine의 토압이론을 사용하여 산
정하시오.

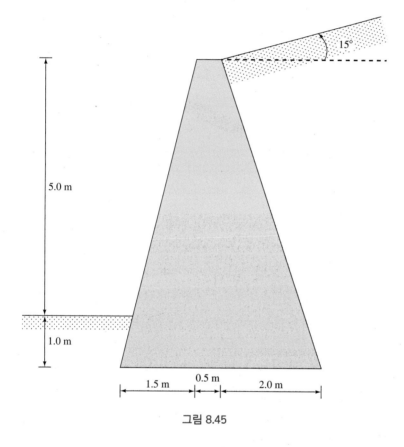

그림 8.45

8.3 문제 8.2에서 시공 후 일정 시점 이후, 옹벽의 전면에 있는 흙이 제거될 가능성이
있다. 수동저항을 무시하고 안전율을 다시 산정하시오.

8.4 그림 8.46과 같은 옹벽에 대해 전도, 활동, 지지력 파괴에 대한 안전율을 산정하시
오. 콘크리트의 단위중량은 24.0 kN/m³이다.

문제 **8.5~8.9**에서는 콘크리트의 단위중량은 $\gamma_c = 23.58$ kN/m³이다. 또 식 (8.13)에서
$k_1 = k_2 = \frac{2}{3}$이다.

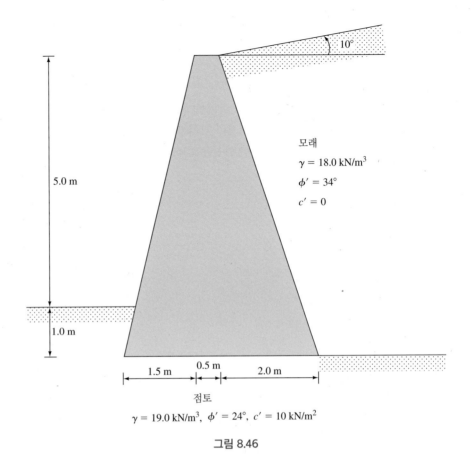

모래
$\gamma = 18.0 \text{ kN/m}^3$
$\phi' = 34°$
$c' = 0$

5.0 m

1.0 m

1.5 m 0.5 m 2.0 m

점토
$\gamma = 19.0 \text{ kN/m}^3$, $\phi' = 24°$, $c' = 10 \text{ kN/m}^2$

그림 8.46

8.5 그림 8.47과 같은 캔틸레버식 옹벽에 대해서, 벽체의 치수는 $H = 8$ m, $x_1 = 0.4$ m, $x_2 = 0.6$ m, $x_3 = 1.5$ m, $x_4 = 3.5$ m, $x_5 = 0.96$ m, $D = 1.75$ m, $\alpha = 10°$이고, 흙의 물성은 $\gamma_1 = 16.8 \text{ kN/m}^3$, $\phi'_1 = 32°$, $\gamma_2 = 17.6 \text{ kN/m}^3$, $\phi'_2 = 28°$, $c'_2 = 30 \text{ kN/m}^2$이다. 전도, 활동, 지지력에 대한 안전율을 산정하시오.

8.6 문제 8.5를 다음 조건에 대해 다시 푸시오. 벽체의 치수는 $H = 6$ m, $x_1 = 0.3$ m, $x_2 = 0.7$ m, $x_3 = 1.4$ m, $x_4 = 2.3$ m, $x_5 = 0.85$ m, $D = 1.25$ m, $\alpha = 5°$이고, 흙의 물성은 $\gamma_1 = 18.4 \text{ kN/m}^3$, $\phi'_1 = 34°$, $\gamma_2 = 16.8 \text{ kN/m}^3$, $\phi'_2 = 18°$, $c'_2 = 50 \text{ kN/m}^2$이다.

8.7 문제 8.5를 다음 조건에 대해 다시 푸시오. 벽체의 치수는 $H = 5.49$ m, $x_1 = 0.46$ m, $x_2 = 0.58$ m, $x_3 = 0.92$ m, $x_4 = 1.55$ m, $x_5 = 0.61$ m, $D = 1.22$ m, $\alpha = 0°$이고, 흙의 물성은 $\gamma_1 = 18.08 \text{ kN/m}^3$, $\phi'_1 = 36°$, $\gamma_2 = 19.65 \text{ kN/m}^3$, $\phi'_2 = 15°$, $c'_2 = 44 \text{ kN/m}^2$이다.

8.8 그림 8.48과 같은 중력식 옹벽이 있다. 전도와 활동에 대한 안전율을 산정하시오. 벽체는 치수는 $H = 6$ m, $x_1 = 0.6$ m, $x_2 = 0.2$ m, $x_3 = 2$ m, $x_4 = 0.5$ m, $x_5 = 0.75$ m, $x_6 =$

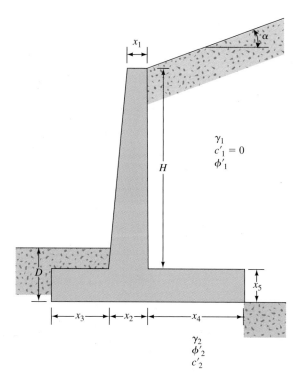

그림 8.47

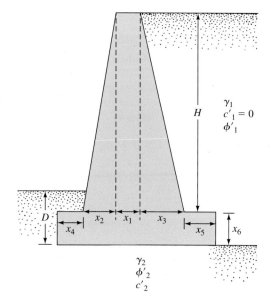

그림 8.48

0.8 m, D = 1.5 m이고, 흙의 물성치는 γ_1 = 16.5 kN/m³, ϕ'_1 = 32°, γ_2 = 18 kN/m³, ϕ'_2 = 22°, c'_2 = 40 kN/m²이다. 계산 시 Rankine의 주동토압을 사용하시오.

8.9 문제 8.8을 Coulomb의 주동토압을 사용하고 $\delta' = \frac{2}{3}\phi'_1$을 적용하여 다시 푸시오.

8.10 그림 8.49와 같은 중력식 옹벽에서 수동토압을 무시하고 Rankine의 토압이론을 이용하여 활동 및 전도에 대한 안전율을 결정하시오. 콘크리트의 단위중량은 24 kN/m³이다. 흙–벽체 마찰각 δ'은 $\frac{2}{3}\phi'$로 적용한다. 편심거리에 대한 설계 요구 사항은 편심이 $B/6$보다 작아야 한다. 이를 만족하는지 검토하시오. 전면 및 후면 끝에서 접지압을 결정하시오.

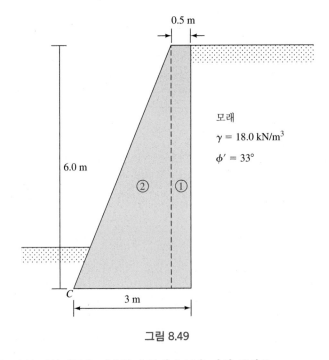

그림 8.49

8.11 Coulomb의 토압이론을 이용하여 문제 8.10을 다시 푸시오.

8.12 다음 조건의 10 m 높이의 보강토 옹벽(그림 8.11)이 있다.

뒤채움재: 단위중량 γ_1 = 18.7 kN/m³, 마찰각 ϕ'_1 = 34°

보강재: 연직 배치간격 S_V = 1 m, 수평방향 배치간격 S_H = 1.3 m, 보강띠 폭 = 120 mm, f_y = 252 MN/m², ϕ_μ = 25°, 인발에 대한 안전율 = 3, 끊어짐에 대한 안전율 = 3

상기 옹벽에 대해 다음을 결정하시오.

a. 보강띠의 소요 두께

b. 보강띠의 소요 최대길이

8.13 문제 8.12에서, 모든 깊이에서 보강띠의 길이는 문항 b에서 결정한 길이로 설정하였다고 가정하자. 원지반의 물성은 $\phi'_2 = 25°$, $\gamma_2 = 18.2$ kN/m³, $c'_2 = 31$ kN/m²이다. 이때 (a) 전도, (b) 활동, (c) 지지력 파괴에 대한 안전율을 구하시오.

8.14 6 m 높이의 지오텍스타일 보강토 옹벽이 있다. 조립토 뒤채움의 물성은 $\gamma_1 = 15.9$ kN/m³, $\phi'_1 = 30°$이고, 지오텍스타일에 대해 $T_{all} = 16$ kN/m이다. 벽체 설계를 위해 S_V, L, l_l을 결정하시오. 단, $FS_{(B)} = FS_{(P)} = 1.5$이다.

8.15 문제 8.14에서 결정한 S_V, L, l_l을 이용하여, 벽체의 외부 안정성을 검토(전도, 활동, 지지력 파괴에 대한 안전율 산정)하시오. 원지반의 물성은 $\gamma_2 = 16.8$ kN/m³, $\phi'_2 = 20°$, $c'_2 = 55$ kN/m²이다.

8.16 그림 8.50과 같은 버팀굴착에서 $\gamma = 17$ kN/m³, $\phi' = 30°$, $c' = 0$이다. 버팀대는 평면도상 중심 간 거리 3 m 간격으로 설치되었다. 토압분포를 그리고 깊이 A, B, C에서 버팀대에 작용하는 하중을 결정하시오.

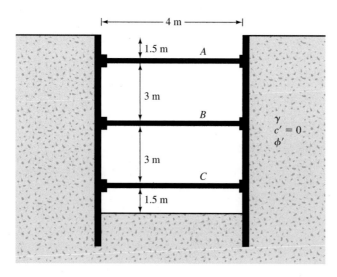

그림 8.50

8.17 문제 8.16의 버팀굴착에서, $\sigma_{all} = 170$ MN/m²으로 가정한다.
　　a. 널말뚝의 단면(단면계수)을 결정하시오.
　　b. 깊이 A에서 띠장의 단면계수는 얼마인가?

8.18 그림 8.51에서 $\gamma = 17.5$ kN/m³, $c = 60$ kN/m²이고 버팀대의 중심 간 거리가 5 m이다. 토압분포를 그리고 깊이 A, B, C에서 버팀대에 작용하는 하중을 결정하시오.

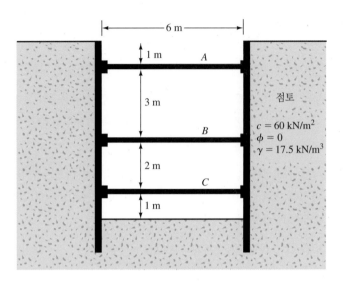

그림 8.51

8.19 그림 8.27a의 버팀굴착에 대해, $H = 6$ m, $H_s = 2$ m, $\gamma_s = 16.2$ kN/m³, 모래의 마찰각 $\phi'_s = 34°$, $H_c = 4$ m, $\gamma_c = 17.5$ kN/m³, 점토층의 일축압축강도 $q_u = 68$ kN/m² 일 때 다음 문제를 푸시오.

　a. 토압분포 산정을 위해 필요한 평균 점착력 c_{av} 및 평균 단위중량 γ_{av}를 산정하시오.

　b. 토압분포를 작도하시오.

8.20 그림 8.27b와 같이 점토 지반에 버팀굴착을 실시하였다. 여기서 $H = 7$ m, $H_1 = 2$ m, $c_1 = 102$ kN/m², $\gamma_1 = 17.5$ kN/m³, $H_2 = 2.5$ m, $c_2 = 75$ kN/m², $\gamma_2 = 16.8$ kN/m³, $H_3 = 2.5$ m, $c_3 = 80$ kN/m², $\gamma_3 = 17$ kN/m³일 때 다음에 답하시오.

　a. 토압분포 산정을 위해 필요한 평균 점착력 c_{av} 및 평균 단위중량 γ_{av}를 산정하시오.

　b. 토압분포를 작도하시오.

8.21 문제 8.18의 버팀굴착에서 바닥면 융기에 대한 안전율을 식 (8.66)과 (8.70)을 사용하여 결정하시오. 식 (8.70)에서 굴착면의 길이 $L = 18$ m로 가정한다.

8.22 모래질 지반($\phi' = 33°$, $\gamma = 17.0$ kN/m³, $\gamma_{sat} = 19.0$ kN/m³)에서, 지하수위는 지표 아래 5 m에 위치하고 있다. 이 지반에서 4.0 m 굴착을 수행하기 위해서는 널말뚝을 얼마나 깊이 근입시켜야 하는가? 단순 해석법(그림 8.37)을 사용하고 수동저항에 안전율 1.5를 적용($K_p/1.5$를 사용)한다.

8.23 지하수위가 지표 아래 5 m에 위치하고 있으며, 그 깊이까지 굴착을 수행해야 한다. 두꺼운 모래층이 지반을 구성하고 있으며, 지반의 단위중량은 지하수위 위에서 $\gamma_m = 17.0$ kN/m³이고, 지하수위 아래에서는 $\gamma_{sat} = 20.0$ kN/m³이다. 모래의 마찰각은

37°이다. 굴착 벽체는 캔틸레버식 널말뚝으로 구성될 것이다. 널말뚝을 얼마나 깊이 근입시켜야 하는가? 수동저항에 안전율 1.5를 적용하며 단순 해석법(그림 8.37)을 사용하시오. 널말뚝에 최대 휨모멘트를 결정하고, 널말뚝 단면의 소요 단면계수를 결정하시오. (이때 널말뚝의 허용 휨응력은 190 MN/m²이다.)

8.24 전체 지반이 모래로 구성된 현장에서 지하수위는 지표에서 3 m 아래에 위치하고 있다. 앵커식 널말뚝을 이용하여 굴착면을 지지하여 7 m 깊이의 굴착을 수행하고자 한다. 앵커 연결봉은 지표로부터 1 m 아래에 위치하고 있으며, 연결봉의 수평방향 배치간격은 3 m이다. 지하수위 위와 아래 모래의 단위중량은 각각 γ_m = 18.0 kN/m³과 γ_{sat} = 20.0 kN/m³이다. 모래의 마찰각은 35°이다.

a. 수동저항에 안전율 1.5를 적용할 때, 널말뚝을 얼마나 근입시켜야 하는가?

b. 연결봉에 작용하는 하중은 얼마인가?

c. 연속 앵커를 설계하고 치수와 함께 작도하시오.

비판적 사고 문제

8.25 모래 뒤채움을 지지하는 5.0 m 높이의 캔틸레버식 옹벽을 설계해야 한다. 흙의 물성과 캔틸레버식 옹벽의 치수 및 형상은 그림 8.52와 같다. 콘크리트의 단위중량은

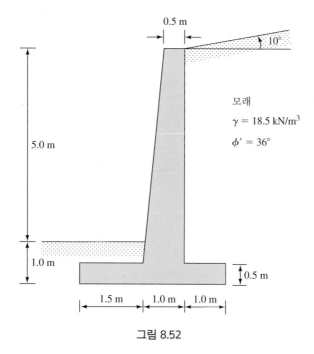

0.5 m

10°

모래

γ = 18.5 kN/m³

ϕ' = 36°

5.0 m

1.0 m

0.5 m

1.5 m 1.0 m 1.0 m

그림 8.52

24.0 kN/m^{3}이다. 다음을 이용하여 주동토압을 계산하여 활동 및 전도에 대한 안정성을 검토하시오.

a. Coulomb의 토압이론($\delta' = 24°$)

b. Rankine의 토압이론

8.26 그림 8.53과 같이 지하수위가 지표 아래 2 m에 위치하는 조립토 지반에 근입된 캔틸레버식 널말뚝이 있다. 조립토의 물성치는 $\phi' = 40°$, $\gamma_m = 17.5$ kN/m^3, $\gamma_{sat} = 19$ kN/m^{3}이다. 지표로부터 6 m 깊이를 굴착할 계획이다. 순 수평토압분포를 이용하여 널말뚝이 반드시 근입되어야 하는 깊이를 결정하시오.

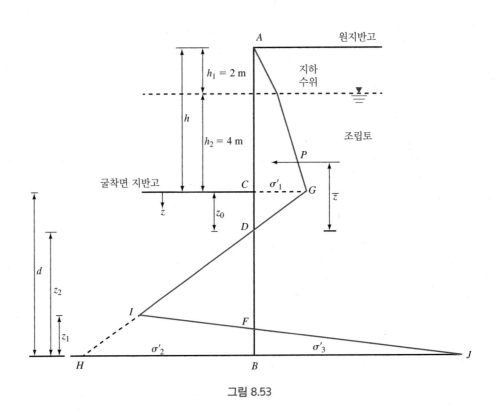

그림 8.53

참고문헌

BELL, J.R., STILLEY, A.N., AND VANDRE, B. (1975). "Fabric Retaining Earth Walls," *Proceedings, Thirteenth Engineering Geology and Soils Engineering Symposium*, Moscow, ID.

BINQUET, J., AND LEE, K.L. (1975). "Bearing Capacity Analysis of Reinforced Earth Slabs," *Journal of the Geotechnical Engineering Division*, American Society of Civil Engineers, Vol. 101, No. GT12, 1257–1276.

BJERRUM, L, AND EIDE, O. (1956). "Stability of Strutted Excavation in Clay," *Geotechnique*, Vol. 6 No. 1, 32–47.

CHU, S.C. (1991). "Rankine Analysis of Active and Passive Pressures on Dry Sand," *Soils and Foundations*, Vol. 31, No. 4, 115–120.

DARBIN, M. (1970). "Reinforced Earth for Construction of Freeways" (in French), *Revue Générale des Routes et Aerodromes*, No. 457, Sept.

KOERNER, R.B. (2005). *Design with Geosynthetics*, 5th ed., Prentice Hall, Englewood Cliffs, NJ.

LEE, K.L., ADAMS, B.D., AND VAGNERON, J.J. (1973). "Reinforced Earth Retaining Walls," *Journal of the Soil Mechanics and Foundations Division*, American Society of Civil Engineers, Vol. 99, No. SM10, 745–763.

PECK, R.B. (1943). "Earth Pressure Measurements in Open Cuts, Chicago (Ill.) Subway," *Transactions*, American Society of Civil Engineers, Vol. 108, 1008–1058.

PECK, R.B. (1969). "Deep Excavation and Tunneling in Soft Ground," *Proceedings*, Seventh International Conference on Soil Mechanics and Foundation Engineering, Mexico City, State-of-the-Art Volume, 225–290.

SCHLOSSER, F., AND LONG, N. (1974). "Recent Results in French Research on Reinforced Earth," *Journal of the Construction Division*, American Society of Civil Engineers, Vol. 100, No. CO3, 113–237.

SCHLOSSER, F., AND VIDAL, H. (1969). "Reinforced Earth" (in French), *Bulletin de Liaison des Laboratoires Routier*, Ponts et Chaussées, Paris, France, Nov., 101–144.

TERZAGHI, K. (1943). *Theoretical Soil Mechanics*, Wiley, New York.

VIDAL, H. (1966). "La terre Armee," *Anales de l'Institut Technique du Bâtiment et des Travaux Publiques*, France, July–August, 888–938.

CHAPTER

9 지반 개량

9.1 서론

지반 개량은 많은 지반공학자에 의해 **지반안정처리**(soil stabilization)라고도 불린다. 이 작업은 더 적은 비용과 더 나은 품질 관리를 위해 현장 또는 반입된 흙의 공학적인 특성을 변경하는 과정이다. 지반 개량 공법은 (1) 화학적 안정처리, (2) 물리적 안정처리의 두 가지 종류로 분류할 수 있다.

화학적 안정처리는 지반의 거동을 개선하기 위해 화학적 혼합물을 적용한다. 지반의 작업효율을 높이기 위해 적용되며, 건설 재료로 쉽게 사용할 수 있다. 또 소성과 수축-팽창성을 감소시키는 데 사용되고, 점토가 분산된 경우 입자를 응집시키는데 사용된다. 점토를 다짐하기 어려운 경우 화학물질을 추가하여 입자를 약간 분산시키고 그 과정을 도울 수 있다. 이 장에서는 (a) 석회안정처리, (b) 시멘트안정처리, (c) 플라이애시 안정처리를 사용한 화학적 안정처리를 설명한다.

물리적 안정처리는 결합제 또는 입자 결합 에너지를 추가하지 않고 지반의 공학적 특성을 개선하는 방법이다. 즉 이 방법에는 화학적 또는 결합 효과가 포함되지 않고, 다음 방법들이 포함된다.

- 다짐공법
- 진동부유공법

- 동다짐공법
- 폭파다짐공법
- 선행압밀공법
- 샌드 드레인 공법

이 장에서는 물리적 안정처리 방법에 대해 위에 설명한 공법을 설명한다.

화학적 안정처리

9.2 석회안정처리

9.1절에서 언급하였듯이 혼화재는 현장의 지반, 특히 세립토를 안정처리하는 데 종종 사용된다. 가장 일반적인 혼화재에는 석회, 시멘트, 석회-플라이애시가 있다. 지반안 정처리의 주요 목적은 (a) 지반 개량, (b) 시공 촉진, (c) 지반의 강도와 내구성의 향 상이다.

세립토를 안정처리하기 위해 일반적으로 사용되는 **석회**의 종류는 소석회[$Ca(OH)_2$], 생석회(CaO), 일수화 백운석 석회[$Ca(OH)_2 \cdot MgO$], 그리고 백운석 생석회이다. 대부 분 지반안정처리에 사용되는 석회의 양은 일반적으로 5~10%이다. 석회가 점성토에 첨가되면 **양이온 교환**(cation exchange)과 **면모-집적화**(flocculation-agglomeration)의 두 가지 **포졸란** 화학반응이 발생한다. 양이온 교환과 면모-집적화 반응에서 일반적으 로 점토와 결합된 **1가** 양이온은 **2가** 칼슘이온으로 치환된다. 양이온은 교환에 대한 친화도에 따라 배열을 다음과 같이 할 수 있다.

$$Al^{3+} > Ca^{2+} > Mg^{2+} > NH_4^+ > K^+ > Na^+ > Li^+$$

임의의 양이온은 그 오른쪽의 양이온을 대체할 수 있다. 예를 들어 칼슘 이온은 점 토의 칼륨 및 나트륨 이온을 대체할 수 있다. 면모-집적화 반응은 점토 지반의 구조를 변화시킨다. 점토 입자는 함께 응집하여 더 큰 입자를 형성하려는 경향이 있으므로, (a) 액성한계 감소, (b) 소성한계 증가, (c) 소성지수 감소, (d) 수축한계 증가, (e) 작업 효율 증가, (f) 흙의 변형 특성 및 강도가 개선된다. 표 9.1은 석회가 점토의 소성에 미 치는 영향을 예시한다. 5% 석회를 첨가하면 점토가 비소성으로 된다.

흙과 석회 사이의 포졸란 반응은 석회와 흙의 실리카 및 알루미나 사이의 반응으 로 경화물질(cementing material)을 형성한다. 이런 반응은 다음과 같다.

표 9.1 점토의 소성에 미치는 석회의 영향(Thompson, 1967)					
		0% 석회		5% Lime	
흙	AASHTO 분류법	액성 한계	소성 지수	액성 한계	소성 지수
Bryce B	A-7-6(18)	53	29	NP	NP
Cowden B	A-7-6(19)	54	33	NP	NP
Drummer B	A-7-6(19)	54	31	NP	NP
Huey B	A-7-6(17)	46	29	NP	NP

주의: NP—비소성

$$Ca(OH)_2 + SiO_2 \rightarrow CSH$$

여기서

$$C = CaO$$

$$S = SiO_2$$

$$H = H_2O$$

포졸란 반응은 오랫동안 지속될 수 있다.

처음 2~3% 석회(건조중량 기준)는 흙의 작업효율과 특성(예: 소성)에 상당한 영향을 미친다. 점토질 흙에 석회를 첨가하면 다짐 특성에도 영향을 미친다.

석회안정처리된 흙의 특성

최적함수비로 다짐된 세립토의 일축압축강도(q_u)는 흙의 특성에 따라 170~2100 kN/m² 의 범위를 가진다. 석회를 약 3~5%를 첨가하고 28일의 경화기간을 가진 경우, 일축압축강도는 700 kN/m² 또는 그 이상으로 증가한다.

석회안정처리된 세립토의 인장강도(σ_T) 또한 증가한다. Tullock 등(1970)은 σ_T와 q_u 사이의 상관관계를 다음과 같이 제안했다.

$$\sigma_T \, (kN/m^2) = 47.54 + 50.6 q_u \, (MN/m^2) \tag{9.1}$$

여기서 σ_T는 간접 인장강도이다.

Thompson(1966)은 석회안정처리된 흙의 탄성계수(E_s)를 산정하기 위한 상관관계를 다음과 같이 제안하였다.

$$E_s \, (MN/m^2) = 68.86 + 0.124 q_u \, (kN/m^2) \tag{9.2}$$

약 5%로 석회안정처리된 흙의 포아송비(μ_s)는 극한압축강도의 25% 이하의 응력 수준에서 0.08~0.12(평균 0.11) 범위이다. 극한압축강도의 50~75%보다 큰 응력 수준에서는 약 0.27~0.37(평균 0.31)로 증가한다(Transportation Research Board, 1987).

현장에서의 석회안정처리

현장에서의 석회안정처리는 세 가지 방법으로 수행할 수 있다.

1. 현장 흙 또는 반입된 흙은 현장에서 적절한 양의 석회와 혼합한 다음 물을 넣은 후 다진다.
2. 공장에서 흙에 적절한 양의 석회와 물을 혼합한 다음 다짐을 위해 현장으로 운반한다.
3. 석회 슬러리는 지반에 4~5 m 깊이까지 압력으로 주입할 수 있다. 슬러리 주입 기계 장치는 주입차량에 장착된다. 일반적인 주입장치는 주입봉이 달려 있는 가로보 형태의 유압식 기계이다. 주입봉은 유압식 기계의 보에 의해 지반으로 관입된다. 슬러리는 일반적으로 직경 3 m, 길이 12 m의 혼합탱크에서 혼합되며 고압 하에서 주입봉으로 이동된다. 석회 슬러리 제조를 위해 일반적으로 지정된 비율은 물 3.78 L에 건조석회 1.13 kg을 혼합하는 것이다.

연약한 점성토에 수화된 석회를 첨가하는 즉시 소성한계가 증가하여 흙이 소성에서 고체로 바뀌고 '건조된' 상태로 보이기 때문에, 진흙이나 문제가 있는 지반에 제한된 양의 석회를 첨가할 수 있다. 이는 현장에서 장비의 주행성을 개선하고 비용과 시간을 절약할 수 있다. 또한 생석회는 노상토와 사면의 안정처리를 위해 사용되어 왔다. 이는 직경 100~150 mm인 구멍을 격자 형태로 천공한 후 생석회를 채운다.

9.3 시멘트안정처리

시멘트는 고속도로와 흙댐 건설에서 지반안정처리 재료로서의 사용이 점점 늘고 있다. 미국에서의 처음으로 관리된 흙-시멘트 공사는 1935년 South Carolina, Johnsonville 근처에서 수행되었다. 시멘트는 사질토와 점성토 지반을 안정처리하는데 사용할 수 있다. 석회의 경우와 마찬가지로 시멘트는 액성한계를 감소시키고, 점성토 지반의 소성지수와 작업효율을 높이는 데 도움이 된다. 시멘트안정처리는 액성한계가 45~50 미만이고 소성지수가 약 25 미만인 점성토 지반에서 효과적이다. 표 9.2

표 9.2 효과적인 안정처리를 위한 시멘트 필요량

통일분류법에 의한 흙	시멘트 첨가량 (체적, %)
GP, SP, SW	6~10
CL, ML, MH	8~12
CL, CH	10~14

표 9.3 흙–시멘트 혼합물의 일반적인 일축압축강도(중량 10% 시멘트)

흙	일축압축강도, q_u(kN/m^2)
모래 자갈 입도분포가 좋은 모래–점토 자갈–모래–점토	3,500~11,000
실트질 모래 모래질 점토	1700~3500
실트질 점토	700~1700
점토, 유기질토	<350~400

는 다양한 지반 종류를 효과적으로 안정처리하기 위한 시멘트의 최적 체적을 나타낸다(Mitchell and Freitag, 1959).

석회와 마찬가지로 시멘트는 흙의 강도를 증가시키며, 양생시간에 따라 강도가 증가한다. 표 9.3은 다양한 유형의 안정처리되지 않은 흙과 흙–시멘트 혼합물(약 중량 10% 시멘트를 혼합)의 일축압축강도의 일반적인 값들을 나타낸다.

조립토와 소성이 낮은 점성토는 시멘트안정처리에 가장 적합하다. 자연적으로 팽창하는 나트륨과 수소화합물을 가진 점토는 석회안정처리에 더 잘 반응하는 반면에, 칼슘을 가진 점토는 시멘트를 첨가하면 더 쉽게 안정처리가 된다. 이러한 이유로 안정처리 재료를 선택할 때 주의를 기울여야 한다.

현장 다짐의 경우, 적절한 양의 시멘트를 현장 또는 플랜트에서 흙과 혼합할 수 있다. 플랜트에서 혼합하는 경우에는, 혼합물을 현장으로 운반할 수 있다. 흙은 미리 정해진 양의 물을 넣어 요구되는 단위중량으로 다짐된다.

석회 주입과 유사하게, 포틀랜드 시멘트와 물(0.5:5의 물–시멘트 비)로 만들어진 시멘트 슬러리는 건물 및 기타 구조물 기초 아래의 불량한 지반에 압력 그라우팅 시 사용할 수 있다. 그라우팅은 지반의 투수계수를 감소시키고 강도와 지지력을 증가시킨다. 진동을 받는 저주파 기계 기초 설계의 경우, 그라우팅을 통해 기초 지반의 강성을 높여 공진주파수를 증가시키는 것이 종종 필요하다.

9.4 플라이애시 안정처리

플라이애시는 일반적으로 전력생산 플랜트에 관련된 미분탄 연소과정의 부산물이다. 이는 세립자로 된 먼지로 주로 실리카, 알루미나, 다양한 산화물과 알칼리로 구성된다. 플라이애시는 본래 포졸란 물질로 소석회와 반응하여 시멘트질 부산물을 만들 수 있다. 이러한 이유로 석회-플라이애시 혼합물을 사용하여 고속도로 노반과 노상토를 안정처리할 수 있다. 혼합물은 플라이애시 10~35%와 석회 2~10%로 제조하는 것이 효과적이다. 흙-석회-플라이애시 혼합물은 안정처리를 위해 적절한 양의 물과 함께 정해진 조건에서 다짐된다.

'C형' 플라이애시라고 하는 특정 유형의 플라이애시는 주로 미국 서부의 석탄을 태워 얻을 수 있다. 이 유형의 플라이애시는 물을 첨가하면 다른 플라이애시 화합물과 반응하여 시멘트질 부산물을 형성하는 자유 석회(free lime)를 상당히 많은 비율(최대 약 25%) 포함하고 있다. 따라서 이 종류를 사용하면 제조된 석회를 따로 첨가할 필요가 없다.

적은 양의 시멘트를 섞은 조립토는 일반적으로 도로 공사에 사용된다. 채광 과정에서 생성된 지하 공극을 폐기물 광미로 채울 때, 강도와 강성을 개선하기 위해 시멘트로 안정처리를 하기도 한다. 시멘트 생산에는 매우 큰 에너지와 막대한 이산화탄소 배출이 수반된다. 그 결과 플라이애시, 슬래그, 실리카 흄과 같은 대체 바인더를 찾는 경향이 있다.

최근 수년 동안 소량의 석회나 플라이애시, 슬래그, 실리카 흄과 같은 **보충 시멘트질 재료**(SCM, supplementary cementitious material)를 흙에 사용하여 특성을 개선하기 위한 시도가 있었다. SCM은 **포졸란** 물질이고 실리카가 풍부하며, 비용이 시멘트보다 훨씬 저렴하다. 포졸란 물질은 물이 있을 때 화학적으로 반응하여 시멘트질 특성을 가진 화합물을 형성할 수 있다. SCM은 보통 포틀랜드 시멘트의 부분적인 대체물로 사용할 수 있다. 플라이애시는 화력발전소의 집진기에서 수집되는 먼지의 형태이다. 슬래그는 철광석 제련에 사용되는 용광로의 폐기물이다. 실리카 흄은 실리카 제련에서 발생하는 부산물로, 직경 1 μm 미만의 구형 입자의 형태를 가진 초미세 소재이다. SCM을 바인더로 사용하는 것은 폐기물을 활용하는 좋은 방법이기도 하다.

물리적 안정처리

9.5   진동부유공법

진동부유공법은 느슨한 조립토의 두꺼운 지층을 조밀화시키는 공법이다. 1930년대
독일에서 개발되었고, 최초의 진동부유장비는 약 10년 후에 미국에서 사용되었다. 이
공법에는 약 2.1 m 길이의 **바이브로플로트(진동기)**가 사용된다(그림 9.1 참고). 이 진동기

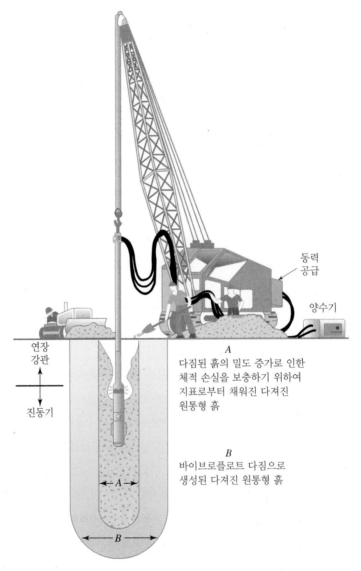

동력
공급

양수기

연장
강관

진동기

A
다짐된 흙의 밀도 증가로 인한
체적 손실을 보충하기 위하여
지표로부터 채워진 다져진
원통형 흙

B
바이브로플로트 다짐으로
생성된 다져진 원통형 흙

←*A*→

← *B* →

그림 9.1 진동부유공법 장비 (From Brown, "Vibroflotation Compaction of Cohesionless Soils," *Journal of the
Geotechnical Engineering Division*, Vol. 103, No. GT12, 1977, pp. 1437–1451. With permission from ASCE.)

는 내부에 편심하중이 있으며 원심력을 발생시켜 진동기가 수평으로 진동할 수 있다. 진동기의 하단과 상단에 물 분사를 위한 구멍이 있다. 진동기는 연장강관(follow-up pipe)에 부착되어 있다. 그림 9.1은 현장다짐을 수행하는 데 필요한 장비를 나타낸다.

전체 진동부유공법의 과정은 4단계로 나눌 수 있다.

단계 1: 바이브로플로트 하부의 분사장치가 작동하면서 땅속으로 관입된다.

단계 2: 물 분사장치는 흙을 분사조건(quick condition) 상태로 만들어 진동기가 땅속으로 들어갈 수 있도록 한다.

단계 3: 구멍 상단에서 조립질 재료를 부어 넣는다. 하부 분사장치의 물은 진동기 상단의 분사장치로 이동된다. 이 물이 조립질 재료를 구멍 아래로 내려가게 한다.

단계 4: 진동기는 약 0.3 m 간격으로 서서히 올리고 각 간격에서 약 30초 동안 진동을 유지한다. 이 과정은 흙을 원하는 단위중량이 되도록 다짐한다.

진동기는 1940년대 후반부터 미국에서 23 kW 전동장치가 사용되어 왔고, 75 kW 장치는 1970년대 초에 도입되었다. 75 kW 전기 및 유압식 바이브로플로트에 대한 일반적인 설명은 다음과 같다(Brown, 1977).

a. 진동기

길이	2.1 m
직경	406 mm
중량	17.8 kN
최대 변위	12.5 mm
원심력	160 kN

b. 편심

중량	1.2 kN
오프셋	38 mm
길이	610 mm
속도	1800 rpm

c. 펌프

가동 유량	$0 \sim 1.6 \ m^3/min$
압력	$700 \sim 1050 \ kN/m^2$

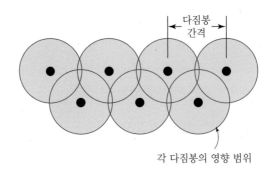

그림 9.2 진동부유공법의 다짐봉 간격

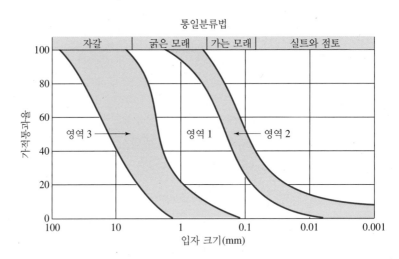

그림 9.3 진동부유공법에서 흙의 효율적인 입도분포 범위

　　다짐봉 주변의 다짐 범위는 사용되는 바이브로플로트 유형에 따라 다르다. 원통형 다짐영역의 반경은 23 kW 장치의 경우 약 2 m이고, 75 kW 장치의 경우 약 3 m까지 확장이 가능하다.

　　진동부유공법에 의한 다짐은 다짐봉 간격에 따라 다짐영역이 달라진다. 그림 9.2는 다짐봉 간격을 나타낸다. 현장 지반의 성공적인 다짐 능력은 여러 요인에 따라 달라지는데, 특히 흙의 입도분포와 바이브로플로트를 회수하는 동안 구멍을 채우는 되메우기 재료의 종류가 가장 중요한 요인이다. 그림 9.3에서 영역 1로 표시된 현장 지반의 입도분포 범위는 진동부유공법에 의한 다짐에 가장 적합하다. 과도한 양의 세립모래와 실트 크기 입자를 포함하는 흙은 다짐이 어렵고 적절한 다짐 상대밀도에 도달하려면 상당한 노력이 필요하다. 그림 9.3에서 영역 2는 진동부유공법으로 효과적으로 다지는 데 있어 입도분포의 대략적인 하한선이다. 입도분포가 영역 3에 속하는 지층은 상당한 양의 자갈을 포함하고 있다. 이러한 토양의 경우 다짐봉 관입속도가 느릴 수 있으며, 장기적으로는 비경제적일 수 있다.

되메움재의 입도분포는 다짐률을 결정하는 중요한 요소이다. Brown(1977)은 되메움재의 등급을 매기기 위한 **적합치**(suitability number, S_N)를 다음과 같이 정의하였다.

$$S_N = 1.7 \sqrt{\frac{3}{(D_{50})^2} + \frac{1}{(D_{20})^2} + \frac{1}{(D_{10})^2}} \tag{9.3}$$

여기서 D_{50}, D_{20}, D_{10}은 각각 재료의 50%, 20%, 10%가 통과하는 직경(mm)이다.

S_N의 값이 작을수록 되메움재 재료로서 더 적합하다. 다음은 Brown이 제안한 **되메움재 등급 체계**이다.

S_N의 범위	되메움재 등급
0~10	매우 우수
10~20	우수
20~30	보통
30~50	나쁨
> 50	부적합

예제 9.1

다음은 진동부유공법 공사에 사용되는 되메움재 재료에 대한 세부정보이다.

- D_{10} = 0.36 mm
- D_{20} = 0.52 mm
- D_{50} = 1.42 mm

적합치 S_N을 결정하시오. 되메움재 재료로서의 등급은 얼마인가?

풀이

식 (9.3)으로부터

(계속)

$$S_N = 1.7 \sqrt{\frac{3}{(D_{50})^2} + \frac{1}{(D_{20})^2} + \frac{1}{(D_{10})^2}}$$

$$= 1.7 \sqrt{\frac{3}{(1.42)^2} + \frac{1}{(0.52)^2} + \frac{1}{(0.36)^2}}$$

$$= 6.1$$

등급: **매우 우수**

9.6 동다짐공법

동다짐공법은 조립토 지층의 다짐을 위해 미국에서 인기를 얻은 기술이다. 이 공법은 주로 일정한 간격으로 땅에 반복적으로 무거운 중량을 낙하시키는 방법이다. 사용되는 해머의 무게는 80~360 kN 범위이며, 해머 낙하고는 7.5~30.5 m이다. 해머 낙하에 의해 발생하는 응력파는 다짐을 돕는다. 임의의 현장에서 얻는 다짐도는 다음 세 가지 요소에 따라 달라진다.

1. 해머 중량
2. 해머 낙하고
3. 해머가 낙하되는 위치 간의 간격

Leonards 등(1980)은 다음 공식을 사용하여 다짐에 대한 중요한 영향 깊이를 근사화할 수 있다고 제안하였다.

$$D \simeq \left(\frac{1}{2}\right)\sqrt{W_H h} \tag{9.4}$$

여기서

D = 다짐 깊이(m)

W_H = 낙하중량(ton)

h = 낙하고(m)

그림 9.4는 현장에서 수행되는 동다짐공법을 보여준다. 이는 매립지와 카르스트 지형에 효과적인 방법이다. 동다짐은 격자 형태로 수행되며, 낙하 중에 생성된 구멍은 다시 채워진다.

그림 9.4 동다짐공법 (Australia, James Cook University, N. Sivakugan 제공)

9.7 폭파다짐공법

폭파다짐공법은 조립토 지반의 다짐을 위하여 많은 프로젝트(Mitchell, 1970)에서 성공적으로 적용되어 왔던 기술이다. 폭파다짐공법에 적합한 흙입자 크기는 진동부유공법과 동일하다. 이 공법은 포화된 지반의 임의의 깊이에서 60% 다이너마이트와 같은 화약을 폭발시키는 방법이다. 화약의 수평 간격은 약 3~10 m로 다양하다. 원하는 다짐도를 얻기 위해 일반적으로 3~5번의 성공적인 폭발과정을 필요로 한다. 이 공법을 적용하면 약 80%의 상대밀도와 최대 20 m의 깊이까지 다짐을 쉽게 수행할 수 있다. 일반적으로 폭발물은 다짐하고자 하는 지층 두께의 약 2/3 깊이에 위치하게 된다.

9.8 선행압밀공법

압축성이 큰 정규압밀점토 지층이 제한된 깊이에 있고, 대형 건물, 고속도로 성토, 흙 댐의 건설로 큰 압밀 침하량이 예상되는 경우, 선행압밀공법을 적용하여 건설 후 침 하량을 최소화시킬 수 있다. 선행압밀공법의 원리는 그림 9.5로 설명이 가능하다. 여 기서 제안된 단위면적당 구조하중은 $\Delta\sigma_{(p)}$이고 압밀이 되는 점토층의 두께는 H이다. 구조하중에 따른 1차 압밀 침하량 S_p는 다음과 같이 구할 수 있다.

$$S_p = \frac{C_c H}{1 + e_0} \log \frac{\sigma_o' + \Delta\sigma_{(p)}}{\sigma_o'} \tag{9.5}$$

압밀 완료 시 $\Delta\sigma' = \Delta\sigma_{(p)}$이다.

구조하중 하에서 침하량–시간 관계는 그림 9.5b와 같이 나타낼 수 있다. 그러나 $\Delta\sigma_{(p)} + \Delta\sigma_{(f)}$의 상재압이 지표에 가해지면 1차 압밀 침하량 $S_{(p+f)}$는 다음과 같다.

$$S_{(p+f)} = \frac{C_c H}{1 + e_0} \log \frac{\sigma_o' + \left[\Delta\sigma_{(p)} + \Delta\sigma_{(f)}\right]}{\sigma_o'} \tag{9.6}$$

압밀이 완료되면,

$$\Delta\sigma' = \Delta\sigma_{(p)} + \Delta\sigma_{(f)}$$

상재압 $\Delta\sigma_{(p)} + \Delta\sigma_{(f)}$ 하에서 침하량–시간관계 또한 그림 9.5b에 나타나 있다. S_p의 전

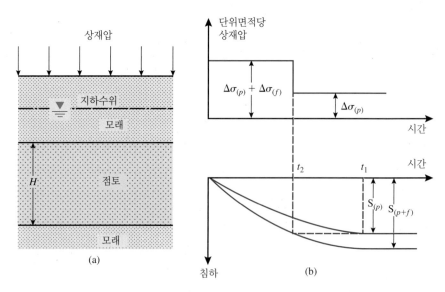

그림 9.5 선행압밀공법의 원리

체 침하량이 t_1보다 더 짧은 t_2에 발생함을 알 수 있다. 따라서 시간 t_2 동안 임시의 전체 상재압 $\Delta\sigma_{(f)} + \Delta\sigma_{(p)}$가 지표에 작용하면, 침하량은 S_p와 같게 된다. 이때 전체 상재압 $\Delta\sigma_{(p)} + \Delta\sigma_{(f)}$를 제거하고 $\Delta\sigma_{(p)}$의 단위면적당 영구하중을 가지는 구조물을 건설하면 이 시점부터 눈에 띄는 침하량은 발생하지 않는다. 이와 같은 방법을 **선행압밀공법**이라 한다. 전체 상재압 $\Delta\sigma_{(p)} + \Delta\sigma_{(f)}$는 임시적인 성토로 적용이 가능하다.

$\Delta\sigma_{(f)}$와 t_2를 구하기 위한 식의 유도

그림 9.5b에서 $\Delta\sigma_{(p)} + \Delta\sigma_{(f)}$의 상재압 하에서 하중이 작용된 이후 시간 t_2에서의 압밀도는 다음과 같이 나타낼 수 있다.

$$U = \frac{S_p}{S_{(p+f)}} \tag{9.7}$$

식 (9.5)와 (9.6)을 식 (9.7)에 대입하면 다음과 같다.

$$U = \frac{\log\left[\dfrac{\sigma_o' + \Delta\sigma_{(p)}}{\sigma_o'}\right]}{\log\left[\dfrac{\sigma_o' + \Delta\sigma_{(p)} + \Delta\sigma_{(f)}}{\sigma_o'}\right]} = \frac{\log\left[1 + \dfrac{\Delta\sigma_{(p)}}{\sigma_o'}\right]}{\log\left\{1 + \dfrac{\Delta\sigma_{(p)}}{\sigma_o'}\left[1 + \dfrac{\Delta\sigma_{(f)}}{\Delta\sigma_{(p)}}\right]\right\}} \tag{9.8}$$

그림 9.6은 $\Delta\sigma_{(p)}/\sigma_o'$과 $\Delta\sigma_{(f)}/\Delta\sigma_{(p)}$의 다양한 조합에 대한 U의 크기를 나타낸다. 식 (9.8)에 언급된 압밀도는 그림 9.5에 나타난 것과 같이 실제로 시간 t_2에서의 평균 압밀도이다. 그러나 시간 t_2를 결정하는 데 평균 압밀도를 사용하면, 일부 공사 시 문제가 발생할 수 있다. 그 이유는 상재압을 제거하고 구조하중을 작용한 이후에 배수면에 가까운 점토 부분은 계속 팽창하고, 중간면에 가까운 흙은 계속 침하하기 때문이다(그림 9.7). 경우에 따라 연속적인 순 침하량이 발생할 수 있다. 이 문제는 보수적인 접근법으로 해결할 수 있다. 즉 식 (9.8)에서 U가 더 작은 중간면의 압밀도로 가정한다(Johnson, 1970). U를 과소평가함으로써, 필요로 하는 선행압 $\Delta\sigma_{(f)}$를 보수적으로 과대평가하는 것이다. $u = \sum_{m=0}^{m=\infty}\left[\dfrac{2u_0}{M}\sin\left(\dfrac{Mz}{H_{dr}}\right)\right]e^{-M^2 T_v}$와 $U_z = \dfrac{u_0 - u_z}{u_0} = 1 - \dfrac{u_z}{u_0}$로부터 다음 식을 구할 수 있다.

$$U_{(z/H_{dr}=1)} = f(T_v) \tag{9.9}$$

여기서

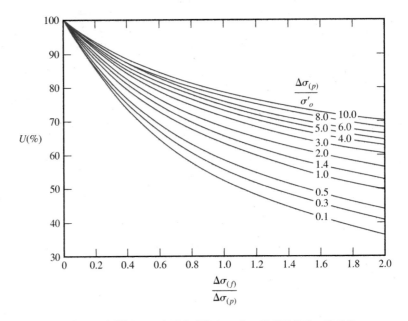

그림 9.6 다양한 $\Delta\sigma_{(p)}/\sigma'_o$ 값에 대한 $\Delta\sigma_{(f)}/\Delta\sigma_{(p)}$와 U의 관계—식 (9.8)

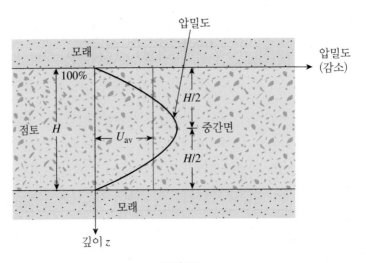

그림 9.7

$T_v = $ 시간계수 $= c_v t_2 / H_{dr}^2$

$c_v = $ 압밀계수

$t_2 = $ 시간

$H_{dr} = $ 최대 배수길이(양면배수의 경우 $H/2$, 일면배수의 경우 H)

그림 9.8은 T_v에 따른 $U_{(z/H_{dr}=1)}$(중간면에서의 압밀도)의 변화를 나타낸다.

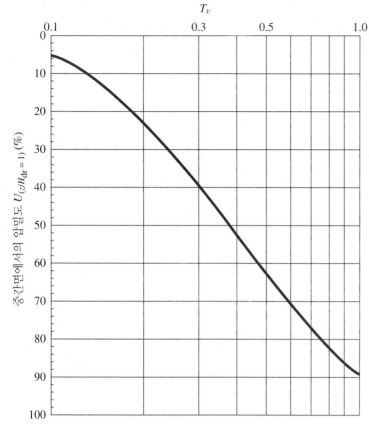

T_v	$U_{(z/H_{dr}=1)}(\%)$
0.05	3.1
0.10	5.07
0.15	13.58
0.20	22.77
0.25	31.46
0.30	39.32
0.40	52.55
0.50	62.92
0.60	71.03
0.70	77.36
0.80	82.31
0.90	86.18
1.00	89.2
1.50	96.86

그림 9.8 T_v에 따른 중간면에서의 압밀도

선행압밀공법에 필요한 값을 구하는 절차

현장에서 선행압밀공법을 적용하는 기술자들은 다음과 같은 두 가지 문제가 발생할 수 있다.

1. $\Delta\sigma_{(f)}$의 값은 알고 있지만, t_2를 산정해야 한다. 이 경우에 σ'_o과 $\Delta\sigma_{(p)}$를 구하고 식 (9.8)이나 그림 9.6을 사용하여 U를 계산한다. 구해진 U값에 대해 그림 9.8 로부터 T_v를 구한다.

$$t_2 = \frac{T_v H_{dr}^2}{c_v} \tag{9.10}$$

2. t_2의 지정된 값에 대해 $\Delta\sigma_{(f)}$를 구해야 한다. 이 경우에 T_v를 계산한 다음에 그림 9.8을 참조하여 중간면에서의 압밀도 U를 구한다. 산정된 U값으로 그림 9.6에서 필요한 $\Delta\sigma_{(f)}/\Delta\sigma_{(p)}$를 찾은 다음 $\Delta\sigma_{(f)}$를 계산한다.

예제 9.2

고속도로 교량의 시공으로 점토층(양면배수)에 평균 영구하중이 약 115 kN/m² 증가할 것으로 예상된다. 점토층 중간의 평균 유효상재압은 210 kN/m²이다. 여기서 $H = 6$ m, $C_c = 0.28$, $e_0 = 0.9$, $c_v = 0.36$ m²/월이고, 점토는 정규압밀상태이다.

a. 교량으로 인한 전체 1차 압밀 침하량을 결정하시오.

b. 9개월 동안의 선행압밀공법을 통하여 전체 1차 압밀 침하량을 제거하는 데 필요한 상재압 $\Delta\sigma_{(f)}$는 얼마인가?

풀이

a. 전체 1차 압밀 침하량은 식 (9.5)로부터 계산될 수 있다.

$$S_p = \frac{C_c H}{1 + e_0} \log\left[\frac{\sigma_o' + \Delta\sigma_{(p)}}{\sigma_o'}\right] = \frac{(0.28)(6)}{1 + 0.9} \log\left[\frac{210 + 115}{210}\right]$$

$$= 0.1677 \text{ m} = \textbf{167.7 mm}$$

b.

$$T_v = \frac{c_v t_2}{H_{dr}^2}$$

$$c_v = 0.36 \text{ m}^2/\text{월}$$

$$H_{dr} = 3 \text{ m (양면배수)}$$

$$t_2 = 9\text{개월}$$

그러므로

$$T_v = \frac{(0.36)(9)}{3^2} = 0.36$$

그림 9.8에 따르면, $T_v = 0.36$인 경우 $U_{(z/H_{dr}=1)}$의 값은 47%이다.

$$\Delta\sigma_{(p)} = 115 \text{ kN/m}^2$$

$$\sigma_o' = 210 \text{ kN/m}^2$$

따라서

$$\frac{\Delta\sigma_{(p)}}{\sigma_o'} = \frac{115}{210} = 0.548$$

그림 9.6에 따르면 $U = U_{(z/H_{dr}=1)} = 47\%$와 $\Delta\sigma_{(p)}/\sigma'_o = 0.548$일 경우 $\Delta\sigma_{(f)}/\Delta\sigma_{(p)}$
≈ 1.8이다. 따라서

$$\Delta\sigma_{(f)} = (1.8)(115) = \textbf{207 kN/m}^2$$

9.9 샌드 드레인 공법

샌드 드레인 공법은 연약한 정규압밀점토의 압밀침하를 가속화시키고, 기초 공사 이전
에 선행압밀을 시키기 위한 또 다른 방법이다. 샌드 드레인 공법은 점토층에 일정한
간격으로 구멍을 뚫어 시공한다. 구멍은 투수성이 높은 모래로 채운 다음(그림 9.9a
참고), 지표면에 상재압을 가한다. 이 상재압은 점토 지반의 간극수압을 증가시킨다.
점토층의 과잉간극수압은 연직방향과 샌드 드레인을 향한 방사방향 배수에 의해 소
산되며 점성토의 침하를 가속화한다.

샌드 드레인의 반경은 r_w이다(그림 9.9a). 그림 9.9b는 샌드 드레인 공법의 평면도
를 나타낸다. 임의의 샌드 드레인으로 방사방향 배수가 일어나는 유효영역은 대략적
으로 직경 d_e인 원통형이다.

지표면에 작용하는 상재압과 하중재하 시간을 결정하기 위해 그림 9.5를 참조하
고 식 (9.8)을 이용한다.

$$U_{v,r} = \frac{\log\left[1 + \dfrac{\Delta\sigma_{(p)}}{\sigma'_o}\right]}{\log\left\{1 + \dfrac{\Delta\sigma_{(p)}}{\sigma'_o}\left[1 + \dfrac{\Delta\sigma_{(f)}}{\Delta\sigma_{(p)}}\right]\right\}} \tag{9.11}$$

기호 $\Delta\sigma_{(p)}$, σ'_o, $\Delta\sigma_{(f)}$는 식 (9.8)에서 사용되는 것과 동일하다. 그러나 식 (9.8)과
다르게 식 (9.11)의 좌측항은 중간면의 압밀도가 아닌 **평균 압밀도**이다. 방사방향과 연
직방향 배수 모두 평균 압밀도에 기여한다. 임의의 시간 t_2에 대해 $U_{v,r}$을 결정할 수 있
는 경우(그림 9.5b 참고), 전체 상재압 $\Delta\sigma_{(f)} + \Delta\sigma_{(p)}$는 그림 9.6으로부터 쉽게 구할 수
있다. 평균 압밀도($U_{v,r}$)를 결정하는 방법은 432쪽에 설명된다.

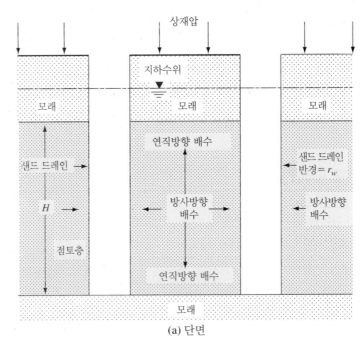

(a) 단면

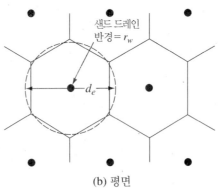

(b) 평면

그림 9.9 샌드 드레인

방사방향 배수로 인한 평균 압밀도

방사방향 배수[스미어 존(교란이 발생하는 영역)이 없는 경우]로 인한 등변형률 압밀 이론은 Barron(1948)에 의해 제안되었다. 이 이론은 **연직방향 배수가 없다**는 가정에 기초하며, 이론에 따르면 다음 식과 같이 나타낼 수 있다.

$$U_r = 1 - \exp\left(\frac{-8T_r}{m}\right) \tag{9.12}$$

여기서 U_r = 방사방향 배수만으로 인한 평균 압밀도

$$m = \left(\frac{n^2}{n^2 - 1}\right)\ln(n) - \frac{3n^2 - 1}{4n^2} \tag{9.13}$$

$$n = \frac{d_e}{2r_w} \tag{9.14}$$

T_r = 방사방향 배수에 대한 무차원 시간계수

$$= \frac{c_{vr}t_2}{d_e^2} \tag{9.15}$$

c_{vr} = 방사방향에 대한 압밀계수

$$= \frac{k_h}{\left[\dfrac{\Delta e}{\Delta\sigma'(1 + e_{av})}\right]\gamma_w} \tag{9.16}$$

식 (9.16)에서 k_h는 수평방향의 흐름에 대한 투수계수이다. 어떤 경우에는 k_h가 k와 같다고 가정할 수 있지만, 호상점토와 같은 흙은 $k_h > k$이다. 표 9.4는 n값과 T_r에 대한 U_r값의 변화를 나타낸다.

표 9.4 방사방향 배수에 대한 해

압밀도 U_r(%)	n값에 대한 시간계수 T_r				
	5	10	15	20	25
0	0	0	0	0	0
1	0.0012	0.0020	0.0025	0.0028	0.0031
2	0.0024	0.0040	0.0050	0.0057	0.0063
3	0.0036	0.0060	0.0075	0.0086	0.0094
4	0.0048	0.0081	0.0101	0.0115	0.0126
5	0.0060	0.0101	0.0126	0.0145	0.0159
6	0.0072	0.0122	0.0153	0.0174	0.0191
7	0.0085	0.0143	0.0179	0.0205	0.0225
8	0.0098	0.0165	0.0206	0.0235	0.0258
9	0.0110	0.0186	0.0232	0.0266	0.0292
10	0.0123	0.0208	0.0260	0.0297	0.0326
11	0.0136	0.0230	0.0287	0.0328	0.0360
12	0.0150	0.0252	0.0315	0.0360	0.0395
13	0.0163	0.0275	0.0343	0.0392	0.0431
14	0.0177	0.0298	0.0372	0.0425	0.0467
15	0.0190	0.0321	0.0401	0.0458	0.0503
16	0.0204	0.0344	0.0430	0.0491	0.0539
17	0.0218	0.0368	0.0459	0.0525	0.0576

(계속)

표 9.4 방사방향 배수에 대한 해(계속)

압밀도 $U_r(\%)$	n값에 대한 시간계수 T_r				
	5	10	15	20	25
18	0.0232	0.0392	0.0489	0.0559	0.0614
19	0.0247	0.0416	0.0519	0.0594	0.0652
20	0.0261	0.0440	0.0550	0.0629	0.0690
21	0.0276	0.0465	0.0581	0.0664	0.0729
22	0.0291	0.0490	0.0612	0.0700	0.0769
23	0.0306	0.0516	0.0644	0.0736	0.0808
24	0.0321	0.0541	0.0676	0.0773	0.0849
25	0.0337	0.0568	0.0709	0.0811	0.0890
26	0.0353	0.0594	0.0742	0.0848	0.0931
27	0.0368	0.0621	0.0776	0.0887	0.0973
28	0.0385	0.0648	0.0810	0.0926	0.1016
29	0.0401	0.0676	0.0844	0.0965	0.1059
30	0.0418	0.0704	0.0879	0.1005	0.1103
31	0.0434	0.0732	0.0914	0.1045	0.1148
32	0.0452	0.0761	0.0950	0.1087	0.1193
33	0.0469	0.0790	0.0987	0.1128	0.1239
34	0.0486	0.0820	0.1024	0.1171	0.1285
35	0.0504	0.0850	0.1062	0.1214	0.1332
36	0.0522	0.0881	0.1100	0.1257	0.1380
37	0.0541	0.0912	0.1139	0.1302	0.1429
38	0.0560	0.0943	0.1178	0.1347	0.1479
39	0.0579	0.0975	0.1218	0.1393	0.1529
40	0.0598	0.1008	0.1259	0.1439	0.1580
41	0.0618	0.1041	0.1300	0.1487	0.1632
42	0.0638	0.1075	0.1342	0.1535	0.1685
43	0.0658	0.1109	0.1385	0.1584	0.1739
44	0.0679	0.1144	0.1429	0.1634	0.1793
45	0.0700	0.1180	0.1473	0.1684	0.1849
46	0.0721	0.1216	0.1518	0.1736	0.1906
47	0.0743	0.1253	0.1564	0.1789	0.1964
48	0.0766	0.1290	0.1611	0.1842	0.2023
49	0.0788	0.1329	0.1659	0.1897	0.2083
50	0.0811	0.1368	0.1708	0.1953	0.2144
51	0.0835	0.1407	0.1758	0.2020	0.2206
52	0.0859	0.1448	0.1809	0.2068	0.2270
53	0.0884	0.1490	0.1860	0.2127	0.2335
54	0.0909	0.1532	0.1913	0.2188	0.2402
55	0.0935	0.1575	0.1968	0.2250	0.2470
56	0.0961	0.1620	0.2023	0.2313	0.2539
57	0.0988	0.1665	0.2080	0.2378	0.2610
58	0.1016	0.1712	0.2138	0.2444	0.2683
59	0.1044	0.1759	0.2197	0.2512	0.2758
60	0.1073	0.1808	0.2258	0.2582	0.2834
61	0.1102	0.1858	0.2320	0.2653	0.2912
62	0.1133	0.1909	0.2384	0.2726	0.2993

표 9.4 방사방향 배수에 대한 해(계속)

압밀도	n값에 대한 시간계수 T_r				
U_r(%)	5	10	15	20	25
63	0.1164	0.1962	0.2450	0.2801	0.3075
64	0.1196	0.2016	0.2517	0.2878	0.3160
65	0.1229	0.2071	0.2587	0.2958	0.3247
66	0.1263	0.2128	0.2658	0.3039	0.3337
67	0.1298	0.2187	0.2732	0.3124	0.3429
68	0.1334	0.2248	0.2808	0.3210	0.3524
69	0.1371	0.2311	0.2886	0.3300	0.3623
70	0.1409	0.2375	0.2967	0.3392	0.3724
71	0.1449	0.2442	0.3050	0.3488	0.3829
72	0.1490	0.2512	0.3134	0.3586	0.3937
73	0.1533	0.2583	0.3226	0.3689	0.4050
74	0.1577	0.2658	0.3319	0.3795	0.4167
75	0.1623	0.2735	0.3416	0.3906	0.4288
76	0.1671	0.2816	0.3517	0.4021	0.4414
77	0.1720	0.2900	0.3621	0.4141	0.4546
78	0.1773	0.2988	0.3731	0.4266	0.4683
79	0.1827	0.3079	0.3846	0.4397	0.4827
80	0.1884	0.3175	0.3966	0.4534	0.4978
81	0.1944	0.3277	0.4090	0.4679	0.5137
82	0.2007	0.3383	0.4225	0.4831	0.5304
83	0.2074	0.3496	0.4366	0.4922	0.5481
84	0.2146	0.3616	0.4516	0.5163	0.5668
85	0.2221	0.3743	0.4675	0.5345	0.5868
86	0.2302	0.3879	0.4845	0.5539	0.6081
87	0.2388	0.4025	0.5027	0.5748	0.6311
88	0.2482	0.4183	0.5225	0.5974	0.6558
89	0.2584	0.4355	0.5439	0.6219	0.6827
90	0.2696	0.4543	0.5674	0.6487	0.7122
91	0.2819	0.4751	0.5933	0.6784	0.7448
92	0.2957	0.4983	0.6224	0.7116	0.7812
93	0.3113	0.5247	0.6553	0.7492	0.8225
94	0.3293	0.5551	0.6932	0.7927	0.8702
95	0.3507	0.5910	0.7382	0.8440	0.9266
96	0.3768	0.6351	0.7932	0.9069	0.9956
97	0.4105	0.6918	0.8640	0.9879	1.0846
98	0.4580	0.7718	0.9640	1.1022	1.2100
99	0.5391	0.9086	1.1347	1.2974	1.4244

연직방향 배수로 인한 평균 압밀도

연직방향 배수만으로 인한 평균 압밀도는 다음 식으로부터 구할 수 있다.

$$T_v = \frac{\pi}{4}\left[\frac{U_v\%}{100}\right] \quad (U_v = 0{\sim}60\%\text{인 경우}) \tag{9.17}$$

그리고

$$T_v = 1.781 - 0.933 \log(100 - U_v\%) \quad (U_v > 60\%\text{인 경우}) \tag{9.18}$$

여기서

U_v = 연직방향 배수만으로 인한 평균 압밀도

$$T_v = \frac{c_v t_2}{H_{\mathrm{dr}}^2} \tag{9.19}$$

c_v = 연직방향 배수에 대한 압밀계수

연직 및 방사방향 배수로 인한 평균 압밀도

임의의 상재압과 기간 t_2에 대해, 연직 및 방사방향 배수로 인한 평균 압밀도는 다음과 같다.

$$U_{v,r} = 1 - (1 - U_r)(1 - U_v) \tag{9.20}$$

예제 9.3

샌드 드레인 공법을 추가하여 예제 9.2의 문항 b를 다시 풀이하시오. $r_w = 0.1$ m, $d_e = 3$ m, $c_v = c_{vr}$이고, 상재압은 동시에 작용된다고 가정한다(그림 9.5a 참고). 또한 교란이 발생하지 않는 것으로 가정한다.

풀이

a. 전체 1차 압밀 침하량은 이전과 동일하게 167.7 mm이다.

b. 예제 9.2에서 $T_v = 0.36$이다. 식 (9.17)을 사용하면

$$T_v = \frac{\pi}{4}\left[\frac{U_v(\%)}{100}\right]^2$$

또는

$$U_v = \sqrt{\frac{4T_v}{\pi}} \times 100 = \sqrt{\frac{(4)(0.36)}{\pi}} \times 100 = 67.7\%$$

또한

$$n = \frac{d_e}{2r_w} = \frac{3}{2 \times 0.1} = 15$$

$$T_r = \frac{c_{vr}t_2}{d_e^2} = \frac{(0.36)(9)}{(3)^2} = 0.36$$

표 9.4에서 $n = 15$와 $T_r = 0.36$의 경우, U_r의 값은 약 77%이다. 그러므로

$$U_{v,r} = 1 - (1 - U_v)(1 - U_r) = 1 - (1 - 0.67)(1 - 0.77)$$
$$= 0.924 = 92.4\%$$

그림 9.6에서 $\dfrac{\Delta\sigma_{(p)}}{\sigma_o'} = 0.548$과 $U_{v,r} = 92.4\%$의 경우 $\dfrac{\Delta\sigma_{(f)}}{\Delta\sigma_{(p)}} \approx 0.12$이다. 그러므로

$$\Delta\sigma_{(f)} = (115)(0.12) = \textbf{13.8 kN/m}^2$$

9.10 요약

이 장에서는 흙의 화학적 및 물리적 지반안정처리에 대해 설명하였다. 다음은 이 장에서 다룬 주요 내용에 대한 요약이다.

1. 화학적 안정처리는 석회, 시멘트, 플라이애시와 같은 화학적 혼화재를 점성토 지반에 적용함으로써 소성, 수축 및 팽창성을 줄이고 현장에서의 작업성을 개선할 수 있다.

2. 점성토 지반에 석회를 혼합하면, 두 가지의 포졸란 화학반응이 일어난다. 이 반응은 양이온 교환과 면모-집적화이다.

3. 시멘트안정처리는 액성한계가 약 50 미만이고 소성지수가 약 25 미만인 점성토 지반에 효과적이다.

4. 진동부유공법은 진동기를 사용하여 느슨한 조립토의 두꺼운 층을 다짐하는 기술이다. 되메움재의 적합치(S_N)는 입자 크기, 즉 D_{50}, D_{20}, D_{10}의 함수이다. S_N 값이 작아질수록 되메움재의 등급은 좋아진다.

5. 동다짐공법과 폭파다짐공법을 적용하여 조립토를 다짐할 수도 있다.

6. 선행압밀공법은 점토층에 선행하중을 작용시켜 더 큰 압밀 침하량을 제거하는 기술이다.

7. 샌드 드레인 공법은 연약한 점토층의 압밀 침하량을 가속화시키기 위해 선행압밀공법에 추가로 사용할 수 있다.

연습문제

9.1 다음 문장이 참인지 거짓인지 답하시오.

    a. 점토에 석회를 첨가하면 소성이 증가한다.

    b. 플라이애시는 포졸란 물질이다.

    c. 진동부유공법은 모래보다 점토에 더 효과적이다.

    d. 선행압밀공법은 주로 정규압밀점토에 적용된다.

    e. 선행압밀공법에서 상재압이 클수록 재하 기간이 짧아진다.

9.2 진동부유공법 적용 시 다음 흙 A, B, C, D가 되메움 재료로 적합한지 평가하시오.

	흙 A	흙 B	흙 C	흙 D
D_{10} (mm)	0.2	0.08	0.01	1.1
D_{20} (mm)	0.6	0.13	0.05	1.9
D_{50} (mm)	1.5	0.45	0.15	6.0

    이 네 가지 흙은 어떤 그룹에 속하는가?

9.3 2 m × 2 m × 2 m의 철근 콘크리트 블록을 이용하여 동다짐공법을 수행한다(그림 9.4 참고). 철근 콘크리트의 단위중량은 26 kN/m³이다. 10 m 깊이의 조립토 지반을 다지기 위하여 낙하고를 얼마로 해야 하는가?

9.4 그림 9.5를 참조하시오. 공항 건설을 위해 대규모 성토 작업이 필요하다. 작업 시 점토층의 평균 영구하중 $\Delta\sigma_{(p)}$는 약 70 kN/m²만큼 증가할 것이다. 성토 작업 이전 점토층의 평균 유효상재압은 95 kN/m²이다. 점토는 정규압밀상태이고 양면배수 조건이다. $H = 5$ m, $C_c = 0.24$, $e_0 = 0.81$, $c_v = 0.44$ m²/월이다.

    a. 추가 영구하중 $\Delta\sigma_{(p)}$로 인해 발생하는 점토층의 1차 압밀 침하량을 결정하시오.

    b. 추가 영구하중 하에서 1차 압밀 침하량의 90%가 진행되는 데 필요한 시간을 결정하시오.

    c. 선행압밀공법으로 6개월 이내에 전체 1차 압밀 침하량을 제거하기 위해 필요한 임시 상재압 $\Delta\sigma_{(f)}$는 얼마인가?

9.5 문제 9.4의 문항 c에서 소요 기간을 7개월로 설정하여 다시 풀이하시오.

9.6 현장에서 두께가 4 m이고 양면배수 조건인 정규압밀점토층의 평균 유효상재압은 80.0 kN/m²이다. 점토의 간극비와 압축지수는 각각 0.72와 0.50이다. 점토의 압밀계수는 2.5 m²/년이다. 설계된 건물은 점토의 평균 연직응력을 50.0 kN/m²까지 증가시킬 것으로 예상된다.

    a. 예상되는 1차 압밀 침하량을 결정하시오.

  b. 60.0 kN/m²의 상재압 작용을 통한 선행압밀공법이 제안되었다. 상재압의 제거로 인하여 1차 압밀 침하량이 더 이상 발생하지 않게 하려면 얼마의 기간 동안 상재압을 작용해야 하는가?

  c. 시간 제약으로 인해 선행압밀공법 적용 기간을 6개월로 제한해야 한다. 선행압밀 하중 작용 기간 이후에 1차 압밀 침하량이 완전히 제거되는 상재압의 크기는 얼마인가?

9.7 그림 9.9는 샌드 드레인 공법을 나타낸다. $r_w = 0.3$ m, $d_e = 6$ m, $c_v = c_{vr} = 0.28$ m²/월, $H = 8.4$ m이다. 7개월 동안 상재압을 적용한 후 샌드 드레인으로 인한 압밀도를 결정하시오.

9.8 문제 9.7에서 설명된 점토층의 경우, 상재압 적용 후 7개월 후 연직방향과 방사방향 배수로 인해 발생되는 압밀도를 결정하시오.

9.9 4 m 두께의 점토층은 상단과 하단으로 배수된다. $c_{vr} = c_r$(연직배수의 경우) = 0.0039 m²/일, $r_w = 200$ mm, $d_e = 2$ m이다. $t = 0.2, 0.4, 0.8,$ 1년일 때 연직 및 방사방향 배수로 인한 점토층의 압밀도를 각각 구하시오.

비판적 사고 문제

9.10 양면배수되는 정규압밀 점토층의 평균 유효상재압(σ'_D)은 q kN/m²이다. 단위면적당 설계된 구조하중($\Delta\sigma_{(p)}$)은 $0.5q$ kN/m²이다. t_2(시간계수 $T_{v(2)}$에 해당) 동안 q kN/m²의 임시 전체 상재압($\Delta\sigma_{(p)} + \Delta\sigma_{(f)}$)을 작용시키고 이 임시 상재압을 제거한 다음 구조적 즉시 하중을 가하는 것이 제안되었다.

  a. 식 (9.8)에서 압밀도 U를 평균 압밀도로 가정하는 경우, 건설 후 전체 압밀 침하량이 제거되는 시간계수 $T_{v(2)}$는 얼마인가?

  b. 구조하중을 적용한 후(즉, 시간 t_2에서), 점토층의 깊이에 따른 과잉간극수압(u_z)을 도시하시오.

  c. 구조하중을 적용한 직후 $u_z/q(u_z = $ 깊이 z에서 과잉간극수압)의 평균값은 얼마인가? 결과에 대해 설명하시오.

참고문헌

BARRON, R.A. (1948). "Consolidation of Fine-Grained Soils by Drain Wells," *Transactions,* American Society of Civil Engineers, Vol. 113, 718–754.

BROWN, E. (1977). "Vibroflotation Compaction of Cohesionless Soils," *Journal of the Geotechnical Engineering Division,* ASCE, Vol. 103, No. GT12, 1437–1451.

JOHNSON, S.J. (1970). "Precompression for Improving Foundation Soils," *Journal of the Soil Mechanics and Foundations Division,* American Society of Civil Engineers, Vol. 96, No. SM1, 114–144.

LEONARDS, G.A., CUTTER, W.A., AND HOLTZ, R.D. (1980). "Dynamic Compaction of Granular Soils," *Journal of the Geotechnical Engineering Division,* ASCE, Vol. 106, No. GT1, 35–44.

MITCHELL, J.K. (1970). "In-Place Treatment of Foundation Soils," *Journal of the Soil Mechanics and Foundations Division,* American Society of Civil Engineers, Vol. 96, No. SM1, 73–110.

MITCHELL, J.K., AND FREITAG, D.R. (1959). "A Review and Evaluation of Soil–Cement Pavements," *Journal of the Soil Mechanics and Foundations Division,* American Society of Civil Engineers, Vol. 85, No. SM6, 49–73.

THOMPSON, M.R. (1966). "Shear Strength and Elastic Properties of Lime-Soil Mixtures," *Highway Research Record 139,* National Research Council, Washington, D.C., 1–14.

THOMPSON, M.R. (1967). *Bulletin 492, Factors Influencing the Plasticity and Strength of Lime-Soil Mixtures,* Engineering Experiment Station, University of Illinois.

TRANSPORTATION RESEARCH BOARD (1987). *Lime Stabilization: Reactions, Properties, Design and Construction,* National Research Council, Washington, D.C.

TULLOCK, W.S., II, HUDSON, W.R., AND KENNEDY, T.W. (1970). *Evaluation and Prediction of the Tensile Properties of Lime-Treated Materials,* Research Report 98-5, Center for Highway Research, University of Texas, Austin, Texas.

APPENDIX
A 토목섬유

A.1 소개

토목섬유(geosynthetics)는 자연분해가 되지 않는 고분자 재료로 지반공학 기술자들에 의해 다양한 건설 프로젝트에 사용되고 있다. 일반적으로 **토목섬유**라는 용어는 다음과 같은 의미를 포함한다.

- 지오텍스타일(geotextile)
- 지오그리드(geogrid)
- 지오멤브레인(geomembrane)
- 지오넷(geonet)
- 지오폼(geofoam)
- 토목합성재료(geocomposite)

표 A.1은 토목섬유 생산을 위해 사용되는 고분자 재료의 일부 목록을 보여준다. 8장에서 역학적으로 안정된 옹벽 설계를 위해 지오텍스타일과 지오그리드 사용에 대해서 설명하였다. 다음 절에서는 옹벽 설계에 필요한 강도 특성과 함께 상업적으로 이용할 수 있는 다양한 유형의 지오텍스타일과 지오그리드에 대한 간략한 설명이 제시되어 있다.

표 A.1 토목섬유를 생산하기 위한 고분자 재료의 목록

재료	비중	녹는점(℃)
폴리에틸렌(합성수지, polyethylene)	0.96	110~140
폴리프로필렌(polypropylene)	0.91	160~170
폴리에스테르(합성섬유, polyester)	1.22~1.38	250~290
폴리아미드, 나일론(polyamide, nylon)	1.05~1.14	210~260

A.2 지오텍스타일

1970년 이래로 토목공사에 있어서 지오텍스타일의 사용은 전 세계적으로 크게 증가해왔다. 지오텍스타일(geotextile)은 직포, 편물, 그리고 부직포 종류로 나뉜다.

직포 지오텍스타일(woven geotextile)은 평행한 필라멘트 또는 가는 실 가닥을 두 겹으로 만들어 평면구조로 조직적으로 엮어낸다. 편물 지오텍스타일(knitted geotextile)은 하나 이상의 필라멘트 또는 가는 실을 고리 모양으로 엮어 서로 맞물리게 연결하여 평면구조로 형성한다. 부직포 지오텍스타일(nonwoven geotextile)은 필라멘트 또는 짧은 섬유사로 방향성 또는 무작위 패턴으로 배열시켜 평면구조를 형성한다. 이러한 필라멘트 또는 짧은 섬유사들은 초기에 느슨하게 연결된 망처럼 배열되고 아래 절차에 따라 한 가지 또는 복합적인 방법으로 결합된다.

1. 화학적인 결합―접착제, 천연고무, 고무나무의 유액, 셀룰로오스 화합물 같은 재료
2. 열적인 결합―필라멘트 또는 가는 실을 부분적으로 녹이는 열에 의한 방법
3. 역학적인 결합―바늘로 엮는 방법

바늘로 꿰매는 부직포 지오텍스타일은 두께가 두껍고 평면 투과성이 높다.

지오텍스타일은 기초공학 분야에서 다음과 같은 네 가지 주요 용도를 가지고 있다.

1. 배수: 직물은 토양에서 다양한 배출구로 물을 빠르게 배출시킬 수 있어 더 큰 흙의 전단강도와 그에 따른 안정성을 제공한다.
2. 여과: 조립질 흙과 세립질 흙의 두 지층 사이에 설치하여 한 층에서 다른 지층으로 물만 자유롭게 침투를 허용한다. 그러나 세립질 흙이 물을 따라 조립질 흙으로 씻겨가는 것은 막아준다.

표 A.2 지오텍스타일의 일부 특성의 일반적인 범위

지오텍스타일의 종류	인장강도 (kN/m)	최대하중에서의 늘음(%)	단위면적당 중량 (g/m^2)
부직포			
열(heat)로 제작	5~25	20~60	50~380
바늘로 제작	10~90	30~80	100~3000
직포			
굵은 단섬유	20~80	20~40	200~300
다섬유, 복합섬유	50~1250	10~35	300~1500
편물, 편성물			
가로뜨기	2~5	300~600	150~300
세로뜨기	20~800	12~30	250~1000

3. 분리: 지오텍스타일은 구조물 시공 후와 유지기간 내내 다양한 지층들을 서로 분리하는 데 도움이 된다. 예를 들어, 고속도로 공사 중 기층노반으로부터 점토 지층을 별도로 분리하여 유지할 수 있다.

4. 보강: 토목섬유의 인장강도는 지반의 지지력을 증가시킨다.

표 A.2는 지오텍스타일의 일부 속성의 일반적인 범위를 제공한다(Shukla, 2002).

옹벽 설계를 위한 허용인장강도는 Koerner(2005)에 의해 다음과 같이 표현할 수 있다.

$$T_{\text{all}} = \frac{T_{\text{ult}}}{RF_{\text{id}} \times RF_{\text{cr}} \times RF_{\text{cbd}}} \tag{A.1}$$

여기서

T_{ult} = 극한인장강도

RF_{id} = 시공 손상에 의한 감소계수

RF_{cr} = 크리프에 대한 감소계수

RF_{cbd} = 화학적, 생물학적인 저하에 의한 감소계수

Koerner(2005)에 의해 추천하는 감소계수는 다음과 같다.

$$RF_{\text{id}} = 1.1 \sim 2.0$$
$$RF_{\text{cr}} = 2 \sim 4$$
$$RF_{\text{cbd}} = 1 \sim 1.5$$

또한 지오텍스타일과 조립질 흙(ϕ'_F)과의 마찰각은 Martin 등(1984)이 제안한 아래

표로부터 얻을 수 있다.

지오텍스타일 종류	ϕ'_F/ϕ'
굵은 단섬유 직포와 거친 모래	0.87
슬릿필름 직포와 거친 모래	0.8
슬릿필름 직포와 둥근 모래	0.86
슬릿필름 직포와 실트질 모래	0.92
녹여서 제작한 부직포와 거친 모래	0.87
바늘로 꿰맨 부직포와 거친 모래	1.0
바늘로 꿰맨 부직포와 둥근 모래	0.93
바늘로 꿰맨 부직포와 실트질 모래	0.91

주의: ϕ'-조립질 흙의 배수 내부마찰각

A.3 지오그리드

지오그리드(geogrid)는 폴리프로필렌과 폴리에틸렌과 같은 고강성 고분자 재료이며, 인장력을 증가시켜 제작한다. 영국의 Netlon, Ltd. 회사에서 처음으로 생산하기 시작하였다. 1982년 Tensar Corporation 회사로서 현재 Twensar International Corporation 회사가 지오그리드를 미국에 소개하였다.

지오그리드는 일반적으로 (a) 일축방향과 (b) 양축방향으로 제작하는 두 가지 종류가 있다. 그림 A.1의 a와 b는 지오그리드의 두 가지 종류를 보여준다.

상업적으로 사용하는 지오그리드는 주로 압출, 직조 및 접합의 제조공정으로 분류된다. 압출로 제조된 지오그리드는 작은 구멍을 그려 천공하여 공학적인 특성을 강화시켜 격자모양(ribs and nodes)으로 만들어진 폴리에틸렌 또는 폴리프로필렌의 두꺼운 시트를 사용하여 만들어낸다. 직조 지오그리드는 일반적으로 고분자 재료(폴리

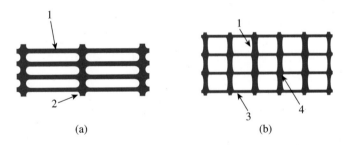

(a)   (b)

그림 A.1 지오그리드. (a) 일축방향(uniaxial), (b) 양축방향(biaxial)[주의: 1-경사방향 골(longitudinal rib), 2-위사방향 바(transverse bar), 3-위사방향 골(transverse rib), 4-이음부(junction)]

에스테르와 폴리프로필렌)를 사용하며, 그물 모양 형식으로 짜서 만든 다음 광택제로 코팅하여 제작한다. 접합하여 제작하는 지오그리드는 띠 모양의 고분자 재료를 교차 연결 융합하여 만든다. 도로 포장용 다른 보강 재료와 비교했을 때, 압출방식의 지오 그리드가 우수한 성능을 보여준다.

현재 지반보강용으로 사용하는 지오그리드는 약 0.5~1.5 mm의 공칭리브 두께와 약 2.5~5 mm의 격자접합부로 구성된다. 일반적으로 지반보강재로 사용하는 격자 모양은 직사각형이나 타원형의 개구부로 형성된다. 개구부의 규격은 약 25~150 mm 범위이다. 지오그리드의 격자 모양으로 천공된 부분은 전체 면적의 50% 이상이 되도록 제작된다. 이것은 2% 정도의 낮은 변형률 수준의 보강 강도를 발현한다.

지오그리드의 주요 기능은 **보강**이며 재질은 비교적 **뻣뻣**하다. 지오그리드의 천공된 개구부는 토양 또는 암반(그림 A.2)과 함께 사용되어 보강이나 분리기능(또는 두 가지 기능 모두)을 수행할 수 있을 정도로 충분히 크다. Sarsby(1985)는 최대마찰 효율(또는 흙입자 유실 효과)을 위해 개구부 크기가 흙입자 크기에 미치는 영향을 조사하였다. 이 연구에 따르면, 가장 높은 효율은 다음과 같은 경우에서 발생한다.

$$B_{GG} > 3.5D_{50} \tag{A.2}$$

여기서

B_{GG} = 지오그리드 개구부의 최소 폭

D_{50} = 뒤채움 흙의 통과율 50%일 때 흙입자 입경(즉, 중앙입경)

표 A.3은 지오그리드의 일부 특성의 범위를 제공한다(Shukla, 2002).

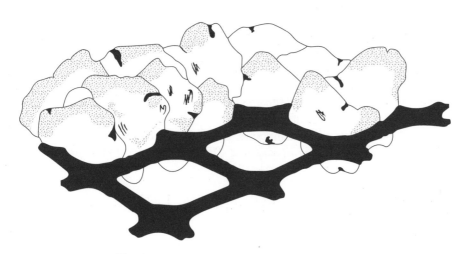

그림 A.2 지반 내 흙입자들과 맞물려 있는 지오그리드 개구부

표 A.3 지오그리드의 일부 특성에 대한 일반적인 범위

지오그리드 종류	인장강도 (kN/m)	최대하중에서 늘음(%)	단위면적당 질량 (g/m²)
압출형	10~200	20~30	200~12000
직물원단형			
편물형	20~400	5~20	150~1200
직조형	20~250	5~20	150~1000

옹벽 시공 시 적용하는 지오그리드의 허용인장강도 T_{all} 은 다음과 같이 계산된다 (Koerner, 2005).

$$T_{all} = \frac{T_{ult}}{RF_{id} \times RF_{cr} \times RF_{cbd}} \tag{A.3}$$

여기서

T_{ult} = 극한인장강도

RF_{id} = 시공 손상에 의한 감소계수(1.1~1.4)

RF_{cr} = 크리프에 대한 감소계수(2.0~3.0)

RF_{cbd} = 화학적, 생물학적인 저하에 의한 감소계수(1.1~1.5)

참고문헌

KOERNER, R.M. (2005). *Designing with Geosynthetics*, 5th Edition, Prentice-Hall, New Jersey.

MARTIN, J.P., KOERNER, R.M., AND WHITTY, J.E. (1984). "Experimental Friction Evaluation of Slippage between Geomembranes, Geotextiles, and Soils," *Proceedings*, International Conference on Geomechanics, Denver, 191–196.

SARSBY, R.W. (1985). "The Influence of Aperture Size/Particle Size on the Efficiency of Grid Reinforcement," *Proceedings*, 2nd Canadian Symposium on Geotextiles and Geomembranes, Edmonton, 7–12.

SHUKLA, S.K. (2002). *Geosynthetics and Their Applications*, Thomas Telford, London.

연습문제 해답

Chapter 1

1.2　　A_r (스플릿스푼) $= 111.9\%$
　　　　A_r (쉘비 튜브) $= 11.7\%$

1.4　　$50.4\ \text{kN/m}^2$

1.6
깊이(m)	$(N_1)_{60}$
1.5	17
3.0	12
4.0	13
6.0	11
7.5	14

1.8　　80.9%

1.10　　a. $18.9\ \text{kN/m}^2$
　　　　b. $14.08\ \text{kN/m}^2$
　　　　c. $14.88\ \text{kN/m}^2$

1.12　　a. $45.6\ \text{kN/m}^2$
　　　　b. 3.37

1.14
깊이(m)	흙의 종류
5	실트질 모래
10	점토
15	점토
20	점토질 실트 또는 실트질 점토
25	모래

1.16　　a. 0.65
　　　　b. 1.37

c. 2131 kN/m^2

1.18 $v_1 = 492$ m/s; $v_2 = 1390$ m/s; $v_3 = 3390$ m/s
         $Z_1 = 2.6$ m; $Z_2 = 7.24$ m

Chapter 2

2.2   3.28 mm
2.4   a. 969 kN/m
        b. 966.2 kN/m
2.6   698.4 kN
2.8   3 m
2.10   377.8 kN
2.12   455.9 kN
2.14   792.35 kN/m^2
2.16   6.3 m
2.18   12.36 MN

Chapter 3

3.2   12.6 mm
3.4   13.2 mm
3.6   10.9 mm
3.8   17.2 mm
3.10   24.2 mm
3.12   14.9 mm
3.14   263.5 kN/m^2
3.16

z (m)	추가적인 침하량 (mm)
0	14.0
0.75	12.78
1.5	10.13
2	8.0
3	4.5
4	2.0
5	0.5
6	0

Chapter 4

4.2 $Q_{(z=0)} = 1500$ kN; $Q_{(z=10\,\text{m})} = 871.6$ kN; $Q_{(z=15\,\text{m})} = 321.7$ kN
4.4   217.8 kN
4.6   375.1 kN
4.8   194 kN
4.10   393 kN
4.12   446 kN
4.14   493.9 kN

4.16   1169 kN
4.18   1339 kN
4.20   25.3 kN
4.22   3640 kN
4.24   5830 kN

Chapter 5

5.2   9911 kN
5.4   316.7 kN
5.6   1163 kN
5.8   9.54 mm
5.10   a. 5000 kN
        b. 1852 kN

Chapter 6

6.2   3.5 m
6.4   3.4 kN

Chapter 7

7.2 P_o = 94.1 kN/m @ 벽체 바닥으로부터 2.06 m
7.4   a. P_a = 14.57 kN/m; $\bar{z}$ = 0.81 m
        b. P_a = 19.97 kN/m; $\bar{z}$ = 1.02 m
        c. P_a = 31.6 kN/m; $\bar{z}$ = 1.33 m
7.6   a. -12.7 kN/m^2
        b. 1.65 m
7.8   a. P_a = 34.31 kN/m; $\bar{z}$ = 0.89 m
        b. P_a = 141.10 kN/m; $\bar{z}$ = 2.04 m
7.10   a. 상부층에서, σ_a = -24 kN/m^2; 하부층에서, σ_a = 90 kN/m^2
        b. 1.26 m
        c. 198 kN/m
        d. 213.3 kN/m
7.12   763 kN/m
7.14   a. 85.39 kN/m
        b. 79.6 kN/m
        c. 80.32 kN/m
7.16 P_a = 113.6 kN/m; $\bar{z}$ = 1.76 m
7.18   Rankine: P_a = 61.8 kN/m. 힘은 수평방향으로 작용 @ $\bar{z}$ =1.67 m
        Coulomb: P_a = 55.8 kN/m. 힘은 24° 경사를 갖고 작용 @ $\bar{z}$ = 1.67 m

Chapter 8

8.2 $FS_{(\text{overturning})} = 4.62$
         $FS_{(\text{sliding})} = 2.11$
         $FS_{(\text{bearing capacity})} = 7.4$

8.4 $FS_{(\text{overturning})} = 4.37$
         $FS_{(\text{sliding})} = 1.58$
         $FS_{(\text{bearing capacity})} = 2.81$

8.6 $FS_{(\text{overturning})} = 3.96$
         $FS_{(\text{sliding})} = 1.72$
         $FS_{(\text{bearing capacity})} = 5.15$

8.8 $FS_{(\text{overturning})} = 4.0$
         $FS_{(\text{sliding})} = 2.02$

8.10 $FS_{(\text{overturning})} = 2.61$
         $FS_{(\text{sliding})} = 1.07$
         $e = 0.28 \text{ m} < B/6$
         $q_{\max} = 131 \text{ kN/m}^2$
         $q_{\min} = 38.6 \text{ kN/m}^2$

8.12   a. $t = 6.56 \text{ m}$
         b. $L = 15.17 \text{ m}$

8.14 $S_v = 0.336 \text{ m}; L = 3.7 \text{ m}; l_l = 1 \text{ m}$

8.16   @ $A \rightarrow 335.64 \text{ kN}$
         @ $B \rightarrow 223.8 \text{ kN}$
         @ $C \rightarrow 335.64 \text{ kN}$

8.18   그림 8.26c에 $\sigma = 36.75 \text{ kN/m}^2$을 적용
         @ $A \rightarrow 306.5 \text{ kN}$
         @ $B \rightarrow 439.1 \text{ kN}$
         @ $C \rightarrow 219.15 \text{ kN}$

8.20   a. $c_{av} = 84.5 \text{ kN/m}^2 ; \gamma_{av} = 17.07 \text{ kN/m}^3$
         b. 그림 8.26c에 $\sigma = 35.85 \text{ kN/m}^2$을 적용

8.22   지표로부터 8.75 m

8.24   a. 지표로부터 10.25 m
         b. 183.0 kN

8.26   원지반고 아래 12.25 m

Chapter 9

9.2	흙	가능한 흙의 그룹
	A	굵은 모래
	B	가는 모래
	C	미립자를 가지는 가는 모래
	D	자갈질 모래

9.4 　a. 159 mm

　　　b. 12.05 months

　　　c. 93.8 kN/m^2

9.6 　a. 245.2 mm

　　　b. 263 days

　　　c. $\Delta\sigma_{(f)} = 196.0$ kN/m^2

9.8 　52.9%

9.10 　a. 0.269

　　　c. $u_{z\text{-av}} = -0.09q$

찾아보기

역자 소개

감수

김영상   전남대학교 토목공학과

옮긴이

고준영   충남대학교 토목공학과

김영상   전남대학교 토목공학과

김재홍   동신대학교 토목환경공학과

우상인   인천대학교 도시환경공학부(건설환경공학)

이준규   서울시립대학교 토목공학과

5판

DAS

기초공학

2021년 8월 31일 5판 1쇄 펴냄

지은이 Braja M. Das·Nagaratnam Sivakugan

감 수 김영상

옮긴이 고준영·김영상·김재홍·우상인·이준규

펴낸이 류원식 | **펴낸곳** 교문사

편집팀장 김경수 | **책임편집** 안영선 | **표지디자인** 신나리 | **본문편집** 신성기획

주소 (10881) 경기도 파주시 문발로 116(문발동 536-2)

전화 031-955-6111~4 | **팩스** 031-955-0955

등록 1968. 10. 28. 제406-2006-000035호

홈페이지 www.gyomoon.com | E-mail genie@gyomoon.com

ISBN 978-89-363-2194-9 (93530)

값 25,000원